清 华 大 学 电 气 工 程 系 列 教 材

柔性交流输电系统的原理与应用
（第2版）

Flexible AC Transmission Systems：

Principles and Applications

(Second Edition)

谢小荣　姜齐荣　编著

Xie Xiaorong　Jiang Qirong

清华大学出版社

北　京

内 容 简 介

柔性交流输电系统(FACTS)技术自 20 世纪 80 年代末诞生以来,得到了迅速发展,成为电力工业近 20 年来发展最快和影响最广的新兴技术领域之一。本书系统地阐述了 FACTS 的原理与应用,首先介绍 FACTS 的基本概念、发展历史与现状,及其与高压直流输电(HVDC)的关系;然后简要总结了作为 FACTS 技术基础的大功率电力电子技术;继而逐章论述并联型 FACTS 控制器(如 SVC、STATCOM、BESS、SMES 等)、串联型 FACTS 控制器(如 GCSC、TSSC、TCSC、SSSC 等)、复合型 FACTS 控制器(如 TCVR/TCPAR、UPFC、IPFC 等)及其他 FACTS 控制器(如 NGH SSR 阻尼器、TCBR、SCCL 等),重点介绍其基本原理、主电路结构、运行特性、控制方法和应用情况;最后介绍 FACTS 技术应用于配电网而产生的用户电力(亦称 DFACTS)技术,重点讨论了两类典型的用户电力控制器,即有源电力滤波器(APF)和动态电压调节器(DVR)。

本书可供电气工程专业高年级本科生和研究生使用,也可供 FACTS 领域的广大科研和工程技术人员参考。

图书在版编目(CIP)数据

柔性交流输电系统的原理与应用/谢小荣,姜齐荣编著.—2 版.—北京:清华大学出版社,2014
(2023.1重印)
  清华大学电气工程系列教材
  ISBN 978-7-302-35474-1

Ⅰ. ①柔… Ⅱ. ①谢… ②姜… Ⅲ. ①柔性交流输电－电力系统－高等学校－教材 Ⅳ. ①TM721.2

中国版本图书馆 CIP 数据核字(2014)第 031212 号

责任编辑:孙　坚　张占奎
封面设计:傅瑞学
责任校对:刘玉霞
责任印制:朱雨萌

出版发行:清华大学出版社
　　　　网　　址:http://www.tup.com.cn, http://www.wqbook.com
　　　　地　　址:北京清华大学学研大厦 A 座　　　　　邮　　编:100084
　　　　社 总 机:010-83470000　　　　　　　　　　邮　　购:010-62786544
　　　　投稿与读者服务:010-62776969, c-service@tup.tsinghua.edu.cn
　　　　质量反馈:010-62772015, zhiliang@tup.tsinghua.edu.cn
印 装 者:北京九州迅驰传媒文化有限公司
经　　销:全国新华书店
开　　本:185mm×260mm　　　　印　　张:23.75　　　　字　　数:573 千字
版　　次:2006 年 9 月第 1 版　2014 年 8 月第 2 版　　印　　次:2023 年 1 月第 5 次印刷
定　　价:65.00 元

产品编号:056695-02

前言

电力输电系统已进入大系统、超高压远距离输电、跨区域联网的新阶段,社会经济的发展促使现代输电网的管理和运营模式发生变革,对其安全、稳定、高效、灵活运行控制的要求日益提高,从而急需发展新的调节手段,提高其可控性;另一方面,控制理论、大功率电力电子、计算机信息处理等技术的蓬勃发展又为输电控制手段的改善和升级换代不断提供新的可能。在这种情形下,美国 N. G. Hingorani 博士首先较完整地提出了柔性交流输电系统(flexible AC transmission system,FACTS)的概念。FACTS 自诞生始就受到各国电力科研院所、高等院校、电力公司和制造厂家的重视,得到了广泛的研究和迅速的推广应用,成为电力工业近 20 年来发展最快和影响最广的新兴技术领域之一。目前已发明了近 20 种FACTS 控制器,部分已经商业化并取得良好的成效,成为解决现代电网诸多挑战的重要手段之一。从长远来看,FACTS 技术的作用将更为深远,正如 IEEE/PES 的"DC 与 FACTS分委会"所指出的:"FACTS 与先进控制中心和整体自动化等技术所带来的非常长远的优越性已经被世人广泛认可,它们预示着电力传输系统一个新时代的到来。"

FACTS 的基本内涵是:基于采用现代大功率电力电子技术构成的各种 FACTS 控制器,结合先进的控制理论和计算机信息处理技术等,实现对交流输电网运行参数和变量(如电压、相角、阻抗、潮流等)更加快速、连续和频繁的调节,即所谓柔性(或灵活)输电控制,进而达到提高输电系统运行效率、稳定性和可靠性的目的。因此,FACTS 的基石是大功率电力电子技术,核心是 FACTS 控制器,关键是对输电网参数和变量的柔性化控制。FACTS技术通过适当的改造,还可应用于配电和用电网络,以改善电能质量和提供用户定制电力。

笔者长期从事 FACTS 技术领域的研究工作,曾参与研制了国内首台大容量(20Mvar)STATCOM 装置,2003 年开始在清华大学开设研究生课程"柔性输配电系统(FACTS/DFACTS)的原理及应用",本书即是在该课程讲授过程中逐渐成稿的。

全书共分 12 章。第 1 章概述 FACTS 和定制电力技术,并讨论 FACTS 和 HVDC 的关系。第 2 章简要介绍作为 FACTS 和定制电力技术基石的电力电子。第 3 章先概述并联无功补偿的作用、历史与现状以及补偿器的分类,然后重点介绍 SVC 的原理、特性、控制和应用。第 4 章论述 STATCOM 的基本原理、数学建模、特性分析、控制设计及应用情况。第 5

II 柔性交流输电系统的原理与应用(第 2 版)

章对 SVC 和 STATCOM 的基本特性进行比较,研究它们的系统级控制策略共性,并讨论综合并联补偿系统。第 6 章介绍将 STATCOM 与蓄电池和超导磁体结合起来构成的电池储能系统和超导储能系统。第 7 章介绍变阻抗型串联 FACTS 控制器,重点讨论晶闸管控制串联电容补偿器(TCSC)的原理、特性、控制和应用。第 8 章介绍静止同步串联补偿器(SSSC)。第 9 章介绍静止电压/相角调节器。第 10 章介绍统一潮流控制器及其他复合补偿器。第 11 章主要介绍电能质量和定制有特殊用途的 FACTS 控制器,即 NGH 次同步谐振阻尼器、晶闸管控制的制动电阻和短路电流限制器。第 12 章概述了电能质量和定制电力技术,并重点介绍两类典型的电能质量控制器,即并联型有源电力滤波器和串联型动态电压调节器。

本书的第 2~7 章由谢小荣编写,第 8~12 章由姜齐荣编写,第 1 章为二人合写。本书力求体现 FACTS 领域中研究开发和工程技术人员的科研成果,它应该属于在该领域中奋力开拓的国内外科技工作者。

在本书编写过程中,选修编者所开设课程的研究生在文献检索、资料汇编和图文整理等方面给予了大量的帮助,严干贵博士阅读全书并提出了宝贵意见,同时得到了韩英铎院士、王仲鸿、陈建业、崔文进、童陆园和刘文华等教授的指导,清华大学电机工程系与柔性输配电系统研究所也给予了支持,在此一并表示诚挚的感谢。

本书可供高年级本科生和研究生使用,也可供 FACTS 领域的广大科研和工程技术人员参考。

由于作者水平有限,书中不妥和错误之处恳请广大读者批评指正。

作 者

2014 年 5 月于清华园

目 录

第1章

柔性交流输电系统概述

1.1　现代电力系统概述

1.1.1　输电技术的发展历史

自从 1831 年法拉第发现电磁感应定律以来,电能成为主要的二次能源,至今已有 180 多年的历史。其间,电力工业多次经历革命性的发展。

1882 年,托马斯·爱迪生(Thomas Edison)在美国纽约建成了世界上第一个完整的电力系统。这是一个直流系统,由一台直流发电机通过 110V 地下电缆供给半径约为1.5km 范围内的 59 个用户,负荷全部是白炽灯。但是,直流系统的局限性很快显露出来,由于缺少适当的直流变压技术以及直流损耗大等原因,初期的直流输电只能采用较低的电压,在较小的范围内供电。

在托马斯·爱迪生开发直流输电系统的同时,卢西恩·高拉德(L. Gaulard)和约翰·吉布斯(J. D. Gibbs)开发了交流变压器和交流输电技术。后来,乔治·西屋(George Westinghouse)获得了这些新设备在美国应用的权利,并以此为基础,于 1886 年研制出交流发电机和变压器,并在马萨诸塞州大巴灵顿(Great Barrington,Massachusetts)建立了一个由 150 个电灯构成的交流配电试验系统。1889 年,北美洲第一条单相交流输电线路在俄勒冈州(Oregon)的威拉姆特瀑布(Willamette Fall)和波特兰(Potland)之间建成并投入运行,输电电压为 4kV,距离为 21km。

1888 年,尼克拉·特斯拉(Nikola Tesla)获得了交流电动机、发电机、变压器和输电系统的若干专利。1891 年,德国劳芬电厂安装了世界上第一台三相交流发电机,并在劳芬电厂至法兰克福之间建成了世界上第一条三相交流输电线路,总长 175km,电压 15.2kV,输送功率为 200kW。

在 19 世纪 90 年代,关于采用直流输电还是交流输电的问题,曾有过激烈的辩论,但交流输电的诸多优势(如变压灵活,损耗低,交流电机简单、经济等)使其很快取得绝对优势。

输电距离和容量的增大推动了交流输电电压的不断增高。早期交流系统采用 12.44kV 和 60kV 的电压等级,1922 年增加到 165kV,1923 年增加到 220kV,1935 年增加到 287kV,1953 年提高到 330kV,1965 年提高到 500kV。1966 年,加拿大魁北克水电局

(Hydro Quebec)的第一条 765kV 线路投入运行。

为规范应用,工业界已将高压交流(high voltage alternative current,HVAC)输电的电压等级标准化,西方国家规定高电压(HV)等级有 115kV、138kV、161kV 和 230kV,超高压(EHV)等级有 345kV、500kV 和 765kV。我国的高电压等级为 110kV、220kV 和 330kV,超高压等级为 500kV 和 750kV。

从 20 世纪 60 年代中期始,前苏联、美国、日本和欧洲一些国家着手研究特高压(UHV,不低于 1000kV 的交流和 800kV 的直流)输电技术,并先后试建了特高压输电线路。但后来由于各种原因,这些国家都放弃或搁置了特高压交流输电技术的研究,已建成的特高压输电线路也多降压至 500kV 或更低运行。我国分别于 2008 年和 2010 年建成了 1000kV 特高压交流线路和 ±800kV 特高压直流线路,成为目前世界上唯一有特高压线路商业化运行的国家。

20 世纪 80 年代末期,随着电力电子技术、信息技术和控制理论的进一步发展和综合应用,出现了柔性交流输电系统(flexible AC transmission system,FACTS)的概念。它旨在提高交流电网的可控性,实现灵活的潮流控制和最大化电网的传输能力,它将推动交流输电系统向一个更高级的阶段发展。

虽然在电力工业发展初期,直流输电不敌交流输电而在很长一段时间内默默无闻,但对其技术的研究一直在进行,特别是自 20 世纪 50 年代开始,随着汞弧阀换流技术的逐步成熟和应用,高压直流(high voltage direct current,HVDC)输电重新进入人们的视野,并与 HVAC 输电并肩发展。第一个现代商用的 HVDC 输电工程于 1954 年在瑞典建成,在随后的 20 多年里,共投运了 10 多个基于汞弧阀换流的 HVDC 输电工程。20 世纪 60 年代中后期发展起来的晶闸管及其换流技术为 HVDC 的发展注入了新的更大的活力。1970 年前后,第一个采用晶闸管的变换器组成功应用于瑞典 Gotland 直流输电系统的扩展工程;1972 年,首个采用晶闸管的全固态商业化 HVDC 系统,即伊尔河(Eel river)背靠背(back to back,B2B)工程投入商业运行。随着直流换流设备价格的降低、尺寸的缩小以及可靠性的提高,HVDC 输电的应用逐步扩大,因在大容量远距离架空线和水下/地下输电以及异步联网等领域具有独特优势而受到青睐。到 2004 年,HVDC 诞生 50 年之际,世界上已成功投运 95 项商业 HVDC 工程,总传输容量达到 70GW,最高电压等级达到 ±600kV(2010 年突破 ±800kV)。随着更新电力电子器件和输电材料的产生,加上制造和控制等技术的发展,HVDC 技术也处于快速变革之中,如对更高电压等级(±1000kV 和 ±1200kV)的 HVDC 输电技术的研究,以及较近发展的轻型 HVDC(HVDC light/plus)输电技术,将不断提高 HVDC 的输电能力,使其具有更好的性能和更高的可靠性。

FACTS 和 HVDC 都是基于电力电子技术而发展起来的,它们之间既有共同点,又有区别,是现代电力工业中重要的两种互补性支撑技术,它们与新兴的信息技术、通信技术以及先进的控制理论相结合,将不断推动输电技术的完善和发展。

1.1.2　现代电力系统的主要特点

经过 100 多年的发展,现代电力系统与早期相比,已经发生了巨大的变化。总的来说,有如下特点。

1. 多种一次能源发电

在发电领域,呈现出利用多种一次能源发电的局面。如传统的火力发电、水力发电、核能发电,随着技术的不断进步,其容量提高,效率增高,污染下降;可再生能源发电,如风能发电、太阳能发电、地热发电等技术不断完善,实用化程度提高,得到越来越广泛的应用;另外,还出现了一些很有前景的新型电源,如燃料电池、超导储能和超级电容等,它们将不断推动电力工业的变革和发展。

2. 机组容量增大

由于电力需求的增加,同时为了提高能量转换效率,发电机组的单机容量和大机组在总装机容量中所占的比例不断提高。2004 年,世界上单机容量最大的火电和水电机组达到 1300MW 和 700MW,分别安装在美国的 Cumberland 电厂和我国的三峡水电站,而 80% 以上的核电主力机组容量都超过 300MW。

3. 高电压、远距离和大规模互联电网输电

由于一次能源和电力负荷在地理位置上的分离,并为提高资源利用效率和输电可靠性等,互联电网成为现代电力系统最重要的特征之一。世界上已经形成多个横跨多国的超大规模电网,如美加联合电网,2011 年,其装机容量已分别达到了 11.4 亿 kW。在我国,2011 年的总装机容量约为 10.56 亿 kW,已完成了各大区电网的交直流互联,形成全国联网的巨型交直流电力系统。

随着电网规模的扩大,HVAC 和 HVDC 的电压等级和输电容量不断提高。HVAC 的电压等级从数千伏的高压发展到数百千伏的超高压,以至超过兆伏的特高压。HVDC 的最高运行电压达到 ±800kV,总的传输容量超过 70GW。

同时,由于现代负荷中心远离能源中心,远距离大容量输电成为必然,输电线路的长度也不断增加。如前苏联 1150kV 线路的输电距离达到 1900km,我国"西电东送"走廊的输电距离大部分在 1000km 以上。

4. 更重视电能质量(power quality)问题

由于自动化生产线、精密加工工业、计算机系统、机器人等先进技术的广泛使用,电能质量恶化带来的影响加大,对电能质量要求不断提高。而另一方面,随着各种新型用电设备,尤其是电力电子设备应用于电网,带来了大量的谐波污染,电能质量恶化。用户电力(custom power)技术的发展为提高电能质量和供电可靠性提供了一种新的技术前景。

5. 自动化水平大大提高

发电、输电、配电和用电一般称为电力系统的一次侧,对应地,将对电网一次侧进行控制、操作的自动化和信息系统,称为二次侧。近半个世纪以来,随着计算机、通信技术和控制理论的发展与应用,电力系统二次侧得到了巨大的发展。

现代电网的结构越来越复杂,为了维持其高效和可靠运行,需应用大量的自动化监测、分析、通信、调度、控制以及管理设备和系统,如机组励磁控制、继电保护、能量管理系统/监控与数据采集(energy management system/supervisory control and data acquisition,EMS/SCADA)、广域测量系统(wide-area measurement system,WAMS)、区域稳定控制、管理信息系统(management information system,MIS)等,它们已经成为现代电网不可缺少的组成部分。

6. 电力工业引入市场化机制

20 世纪 80 年代以来,许多国家的电力工业都在进行打破垄断、解除管制、引入竞争、建立电力市场的电力体制改革,目的在于更合理地配置资源,提高资源利用率,促进电力工业与社会、经济、环境的协调发展。在我国,电力工业快速发展的同时,电力体制改革也逐步深入,电力工业以"公司制改组,商业化运营,法制化管理"为改革目标的基本取向,"十五"期间初步实施了"厂网分开,竞价上网"的发电侧市场化改革。电力工业市场化发展趋势,不仅促动电网运营和管理模式的变革,也对电力系统的相关支撑技术提出了新的要求。

7. 电力工业面对新的外部环境制约

随着电力需求的增长、电网规模的扩大,电力工业与社会经济各领域的协调发展成为重要的课题之一,诸多新的问题提上日程。

(1) 环境污染

电力工业是污染物排放较多的行业,其中火电厂的环境问题尤为突出。在我国,目前的主要难题包括:火电厂二氧化硫尚未得到有效控制,在酸雨问题突出和污染负荷集中的城市和地区已成为电力发展的制约因素;一些位于城市附近的老机组设备陈旧、煤耗高、除尘设备落后、烟尘排放超标量大。环境问题已成为制约电力发展的主要因素之一。

(2) 能源产地和主要利用能源的经济发达地区分布不平衡

在我国,火电、水电仍占总电力的绝大部分(超过 98%),而煤炭和水力资源多分布在西部和北部,与东部和南部等主要的经济发达、能源消耗量大的地区相距甚远,能源输送路线比较长,占去国家相当大的运力。"全国联网,西电东送"是我国能源政策的重要组成部分,预计到 2020 年,西电东送的总容量将达到约 1 亿 kW,这对电网建设和安全运行提出了强大的挑战。

(3) 电力设施占用土地资源

建设发电厂、输电走廊、变电站以及供电缆沟等,将占用更大量的土地资源;而随着地球人口的增多、工业化速度的加快和城市的扩张,土地资源缺乏成为越来越严重的制约。

8. 大停电事故将带来灾难性后果

尽管现代电网的运行和管理水平得到了长足发展,但仍不能避免大电网发生瓦解性的崩溃事故,而且因为电网规模巨大、地域宽广和区间耦合性增强,偶发性的事故如果控制不当,反而会导致灾难性的大面积停电,造成巨大的经济损失和社会混乱。2003 年发生在美加联合电网的"8·14"大停电事件即是明证。该事件造成 100 多座电厂跳闸,损失负荷61.80GW,停电范围 9300 多平方英里,涉及美国的 8 个州和加拿大的 2 个省,受影响的居民约 5000 万人,直接经济损失达数百亿美元,美国的商业经济中心纽约在停电 29 小时后才恢复供电。

1.2 输电网互联带来的挑战

1.2.1 电网互联带来的好处和挑战

现代电网通过互联,形成了越来越大的巨型电力系统。电网互联带来的好处主要有如下方面。

(1) 为能源的远距离传输奠定了基础

由于一次能源产地和负荷中心往往不在同一个地区,客观上存在大范围传输电能的要求,而电能传输的可靠性高、经济性好,是实现远距离能量传输的最佳方式。

（2）提高了供电可靠性

在发电电源和用户负荷之间，电网起着一个大容量"电源池"的作用，通过适当的控制措施，使得电源与负荷各自的变动（甚至故障）对彼此的影响大大减小。就负荷而言，实现了多路供电，各个电源在紧急情况下可以相互支援，可大大提高供电可靠性和电能质量。

（3）可实现大范围的能源资源优化配置和规模经济效益

电网互联带来的经济性优势是多方位的。首先，可以充分利用成本较低的发电资源和采用高效率的大型发电机组，达到发电成本的最小化；其次，可利用各地区间负荷时间特性上的差异，减小全网负荷峰谷差，实现地区间电力的平衡和经济调度；再者，可以减小系统整体必需的备用容量；此外，电网互联后，有利于安排机组的检修，提高系统的抗冲击能力和运行灵活性。电网规模越大、自动化水平越高，其资源优化配置的能力和可获得规模经济效益就越大，这是推动电网互联最重要的推动力之一。

（4）互联电网是电力市场的物质基础

电网是电能的运载工具，也是电力市场的"物流通道"，电力的交易是通过电网来实现的，因此电力市场的前提之一是联通的电力传输网络。可以说，电网有多大，电力市场的规模才可能有多大。实现电网互联是电力市场化改革的必然要求。

（5）电网互联可以取得巨大的环保效益

目前世界上的电力主要来自于火电，但燃煤发电，会排放大量的 CO_2 和 SO_2 等有害废气，是造成"温室效应"和酸雨等环境问题的罪魁祸首。电网互联后，通过更多地采用水力发电、风力发电等相对清洁的发电方式，有利于降低环境污染。

电网互联在获得诸多好处的同时，也带了一系列挑战性问题，如系统规划与资源配置的优化问题，互联电网的协调组织，运行与管理问题，大系统的动态行为与安全性分析问题，潮流控制问题，改善稳定性以提高传输容量的问题等。以下主要讨论潮流控制和改善稳定性以提高传输容量两个问题，这也是 FACTS 技术所关注的核心问题。

1.2.2　输电网的潮流控制

1. 潮流控制的基本概念及其必要性

如图 1-1 所示，电网中的两个母线节点通过高压输电线路互联，在忽略线路损耗的情况下，线路上的有功潮流由下式决定：

$$P_{ij} = \frac{U_i U_j}{X_{ij}} \sin(\delta_i - \delta_j) \qquad (1-1)$$

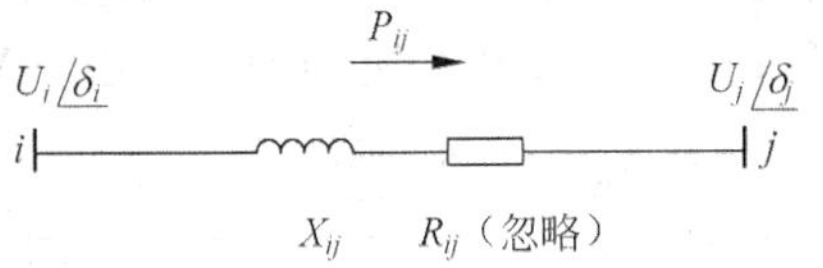

式中，P_{ij} 为从节点 i 流向节点 j 的有功功率；U_i、U_j，δ_i、δ_j 分别为节点 i 和节点 j 的母线电压幅值和相角；X_{ij} 为联络线的等效电抗值。由上式可见，线路上传输的有功功率主要是由节点电压和线路阻抗决定的。

图 1-1　电网中两个母线节点通过
输电线互联的潮流

在大型电网中，节点电压幅值受很多因素的制约（如负载和设备的耐压等），一般在额定值附近变化不大；如果不考虑电网中的无功补偿器、移相器等调节设备，电网的"自然"潮流分布将主要决定于功率注入的位置和大小，以及网络拓扑和参数。以图 1-2 所示的 3 节点系统为例，节点 A、B 接有发电机组，设其注入的有功功率分别为 680MW 和 600MW，节点 C 接入 1280MW 的负荷，忽略传输线路的损耗，线路 A—C、A—B 和 B—C 的电抗分别为

60Ω、60Ω 和 40Ω,连续负载能力均为 700MW,各节点电压均为额定值 220kV,则系统的"自然"潮流分布如图 1-2 所示。可见,线路 B—C 上功率最大,已经超过了允许的连续载流能力,需要通过适当潮流控制措施来降低其传输的功率。

除了受制于线路载流能力而需要进行潮流调整以外,还有很多因素,使得对大电网的自然潮流分布进行控制成为必要,如:

(1) 减少环流,实现最优潮流,降低网络损耗

在复杂电网中,存在大量的电磁环网,如果参数设置不当,会出现环流,增加损耗。同时,功率从一个节点流向另一个节点也会有多个通道,不同的潮流分布方式对应不同的网络损耗,如何实现损耗最小的潮流(最优潮流)成为潮流控制的重要目标之一。

(2) 稳定性考虑

不同的潮流运行方式下系统的稳定水平是不同的,希望通过潮流控制,使系统运行于最有利于稳定性的潮流模式下。同时,在扰动发生后,通过对电网潮流进行动态控制,能大大提高系统的稳定性。

(3) 电力交易市场化的基础

电网是电力交易的"物流平台",电力市场进一步的发展将要求对潮流进行精确和灵活的控制。

2. 潮流控制的方法

总体上来说,电力系统的潮流是由电源、负载和网络三者共同决定的。其中负荷(除去少量负载可采用就地无功或/和有功电源进行可控补偿外)一般是不可控的;而大电源(如火力、水力和核能发电厂)的布局是在电网规划过程中,根据一次能源位置以及多种决定技术经济指标的因素来确定的,投入运行后,主要由系统调度和机组控制来动态调节其输出,能在一定程度上对电网潮流进行控制;分散发电电源,虽然其可控制性和灵活性较好,但相对来说,容量较小,对主干电网的潮流控制能力较弱。以下主要介绍通过对输电网的调节实现潮流控制的方法,并以图 1-2 所示问题为例说明其基本原理。

(1) 增建新的传输线路

于节点 A、C 之间增建一回线路,其参数与原线路相同,则线路 A—C 之间的等效电抗由 60Ω 减为 30Ω,相当于电气距离缩短一半。假设各节点的电压幅值不变,可计算出新的潮流分布,如图 1-3 所示。可见,过载线路 B—C 上的潮流已经降低到允许值以下,当然,也可以在节点 A 和 C 之间增建一条 HVDC 线路,达到同样的潮流控制目的。

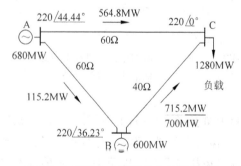

图 1-2　3 节点电力系统的自然潮流分布

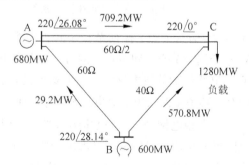

图 1-3　3 节点电力系统在节点 A、C 间
增建一回线路后的潮流分布

（2）串联阻抗补偿

串联补偿的等效阻抗可为容性或感性，图 1-4 所示为在线路 A—C 靠近节点 A 处加入容性串联补偿，设等效容抗值为 -4.2Ω（对应补偿度为 7%），则线路 A—C 的等效电抗下降到 55.8Ω。假设各节点的电压幅值不变，可计算出新的潮流分布如图 1-4 所示。可见，线路 B—C 上的潮流下降到允许范围，线路 A—C 上的载流量上升。

如果在线路 B—C 靠近节点 B 处加入感性串联补偿，设等效电抗值为 4Ω，则线路 B—C 的等效电抗上升至 44Ω，相当于电气距离增加了 10%。假设各节点的电压幅值不变，可计算出新的潮流分布如图 1-5 所示，同样达到了降低线路 B—C 上潮流的目的。

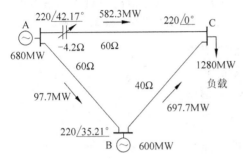
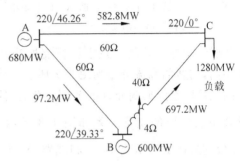

图 1-4　3 节点电力系统在线路 A—C 上采用　　　图 1-5　3 节点电力系统在线路 B—C 上采用
　　　　容性串联补偿后的潮流分布　　　　　　　　　　感性串联补偿后的潮流分布

图 1-4 和图 1-5 所示的串联阻抗补偿也可视为串联无功电压补偿，即相当于在线路上串入一个幅值为 IX_c（其中 I 为线路电流有效值）、相位超前（对应感性阻抗）或滞后（对应容性阻抗）线路电流相量 $90°$ 的无功电压源。

（3）采用移相器（phase shifter）

如图 1-6 所示，在线路 A—C 靠近节点 A 处加入移相器，设节点 A 的电压相位经过移相器后增加 $4.04°$，同样假设各节点的电压幅值不变，可计算出新的潮流分布如图 1-6 所示。可见，其效果与在线路 A—C 间加入容性串联补偿的潮流方式（图 1-4）类似，同样达到了降低线路 B—C 上潮流的目的。

（4）在线路中间采用并联无功补偿

根据线路的功角关系式（1-1）可知，改变两端母线的电压幅值也可以调整潮流，但由于电力系统对母线电压有严格的限制（如静态误差在 5% 以内，暂态波动范围不超过 10%），因此，依靠调节两端母线电压来控制潮流的能力有限。一种常用的方法是在线路上电压降落最大处，即沿线电压最低点进行并联无功补偿，提高该点的电压，达到提高线路传输功率的目的。对于上述的 3 节点系统，线路 A—C 上的电压降落最大处即为其中点，因此，可如图 1-7 所示，在线路 A—C 的中点将线路一分为二，接入并联无功补偿设备。并联无功补偿设备可以视为一个无功电流源，通过调节注入的无功电流大小，改变注入点母线的电压，从而达到调节电网潮流的目的。

设补偿前线路 A—C 两端母线电压相量为 $\dot{U}_A$、$\dot{U}_C$，其间的相角差为 δ_1，则线路 A—C 中点的电压为

$$\dot{U}_m = (\dot{U}_A + \dot{U}_C)/2 = \dot{U}_C\cos\frac{\delta_1}{2}$$

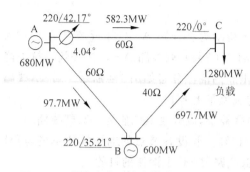

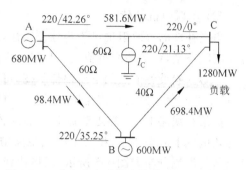

图1-6 3节点电力系统在线路A—C上采用   图1-7 3节点电力系统在线路A—C电气中点
移相器后的潮流分布   采用并联无功补偿器后的潮流分布

设并联无功补偿能将中点电压幅值提升到与其他节点电
压相同,则新的潮流分布如图1-7所示。可见,线路B—C
上的潮流已经降低到允许的范围。此时,线路A—C两端
及其中点电压的相量关系如图1-8所示,其中$\dot{U}_{Ac}$、$\dot{U}_{Cc}$、
$\dot{U}_{mc}$分别为补偿后节点A、C和线路A—C中点的电压相
量,δ_{1c}为$\dot{U}_{Ac}$与$\dot{U}_{Cc}$之间的相角差。设$\dot{U}_{m}$和$\dot{U}_{mc}$仍在一个方
向上,则线路A—C中点电压的幅值增加量

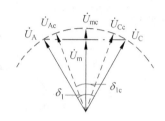

图1-8 线路A—C两端及其中点
电压的相量关系

$$\Delta U = U_{mc} - U_{m} = 220\left(1 - \cos\frac{\delta_1}{2}\right) \approx 16.34\text{kV}$$

（5）采用综合潮流控制器

将以上介绍的各种方法总结为表1-1。可见,它们都是通过改变潮流基本公式（1-1）中
的某一项参数来达到潮流控制的目的。它们也可以组合起来应用,形成综合解决方案。在
本书稍后还将会介绍一些同时调节公式（1-1）中多个参数的综合型潮流控制器,如统一潮流
控制器（unified power flow controller, UPFC）、线间潮流控制器（interline power flow
controller, IPFC）等,它们能更灵活地控制潮流。以IPFC为例,它接在两回或多回线路上,
通过在各线路"插入"一定幅值和相位的串联电压源,能达到在两回或多回交流输电线路之
间交换潮流目的。如图1-9所示,如在节点A的两回出线,即A—C和A—B之间安装一台
IPFC,将线路A—B上的部分潮流（如20MW）"抽"到线路A—C上,则同样可以解决前述
潮流控制问题。在实际应用中,需要综合考虑各种潮流控制手段的经济技术指标,选择现实
可行、技术效用最佳的解决方案。

表1-1 各种潮流控制方法的比较

方　　法	控 制 参 数	技 术 经 济 性
增建HVAC/HVDC线路	线路等效阻抗	投资大、建设周期长,受输电走廊的限制,运行和控制简单,可靠性最高
采用串联阻抗补偿器	线路等效阻抗	投资小,运行和控制相对较复杂
采用移相器	相角差	投资小,运行和控制相对较复杂
采用并联补偿器	节点电压	投资小,运行和控制相对较复杂
采用综合型潮流控制器	多个参数	投资较小,运行和控制相对较复杂

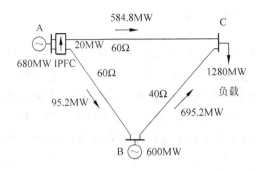

图 1-9 采用线间潮流控制器(IPFC)实现网络潮流控制

1.2.3 提高传输容量

1. 决定传输容量的因素

电网的传输容量(transfer capacity)是指电网在一系列的约束条件下能够传输功率的能力。限制电网传输容量的主要因素包括热稳定极限、设备绝缘限制、理想线路的极限传输功率和电力系统稳定性限制。

1) 热稳定极限

运行中的电力设备由于存在内部损耗,通常会发热并升温,而且发热量随着载流量的增大而增加,一旦载流量过大、温升达到其上限,就会破坏设备本身的机械和物理特性,使其不能正常工作。对应该上限温升值的传输功率即称为设备的热稳定极限。在电网中,主要是架空线的热容量限制传输容量。架空线的热容量是导线物理参数(材料、尺寸、分裂方式等)、环境温度、风况、运行历史和离地高度等多种因素的函数。在规划输电线路时,一般是在比较保守的基础上,即考虑(统计意义上的)最恶劣环境下,根据其在电网中承担的功率设计物理参数,也就是说,实际运行时的传输容量一般远低于热稳定极限,存在较大的冗余。

由于实际运行中,线路的传输热容量还受诸多时变性环境因素的影响,因此可以采用一些离线或在线的检测设备和计算程序,动态地跟踪线路自身和环境参数的变化,实时地获取线路的热稳定极限。

2) 设备绝缘限制

电力设备的耐压值都是有限的,在增加传输功率时,必须保证无论是在稳态下还是暂态过程中所有的设备都工作于允许的电压限值以内(如不超过额定值的 10%)。由于电力设备的绝缘设计通常有很大的冗余,并且电网的运行电压是严格限定的,因此稳态运行时一般不会突破电压限制。需要注意的是确保动态和瞬时的电压在限值以内。采用无缝避雷器(或具有内部无缝避雷器的线路绝缘子)和在变电所安装过压抑制器可以大大提高线路和变电所的耐压能力。

3) 理想线路的极限传输功率(或静态稳定极限功率,static stability limit)

根据式(1-1)可知,一条无损的理想线路上能流过的最大功率(也称为静态稳定极限功率)为

$$P_{ij\max} = \frac{U_i U_j}{X_{ij}} \tag{1-2}$$

此时对应线路两端节点电压的相位差为 $\pi/2$,可见极限传输功率与线路的等效阻抗(电气距

离)成反比,通过调节等效阻抗可以改变该极限值。

4) 电力系统稳定性限制

交流互联电网能实现功率传输的基本条件是系统稳定,即运行于正常条件下的平衡状态且在遭受干扰后能够恢复到容许的平衡状态。对于发电机,稳定是维持同步运行的问题,即系统中所有的同步发电机在满足一定的电压、频率约束下能彼此保持同步运行;对于负荷,稳定是维持电压在其正常范围之内,避免负荷电压的崩溃。稳定性不仅包括稳态平衡和无扰动情况下维持正常运行(机组同步运行和负荷电压正常)的特性,也包括在各种扰动或故障打破稳态平衡后系统重新恢复正常运行的能力。由于电力设备的热稳定极限和绝缘极限一般保守度较大。长期以来,稳定性是限制电网传输容量最现实的因素。

电力系统的稳定性是机组、电网和负荷的整体特性,但根据系统结构和运行模式的不同,电力系统不稳定可以通过不同的方式表现出来,包括:

(1) 转子角稳定性(rotor angle stability)

转子角稳定性是电力系统中互联的同步发电机保持同步运行的能力。

根据干扰特性,它分为小信号(小扰动)稳定和暂态(大扰动)稳定两种。

(2) 电压稳定性(voltage stability)

电压稳定性是电力系统在正常运行条件下和遭受扰动之后系统所有母线都持续保持可接受电压的能力,同样可分为小扰动和大扰动两种。

(3) 中期和长期稳定性(mid-term and long-term stability)

引入这两个概念是为了研究电力系统遭受严重扰动后的动态响应及其导致的稳定性问题。

长期稳定性主要是伴随大规模系统扰动而产生的较慢的、长期的现象,及其所引起的大的、持续的发电与用电之间的功率不平衡问题。

中期响应是介于短期和长期响应之间的系统过渡过程。

一般典型的时段范围是:短期(或暂态)对应 0~10s,中期对应 10s 至数分钟,长期对应数分钟至数十分钟。然而应该注意到,短期、中期和长期的划分首要是根据所分析的现象和所采用的系统描述,特别是所关注的系统暂态和机组振荡的描述,而不是单纯地根据时段范围。

通常所说的频率稳定性(frequency stability),即系统在遭受重大扰动后功率严重不平衡,甚至被解列成多个孤岛后,电网频率重新恢复到可接受水平的能力,一般归为中、长期稳定性的范畴。

电力系统稳定性是一个整体问题,但要很简单地研究它却并不实际,考虑到电力系统不稳定的不同形式和影响因素,将电力系统稳定性进行适当分类是很必要的。但是应该注意到,各种稳定性问题之间存在重叠,有些是相互扩展而没有清晰的界限。分类处理虽然有利于将复杂的问题简化和分解,但在实际应用中,应始终牢记,稳定性是电力系统的整体特性,需要对其所有方面进行观察和分析。关于电力系统稳定性更进一步的阐述,可参考文献[2,3]。

2. 提高电网传输容量的方法

为了有效利用电力传输设备,需尽量提高电网的传输极限。通过以上分析可知,影响电网传输容量的因素很多。但一般来说,稳定性限制决定的传输容量极限小于其他因素,如热稳定和绝缘限制等。以单回常规 500kV 交流输电线路为例,目前其自然功率、典型热稳定极限和受稳定性约束的实际运行功率分别约为 1000MW、3000MW 和 600～1700MW(美国平均在 1000MW 及以上,国内平均约为 800MW)。因此,提高系统稳定性是提高电网传输容量的首要内容,其最终目标是将电网传输容量提高到热稳定和绝缘极限。

由于电力系统各种稳定性的影响因素不尽相同,相应地,改善稳定性的方法也各有侧重。一个稳定性好的电网,首先需要在规划阶段合理安排电源和网络,如建设适当数量的输电线路、建立联系更紧密的电网、合理布置变电站、采用更快速的断路器等。而对于一个主体已经确定的电网,主要是通过在运行过程采用各种控制手段来提高其稳定性,包括增设一些新的控制设备。电力工业的发展在很大程度上就是不断完善已有的和采用新的控制方法和控制设备。现代电力工业的控制系统已发展到相当复杂的地步。图 1-10 描绘了一个电力系统的各个子系统及其相关控制环节的总体结构。发电机组、输电网络和负载各有其内部的控制器,有的是连续的,如励磁控制、原动机调速控制;有的是离散的,如切机控制、快关汽门控制;有的是传统的,如同步调相机;有的是最新发展起来的,如 FACTS 控制器。而发电、输电和负载之间也存在着更高层次的协调控制系统,如机网协调控制,AGC、自动电压控制(automatic voltage control,AVC)等。它们之间有的是并列关系,有的是递进关系。系统调度员和分析员也从各个层面参与对系统的控制。总的说来,电力系统的各种控制手段和方法都不同程度地对提高电网稳定性,进而提高其输电容量有利,这里就不一一解释。

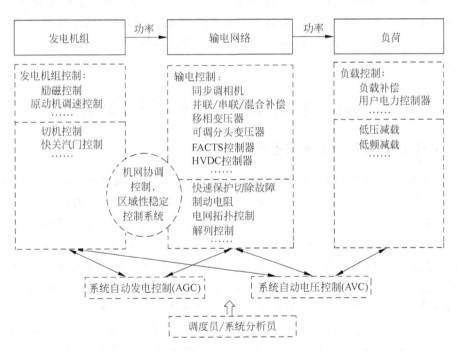

图 1-10 电力系统的子系统及其相关控制

由于电力系统稳定性的本质是功率的平衡,因此前面所述的潮流控制方法都可用于提高系统稳定性。但值得注意的是,电力系统的稳定性更多的是一种动态特性,需要通过快速潮流调节来到达提高稳定性的目的,因此,一些响应速度慢或者不能动态、连续的潮流控制方法,对系统稳定性的作用会受到限制。如机械开关投切式并联补偿电容器,因为不能实现动态、连续的调节,所以它在提高系统振荡稳定性方面的作用就非常有限。

1.3　传统解决方法及其局限性

很长一段时间以来,虽然微电子、计算机和高速通信技术在电力系统的调度、控制和保护上得到了广泛应用,但是当控制信号送到执行设备(如断路器)时,大多是通过机械性操作来实现控制目标的。也就是说,在大容量电力电子技术得到应用以前,进行潮流控制和提高系统稳定性虽然有很多种方法,但它们有一个共同的基点,即机械开关。如在控制潮流方法中,采用固定串联电容器(fixed series capacitor,FSC)或机械式投切并联电容器(mechanically switched capacitor,MSC)/电抗器(mechanically switched reactor,MSR),或者调整移相器或变压器分接头。

传统的机械式控制方法的局限性是很明显的。首先是速度慢。受机械开关本身的物理性质和关断特性等限制,它的操作时间一般为 20～80ms;由于控制速度慢,传统方法基本上只能在静态情况下控制系统潮流,对动态稳定的控制缺乏足够的能力。因此,为解决系统的动态稳定问题,一般留有较大的稳定储备,这就导致电网的输电能力没有得到充分利用。其次是不能在短时间内频繁操作。机械开关在每次动作后一般要间隔一定时间才能再次动作,严重制约了其对系统进行连续快速控制的能力。再者,基于机械开关的控制方法会带来其他一些难以解决的问题,如 FSC 可能导致次同步谐振。最后,机械装置老化快,寿命有限。总之,传统的机械式解决方法,制约了潮流控制的灵活性和系统稳定性的提高,难以充分利用电力设备的输电能力。

1.4　新的解决方法——FACTS 的诞生

1.4.1　FACTS 出现的背景及其必然性

FACTS 作为一个完整的技术概念,最早是由美国电力科学院(Electric Power Research Institute,EPRI)副总裁 Narain G. Hingorani 博士在 1986 年的美国电力科学院杂志(EPRI Journal)上提出来的,他并于 1987 年 7 月在旧金山举行的电气和电子工程师协会/电气工程协会(Institute of Electric and Electronics Engineers/Power Engineering Society,IEEE/PES)夏季会议及 1988 年 4 月在芝加哥举行的美国电力第 50 届年会上公开宣讲,其中后者的文稿被公开发表在 IEEE Power Engineering Review 杂志上。FACTS 概念一经提出,立即受到各国电力科研院所、高等院校、电力公司和制造厂家的重视,或单独筹办或相互协作,制订了庞大的研究计划和应用目标。科技论文和研究报告大量涌现,国际学术组织(如 CIGRE,IEEE,EPRI,IEE 等)皆设立委员会或工作组开展工作,相继召开国际性的和地区性的专题国际会议,探讨 FACTS 技术并促进其发展。

FACTS 技术的良好发展势头来自于良好的背景条件。这些条件可概括为输电网运行的需要、来自 HVDC 的竞争压力、电力电子等技术的发展支持、已有 FACTS 技术产品的研制和运行经验的积累等四个方面。其中前两个是发展 FACTS 的需求压力,是充分条件;

后两个是支撑性推动力,是必要条件。

(1) FACTS 技术的产生是解决输电网运行和发展中各种困难的客观需要。如上文所述,现代电力系统已经发展成为大规模的交直流互联电网,受系统结构复杂、运行任务繁重、电能质量要求高以及市场和环保等多种条件制约,对输电网的可靠经济运行提出了越来越高的要求。但传统的机械式控制方法具有明显的局限性,造成输电的可控性差、系统的稳定水平低,导致输送电力难以灵活调节,传输设备不能充分利用。而 FACTS 作为一种新的解决方法,在控制电网潮流、提高系统稳定性以及传输容量方面带来了前所未有的契机,从而得到广泛认可和迅速发展。

(2) HVDC 的重新崛起和广泛应用客观上给 HVAC 带来压力,从而也促使 FACTS 技术的诞生和发展。20 世纪 70 年代,晶闸管技术的发展使得直流输电技术进入一个崭新的发展时期,HVDC 的优势在远距离架空输电、水底和地下电缆输电、异步联网等应用场合得到广泛认可。在大系统互联运行中,HVDC 由于具有潮流可控性好、隔离同步电网等优点,被视为大型交流系统之间互联的有利选择。客观上,对 HVAC 形成了很大的竞争压力,促使发展出适用于 HVAC 输电的、更先进的控制手段。

(3) 电力电子等技术的发展为 FACTS 奠定了坚实的基础。从稍后关于 FACTS 概念的介绍中读者会知道,FACTS 的技术核心是电力电子技术。20 世纪 40 年代末期诞生的现代半导体技术曾沿着两个方向发展,其一是集成电路,发展成微电子技术,以信息处理为主要对象;其二是大功率器件,发展成电力电子技术,以能量处理为主要对象。20 世纪 70 年代以后,这两种技术又逐渐融合,形成新型的全控型电力电子器件。20 世纪 80 年代出现了智能化功率集成电路,使功率和信息的处理合二为一,从而促成了第二次电子革命,在科技发展中产生了巨大的技术作用和经济效益。电力电子技术与先进的信息处理技术和控制理论相结合,促生了 FACTS 概念并为其持续迅速发展创造了条件。

(4) FACTS 是在归纳已有 FACTS 技术产品的研制和运行经验的基础上自然形成的概念。早在 FACTS 概念形成以前,已有多种后来也属于 FACTS 控制器的装置处于研制或应用中,典型的如静止无功补偿器(SVC)、STATCOM 及 N. G. Hingorani 次同步谐振阻尼器(NGH-SSR damper)等,并积累了大量的技术经验。FACTS 概念的提出,不仅归纳这些新型装置共同的技术基础和可能的电网控制功能,而且推广了其技术思路,进一步预见和指导多种新 FACTS 控制器的研制和应用,推动 FACTS 成为一个崭新的电力技术领域。

1.4.2 FACTS 的历史、现状与前景

在 FACTS 技术发展的历史上,有一些标志性的事件是值得记忆的:

(1) 20 世纪 60 年代初期,晶闸管(thyristor)的发明标志着电力电子技术的诞生。

(2) 20 世纪 70 年代初,FACTS 控制器家族中的第一个成员——采用晶闸管控制电抗器(thyristor controlled reactor,TCR)的静止无功补偿器(static var compensator,SVC)在电力系统中得到应用。它是历史最悠久、目前应用最广的 FACTS 控制器。

(3) 1980 年,日本三菱电机公司研制出第一台基于晶闸管的静止同步补偿器(static synchronous compensator,STATCOM),容量为±20Mvar。

(4) 1981 年,N. G. Hingorani 博士发明了以他的名字命名的 FACTS 控制器——

NGH-SSR damper。

(5) 1986 年,N. G. Hingorani 博士首次完整公开地提出 FACTS 概念。

(6) 1986 年,美国西屋公司和 EPRI 合作研制出首台基于可关断晶闸管(gate turn-off thyristor,GTO)的 STATCOM,容量为±1Mvar。

(7) 1992 年,德国西门子公司研制并在美国西部电力局(Western Area Power Administration,WAPA)投运第一台晶闸管控制串联电容器(thyristor controlled series capacitor,TCSC)装置。

(8) 1997 年,美国电力公司、西屋公司和 EPRI 合作研制容量为±320MV·A 的统一潮流控制器(UPFC),这是迄今(2014 年 1 月)为止采用可关断电力电子器件构成的、容量最大的 FACTS 控制器。

(9) 1997 年,IEEE/PES 成立专门的 DC & FACTS 分委会,设 FACTS 工作组,旨在规范 FACTS 技术的术语定义和应用标准。

(10) 1999 年,清华大学和河南省电力局合作研制了我国首台工业化 STATCOM,容量为±20Mvar。

(11) 2001 年,美国纽约电力局投运其可转换静止补偿器(convertible static compensator,CSC)的第一阶段,即±200Mvar 的 STATCOM。

(12) 2011 年,南方电网在广东东莞变电站投运我国迄今(2014 年 1 月)为止容量最大(±200Mvar)的 STATCOM。

在 FACTS 概念形成以前,取得广泛应用的 FACTS 控制器基本上只有 SVC;而在此后,FACTS 技术得到迅速的发展和推广,成为电力工业近二十年来发展最快和影响最广的新兴技术领域之一。目前已发明了近 20 种 FACTS 控制器,部分已经商业化并取得良好的成效,如 SVC、STATCOM、TCSC、UPFC。到 2012 年,已经投运的 FACTS 和用户电力工程已有上千个,总容量超过 100GV·A(其中 SVC 占绝大部分)。FACTS 技术深入发展和广泛应用,使其成为解决现代电网诸多挑战的重要手段之一。从长远来看,其产生的作用将更为深远,正如 IEEE/PES 的 DC 与 FACTS 分委会的 FACTS 工作组在其报告中所指出的:"FACTS 与先进控制中心和整体自动化等技术所带来的非常深远的优越性已经被世人广泛认可,它们预示着电力传输系统一个新时代的到来。"

1.5　FACTS 及其控制器概述

1.5.1　FACTS 基本概念

N. G. Hingorani 博士最早(1988 年)对 FACTS 的定义是:柔性交流输电系统,即 FACTS,是基于晶闸管的控制器的集合,包括移相器、先进的静止无功补偿器、动态制动器、可控串联电容、带载调压器、故障电流限制器以及其他有待发明的控制器。随后,N. G. Hingorani 博士在一系列报告和文章中对 FACTS 的概念进行深入诠释和更新;同时,大量学者也加入这一领域的研究,不断丰富 FACTS 概念的内涵与外延。更为重要的,在 FACTS 这一概念的指导下,新的 FACTS 设备,如 TCSC、基于可关断器件的 STATCOM 和 UPFC 等,也不断出现,反过来又促进了 FACTS 概念的完善。在这个过程中,IEEE、

EPRI 以及国际大电网会议(CIGRE)等国际组织起了重要的推动作用。

从 FACTS 概念诞生到 20 世纪 90 年代中期,由于大量新的 FACTS 设备相继出现,对它们的命名出现了一定的混乱,同时关于 FACTS 技术与其他相关技术(如 HVDC)的关系也一直成为广泛争论的话题。在这种情况下,IEEE/PES 成立专门的 DC & FACTS 分委会,设 FACTS 工作组,旨在规范 FACTS 的术语定义和应用标准。1997 年,FACTS 工作组发布了"FACTS 的推荐术语和定义"文本,本书给出的定义将主要参照该文本。

(1) 电力传输的柔性/灵活性(flexibility of electric power transmission)

电力传输的柔性/灵活性指电力传输系统在维持足够稳态和暂态稳定裕度的条件下适应电网及其运行方式变动的能力。

(2) 柔性/灵活交流输电系统(FACTS)

柔性/灵活交流输电系统指具有基于电力电子技术的或其他静态的控制器以提高可控性和传输容量的交流输电系统。

(3) FACTS 控制器(FACTS controller)

FACTS 控制器指基于电力电子技术的系统或其他静态的设备,它能对交流输电系统的某个或某些参数进行控制。

值得注意的是,在上述定义中提到了其他静态的控制器或设备,这意味着 FACTS 和 FACTS 控制器除了基于电力电子技术之外,还有其他可能的选择。

FACTS 的核心是 FACTS 控制器,以下将概要介绍 FACTS 控制器的基本类型及主要 FACTS 控制器的定义,更详细的内容将在后续章节中阐述。

1.5.2 FACTS 控制器的基本类型

根据 FACTS 控制器与电网中能量传输的方向是串联(平行)或并联(垂直)关系,将其分为以下 4 种基本类型。

1. 串联型 FACTS 控制器(series FACTS controller)

如图 1-11 所示,串联型 FACTS 控制器与线路串联,方框内加一个晶闸管符号代表 FACTS 控制器。在具体形式上,它可以是一个串联的可变阻抗,如晶闸管投切或控制的电容器、电抗器;或者是基于电力电子变换器的,用于满足特定的需要而具有基频、次同步和谐波频率(或其组合)的可控电源。原则上,所有的串联型 FACTS 控制器都产生一个与线路串联的

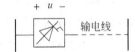

图 1-11 串联型 FACTS 控制器

电压源,通过调节该电压源的幅值和相位,即可改变其输出无功甚至有功功率的大小,起到直接改变线路等效参数(阻抗)的目的。

串联型 FACTS 控制器由于能调节线路等效阻抗,从而直接影响电网中电流和功率的分布以及电压降,因此在实际应用中,对于控制潮流、提高暂态稳定性和阻尼振荡等具有非常好的效果。由于是串联在输电线路上,串联型 FACTS 控制器必须能有效应对紧急和动态的过载电流,以及短时间内大量的短路电流,这是设计和控制中需解决的一个重大问题。

2. 并联型 FACTS 控制器(shunt FACTS controller)

如图 1-12 所示,并联型 FACTS 控制器与能量流动的方向呈垂直(并联)关系。在具体形式上,它可以是一个并联可变阻抗,如晶闸管投切或控制的电容器、电抗器;或者是基于

电力电子变换器的可控注入电源。原则上,所有的并联控制器都相当于一个在连接点处向系统注入的电流源,通过改变该电流源输出电流的幅值和相位,即可改变其注入系统的无功甚至有功功率的大小,起到调节节点功率和电压的作用,进而达到间接调节电网潮流的目的。因此,它在潮流控制方面的效果不如串联型 FACTS 控制器明显;但并联型 FACTS 控制器在维持变电站母线电压方面更具性价比,而且它是对母线节点而不是单一的线路起补偿作用。

3. **串联-串联组合型 FACTS 控制器**(combined series-series FACTS controller)

在多回路输电系统中,可以将多个独立的串联型 FACTS 控制器组合起来,通过一定的协同控制方法使其协调工作,构成组合型 FACTS 控制器。也可以采用如图 1-13 所示的方法,将两个或多个串联在不同回路上的变换器的直流侧连接在一起,构成的串联-串联统一型(unified)FACTS 控制器,典型的如前面提到的 IPFC。它的串联部分能提供无功补偿,而通过调节直流环节之间的有功功率传输,又可在各输电回路之间交换有功功率,从而能够同时平衡多回输电线路上的有功和无功潮流,实现输电系统的优化控制。

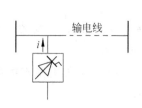

图 1-12   串联型 FACTS 控制器

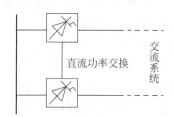

图 1-13   串联-串联组合型 FACTS 控制器

4. **串联-并联组合型 FACTS 控制器**(combined series-shunt FACTS controller)

与串联-串联组合型 FACTS 控制器类似,串联-并联组合型 FACTS 控制器也有两种实现方式:一种是由独立的串联和并联控制器组合而成,通过适当的控制使其协调工作,如图 1-14(a)所示;另一种是通过将串联型和并联型 FACTS 控制器的直流侧连接在一起构成 UPFC,如图 1-14(b)所示。串联-并联组合型 FACTS 控制器通过并联部分向系统注入电流,通过串联部分向系统注入电压;而且,并联和串联部分通过直流环节连接起来以后,可以在它们之间交换有功功率。UPFC 将串联型和并联型 FACTS 控制综合成一个整体,因此兼具二者的优点,能更好地控制电网潮流、提高系统稳定性和进行电压调节。

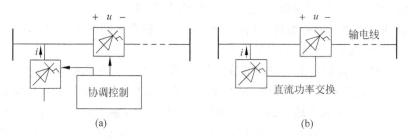

(a)   (b)

图 1-14   串联-串联组合型 FACTS 控制器

(a) 串联与并联协调式;(b) 串联与并联统一式(UPFC)

由以上 4 种基本类型还可以发展出更复杂的 FACTS 控制器,如图 1-15 所示的多回路串联-并联统一式 FACTS 控制器。

本书中即将介绍的 FACTS 控制器都是基于电力电子技术的,根据电力电子元件的开关特性及其在控制器主电路中的作用,又常常将 FACTS 控制器分为基于晶闸管控制/投切型(thyristor controlled or switched type)和基于变换器型(converter-based type)。前者主要采用晶闸管这种单向(开通)可控型电力电子元件作为功率开关器件,代替传统的机械开关,从而获得更灵活的控制特性,它本质上秉承了传统的机械开关投切型补偿器的基本原理。而基于变换器型 FACTS 控制器通常采用双向(开通和关断)可控型电力电子元件构成能量变换器,获得一个可控的电压源

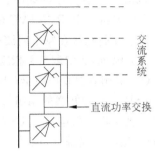

图 1-15 多回路串联-并联统一式 FACTS 控制器

或电流源,通过串联或并联在电网中调节其输出的幅值和相位,来达到对电网进行灵活和快速控制的目的,它在本质上不同于传统的机械开关投切式补偿器。

基于变换器型 FACTS 控制器中最常用的是 DC-AC 变换器,它在直流侧采用电容或电感作为支撑元件,其交流输出连接到电网上。由于电容和电感上存储的能量不能与电网上传输的容量相提并论,因此它只能连续地向系统注入或吸收无功功率,而不能长时间(超过数十周波)向系统提供有功功率补偿,这也使得其调节电网运行方式和动态性能的能力受到一定限制。随着储能技术的发展,如大容量电池储能和超导储能的出现,在 FACTS 控制器中加入大容量储能设备已经成为可能。图 1-16 所示即为带有附加储能设备的串联型、并联型和组合型 FACTS 控制器,它们不但能对电网进行无功调节,而且能进行有功调节,即实现所谓的"象限"补偿,因而具有更佳的控制效果。

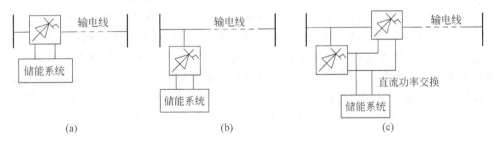

图 1-16 带有附加储能设备 FACTS 控制器

(a) 串联型;(b) 并联型;(c) 组合型

1.5.3 主要 FACTS 控制器的定义

1. 并联型 FACTS 控制器

1) 静止无功补偿器(static var compensator,SVC)

SVC 是一种静止的并联无功发生或者吸收装置,可以调整其输出为容性或感性电流从而达到控制电力系统特定参数(通常是母线电压)的目的。

SVC 是一个通称,它包括 TCR、TSR、TSC 以及它们之间或与机械式无功补偿设备(MSC、MSR)构成的某种组合体。

（1）晶闸管控制电抗器（thyristor controlled reactor，TCR）

TCR 是一种并联的晶闸管控制的电感，通过对晶闸管阀进行部分导通控制，可连续调节其有效电抗。TCR 是 SVC 的一个子集，对基于晶闸管构成的交流开关阀采用触发角控制方式来控制阀体在每个周波的导通时间，从而控制流过并联电抗器的电流，进而改变其等效的基波电抗，达到调节补偿功率的大小。

（2）晶闸管投切电抗器（thyristor switched reactor，TSR）

TSR 是一种并联的晶闸管投切的电感，通过对晶闸管阀进行全导通或全关断控制，可阶梯式改变其等效电抗。TSR 也是 SVC 的一个子集。它通常由几个并联的电感支路组成，每个电感支路都由设有触发角控制的晶闸管阀来投切，从而达到阶梯式改变所消耗的无功功率的目的。对晶闸管阀不使用触发角控制可以降低成本和损耗，其缺点是不能连续控制有效电抗。

（3）晶闸管投切电容器（thyristor switched capacitor，TSC）

TSC 是一种并联的晶闸管投切的电容器，通过对晶闸管阀进行全导通或全关断控制，可阶梯式改变其等效容抗。TSC 也是 SVC 的一个子集。它通常也由多个并联的电容器支路组成，每个支路都由设有触发角控制的晶闸管阀来投切，从而达到阶梯式改变注入系统无功功率的目的。与并联电抗器可以在任意时刻通过开通晶闸管阀投入运行不同，并联电容器必须在适当的时机开通晶闸管阀而投入运行，否则可能因为过大的冲击电流而损坏设备。

SVC 属于基于晶闸管控制/投切型 FACTS 控制器。图 1-17 所示的并联无功补偿系统包括了常见的 SVC 设备。SVC 是最早出现的 FACTS 装置，早在 1974 年还没有 FACTS 概念时，美国通用公司就生产出世界上第一台商用 SVC。它也是目前应用最为广泛的 FACTS 控制器之一，它不仅用于输电网用以控制节点电压水平，提高传输可控性、系统稳定性和输送容量，还广泛应用于配电网中，用来提高供电可靠性和电能质量。

2）静止同步补偿器（static synchronous compensator，STATCOM 或 SSC）

STATCOM/SSC 是一种并联的、能进行无功补偿的静止同步"发电机"，其容性和感性输出电流可独立于注入点的电压而进行控制。它是 FACTS 的核心控制器之一，属于基于变换器型 FACTS 控制器。变换器可以采用电压源型变换器（voltage sourced converter，VSC），如图 1-18(a) 所示；也可以采用电流源型变换器（current sourced converter，CSC），如图 1-18(b) 所示。目前基于 VSC 的 STATCOM 更常见。

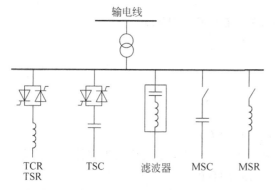

图 1-17 包括 TCR/TSR、TSC、滤波器、MSC 和
            MSR 的并联无功补偿系统

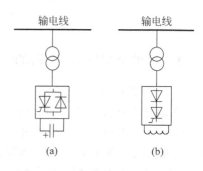

图 1-18 基于 VSC 和基于 CSC 的
            STATCOM

　　对于基于 VSC 的 STATCOM,通过调节其直流侧电容电压的幅值和/或变换器的调制比,可以控制变换器交流输出电压的幅值,进而改变装置输出电流的极性(容性或感性)和大小,达到连续控制输出无功功率的极性和大小的目的。在动态响应速度和可控性能上,STATCOM 优于 SVC,而 SVC 目前在同容量成本上较 STATCOM 低。STATCOM 还可以用作滤除电力系统谐波的有源滤波器。

　　在 IEEE 对 FACTS 术语进行规范之前,STATCOM 还有很多同义词,某些现在还在使用,如 ASVG(advanced static var generator)、ASVC(advanced static var compensator)、STATCON(static condensor)、SVC light 等。

　　STATCOM 是出现较早的 FACTS 控制器之一,早在 1980 年,日本三菱电机公司与关西电力公司合作研制了世界上首台 STATCOM,它采用了晶闸管强制换相的电压源型变换器,容量为±20Mvar。1986 年,由美国西屋公司和 EPRI 合作研制了世界首台基于可关断器件(GTO)的(±1Mvar)STATCOM。1999 年,中国也投运了其首台工业化 STATCOM,容量为±20Mvar。目前,世界上最大容量的 STATCOM 已经达到±200Mvar。STATCOM 是 FACTS 控制器家族中发展最快和应用较广的成员之一,到 2012 年年底,世界上已有超过 30 个大型(容量超过 10Mvar)的 STATCOM 工程投入运行,并取得良好的应用效果。

　　由于 STATCOM 的直流侧一般采用电容或电感等元件,不能大容量存储电能,因此,它只能提供持续的无功补偿功能。而如果在 STATCOM 的直流侧引入电源或大容量储能系统,则可得到一种更广义的并联控制器,即静止同步发电机。

　　3) 静止同步发电机(static synchronous generator,SSG)

　　SSG 是一种由适当电源供电的静止自换流开关式功率变换器,可与交流电力系统并网运行,通过调节其多相输出电压而达到与电网交换可独立控制的有功和无功功率的目的。

　　SSG 是通过在 STATCOM 直流侧引入电源或大容量储能系统而发展出来的一种广义并联控制器,即是 STATCOM 和一个既能吸收又能放出能量的储能设备的组合体,如图 1-19 所示。其中储能设备可能是电池、超导体、飞轮、超级电容组,或者是另外的整流设备;在电源和变换器之间采用一定的能量接口电路,如斩波器,即可使电源不断地补偿直流电容/电感上的能量,使主变换器与并网的交流系统持续交换可控的有功和无功功率,进行四象限补偿。

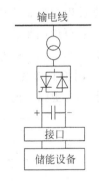

图 1-19　将 STATCOM 和储能设备组合构成静止同步发电机(SSG)

　　SSG 的两个子集为将蓄电池与 STATCOM 组合构成的电池储能系统(battery energy storage system,BESS)和将超导体与 STATCOM 组合构成的超导储能系统(superconducting magnetic energy storage,SMES)。

　　4) 静止无功发生/吸收器(static var generator/absorber,SVG)

　　SVG 是一种静止的电气设备、装置或系统,能够向电力系统输出可控的感性或者容性电流,从而发出或吸收无功功率。一般认为,SVG 包括并联的晶闸管控制/投切电抗器(组)、晶闸管投切电容器(组)以及 STATCOM 等。SVG 是 IEEE 定义的一个广泛意义上的静止无功电源,通过恰当的控制可以将其转换为具有特定功能或者多个功能的并联无功补偿器。因此,SVC 和 STATCOM 都属于 SVG 的范畴。

5) 静止无功补偿系统(static var system,SVS)

SVS 是一种将不同的静止式以及机械投切式无功补偿装置的输出进行协调而构成的并联补偿系统。SVS 是将 SVG 与不可控的机械式并联无功补偿设备组合而形成的、较广泛意义上的并联无功补偿系统。图 1-17 所示即为一个 SVS,在同一母线上包含了 SVC(TCR/TSR、TSC)、滤波器、MSC 和 MSR。

6) 无功补偿系统(var compensating system,VCS)

VCS 是将不同的静止式、机械投切式和旋转式无功补偿装置的输出进行协调而构成的并联补偿系统。VCS 是将 SVG、不可控机械式和旋转式并联无功补偿设备组合而形成的最广泛意义上的并联无功补偿系统。

7) 晶闸管控制制动电阻(thyristor controlled braking resistor,TCBR)

TCBR 是一种并联的晶闸管投切的电阻器,主要功能是,在发生扰动后加强电力系统的稳定性和/或降低发电机组的功率加速度。

TCBR 的(单相)结构如图 1-20 所示,它是在传统制动电阻基础上采用晶闸管代替机械开关而形成的并联 FACTS 控制器。晶闸管一般采用触发角控制,对于单相 TCBR,每半个周波即可进行一次控制。在系统发生短路等大扰动情况下,通过快速投入电阻,消耗多余的功率而减少系统的不平衡功率,有利于降低机组加速度、提高系统暂态稳定性和阻尼功率振荡。为了降低成本,也可以对晶闸管只进行简单的投切控制,但此时将不能有效地阻尼系统低频功率振荡。

8) 晶闸管控制电压限制器(thyristor controlled voltage limiter,TCVL)

TCVL 是一种由晶闸管投切控制的金属氧化物避雷器(metal-oxide varistor,MOV),用以在暂态过程中限制跨接在其两端的电压。

TCVL 可由晶闸管阀与无隙避雷器串联构成;也可采用如图 1-21 所示的结构,避雷器的一部分(10%~20%)与晶闸管阀并联,即被旁路掉,如此能动态降低电压限制的水平。由于 TCVL 需抑制持续时间长达数十个周期的过电压,因此所采用的 MOV 要求比普通的无隙避雷器具有更强大的耐受力。

图 1-20　晶闸管控制制动电阻(TCBR)

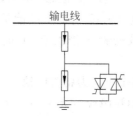

图 1-21　晶闸管控制电压限制器(TCVL)

2. 串联型 FACTS 控制器

1) 晶闸管控制串联电容器(thyristor controlled series capacitor,TCSC)

TCSC 是一种阻抗补偿设备,由一组电容器和一个晶闸管控制的电抗器并联组成,串联在传输线上用以提供连续可控的补偿容(感)抗。

TCSC 的基本(单相)结构如图 1-22 所示,它由一个大容量电容器或一组电容器与一个 TCR 并联构成,主电力电子器件为没有门极关断能力的晶闸管,因此 TCSC 属于基于晶闸管控制型 FACTS 控制器。它的基本工作原理是:当 TCR 支路的晶闸管完全关断时,电抗器不导通(电抗为无穷大),TCSC 表现为一般的电容器串联补偿;当晶闸管导通度逐渐增大时,TCR 支路的电抗从无穷大逐渐减小,TCSC 的阻抗为 TCR 支

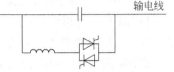

图 1-22 TCSC/TSSC 的基本结构

路等效电抗与电容容抗的并联,将呈容性逐渐增大;当 TCR 支路等效电抗达到某个特定值时(大小等于电容器容抗时),将发生并联参数谐振,TCSC 阻抗为无穷大;当晶闸管导通度进一步增大时,TCSC 将表现为感性阻抗,且随着导通度的增大,感抗逐渐下降,在 TCR 支路完全导通时,获得最小的感抗值。因此,通过控制 TCR 支路上晶闸管的导通角度,可以在一定的感性和容性范围内连续调节 TCSC 提供的等效阻抗。

正如 TCR 与 TSR 的关系一样,也可以对 TCSC 的 TCR 支路不采用触发角控制,而仅采用投切控制,此时 TCSC 也常被称为晶闸管保护串联电容器(thyristor protected series capacitor,TPSC)。当 TSR 支路完全导通时,TPSC 呈感性;而当 TSR 支路完全关断时,TPSC 呈容性,相当于普通的 FSC。将 TPSC 与电感器(也可以是线路的等效感抗)串联起来使用,正常运行时,TPSC 提供串联补偿功能,有利于提高传输容量;而一旦线路发生短路故障,TPSC 能快速控制其 TSR 支路完全导通,使得补偿阻抗快速从容性变为感性,有利于降低短路电流。因此,通常又将 TPSC 与电抗器串联组成的 FACTS 控制器称为短路电流限制器(short circuit current limiter,SSCL)。

实用的 TCSC,其 TCR 支路的电抗值通常为串联电容容抗值的 1/10~1/3,而当 TSR 支路的电抗值进一步减小,且只采用投切控制时,则得到另一种串联型 FACTS 控制器,即晶闸管投切串联电容器。

晶闸管投切串联电容器(thyristor switched series capacitor,TSSC)是一种容性阻抗补偿设备,由一组电容器组和一个晶闸管投切的电抗器并联组成,串联在传输线上用以提供阶梯式控制的补偿容抗。

与 TCSC 相比,TSSC 的电抗支路由于不采用触发角控制,降低了开关损耗和成本,但它只有两种工作模式,即电抗支路断开的电容器串联补偿模式和电抗支路完全导通的旁路模式。旁路模式下,由于 TSR 支路的电抗值很小,相当于短路,因此 TSSC 只能提供阶梯式可控的串联容性阻抗补偿。

TCSC 是最重要的串联型 FACTS 控制器之一,世界上第一台 TCSC 在 1992 年由德国西门子公司研制并在美国西部电力局(WAPA)投运。到 2004 年底,世界上已有 10 个大型的 TCSC 工程投运,我国首个 TCSC 工程于 2003 年在南方电网的平果 500kV 变电站投运。

除了采用晶闸管以外,还可采用可关断器件与电容器并联来构成连续可控的串联电容补偿设备,如 GTO 控制串联电容器(GTO controlled series capacitor,GCSC)。GCSC 的基本(单相)结构如图 1-23 所示,其中开关阀 SW 采用可关断器件 GTO。当 GTO 完全开通时,GCSC 处于短路模式,提供的串联补偿容抗为 0;当 GTO 阀在每半个周期采用一定的关断延迟角开通时,GCSC 将等效为某一较小的容抗;当 GTO 的关断延迟角为 0,即总是处在关断状态时,相当于全部电容串联在输电线上,GCSC 提供最大的等效容抗。GCSC 通过关

断延迟角控制而获得连续可控的容性阻抗补偿。

2）晶闸管控制串联电抗器（thyristor controlled series reactor，TCSR）

TCSR 是一种感性阻抗补偿设备，由电抗器和一个晶闸管控制的电抗器并联组成，串联在传输线上用以提供连续可控的补偿感抗。

TCSR 的基本（单相）结构如图 1-24 所示，它可以视为将 TCSC 中的串联电容换成串联电抗而得到一种 FACTS 控制器。它的工作原理与 TCSC 类似，都采用晶闸管触发角控制，当 TCR 支路完全导通时获得最小的感性补偿电抗，当 TCR 支路完全关断时获得最大的感性补偿电抗。因此，TCSR 也可以作为短路电流限制器使用。

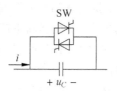
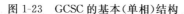
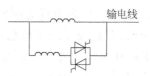

图 1-23　GCSC 的基本（单相）结构　　　　　　　图 1-24　TCSR/TSSR 的基本结构

与 TCSC 与 TSSC 的关系类似，TCSR 如果不采用晶闸管触发角控制而仅采用投切控制，则得到另一种串联型 FACTS 控制器，即晶闸管投切串联电抗器。

晶闸管投切串联电抗器（thyristor switched series reactor，TSSR）是一种感性阻抗补偿器，由电抗器和一个晶闸管控制的电抗器并联组成，串联在传输线上用以提供阶梯式控制的补偿感抗。

与 TCSR 相比，TSSR 的电抗支路由于不采用触发角控制，降低了开关损耗和成本，但它只有电抗支路完全断开和导通两种工作模式，因而只能提供阶梯式可控的串联感性阻抗补偿。

3）N. G. Hingorani 次同步谐振阻尼器（NGH-SSR damper）

NGH-SSR damper 是由 FACTS 概念的提出人 N. G. Hingorani 博士发明的、一种用于阻尼次同步谐振 SSR 的串联型 FACTS 控制器，IEEE 没有对其进行严格的定义。

4）静止同步串联补偿器（static synchronous series compensator，SSSC 或 S³C）

SSSC 是一种不含外部电源的静止式同步无功补偿设备，串联在输电线上并产生相位与线路电流正交、幅值可独立控制的电压，能通过增加或减少线路上的无功压降而控制传输功率的大小。SSSC 也可以包含一定的暂态储能或耗能装置，通过在短时间内增加或减少线路上的有功压降而起到有功补偿的作用，从而达到改善电力系统动态性能的目的。

简单地看，SSSC 就是将 STATCOM 串联在线路上使用的一种 FACTS 控制器。它也属于基于变换器型 FACTS 控制器，变换器可以采用 VSC，也可以采用 CSC。图 1-25（a）所示即为基于 VSC 的 SSSC，与图 1-18（a）相比，相当于将 STATCOM 的变换器通过变压器（或电抗器）并联到系统母线上的结构改变为变换器通过变压器（或电抗器）串联到线路上而得到。

与 STATCOM 类似，也可以在 SSSC 直流侧引入蓄电池和超导磁体等储能设备而构成功能更强的串联 FACTS 控制器，如图 1-25（b）所示，从而使其输出电压相量与线路电流相量之间呈非直角关系，实现"四象限"串联补偿。

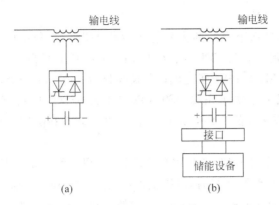

图 1-25　基于 VSC 的 SSSC 及直流侧带储能设备的情况

5）线间潮流控制器（interline power flow controller，IPFC）

IPFC 是一种相对较新的 FACTS 控制器，IEEE 尚无定义。文献[1]给出的定义为：IPFC 是由两个或多个 SSSC 基于共同的直流链路而组合起来、各 SSSC 的交流端有功功率可双向流动并提供独立可控无功功率补偿的一种 FACTS 控制器，具有调节两回或多回输电线之间的有功和无功功率分配的功能。IPFC 在结构上还可包括 STATCOM，使之连接到 IPFC 的公共直流链路上，用以提供无功功率补偿，并产生或吸收有功功率以维持组合 SSSC 上有功潮流的整体平衡。

IPFC 属于串联-串联组合型 FACTS 控制器，由两个 SSSC 组合构成的 IPFC 的基本结构如图 1-13 所示，将 STATCOM 和 IPFC 组合构成了的多回路串联-并联统一式 FACTS 控制器的结构如图 1-15 所示。

3. 并联-串联组合型 FACTS 控制器

1）统一潮流控制器（unified power flow controller，UPFC）

UPFC 是由 STATCOM 和 SSSC 基于共同的直流链路耦合形成，允许有功功率在 SSSC 和 STATCOM 的交流输出端双向流动，并在无需任何附加储能或电源设备的情况下即可同时进行有功和无功功率补偿的一种并联-串联组合型 FACTS 控制器。UPFC 具有全面的补偿功能，不但能提供独立可控的并联无功功率补偿，而且可以通过向线路注入相角不受约束的串联补偿电压，同时或有选择性地控制传输线上的电压、阻抗和相角，实现有功和无功潮流控制。

UPFC 的基本结构如图 1-26 所示。由于 STATCOM 和 SSSC 连接到共同的直流链路上，串联部分 SSSC 所需的有功功率可通过并联的 STATCOM 从同一线路传递过来，故其提供的串联补偿电压可以具有各种不同的相角，即可同时或有选择性地调节线路上的电压、阻抗和相角；而并联部分 STATCOM 通过恰当的无功功率补偿而可对线路的电压进行控制；因此，UPFC 是一种完备的有功和无功潮流控制器，兼具调节电压的功能。在 UPFC 的直流链路侧引入如蓄电池、超导磁体等储能设备，并通过适当的协调控制，可进一步增加 UPFC 的控制自由

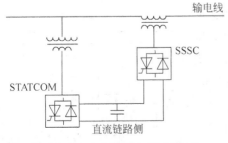

图 1-26　UPFC 的基本（单相）结构

度,提高 UPFC 的动态性能。

世界上第一台,也是迄今惟一的大容量工业化 UPFC 是美国电力(American Electric Power,AEP)公司、西屋公司与 EPRI 联合研制的,采用基于 GTO 的 VSC。它的并联部分为 160Mvar STATCOM,于 1997 年完成;串联部分为 160Mvar SSSC(也是世界上首台大容量工业化 SSSC 装置),于次年完成。STATCOM 和 SSSC 可各自独立运行,也可以组合成一个整体,即 320MV·A 的 UPFC 运行。该 UPFC 装设在美国肯塔基州东部的 Inez 变电站。

考虑到 STATCOM 和 SSSC 既可以独立运行,也可以统一成 UPFC 整体运行,因此多个 STATCOM 和 SCCC 组合运行时,可以获得灵活多变的多种补偿方式,这就是可转换静止补偿器(convertible static compensator,CSC)的概念。图 1-27 所示即为美国纽约电力局(New York Power Authority,NYPA)安装在 Marcy 变电站的 200MV·A CSC。它包括两组容量相等的三电平变换器,通过操作刀闸并辅以适当的控制方法,可具有 11 种运行模式,即不进行任何补偿(1 种)、100Mvar/200Mvar STATCOM(2 种)、100Mvar SSSC 对线路 Marcy-New Scotland 和/或 Marcy-Coopers Corners 进行补偿(3 种)、100Mvar STATCOM 和 100Mvar SSSC 对线路 Marcy-New Scotland 或 Marcy-Coopers Corners 进行补偿(2 种)、200MV·A UPFC(2 种)和 200MV·A IPFC(1 种)。

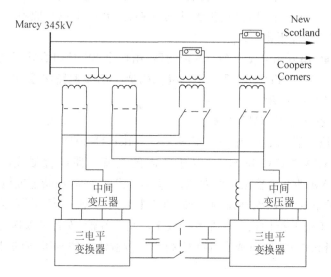

图 1-27　CSC 的基本(单相)结构

2) 晶闸管控制移相变压器(thyristor controlled phase shifting transformer,TCPST)

TCPST 是一种采用晶闸管开关调节、可提供快速可变相角的移相变压器,也称为晶闸管控制相位调节器(thyristor controlled phase angle regulator,TCPAR)或晶闸管控制移相器(thyristor controlled phase shiftor,TCPS)。

TCPST 的单相结构如图 1-28 所示,每相包括一个并联和一个串联的变压器绕组,二者之间通过一个基于

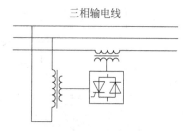

图 1-28　TCPST 的基本(单相)结构

晶闸管的电力电子拓扑电路连接起来,并联绕组的原边连接到另外两相,产生一个相位与控制相电压垂直的电压相量,它通过电力电子电路进行适当调节(即改变极性和幅值等)后叠加到控制相电压上,从而达到可控移相的目的。

3)晶闸管控制电压调节器(thyristor controlled voltage regulator,TCVR)

TCVR 是一种晶闸管控制的变压器,可以通过连续控制提供可变的同步电压。在实际应用中,TCVR 有两种结构形式。一种是在普通的带载调压变压器中采用晶闸管控制抽头技术,如图 1-29(a)所示;另一种采用晶闸管控制的交-交电压变换器,如图 1-29(b)所示。每相包括一个并联和一个串联的变压器绕组,二者之间通过一个基于晶闸管的电力电子拓扑电路连接起来,并联绕组产生一个同步的电压相量,它通过电力电子电路进行适当调节后叠加到同相的电压上,从而达到控制电压的目的。TCVR 通过调节线路上的电压能有效地控制电网中的无功潮流。

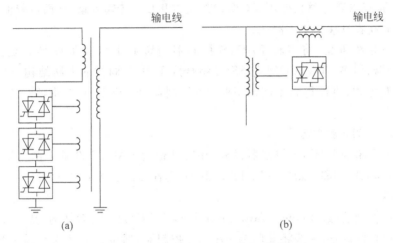

图 1-29　TCVR 的基本(单相)结构
(a)采用晶闸管控制抽头技术的带载调压变压器;(b)采用晶闸管控制的交-交电压变换器的 TCVR

4)相间功率控制器(interphase power controller,IPC)

IPC 是一种可对有功和无功功率进行控制的组合型 FACTS 控制器,它的每相包括一组并联的、分别从属于独立移相单元的容性和感性支路,通过采用常规(机械式)或电力电子电路来调整各支路的相移或/和阻抗,达到分别控制线路有功和无功功率的目的。

IPC 更多地被视为一种能创新出不同结构和实现更多功能的潮流控制技术,而不是一种具有固定结构的 FACTS 控制器,它的通用结构如图 1-30 所示。每相包括并联的容性和感性支路,分别由容(感)性阻抗与独立的移相单元串联构

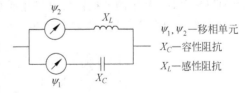

图 1-30　IPC 的通用(单相)结构

成,即包括 2 个阻抗和 2 个相移共 4 个可控单元,它们的参数可按具体运行条件进行设计,从而形成具有不同结构、不同特性乃至不同名称的各种 IPC。同时,其移相单元可以采用不同的方式,如传统的移相变压器(phase-shifting transformer,PST)或者电力电子电路来实现。

目前,IPC 有如下一些常见的应用方式:

(1) 解耦互联器(decoupling interconnector,DI)

在这种应用中,将容性和感性支路的阻抗进行调谐形成共轭对(即阻抗的虚部符号反向),从而使 IPC 成为一个高阻抗设备,其一端相当于无源电流源,能达到解耦电压的目的。因此,DI 能实现联网而不会贡献短路电流,常用于不同传输子网或母线节点之间的互联。

(2) 短路电流限制变压器(fault current limiting transformer,FCLT)

当将一个 DI 与一个传统变压器并联起来,用于连接两个电压等级的母线时,可以对它的结构进行简化和优化,此时它常被称为 FCLT。它的优点是在提高变压总容量的同时,不会增加短路电流容量。

(3) 辅助移相变压器(assisted phase shifting transformer,APST)

它是将普通移相变压器(PST)与感性或容性阻抗并联起来构成的一种 IPC。它用于输电系统,能增加已有普通移相变压器(PST)的正常和紧急传输容量,从而以较低的成本实现了一个等效的高容量移相变压器。

通过上面介绍可见,将多种 FACTS 控制器组合起来构成可以具有更高级功能的 FACTS 控制器,如将 STATCOM 与 SSSC 组合成 UPFC,同样的电路结构,由于采用不同的参数和控制方式,可以得到不同的 FACTS 控制器,如 TCR 与 TSR,TCSC 与 TPSC 或 TSSC 等。

4. 其他 FACTS 控制器

除了以上介绍的 FACTS 控制器以外,还有其他的 FACTS 设备。在此简要介绍网间潮流控制器,其他更多和更新的 FACTS 设备,请读者自行了解 FACTS 的最新发展动向及阅读相关文献。

网间潮流控制器(grid power flow controller,GPFC)是一种较新的、基于大容量电力电子技术的潮流控制设备,一般将其归为 FACTS 控制器,但也有人认为它是 HVDC 技术的发展。其基本原理如图 1-31 所示,它包括一对可运行于整流或逆变状态的变换器,变换器的直流侧通过电容器或电抗器或储能设备连接在一起,交流侧通过变压器或电抗器连接到不同的交流电网;运行过程中动态地控制两个变换器,一个用于整流,另一个用于逆变,从而将功率从一个交流电网传输到另一个交流电网。因此,GPFC 能用于在两个或更多的同步或异步交流电网之间交换功率。可见,GPFC 与 HVDC B2B 功能是一致的,故又称为 FACTS B2B。其中的变换器可以采用类似于传统 HVDC 的晶闸管来实现,也可以采用基于可关断器件的 VSC 或 CSC 来实现。

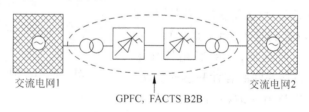

图 1-31 GPFC 的基本原理

将以上介绍的 FACTS 控制器按照其基本类型总结成表 1-2。值得注意的是,在 IEEE/PES 发布的 FACTS 的推荐术语和定义中,TCVL 和 TCVR 被列为其他类型控制器。

表 1-2 FACTS 控制器的基本类型

FACTS 控制器		并联型	串联型	串联-串联组合型	并联-串联组合型
基于晶闸管控制/投切的		SVC(TCR,TSR,TSC)-SVS-VCS；TCBR,TCVL	TCSC,TPSC,TSSC, SCCL,GCSC,TCSR, TSSR,NGH-SSR Damper	—	TCPAR, TCVR
基于变换器(变换器)的	不带储能设备	STATCOM	SSSC	IPFC	UPFC,CSC
	带储能设备	SSG(SMES,BESS)	可带储能设备	可带储能设备	可带储能设备

1.5.4 FACTS 的优越性

1. 常见 FACTS 控制器的功能

不同的 FACTS 设备能对电网不同的参数进行控制，因而具有不同的功能，表 1-3 简单总结了各种 FACTS 设备能控制的电网参数及其应用功能。

表 1-3 FACTS 控制器能控制的电网参数及其应用功能

FACTS 控制器	能控制的电网参数	应用功能
SVC(TCR,TSR,TSC)-SVS-VCS,STATCOM	注入无功功率、节点电压	无功补偿,电压控制,提高电压、暂态和中长期稳定性,阻尼功率振荡
SSG(SMES,BESS)	注入有功/无功功率、节点电压	无功和有功补偿,电压控制,自动发电控制(AGC),提高电压、暂态和中长期稳定性,阻尼功率振荡
TCSC,TPSC,TSSC,SCCL, GCSC,TCSR,TSSR	线路阻抗	电压控制,潮流控制,提高电压、暂态和中长期稳定性,阻尼功率振荡,限制短路电流
SSSC,IPFC	线路压降	电压控制,潮流控制,提高电压、暂态和中长期稳定性,阻尼功率振荡,在并联的多回路间交换潮流(IPFC),限制短路电流
TCPAR	相位差	潮流控制,提高暂态和中长期稳定性,阻尼功率振荡
TCVR	电压差	电压控制,无功潮流控制,提高电压、暂态和中长期稳定性,阻尼功率振荡
UPFC(带储能设备)	节点电压、线路压降及其相位	无功(和有功)补偿,电压控制,潮流控制,提高电压、暂态和中长期稳定性,阻尼功率振荡,限制短路电流
NGH-SSR Damper	线路的次同步频率阻抗	阻尼 SSR
TCBR	节点接地阻抗(负荷)	提高暂态稳定性,阻尼功率振荡
TCVL	节点接地非线性负荷	限制节点暂态/动态电压

从表 1-3 可见，不同的 FACTS 设备在电网中能控制的参数是不同的，由于电网中的电压、电流、阻抗、有功和无功功率等因素都是紧密联系的，每一种控制器往往有多种好处，比如可以控制电压、潮流和提高稳态及动态特性等。而且，控制器既可以开环运行也可以多闭环运行，以达到多重效果。但也应该注意到，有些控制器在特定场合只能具备一种功能，而

另一些控制器可以同时具备多种功能,如 SVC,其阻尼功率振荡与提高电压稳定性这两个功能在特定时刻只能以一个为主;而 UPFC 则可以通过控制节点电压和线路潮流而同时实现这两个功能。此外,由于不同 FACTS 设备能控制的参数数目及各参数对系统潮流和稳定性的重要性不一样,它们的控制效果也是存在差别的。

关于可控参数的相对重要性,有以下一些基本结论:

(1) 控制线路阻抗和压降(包括幅值和相角差)可以有效地控制潮流,特别是当相角差不大时,串联性的无功补偿(如 TCSC、SSSC)通过改变线路阻抗或纵向压降可以对有功潮流进行有效的控制。

(2) 控制相角差(如 TCPAR)能有效地控制电网潮流分布。

(3) 注入与线路压降相量存任何可控相位关系的串联电压(如带储能设备的 SSSC、UPFC)可有效控制电网的有功和无功潮流,此时需同时注入有功和无功功率。

(4) 并联无功补偿能有效抵消节点的无功负荷,实现调节注入节点电压的功能,同时会对注入点附近的无功潮流分布有一定改变,但对有功潮流的控制作用非常有限。

(5) 通过调节某个中枢点的电压(如采用 TCVR)是控制电网无功潮流的有效方法。

(6) 将调节线路阻抗的串联控制器(如 SSSC)和调节电压的并联控制器(如 STATCOM)联合起来,可同时控制两个系统之间的有功和无功潮流。

当然,各种 FACTS 设备的可控性是不同的,特别是潮流控制和提高稳定性的效果,每个控制器各有其特点,表 1-4 对各种常见 FACTS 控制器进行了简单比较,要清楚它们的具体的特点和优势,还需仔细阅读后续章节。在实际系统中应用 FACTS 控制器时,需事先对目标电网的运行特性和需求进行详细分析,并对不同 FACTS 控制器功能和技术经济指标进行具体对比,以选择最具性价比的实现方案。

表 1-4　常见 FACTS 控制器(HVDC)在潮流控制和提高系统稳定性方面的效果比较

	潮流控制	电压控制/稳定性	暂态稳定性	阻尼功率振荡
SVC、STATCOM	■	■■■	■	■■
BESS、SMES	■	■■■	■■	■■
TCSC	■■	■	■■■	■■
SSSC	■■■	■	■■■	■■
TCPAR	■■■	■■	■■■	■■
TCVR	■	■■■	■	■
TCBR	/	/	■■■	■■
GPFC	■■■	■■	■■■	■■■
UPFC	■■■	■■■	■■■	■■
HVDC	■■	■■■	■■	■■

其中:/——无相应功能;■——小;■■——中;■■■——大。

2. FACTS 技术给电网带来的好处

关于各 FACTS 控制器具体的功能和特性将在以下各章节中介绍,但总体上,FACTS 技术能给电网带来以下好处中的一种或多种。

(1) 按需控制电网潮流。使潮流的分布符合合同规定或用户需求,或满足某种最优化指标(如使网损最小的所谓最优潮流),或能经受某些紧急运行状况,或者以上情况的组合。

（2）提高电网的传输容量。FACTS 通过克服系统的稳定性限制，并协调电网中不同传输设备上的功率分布，能大大提高单一传输设备的送电容量，如将线路的传输能力提高到其热稳定极限，而且使得电网整体的传输容量达到其最大值，从而减少建设新的输电走廊，不仅节省输电成本和占地，而且有利于保护环境。

（3）提高系统的电压稳定性、暂态稳定性和中长期稳定性，有效地阻尼电气系统的低频功率振荡和电气与机械系统之间的次同步谐振，限制短路电流，防止连锁性（cascading）故障和大范围停电事故，从而提高电力系统的安全性。

（4）为两个或多个电网之间提供可靠的连接，通过功率交换和互备，降低总的备用装机容量。

（5）为新电厂的选址提供更多的灵活性。

（6）通过就地无功补偿，可降低线路上的无功潮流，从而可使线路传输更多的有功功率。

（7）减小电网环流，降低网损。

（8）保证现代复杂互联电网的可靠和安全运行，降低发电成本。现代大电网的重要功能之一就是将低成本的电力传输到各级用户，FACTS 技术所带来的灵活控制潮流和提高稳定性的能力为大型互联网的运行提供了技术保障，从而能实现能源的优化配置，降低电力工业的整体成本和提高效率。

（9）FACTS 会给电网的运行带来良好的经济效益。这主要表现在三个方面：其一是增大了已有设备的传输容量，可以输送更多的电力；其二是可以降低网络损耗；其三是能推迟甚至避免建设新的线路和电厂。此外，由于 FACTS 可以提高电网的稳定性和可靠性，减少停电风险和提高电能质量，也会带来客观的经济效益。当然，建设 FACTS 控制器也需要一定数量的投资。

3. FACTS 较传统解决方法的优势

FACTS 与传统解决方法的根本区别在于：FACTS 是基于高速大容量电力电子技术的，因而具有更快的响应速度、更好的可控性和更强的控制功能，主要表现在以下几个方面。

（1）更快的响应速度

传统解决方案的最后执行环节通常为机械开关，其动作时间为 1～4 个工频周期，甚至更长。而 FACTS 技术中，即使是基于普通晶闸管的 FACTS 设备，如 SVC，每相的最长响应时间为一个周波，三相整体响应时间可达 1/3 个周波；而基于变换器的 FACTS 控制器，其响应时间更短，达到毫秒级，甚至在整个控制流程中可以忽略不计。响应速度快可带来一系列好处，如更迅速地对系统扰动作出反应，能对一些高频的动态过程进行调节，有利于设计性能好的闭环控制器等。

（2）更频繁的控制

机械开关不仅动作时间长，而且在每次动作后一般要等待一定时间后才能再次动作，即不能在短时间内频繁操作，而 FACTS 控制器没有这种约束，它可以反复调节，随时动作。

（3）连续控制能力

由于机械开关只有投/切两种状态，因此，以其为基础的传统解决方法往往只有离散控制能力，如 MSC 只能提供数个台阶的阶梯式无功补偿，FSC 的每一个串联补偿电容要么投入要么退出；而 FACTS 能在其运行范围内连续调节电网的参数，具备连续控制能力，如

SVC 能提供其容量范围内任意的无功补偿功率,TCSC 能在其可调阻抗内提供连续可控的串联补偿容抗或感抗。

(4) 更综合和更灵活的控制功能

传统解决方法(如 MSC、FSC)功能单一,控制灵活性很差,而且会带来其他问题,如 FSC 可能引起 SSR。但 FACTS 控制器往往具有综合功能,如表 1-3 所示。譬如 UPFC,它可以同时控制节点电压、等效阻抗、相位差等多个电网参数,对系统的多种稳态特性(如潮流分布、电压调节)和动态性能(如暂态稳定性、电压稳定性、振荡稳定性等)具有控制作用;同时,通过采用不同的控制规律和参数而切换或突出 FACTS 设备的控制功能,即具备良好的灵活性。

(5) 有功补偿能力

一些基于变换器的 FACTS 控制器,如 STATCOM、SSSC 和 UPFC 等,可以与储能设备结合,具备补偿有功功率的能力,从而能提供更强大的控制能力。

(6) 能克服传统解决方法的局限性

将传统的补偿设备(如 FSC)改为采用电力电子开关(如晶闸管)进行控制,就能根据系统需要进行频繁的投切,采用适当的控制规律后,不但能够达到补偿的目的,还能有效抑制 SSR 和低频功率振荡,在提高线路传输能力的同时保证了系统的安全性。

总之,FACTS 技术使得对大型互联电网的控制能够更加快速、频繁、连续、综合和灵活,能实现对电网潮流的精确控制并大大提高电网的动态性能和稳定水平,从而将传统的纯粹依赖机械开关的"硬性"交流输电系统提升为融合电力电子技术、最新的信息处理技术和先进的控制技术在内的"柔性"交流输电系统。

值得注意的是,FACTS 并不是简单地排除机械开关和传统的解决方法。机械开关对于调整电网拓扑、长时间地改变系统运行方式都是必需的;即使是 FACTS 设备,也需要采用机械开关来完成并网运行、旁路和退出等操作。而且迄今为止,机械开关与电力电子器件相比,在容量、稳态开关特性、稳态运行可靠性等方面仍有较大的优势,详见表 1-5。因此,

表 1-5   机械开关与电力电子器件的比较

特　　　性	机 械 开 关	电力电子器件
开关机理	金属性接触和电弧	PN 结
最大开关电压/电流	约 1100kV/80kA	约 12kV/8kA
通态阻抗	$\mu\Omega$ 级	$m\Omega$ 级
通态损耗	很小	相对较高
通态压降	<100mV	1～2V
绝缘能力	非常高	有限,对电压敏感
过载能力	非常高	有限
响应时间	数个工频周期	几微秒至 1 个工频周期
寿命	有限	理论上无限
频繁动作能力	有限	非常高
封装性	好	好,但需要冷却时不好
是否需要维护	需要	不需要
同容量成本	低	高

机械开关仍然是现代电网的基础性的和大量使用的设备。基于机械开关的传统解决方法虽然在诸多方面不如 FACTS 控制器,但它的成本低、运行可靠,特别适用于一些固定控制目标的应用场合。因此,FACTS 是对传统交流输电系统的补充和升级,它并不排除传统的解决方法,如当采用 FACTS 技术将线路传输容量提高到其热稳定极限时,需增建新的线路或升级原有线路来进一步提高输电能力。同时,FACTS 技术还可与传统解决方法组合使用,如将串联电容部分采用机械控制(即 FSC),部分采用晶闸管控制(即 TCSC),从而在实现功能的同时使系统的损耗和成本减小。在一个大型互联电网中采用 FACTS 技术之后,更需要考虑电网计划和运行的协调性,达到最佳的整体控制效果。

1.6　FACTS 与 HVDC

由于 FACTS 和 HVDC 都是基于大功率电力电子技术发展起来的,而且在很多方面(如电路结构、功能等)具有相似性,因此在 FACTS 概念提出的初期,曾就它们之间的关系进行了广泛的讨论。以下简单介绍 HVDC 技术的发展历史和技术现状,并对 FACTS 和 HVDC 进行对比,以帮助读者正确把握其相互关系。

1.6.1　HVDC 的发展历史回顾

虽然历史上第一个实用电力系统采用直流输电,但由于在电力工业发展初期,直流输电与交流输电相比存在很多劣势,如灵活变压能力差、电压低、损耗高、联网能力差、供电范围小、输电和用电设备复杂、维护量大和成本高等,导致直流输电的发展较慢。在很长一段时间内,直流输电都处于劣势,而交流输电发展迅速,占据了电力工业的主导地位。

20 世纪 50 年代,可控汞弧阀(mercury arc valve)换流器的研制成功并投入运行,为发展高电压、大功率直流输电开辟了道路。1954 年,首个采用汞弧阀换流器的商业化直流输电系统——瑞典 Gotland 直流工程的成功投运,标志着 HVDC 输电的诞生。20 世纪 50～70 年代是 HVDC 的汞弧阀换流时期。其间,世界上共有 12 项汞弧阀换流的 HVDC 工程投入运行,总容量约为 5000MW。但由于汞弧阀制造技术复杂、价格昂贵、逆弧故障率高、可靠性较差、运行维护不便等因素,它很快被新兴的晶闸管阀换流技术代替。到 20 世纪末期,全世界仍维持运行的采用汞弧阀的 HVDC 工程尚存 4 个。

高压大容量晶闸管的出现,将 HVDC 输电带入一个新的时期,即所谓的晶闸管阀换流时期。1970 年左右,瑞典 Gotland 直流输电系统的扩展工程(ASEA 公司)采用了第一个商业化晶闸管变换器组。1972 年,世界上第一个采用晶闸管的全固态(solid-state)商业化 HVDC 背靠背(B2B)系统在加拿大新布伦兹维克建成(通用公司),用于魁北克和新布伦兹维克电网之间的非同步互联,电压为 80kV,输送容量达 320MW。此后,晶闸管换流技术居 HVDC 工程的主导地位,应用于一些大型 HVDC 输电工程,如:巴西 Itaipu HVDC 输电工程(1987 年投运,±600kV,6300MW,传输距离约 800km),加拿大魁北克—美国新英格兰三端 HVDC 输电工程(1992 年完成,±450kV,2000MW,输电距离 1480km)。

目前,HVDC 中应用最广泛的仍然是基于晶闸管的变换器,但是新型电力电子器件的出现,特别是可关断器件的发展,其电压不断提高,容量不断增大,而且具有高频开关特性,给 HVDC 技术注入新的活力。其中"基于电压源型变换器的 HVDC(VSC-HVDC)"或称为

"柔性 HVDC(Flexible HVDC)"被认为是 HVDC 发展史上的一次重大技术突破。它一改传统的采用晶闸管构成 CSC 的作法,而是采用 IGBT 等可关断器件构成 VSC,从而给 HVDC 技术带来诸多新的特点。

世界上第一个 VSC-HVDC 工业性试验工程于 1997 年在瑞典中部投入运行,输送功率和电压为 3MW 和 ±10kV,输送距离 10km。第一个商业化 VSC-HVDC 工程,即瑞典 Gotland 地下电缆送电工程,于 1999 年投运,用于连接 Gotland 岛上风力发电厂和 Visby 市电网,输电功率和电压为 50MW 和 ±80kV。2002 年,ABB 公司建成了连接康涅狄格和纽约长岛的 330MW VSC-HVDC 水下电缆输电工程,直流电压为 ±150kV,输电距离为 40km。

HVDC 发展的另一个方向是进一步提高电压等级,CIGRE 与 IEEE 曾做了关于 ±800kV、±1000kV 和 ±1200kV 等特高电压等级 HVDC 输电的全面研究,认为采用这些电压等级的直流输电是可行的,但还需要进一步开展研发工作。

我国发展 HVDC 的起步较晚,但自 20 世纪 90 年代以来随着"西电东送、全国联网"的开展,HVDC 输电发展迅速,投运了多个 HVDC 工程,1987—2012 年,共有 20 来项大型 HVDC 工程投运,包括 2010 年投产的 ±800kV 特高压 HVDC 工程,总输电容量超过 20GW,居世界第一。

总的来说,直流发电和供电技术在电力工业诞生时经过短暂的辉煌(19 世纪 80 年代)后,交流电迅速取代它而成为占据绝对优势的发电、输电和供电技术;直到 20 世纪中叶,随着大容量、高电压汞弧整流器,特别是其后的电力电子变换技术的发展,高压直流(HVDC)输电重新获得重视。由于它在远距离输电的成本和一些特殊环境(背靠背、地下、海下)中具有优势而得到应用,从而形成了当前电力工业中 HVAC 输电占主导地位、HVDC 输电作为有益补充的格局。

1.6.2 HVDC 的基本原理及其特点

HVDC 自 1954 年诞生以来,其基本的工作原理变化不大,如图 1-32 所示的简单两端 HVDC 输电系统包括两个换流站、直流输电线路及两端交流系统Ⅰ和Ⅱ。当系统Ⅰ向系统Ⅱ送电时,换流站 1 运行于整流状态,把系统Ⅰ送来的三相交流电变换成直流电,经直流线路送到换流站 2。换流站 2 则运行于逆变状态,把直流电变换为三相交流电送入系统Ⅱ。直流输电两端的直流电压及其间的直流电流可以通过控制换流站内的换流器来进行快速调节,通常是由逆变站控制直流电压,整流站控制直流电流(或功率),从而实现可控的输送功率。同时可通过改变直流电压的极性快速方便地完成潮流反转。直流输电线路不传输无功功率,但基于晶闸管的整流器和变换器在进行换流时,均需一定量的无功功率。

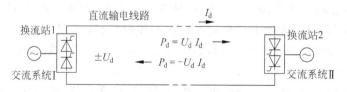

图 1-32 HVDC 输电的基本原理

根据换流站的数目,HVDC 输电系统分为两端直流输电系统(或端对端,two-terminal or point to point DC transmission system)和多端直流输电系统(multi-terminal DC transmission system)两大类。目前世界上已运行的直流系统绝大多数为两端系统。

换流站是 HVDC 输电系统的核心部分,图 1-33 所示为一个基于晶闸管阀换流站的基本结构,主要包括:换流器、换流变压器、平波电抗器、交流/直流滤波器(和无功补偿装置)、监控与保护系统以及交流断路器/开关等辅助设备,输出接到直流线路和(或)接地极,或者直接与另一个换流器连接(B2B 的情况)。

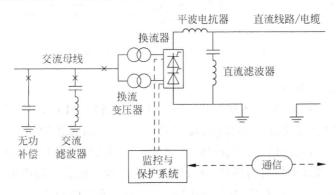

图 1-33　基于晶闸管换流站的基本结构

换流器是换流站中最核心的部件。目前应用最广的是 20 世纪 70 年代发展起来的、基于晶闸管阀的换流方式,它以晶闸管作为主开关器件,一般采用多脉波(如 12 脉波)CSC 结构。由于晶闸管容量大、制造成本低以及基于晶闸管阀的多脉波整流和逆变技术应用时间长,成熟可靠,因此基于晶闸管阀的 HVDC 输电技术自其诞生至今仍然被广泛应用。当然,在其 30 多年的发展过程中不断进行技术革新,如提高晶闸管阀容量、改进其触发、冷却和安装方式,完善滤波器的设计,采用新的综合绝缘技术以及升级整体监控与保护技术等。特别是 1995 年前后,ABB 公司提出了 HVDC 2000 的概念,其核心特征是采用基于电容器换流的变换器(capacitor commutated converter,CCC),同时还包含一些其他新技术,如连续调谐交流滤波器(continuously tuned AC filter,ConTune)、有源 DC 滤波器(active DC filter)、户外空气绝缘 HVDC 阀(outdoor air-insulated HVDC valve)以及全数字式控制系统。HVDC 2000 的优点是能在严重扰动下提供更好的动态特性,适用于短路容量不足、安装空间有限和工期短等场合。

柔性高压直流输电(VSC-HVDC)是 HVDC 发展史上又一次重大技术突破。它的关键点是用基于 IGBT 等可关断器件构成的电压源型换流器(VSC)来取代传统的基于晶闸管构成的电流源型换流器(CSC)。图 1-34 所示为 VSC-HVDC 换流站的基本结构,由于采用 VSC,其直流侧为直流电容器,主要作用是为关断电流提供一个低电感的路径和储存能量,还可减少直流侧的谐波。

VSC-HVDC 的主要优点包括:①可关断器件具有自换流能力(不同于晶闸管的负载换流或强迫换流),可减少甚至省略换流变压器;②可关断器件,如 IGBT 的开关频率高,可使用 PWM 技术以提高输出波形质量,减少滤波设备;③VCS 可完成无源逆变,能向无源负荷供电,可对无功和有功分别进行控制,省略了交流侧无功补偿设备;④不提供短路电流;

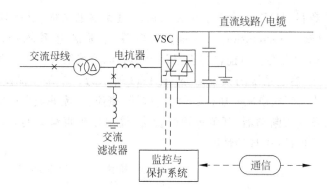

图 1-34　VSC-HVDC 换流站的基本结构

⑤换流站结构紧凑、占地少。

　　但是,由于目前 IGBT 的电压和容量水平远不及晶闸管,加上 IGBT 的损耗较大,因此 VSC-HVDC 目前还只能完成中小型直流输电,特别是一些特殊的应用场合,如向孤立小区域(如海上石油平台、海岛)的远方负荷输电,远方小规模发电设备(如小型水力、风力、光伏发电厂与主干电网或远方负荷的连接)以及城市配电系统。随着门极换相晶闸管(IGCT)和碳化硅等新型半导体器件的开发,VSC-HVDC 的发展尚有广阔的前景。

1.6.3　HVDC 的特点和等价距离概念

　　与 HVAC 比较,HVDC 输电的主要特点与其两端需要换流和输电部分为直流电这两个基本点有关。

　　(1) 直流架空线路仅使用 2 根或 1 根(采用大地或海水作为回路时)导线,导线的有功损耗较小;同时直流线路没有感抗和容抗,线路上没有无功损耗;与交流输电相比,输送同样的容量,直流架空线路可节省约 1/3 的钢心铝线,其线路造价约为交流的 2/3,并且在此条件下,直流的线路损耗约为交流的 1/2;另外,HVDC 输电能节省线路走廊,按同压 500kV 考虑,一条直流输电线路的走廊约为 40m,而一条交流线路走廊约为 50m,而前者输送容量约为后者的 2 倍。另外,直流架空线路具有空间电荷效应,电晕损耗和无线电干扰均比交流架空线路要小,对环境有利。因此,直流架空线路不仅在投资上,而且在年运行费上也比交流架空线路经济。

　　(2) 电缆耐受直流电压的能力比交流电压约高 3 倍以上,直流电缆输送容量大,造价低,不易老化,寿命长。在直流电压作用下,电缆无电容电流,从而使输送距离不受充电功率限制。

　　(3) 直流输电本身无交流输电的同步性要求和稳定性问题,对于远距离大容量输电,输送功率不受类似交流系统中的稳定极限的限制,也不需要采取提高稳定性的措施,具有良好的技术经济性能。

　　(4) 采用直流输电实现电网间的非同步互联,不增加被联电网的短路容量,被联电网可不同频率或非同步独立运行,增强各电网的独立性和可靠性,运行管理也更方便。

　　(5) 在交流电网中采用嵌入式 HVDC 输电可改善交流系统的运行性能。根据交流系统的需要,利用 HVDC 的快速多目标控制能力,可快速改变直流输送的有功和换流器消耗的无功,对交流系统的有功和无功平衡起快速调节作用,从而提高其稳定性、传输容量、电能质量和运行可靠性。

(6) 直流输电换流站比交流变电所增加了换流装置及相关的配套设备。目前广泛采用的晶闸管换流阀结构复杂,价格高,且不具备自然关断电流的能力,使换流器的性能受到限制;同时,换流器对交流侧为谐波电流源,对直流侧为谐波电压源,在换流的过程中还需要大量的无功功率(约为输送容量的 40%～60%),并配备相应的交、直流滤波器和无功补偿设备。新发展起来的 VSC-HVDC 虽然在换流可控性、谐波特性等方面得到改善,但电压和容量不够高,还只能应用于中小型的输电和供、配电场合,且控制系统比较复杂,价格昂贵。总之,直流换流站比交流变电所结构复杂,造价高,损耗大,运行可靠性也较低。

(7) 当换流站附近的交流系统发生短路故障导致电压大幅度下降时,HVDC 输电系统会受到严重影响,严重时甚至不能正常工作。

(8) 直流电的灭弧问题给直流断路器的制造带来困难,使得多端直流输电的发展缓慢。

(9) HVDC 中的高频开关动作会产生高频噪声,影响附件的通信系统;以大地作为回路的直流系统,运行时会对沿途的金属构件和管道有腐蚀作用,以海水作为回路时,会对航海导航仪表产生影响。

以上(1)～(5)是 HVDC 输电的优点,(6)～(9)是缺点。

在输送功率相同和可靠性指标相当的条件下,HVDC 输电与 HVAC 输电相比,虽然换流站的投资比变电站的投资要高,但是直流输电线路的投资比交流输电线路的投资要低。当输电距离增加到一定值时,采用直流输电其线路所节省的费用,刚好能抵偿换流站所增加的费用,即二者的线路和网端设备的总费用相等,这个距离就称为交、直流输电比较的等价距离(或打破平衡距离,break-even-distance),如图 1-35 所示。值得注意的是,这里的等价距离概念只考虑了变电站和线路的成本,更详细的分析,还应该考虑输电容量、线路损耗、地价和维护费用等因素。

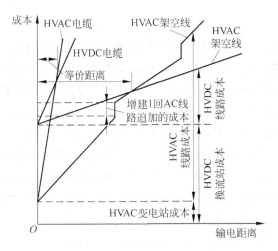

图 1-35　HVDC 与 HVAC 输电的等价距离

等价距离是选择 HVDC 输电方式的重要经济技术指标,通常情况下,当输电距离大于等价距离时,采用 HVDC 比采用 HVAC 输电经济;反之则采用 HVAC 输电比较经济。由

图 1-35 可见,等价距离主要取决于 HVAC 输电投资(包括变电站投资、单位线路/电缆投资和增建线路追加投资等)和 HVDC 输电投资(包括换流站投资和单位线路/电缆投资)与输电距离的关系,由于 HVAC 和 HVDC 输电技术处在不断的变革中,因此,等价距离也是不断变化的,如随着换流装置价格的下降,等价距离将会减小。目前,架空线路的等价距离在 600～1000km 范围,水下(地下)电缆的等价距离在 20～60km 范围。当然,输电系统采用 HVAC 或 HVDC 是由诸多因素决定的,等价距离只是其中一个考虑因素。

1.6.4　HVDC 的传统应用领域和 FACTS 技术的影响

直流输电的应用范围取决于直流输电技术的发展水平和电力工业发展的需要。目前直流输电的应用场合分为两大类:一是采用交流输电在技术上有困难或不可能,只有采用直流输电的场合,如不同频率电网之间的联网或向不同频率的电网送电时,因稳定问题采用交流输电不能联网时,长距离电缆送电采用交流电缆因电容电流太大而无法实现时等。另一类是在技术上采用交流输电或直流输电均能实现,但采用直流输电的技术经济性能比交流输电好,这种情况一般是由对工程的技术经济论证结果来决定。

目前,HVDC 输电的应用领域主要集中在以下四个方面。

1. 远距离架空线传输

根据前文所述,当输电距离距离大于等价距离时,采用 HVDC 架空线输电比采用 HVAC 架空线输电更经济,目前世界上已运行的 HVDC 工程约有 1/3 为这种类型。采用 FACTS 控制器可提高 HVAC 输电系统的稳定性、动态性能和传输容量,而且一些 FACTS 控制器(如 TCSC)可在维持系统稳定的前提下延长 HVAC 输电的距离或容量极限,有利于提高 HVAC 输电的竞争力;但是考虑到 FACTS 控制器的设备投资在整个输电工程投资中所占的比例较小(常见的 FACTS 控制器的设备投资参见图 1-37),因此 FACTS 对等价距离的影响不大。

2. 电力系统联网

采用交流联网方式,将形成大型互联的同步电网,虽然可以取得一定的联网效益,但也带来一些大电网存在的问题,如稳定问题,局部故障可能导致大面积停电,短路容量增大等。采用直流联网方式,可以取得同样的联网效益,并可避免同步大电网所带来的问题,同时还能改善原交流电网的运行性能,主要表现为:①直流联网为异步联网,这与交流同步联网有着本质的不同;被联电网可以不同频率或频率相同但非同步独立运行,保持各自电网的电能质量(频率、电压等)不受联网的影响;②可不受被联电网运行条件的影响,方便快速地控制电网间的功率交换,便于经营管理;③不增加被联电网的短路容量,不需升级原有的断路器等电力设备;④利用直流的快速控制能力改善交流电网的运行性能,减少故障时两网之间的相互影响,降低大面积停电的概率,提高大电网的运行可靠性。

由于直流联网的上述优势,它在以下几种情况下得到应用:

(1) 不同频率交流电网之间的互联

由于历史原因,全球电力系统所使用的工作频率分为 50Hz 和 60Hz 两大类。美洲国家,除了阿根廷和巴拉圭以外,都采用 60Hz 的系统。阿根廷、巴拉圭和除日本以外的世界上其他国家都采用 50Hz 的系统。日本的情况比较特殊,50Hz 和 60Hz 的电网并存。由于地理距离十分遥远,且有大洋相隔,50Hz 和 60Hz 电网的大范围联网不大可能,因此,HVDC 在这方面的应用市场是十分有限的。

(2) 不同频率控制方式交流电网之间的互联

由于历史原因或地域和管理上的分割,很多交流电网在互联之前,所采用的频率控制方式不兼容,使得联网两侧节点电压的相差接近甚至超过半个周波,而且频繁变化,此时采用普通的移相器已不能解决问题。利用 HVDC 实现联网是一个经济可行的方案,它能在实现大容量传输电力的同时相对隔离原交流电网,使其原有的频率控制方式正常运行。

(3) 一些频率和频率控制方式相同,但由于综合因素难以实现交流联网的情况

这些因素包括:地理距离过长、由于负载变化引起的相角偏移过大等。美国西部电网和东部电网的 HVDC B2B 互联即是这种类型的例子。

采用直流输电联网目前有两种类型:一是 B2B 直流联网。其特点是无直流输电线路,整流和逆变在一个背靠背换流站内。因无直流输电线路,可以选择较低的直流侧电压,较小的平波电抗值,一般可省去直流滤波器,从而可降低换流站的造价,并且还可快速方便地调节换流站的无功功率,改善被联电网的电压稳定性。目前世界上的背靠背直流工程约占全部直流工程的 1/3。二是远距离送电同时兼做联网,我国的葛洲坝—上海和三峡—常州直流工程均属此种类型。

在这一应用领域,FACTS 的影响主要表现在两个方面:一方面,对于不同频率或不同频率控制方式交流电网的 B2B 互联,HVDC B2B 与 FACTS B2B(或 GPFC)在概念上存在一定程度的重叠。虽然 HVDC B2B 在 FACTS 概念诞生以前就存在,但近来技术文献常将一些中小容量(如数百兆瓦及以下),特别是基于 VSC 的 B2B 互联装置也称作 GPFC。也就是说,GPFC 和一些中小容量的 VSC-HVDC 本质上是一致的,最明显的例子是 2000 年美国 EPRI、AEP 公司和 ABB 公司合作在得克萨斯州 Eagle Pass 变电站投运 $36MV \cdot A/\pm 15.9kV$ VSC-HVDC B2B 工程,该工程同时又被称为一个 FACTS 工程,而投运的装置既具有传统 HVDC 的功能,又具有 FACTS 控制器 STATCOM、GPFC 等的功能。另一方面,对于频率和频率控制方式相同交流电网的互联,当它们之间的相角偏移过大时,采用 HVDC 联网是一种方案,而 FACTS 也提供了另一种有竞争力的选择。理论上讲,FACTS 技术可以解决相角偏移问题,采用相角控制器,把联网一端的相位自适应地作超前或滞后的调整,使其与联网另一端的相位差达到需要的值。而且,嵌入 FACTS 控制器的交流联网会带来很多附加的优势(如提高稳定性和传输容量等),因此 FACTS 技术在这一领域有相当大的潜在市场。虽然实现一个 360°范围的移相控制器理论上是可行的,而要真正实现一个大范围(60°以上)且相位变化快的交流移相器可能非常昂贵,而 HVDC 输电独立于相位,是一个天然的360°范围的移相器,因此采用 FACTS 技术时通常要求其联网两端的母线电压相角是比较合理的,所需 FACTS 控制器的容量小于线路的传输容量,从而使得 FACTS 方案比 HVDC 方案更经济。

3. 远距离海底电缆输电

电缆具有很大的电容效应,因此交流电缆会产生大量的无功充电电流,在幅值上远远大于架空线,对于超过 30km 的水下电缆,陆地上提供的充电电流已经使电缆处于满载的状

态,根本没有能力来传输有功功率。为减小充电电流的影响,可在交流电缆传输线路上并联电抗器,而且每隔 15～20km 左右就需要设置一个并联电抗器站,然而这就需要设置多个陆上站点,导致输电成本增加。而对于 HVDC 电缆,不存在充电电流的问题,因此距离不会成为技术障碍;而且从成本上看,HVDC 电缆比交流电缆低很多,所以在远距离水下电缆传输方面,HVDC 占据了主导地位。在这个领域,FACTS 技术(比如 UPFC)可以对端点(如受端)提供无功补偿和电压改善,在一定程度上可以减轻充电电流的影响,使交流电缆适用于中等距离(如 100km 以内)的水下电缆传输,但是对于远距离传输来讲,HVDC 的优势是毋庸置疑的。目前,这种类型的工程约占全部 HVDC 工程的 1/4,主要用于从陆地跨越海峡或向沿海岛屿送电。

4. 地下电缆输电

与架空线相比,由于在地下布线的成本非常高,HVDC 与 HVAC 电缆传输的等价距离由 1000km 下降为 50～80km(与架空线一样,FACTS 对这个等价距离的影响甚微)。目前,由于陆上架空线输电的成本只有地下电缆输电成本的 1/4 左右,成本优势非常明显,因此,地下交流或直流输电项目较少。只有在一些大型城市,由于用电密度高、人口稠密,选择高压架空线路走廊比较困难,采用高压直流地下电缆将强大的电力送到大城市负荷中心,可避免环境污染,是值得考虑的选择方式。特别是针对密集型城市的中小功率、低电压配电网络,VSC-HVDC 有较大的发展潜力。

1.6.5 HVDC 与 FACTS 的关系

在 FACTS 概念诞生之初,曾就 HVDC 与 FACTS 之间的关系展开过广泛的讨论。目前一般认为,它们之间既存在一定的相通之处,又有明显的区别,互相补充,共同支撑着现代电力系统的可靠和高效运行。

虽然 HVDC 因汞弧阀的应用而诞生,比 FACTS 早,但现代电力工业中广泛应用的 HVDC 却是随着晶闸管的出现而发展起来的,而 FACTS 控制器家族中最早的成员——SVC 也差不多同时诞生;在这个意义上,可以说 FACTS 和 HVDC 同样具有悠久的历史。电力电子技术的进步同时促进了 HVDC 和 FACTS 技术的发展,特别是大量可关断器件的出现,激发了全新的 VSC-HVDC 概念,同时促使各种 FACTS 控制器如雨后春笋般涌现,直接推动了 FACTS 作为一个崭新而具广阔前景的领域而被认同。可以看到,HVDC 和FACTS 的共同基石是大功率电力电子技术。从最基本的开关器件到电路拓扑、到变换器技术乃至整体体系结构,它们之间都息息相通。

现代电力系统中采用 HVDC 和 FACTS 的最终目标是一致的,即提高电力系统的整体运行性能。但作为两种不同的手段,HVDC 和 FACTS 是存在一定区别的,最主要的一点是:前者基于直流传输原理,使用电力电子技术是为了能将所传输的直流功率交换到既有的交流电网中,并通过控制这种功率交换来达到改善电力系统性能的目标;而后者基于交流输电原理,使用电力电子技术是为了(等效地)改变交流电网的参数,从而调节其功率传输并达到改善交流电网运行性能的目标。表 1-6 比较了各种 FCATS 控制器和嵌入式 HVDC在提高交流电网潮流控制能力和稳定性方面的功能。

表 1-6 HVDC 输电与 FACTS 的应用现状比较（2013 年年底数据）

	HVDC	FACTS
输电容量	数 MW～数千 MW；HVDC 最大容量为 7000MW（中国向家坝—上海 ±800kV HVDC 工程）；VSC-HVDC 最大容量为 330MW（康涅狄格—纽约长岛水下电缆输电）	控制器自身容量在数 MW～上千 MW 范围；基于 VSC 的 FACTS 控制器最大容量为 320MV·A（美国 UPFC），SVC 最大可调节容量超过 1000Mvar。采用 TCSC/FSC 的 HVAC 输电容量高达数千 MW（如巴西南北互联工程的输送容量为 1300MW）
运行电压/kV	数十 kV～±800kV；最高运行电压为 ±800kV	数 kV～500kV、735kV；巴西南北互联系统 TCSC 可运行于 550kV，加拿大 HQ-Chamouchouane 的 SVC 接在 735kV 母线上
传输距离	一般而言，架空线在 600km 及以上，水下电缆在 20km 及以上，地下电缆在 50km 及以上；最长的 HVDC 架空线达到 1907km（中国向家坝—上海 HVDC 输电工程），最长的水下 HVDC 电缆达到 250km（连接瑞典和德国电网的 Baltic 电缆工程）	巴西南北互联系统中，单回紧凑型 HVAC 输电线采用 TCSC/FSC 补偿（67%），输电距离为 1020km。研究表明，综合采用串联和并联补偿，可将 HVAC 输电线的补偿度提高到 80% 以上，实现 5000～6000km 的 HVAC 输电（技术上可行，但还需考虑经济性）
投资	HVDC 输电工程的投资包括换流站、输电线路等的投资，其中两端 HVDC 输电的两个换流站设备的投资与容量的关系参见图 1-36。在等价距离以上整体投资比 HVAC&FACTS 经济	FACTS 工程的投资包括交流变电站、输电线路和 FACTS 控制器的投资，FACTS 控制器本身的投资不高，图 1-37 所示为几种 FACTS 控制器的设备投资；在等价距离以下整体投资比 HVDC 经济
环境影响	会产生电磁干扰，以大地/海水作为回路时会对沿途的金属构件和管道产生腐蚀作用	环境友好，超高压和特高压输电会带来一定的电磁干扰和噪声问题，但比 HVDC 好得多
功能目标	通过可控地交直流变换和直流传输，实现特殊环境下（超远距、海底、地下等）大容量电力的经济传输，不相容 HVAC 电网的互联，进而达到对电力系统整体的潮流控制，动态和静态性能改善，稳定性、可靠性和可控性的提高	通过调节 HVAC 电网的参数，实现潮流控制，改善动态和静态性能，改善电能质量，提高系统稳定性、可靠性和可控性，提高输电设备的利用效率等目的

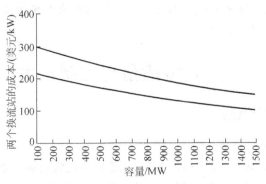

图 1-36 HVDC 架空线输电工程中两个换流站设备的投资

（数据来源：N. G. Hangorani）

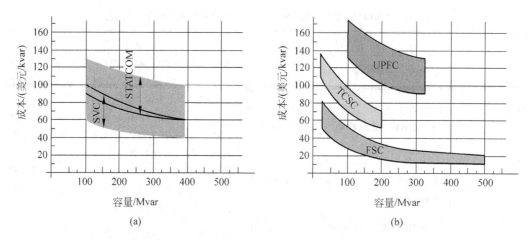

图 1-37　常见 FACTS 控制器的设备投资

(a) STATCOM 和 SVC；(b) TCSC/FSC、UPFC

（数据来源：德国 Siemens 公司）

由于 HVDC 是通过控制它与交流电网之间的功率交换来达到目标，而现代电力系统的主体——交流电网的容量是巨大的，从而客观上要求 HVDC 能控制较大的功率，因此，HVDC 目前主要还得依赖高耐压和大容量的晶闸管器件；对应地，FACTS 是通过调节交流电网的参数而"间接"控制电网功率，可以"四两拨千斤"，从而对 FACTS 的容量要求比 HVDC 低得多，因此大量的 FACTS 控制器可采用耐压和容量不及晶闸管的可关断器件。这是造成目前的 HVDC 和 FACTS 技术之间存在众多区别的主要内在因素。

从应用现状来看，HVDC 和 FACTS 在输电容量、输电距离、目标功能、投资和环境影响等方面存在一定的区别（参见表 1-6），二者各有其优势应用领域；FACTS 技术的引入虽然改善了 HVAC 系统的性能，但并没有对 HVDC 的传统应用领域造成根本性的冲击。但是应该看到，随着可关断器件耐压和容量的不断提升，HVDC 和 FACTS 之间的界限正在逐渐模糊，最明显的例证就是 VSC-HVDC B2B 或者称为 FACTS B2B(GPFC)的出现，它已成为 HVDC 和 FACTS 的"交集"。当然，VSC-HVDC B2B 或者 FACTS B2B 的容量水平要达到传统 HVDC B2B 的水平，还有赖于电力电子技术，特别是可关断器件的持续发展。

总而言之，HVDC 和 FACTS 现代电力系统中两种具有重要作用的互补性技术，它们有共同的基础——电力电子技术和共同的目标——提高电力系统的整体运行性能，在应用上各有其优势领域，又有一定的交集。

1.7　电能质量与定制电力

1.7.1　电能质量问题概述

1. 现代电能质量问题的特点

电能是一种清洁、高效、易使用的能源形式，是社会经济快速发展的重要物质保证，是各种高新技术，尤其是信息技术有效应用的前提。近年来，各电力用户对电能质量的要求越来越高，对电能应用过程中出现的各种质量问题越来越重视。这是因为：①现代化生产过程中所使用的各种先进设备对供电质量敏感度不断增加。传统的许多机电设备在供电电压幅值相对较大的变化范围内能正常地工作。但现代社会生产中广泛应用的各种自动化生产线、以微处理器为核心构成的各种电气设备、精密加工工业、机器人等先进技术，它们的正常运行都取决于高质量的供电。一旦出现电能质量问题，轻则造成设备故障，重则造成整个系统的损坏，由此带来的损失难以估量。②大量以提高生产效率，减少环境污染而采用电力电子技术的现代化设备正成为主要电能质量问题的来源。以电气化铁路牵引式负荷为例，它属于整流负荷，是典型的谐波源；采用工频单相式交流供电，是典型的负序源；同时又具有波动性和不确定性，是典型的波动源。另外普通用户中集中大量使用的开关式电源，公共照明系统中荧光照明负荷正逐渐成为配电系统中主要的谐波源和波动源。可以说，在这些新技术成功解决实际生活环境中"看得见"的污染问题的同时，造成了电力系统中"看不见"的污染问题。污染问题不是得到根本解决，而是进行了形式上的转换。③随着市场经济在我国的逐步建立，人们认识到电能也是一种商品，而商品质量成为决定商品价值的主要因素。为了提高竞争力，适应电力市场发展的要求，提供高质量的电能是必然趋势。

随着对电能质量问题研究的不断深入，人们发现电能质量问题正呈现如下几个新的特点。

（1）电能质量问题的主要来源发生了较大的变动

以前的电能质量问题主要来源于系统侧，包括系统正常运行状态的改变，如电源投入、有计划的无功补偿电容器组的投入/切除及大型电动机启动等；非正常的系统状态改变如系统元件故障、人员误操作等将给系统带来较大的冲击；自然环境中的雷击、大风和雨雪天气也会造成相应的电能质量问题。而近年来，用户端大量非线性负荷的应用正成为电能质量恶化的重要因素。从低压小容量家用电器到高压大容量的工业交直流变换装置中都存在的各种静止变流器，它们以开关方式工作，会引起电网电流、电压波形的畸变。大型电弧式设备，如电弧熔炉、弧焊设备等，也成为重要的冲击源和谐波源。一个值得注意的问题是：为了减少重要设备对电能质量问题的敏感度，设备制造商努力进行设备的升级和改进，用户则采用各种保护性装置，而这些改进措施和保护装置通常会对电能质量造成更大的危害。可以说，用户负荷正成为电能质量问题，尤其是各种新的电能质量问题的主要来源。

（2）电能质量问题的形式发生了较大的改变

通常的电能质量问题如谐波、三相不对称等继续存在，而且严重性正在增加。值得注意的是，近年来人们逐步将传统的如供电中断、电压长时间偏高或偏低等归入供电质量问题，从狭义上讲已不再属于电能质量问题。现在人们更多关注的是所谓动态电能质量问题，如持续时间为周波级的动态电压升高（swell）、脉冲（impulse）、电压跌落（sag）和瞬时供电中断（momentary interruption）等。几种常见的动态电能质量问题波形见图 1-38。这些都是近年来随着社会信息化的日益广泛而逐渐暴露出来的、新的电能质量问题形式，而且这些电能质量问题出现的次数已经超过了供电质量问题。一项针对英国苏格兰某地区用户反映的供电质量和电能质量问题所作的统计如图 1-39 所示。该图表明了电压跌落出现的次数在所有因素中处于第三位，仅次于供电中断，而在电能质量问题中处于第一位。对这些动态电能质量问题的研究还刚刚开始，如何界定这些问题，用什么样的特征进行描述，如何制订相应指标进行评估，还没有成熟的方法。这些都值得相关人员的进一步深入研究。

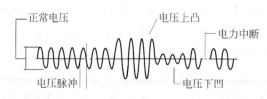

图 1-38   几种常见动态电能质量问题的示意图波形

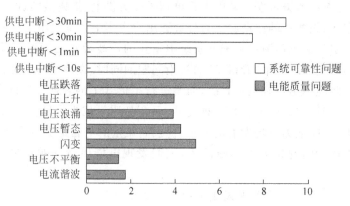

图 1-39   供电质量和电能质量问题出现次数(相对比例)

(3) 电能质量问题造成的危害越来越大

电能质量问题造成的危害是多方面的。电能质量问题给电力系统的安全稳定运行造成很大的影响,例如电铁牵引负荷产生的谐波和负序分量造成相差高频保护和负序电流保护装置误动作,引起系统解列运行,造成无功补偿电容器组不能安全投入运行,其波动性造成的小容量电网频率波动异常,都降低了系统运行的稳定性。各种新出现的电能质量问题也将给用户带来巨大的经济损失,电压跌落和瞬时供电中断已被认为是影响许多用电设备正常、安全运行的最严重动态电能质量问题。谐波问题造成的变压器、感应电机等重要设备寿命的缩短,三相电流不对称造成的中线烧毁而导致用户设备损坏的事件也时有报道。在现代工业中,由于任一设备的作业中断都将可能导致整个流水线甚至全厂作业的中断,造成的损失非常巨大,因此工业用户对供电质量的要求比其中单个敏感用电设备更高。在竞争日益激烈的市场经济中,因意外的作业中断而不能按期交货导致商家的信誉度下降无疑也是巨大的隐形损失,因此电压质量问题所造成的实际经济损失远大于直接损失。动态电能质量问题已成为目前影响供电可靠性的主要干扰,这是信息化社会供电质量问题不同于以往任何时代的主要特征。如何改善动态电能质量问题将是提高供电质量至一个全新水平的关键所在。

2. 各种电能质量问题的分类与危害分析

根据对各种情况的综合分析,IEEE 列出了 11 种主要的电能质量问题:

(1) 断电(interruption)。在一定时间内,一相或多相完全失去电压(低于 0.1p.u.)称为断电。断电按持续时间分为三类:0.5 周波至 3s 为瞬时断电,3s 至 60s 为暂时断电,大于 60s 为持续断电。

(2) 频率偏差(frequency deviation)。电网的实际工作频率与额定工作频率的偏差,各国均已作出具体规定。

（3）电压跌落（sag）。电压暂时性低于标称值10%称为电压跌落，通常的电压下跌持续时间为0.5周波~1分钟，幅值为0.1p.u.至0.9p.u.，系统频率仍为标称值。

（4）电压暂升（swells）。电压暂时性超过标称值10%称为电压暂升。系统频率仍为标称值，持续时间为0.5周波~1min，幅值为1.1~1.8p.u.。

（5）瞬时脉冲或突波（transient）。瞬时脉冲表示在两个连续稳态之间的、一种在极短时间内发生的现象或数量变化。瞬时脉冲可以是任一极性的单方向脉冲，也可以是发生在任一极性的阻尼振荡波第一个尖峰。

（6）电压波动（voltage fluctuation）。电压波动是在包络线内电压的有规则变动，或是幅值通常介于0.9~1.1p.u.之间的一系列电压随机变化。这种电压变化往往称作闪变（flicker）。闪变这个专用术语是来自电压波动造成照明灯对人类视觉的影响。工业电弧炉的使用通常会引起输配电系统电压闪变。

（7）电压切痕（notch）。电压切痕是一种持续时间小于0.5周波的周期性电压扰动。电压切痕主要由于电力电子装置在有关两相间发生瞬时短路时电流从一相转换到另一相（换相）而产生的。电压切痕的频率会非常高，因此用常规的谐波分析设备很难测量出电压切痕。这就是过去没有该项电压扰动内容，而直到最近才正式列入的原因。

（8）谐波（harmonic）。频率为基波整倍数频率的正弦波电压或电流称为谐波。产生畸变后的波形可分解为基波和许多谐波之和。谐波是由于电力系统和电力负荷中设备的非线性特性造成的。谐波有奇次（又可分为3的倍数和非3的倍数）和偶次之分。随着用电装置对谐波敏感性的日益增加，高次谐波越来越受到关注。

（9）间谐波（interharmonic）。频率为基波的非整倍数频率的正弦波电压或电流称为间谐波。小于基波频率的分数谐波（fractional harmonics）亦属于此类。

（10）过电压（overvoltage）。过电压指电压幅值超过标称电压，且持续时间大于1min。过电压的幅值为1.1~1.2p.u.。

（11）欠电压（undervoltage）。欠电压指电压幅值小于标称电压，且持续时间大于1min。欠电压的幅值为0.8~0.9p.u.。

3. 电能质量问题的形成原因及危害

主要动态电能质量问题形成的原因及其危害主要有以下方面。

（1）电压跌落和瞬时供电中断

雷击引起的绝缘子闪络或线路对地放电是造成系统电压跌落或供电中断的主要原因之一。由于电力系统暴露在大自然中，在雷雨季节的多雷地区，极易受到雷击干扰。据文献介绍，因雷击而引起的电压跌落次数约占电压跌落总次数的60%，并且持续时间一般超过5个周波，所以在方圆几千平方公里内的任意处的雷击都将会影响该区域内的任一敏感负荷的正常及安全运行。

系统故障是引起电压跌落和供电中断的另一个主要原因。目前配电系统中的线路主保护是电流保护，该保护最大的缺陷是线路中相当大部分区域上的故障不能无延时地予以切除。即使无延时保护，从监测到故障到断路器切除故障，目前最快也需要3~6个周波。因此在故障期间，当在故障线路及其附近线路上接有敏感负荷时，敏感负荷将会因电压跌落而退出工作。另外，如果保护动作后伴随着重合闸，则由此而引起的电压跌落次数将成倍数增加,而且规定时间间隔的连续跳闸是造成瞬时供电中断的主要原因之一。

表 1-7 是在某工厂供电端测得的 1 年内所发生的电压跌落统计结果。由表可见,大部分的电压跌落幅值都低于 20%～30%的额定值。

表 1-7　电压跌落幅值及其发生概率(以额定电压值＝100%为标准)　　　　　　　%

电压跌落幅值	0～10	10～20	20～30	30～40	40～50	＞50
发生的概率	44	34	10	10	2	0

电压跌落已成为影响许多设备,尤其是电子类设备正常工作的严重干扰,而且不同类型,甚至同类型但不同品牌的用电设备对电压跌落的敏感度差异很大。这表明电压跌落所造成的危害与设备自身的特性以及用户的要求密切相关。因此,消除或抑制电压跌落的影响需要供电方、设备制造方以及用户的通力合作,共同解决。

图 1-40 表明了瞬时供电中断对 UPS 输出造成的影响(示意),其中图(a)为 UPS 的输入电压,图(b)为 UPS 的输出电压。

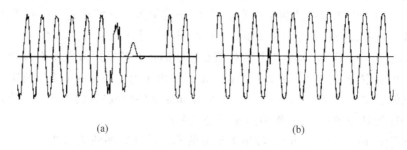

(a)　　　　　　　　　　　　　　　　　　(b)

图 1-40　瞬时供电中断对 UPS 输出造成的影响

图 1-41 是每次电压跌落对各行业造成的损失数量等级图。

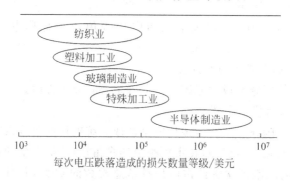

图 1-41　每次电压跌落对不同用户造成的损失数量等级

此外,据介绍,因电压跌落而引起的事故次数大约是因完全供电中断而引起的事故次数的 10 倍。目前比较有效的抑制电压跌落和瞬时供电中断的措施是安装动态电压调节器(dynamic voltage regulator,DVR)和不间断电源(UPS)。

(2) 间谐波与谐波

谐波主要是由于用电设备的非线性特性所造成,如各种电力电子设备、IT 行业和办公设备中大量使用的开关式电源(SMPS)、电弧式负荷包括电弧熔炉、弧焊设备、公共照明系统中大量使用的荧光灯负荷等。图 1-42 为典型的计算机负荷的负荷特性(示意)。可见该类设备呈现出非常明显的非线性特性,电流畸变情况非常严重,包含大量的谐波成分。将畸变的非正弦信号分解为各谐波成分的工具是傅里叶变换。通常的分析表明各谐波成分呈现如下特性:

① 偶次谐波,如 2、4 次谐波等,将造成畸变的波形在正负半周内波形不对称。

② 奇次谐波,如 5、7 次谐波等,不改变畸变波形在正负半周内的对称性。

③ 通常的线电流中不包括 3、9 次等 3 的倍数次谐波,但在有中线的系统中中线流过大量这类谐波。

④ 谐波通常造成很高的波形因数(crest factor)。波形因数是波形峰值与有效值的比值。过高的波形因数将造成变压器必须以低于额定容量的方式工作。

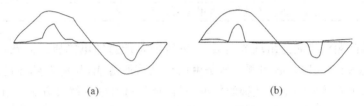

(a)　　　　　　　　　　　(b)

图 1-42　计算机负荷的负荷特性

近年来,由于静止变频器(static frequency converter)、循环换流器(cycloconverter)、感应电动机和电弧发生装置的使用,出现次谐波和间谐波现象。这两类谐波也会对各种设备的安全稳定运行造成很大的威胁,但目前对这方面的机理分析还不够。

在现代化的建筑中,计算机设备、办公设备、各种家用电器的大量使用所造成的谐波问题越来越严重,并引发了一系列安全性方面的问题,引起供电部门、建筑商和普通用户高度的重视。表 1-8 是记录到的某建筑负荷三相以及中线电流,该建筑使用 1200kV·A 的变压器供电。可见,中线电流远远超过三相电流。表 1-9 是各次谐波含量,表 1-10 是谐波问题可能对现代化建筑造成影响的汇总。

表 1-8　某建筑三相和中线电流

A 相电流	B 相电流	C 相电流	中线电流
1084A	1131A	947A	1408A

表 1-9　各次谐波含量

奇次谐波	含量/%	偶次谐波	含量/%
1	100	2	1.8
3	60.8	4	3.0
5	33.7	6	2.4
7	16.9	8	1.2

注:总谐波畸变率:63.6%。

表 1-10　现代化建筑中谐波问题可能造成的影响

影响对象	后 果 分 析
波形因数	波形因数能够达到 5 以上,造成断路器误动作
电压波峰	使电压波形的峰值处变平,使依赖电压峰值工作的设备失效
中线电流	中线电流增大,使得中性点对地电压升高造成共模电压噪声,负荷处电压下降,中线电抗损坏,循环电流流经变压器
升压母线系统	大量三次谐波电流流经升压母线系统的中线电抗,引起连接处和电缆端接处振动松脱;中线断开会使设备因过电压而损坏
供电变压器	铜耗增加,涡流损耗增加,变压器降容量使用
保护系统	造成剩余型接地短路保护误动作,保险丝不正确熔断
电缆	由于趋肤效应和临近效应,必须使用更大额定值的电缆
功率因数	功率因数降低,必须增大供电变压器容量
计算机	屏幕闪烁,损坏视力和人体健康
其他	安装各种改善设备而占用建筑空间

目前,谐波问题已经成为出现范围最广,危害非常严重的电能质量问题,该问题的解决也存在一定的复杂性。因谐波问题大多是由用户负荷所造成,如何在处理过程中平衡各方面的投入,如何更有效地实施谐波抑制标准,目前还没有有效的解决方法。目前抑制谐波最常用的设备是有源电力滤波器(APF),传统的 LC 滤波器也可在一定范围内发挥作用。

(3) 电压波动与闪变

波动与闪变的出现是供电系统的特性所造成的,任何负荷的改变都会引起电压波动。波动与闪变主要是由于负荷在 0.01s 到数十 s 的时间内重复变动,或由于偶然的暂态过程,如由电动机启动造成。如果这类负荷容量较大将足以通过公共阻抗引起同一公共连接点(PCC)处的电压波动与闪变。大型炼钢厂的电弧熔炉、大型采矿转绕电动机工作具有不确定性和重复性,是主要的波动与闪变来源。用户负荷如空调、热力泵等的反复启、停也会带来相应的影响。

波动与闪变的主要危害是损害人体的健康和感观功能。因波动和闪变造成的白炽灯发光的不稳定、计算机显示屏闪烁将影响人的视力。高保真音响在电压波动和闪变时会对人体听觉产生损害。通常人对照明变化需要有一定的视觉暂留时间,高于或低于某一段频率的照明变化,普通人便察觉不到。

根据统计分析,人体能感觉到的照明灯光变化频率在 1~25Hz 范围内(阈值为 1),最敏感的频率为 10Hz(按照国际上的研究,最敏感频率为 8.5Hz)左右。交流系统中的谐振和系统谐振与系统谐波之间的拍频现象会引起上述范围内的频率波动。如系统谐振产生的 265Hz 的间谐波会与系统中的 5 次谐波(250Hz)发生拍频,从而产生 15Hz 的频率波动。

电压闪变与电压波动有着直接的关系,但由于引起闪变的某些量值难以量化,而且它还需要对电压波动(调幅波)频谱分析度进行统计,因此,闪变的计算远远比电压波动计算要复杂得多。到目前为止,还没有准确计算闪变的公式,对闪变造成的危害还涉及人脑和眼睛对闪变的响应特性分析,这方面还需要进行更深入的研究。

4. 解决电能质量问题的一般方法

电能质量问题归结起来主要分为两类,即供电电压质量问题与注入电流质量问题。其中用户关心的是配电系统的供电电压质量问题,用户希望从系统获得高品质、高可靠性的电力供应;而配电系统关心的是电力用户负荷接入后注入到系统的电流质量问题,供电系统希望用户注入系统的电流为三相基波正序有功电流。由于电力系统经常受到各种随机干扰,如故障以及用电负荷电流的污染,因此其供给用户的电压的品质和可靠性经常受到影响。根据前面的介绍,可以将影响电能质量的因素统一等效为干扰源。按照上面的分类,可以将电力系统的干扰源分为电流源型干扰源与电压源型干扰源。图 1-43 分别为电流源干扰源和电压源干扰源。要解决电能质量问题就是要采取适当的措施消除干扰源对电能质量的影响。通常的措施是对干扰源进行隔离、补偿,从而消除其影响。针对不同性质的干扰源,必须采取不同的补偿措施才能有效地消除其影响。例如,对于理想电流源型干扰源,因为其内阻为无穷大,因此采用串联补偿不能滤除干扰,即采用串联型补偿不能阻止干扰电流注入到电力系统中,只能采用并联补偿才能分流干扰电流,防止其注入到电力系统中。而理想电压源的内阻为零,因此对于理想电压源型干扰源采用并联型补偿不能滤除干扰,即采用并联型补偿装置不能阻止干扰电压加入到电力系统上,只能采用串联补偿才能补偿干扰电压,防止干扰电压加入到电力系统中。当然,在实际的电力系统中既不存在理想的电流源型干扰源,也不存在理想的电压源型干扰源,即实际的电力系统的干扰源均为非理想的干扰源,图 1-44 为非理想的电流源与非理想电压源型干扰源。因此理论上,无论采用并联补偿还是串联补偿都可以消除干扰。当然,补偿器的补偿效果与成本会因为干扰源的性质是偏于电流源还是偏于电压源而有所不同,设计人员的工作就是要在研究清楚干扰源性质的基础上,合理选择补偿器类型。当然对于电力用户来说,并联型补偿器或串联型补偿器的选取往往与干扰的来源有关。如果是从系统侧来的,则干扰更多的是电压源性质,应采取串联补偿;而如果干扰是用户自己产生的,则基本上是属于电流源性质,应采取并联补偿。

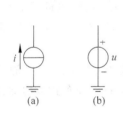

图 1-43　电流源与电压源干扰源

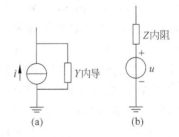

图 1-44　非理想电流源与电压源型干扰源

1.7.2　定制电力及其控制器

定制电力(custom power)的概念是 1988 年由美国电力科学研究院的 N. G. Hingorani 根据电力电子技术在配电网中的不断应用而总结提出的概念,它是 FACTS 技术在配电系统中的扩展,因此又称为 DFACTS 技术。IEEE 对定制电力概念的描述为:在中压配电网中利用电力电子技术或静止控制器给对电能质量变化敏感的用户提供一定水平可靠性或质量的电能。用户电力设备或控制器包括静止开关、变换器、变流器、注入变压器、主控制模块与/或储能模块等具有实现电流中断和电压调节功能的、在配电系统中能提高可靠性与/或电能质量的装置。前面已经介绍了各种电能质量问题及其危害,对于敏感的负荷而言,提高供电的可靠性和供电质量成为保障负荷正常工作的关键。显然,敏感用户可以通过自己加装不停电电源,增加热备用的柴油机发电以及其他各种措施提高自身抗系统干扰的能力。但是每个敏感用户都采取这种措施是很不经济的。用户电力或称定制电力技术是站在供电部门为电力用户提供服务的角度出发,它是根据用户对供电可靠性或电能质量的要求,由供电部门采用电力电子技术或静止控制器提高其供电可靠性和供电质量,最终提供满足用户需求的电能。对于特定的用户,特别是大负荷用户,如果供电部门能够采用用户电力技术为其供电,则避免用户自己建立独立的电厂、备用的发电设备等,因而可以大大提高经济性。所以理解用户电力技术,应该从供电可靠性、电能质量水平以及经济性并站在供电部门的角度来理解。

用户电力的概念一经提出,马上得到电力用户、电力工业界与电力科研工作者的普遍关注,人们研制出了各种用户电力控制器,西门子公司、ABB 公司与通用电气公司等都相继推出了各自的用户电力控制器,如配电静止无功发生器、有源电力滤波器、动态电压调节器、统一电能质量控制器、固态切换开关以及分布式发电系统等。虽然国内起步晚一些,但各个大学如清华大学、浙江大学、西安交通大学、华北电力大学等也纷纷研制了各种用户电力控制装置样机。而且国内的电力公司和高新技术企业也逐渐认识到电能质量问题与用户电力技术的重要性,预计在未来 5~10 年,用户电力技术将在我国有巨大的发展。

目前已经得到应用的用户电力控制器种类繁多,可以按照各种标准进行分类。按照装置是否具有变流器可以分为三类:①不含任何电力电子开关的电能质量控制器,通常是指无源滤波器等通过机械开关投切的装置,如利用电机控制的有载调节变压器等;②采用晶闸管投切或控制的控制器,如常用的晶闸管投切电容器、用于配电系统的 SVC 装置、用于切换双路电源的固态控制器以及晶闸管投切或控制的稳压器等;③采用变流器的有源滤波器,包括并联型有源电力滤波器(APF)、用于配电系统的静止补偿器(DSTATCOM)、串联补偿的动态电压调节器(dynamic voltage regulator,DVR),以及串并联混合的统一电能质量控制器(unified power quality controller,UPQC)等。按照用户电力控制器接入系统的方式,也可以分为三类:①并联型控制器,如并联型有源电力滤波器、配电静止补偿器、配电SVC 等;②串联型控制器,如动态电压调节器及串联型滤波器等;③混合型控制器,如串并联混合的统一电能质量控制器及固态切换开关等。

下面简单介绍几种常见的用户电力控制器:有源滤波器(APF)、配电静止补偿器(DSTATCOM)、动态电压调节器(DVR)、固态切换开关(SSTS)。分布式发电系统等其他各种用户电力控制器,有兴趣的读者可以参考有关文献。

1. 配电系统静止无功补偿器(DSTATCOM)

配电系统中存在大量的快速冲击负荷,如电弧炉负荷,会引起电压闪变,引起系统电流与电压的不平衡。传统上,人们采用静止无功补偿器(SVC)来抑制电弧炉引起的电压闪变,现在全世界大约有 600 台用于抑制电压闪变的 SVC 在运行。但由于 SVC 装置的响应速度慢(几十 ms 以上),SVC 装置抑制闪变难以达到 50%。与 SVC 装置相比,采用 PWM 控制的与电力系统并联的电压源变流器,即配电系统静止无功补偿器(DSTATCOM)具有动态响应速度快(响应时间小于 10ms)、补偿电流不依赖于系统电压、谐波抑制能力强、抑制电压闪变效果好(抑制电压闪变可达 20% 以下)、占地面积仅为同容量 SVC 装置的 50% 及有功损耗可比 SVC 低两个百分点等优点,因此 DSTATCOM 装置逐渐取代 SVC 装置在配电系统中获得越来越广泛的应用。DSTATCOM 一般基于电压源变换器,其原理与 STATCOM 类似,即如图 1-19 所示。DSTATCOM 与 STATCOM 的不同之处是,它应用于配电系统,因此通常电压等级和容量较小。由于 DSTATCOM 容量小,因此用于 DSTATCOM 的开关器件容量可以小,通常选择 IGBT 作为开关器件,而 IGBT 的开关频率较高,通常为 1～10kHz。而由 IGBT 构成的变换器可以采用通常的 PWM 调制,消除电压源变换器输出的谐波。所以 DSTATCOM 装置可以具有较小的体积和很快的响应速度。通常基于 IGBT 的 DSTATCOM 装置,其响应时间可以做到 5ms 以下,因而特别适合用于配电系统抑制电压闪变及无功快速跟踪。从 1986 年到 1999 年,日本三菱电机至少投入运行 200 台 DSTATCOM,容量从 0.1～60Mvar 不等,应用场合包括钢铁公司、电气化铁路、水电站、风力发电厂、变电站等。德国西门子公司从 1995 年宣布要开发 DSTATCOM,1998 年在美国得克萨斯州的 SMI 投运一套 ±80Mvar 的装置,采用三单相桥结构,三相电容共用,与 60Mvar 的 FC 并联,主要用于消除电弧炉负荷的闪变、谐波和校正功率因数,顺便解决不平衡问题。ABB 见诸文献的 30Mvar 以上的 DSTATCOM 至少有 6 台,3 台用于抑制电弧炉负荷的电压闪变。其中最大一套容量为 0～164Mvar,采用三电平三相桥,开关器件采用 IGBT,开关频率在 1000Hz 以上。目前国内已经对 DSTATCOM 装置应用于配电系统抑制电压闪变、补偿负荷不平衡进行了广泛深入的研究,正在推进 DSTATCOM 装置在配电系统中的工业应用。

2. 动态电压调节器(DVR)

UPS 虽然能保证敏感负荷持续供电,但大容量 UPS 装置价格过于昂贵,使其应用受到限制。而根据统计电力系统中供电问题大部分都是时间在几 ms 到 500ms 的电压动态跌落与升高,而不是电压完全中断,因此没有必要采用 UPS 装置。为了防止这种类型的动态电压质量问题对敏感负荷造成影响,人们研制了动态电压调节器装置。它是目前保证对敏感负荷供电质量非常有效的串联补偿装置,是 DFACTS 家族中的重要成员之一。该装置能在毫秒级内将电压跌落补偿至正常值,是抑制动态电压干扰的有效补偿装置。它主要由储能单元、DC/AC 变换器模块、连接变压器等部分组成,如图 1-45 所示。由图可以看到,DVR 装置只补偿系统电压中因干扰而缺失的部分,无需承担负荷所需的全部电压,因此与 UPS 相比,容量可以更小,通常只需负荷容量的 1/5～1/3,造价可以大大下降。

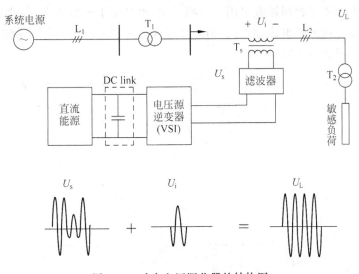

图 1-45 动态电压调节器的结构图

3. 有源电力滤波器（APF）

随着大量非线性负荷，特别是电力电子装置在电力系统中的大量应用，其产生的谐波已经成为电力系统中的公害。但由于常规滤波器容易改变系统参数并导致谐振，补偿谐波时容易产生过剩的无功功率，长时间后容易出现失谐等问题，国外从 20 世纪 80 年代就开始研制有源电力滤波器。目前各种有源电力滤波器在日本等国获得了广泛的应用，已经有较成熟的产品，图 1-46 为有源滤波器的原理图。由于有源滤波器可以看作可控的电流源，因而可以主动快速（响应时间可在 5ms 以下）补偿负荷的谐波、无功功率或不平衡电流，而且这些不同的电流成分可以按需要分别补偿，从而使非线性负荷流入系统的电流为基波电

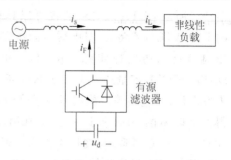

图 1-46   并联型有源电力滤波器原理图

流、基波正序电流或纯基波正序有功电流。由于有源滤波器具有完全主动的补偿能力，可以不受系统阻抗特性的影响，因而受到青睐。日本从 1980 年到 1995 年，在工业中安装了各种容量（从几十 kV·A 到几 MV·A）的 APF 装置 355 台，1995 年后安装的有源滤波器更多。经过近年来的努力，国内清华大学、西安交通大学、华北电力大学等都研制出了有源滤波器工业样机，下一步将朝着控制算法更好、效率更高、成本更低、可补偿谐波频率更高的方向发展，并通过产业化推出工业级产品。

4. 统一电能质量控制器（UPQC）

APF 可以解决负荷的动态电流质量问题。而 DVR 可以解决系统的动态电压质量问题。如果把 APF 和 DVR 组合起来，则可构成能同时补偿电压跌落、瞬时电压中断、谐波电流和谐波电压、电压闪变、系统不对称等电能质量问题的综合补偿装置，称为统一电能质量控制器（UPQC）。UPQC 的主电路结构如图 1-47 所示，分为串联单元、并联单元、直流储能单元三部分。两个脉宽调制（PWM）逆变单元分别构成串联单元和并联单元的主要部分，直流储能装置则是两个逆变单元公用的，这三个部分共同组成一个完整的用户电力装置。这种结构的统一电能质量控制器既可用于三相系统，也可用于单相系统，给对电压和电流波形都很敏感的重要负荷提供电源，还可以消除非线性负荷和冲击性负荷对系统的影响，相当于在负载和系统之间进行了隔离。

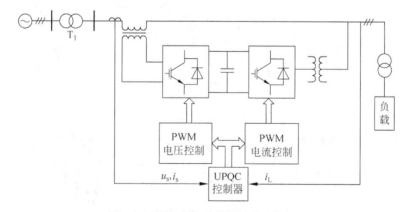

图 1-47   统一电能质量控制器的结构图

UPQC将电压型电能质量调节器和电流型电能质量调节器的功能结合起来,有如下优点:

(1) 供电电压出现暂态或稳态故障时,UPQC可以确保负载侧为标准基波正序电压;

(2) UPQC可以提供非线性负载需要的谐波电流,从而保证系统电流的质量;

(3) UPQC可以提供负载所需的无功功率,使系统电流和电压同相,提高负载的功率因数,不需要额外的功率因数校正装置;

(4) 并联单元可为串联单元直流侧提供能量,因此不会对系统电流产生额外的干扰。

目前UPQC研究的重点为并联部分与串联部分的协调控制,即并联部分为串联部分提供良好的功率支撑,维持直流侧电压的稳定,最终使并联部分能保证负荷向系统注入的电流为纯基波正序有功电流;而串联部分则确保为敏感负荷提供三相平衡、动态波形质量良好的电压。

5. 固态切换开关(SSTS)

对于敏感负荷,为了保证供电可靠性,一般需要供给两路独立的电源。一路运行,一路作为备用。一旦运行的电源出现故障,将敏感负荷迅速切换到备用电源,这是提高供电可靠性的重要措施。固态切换开关可实现该功能,图1-48为固态切换开关的原理图。当主电源供电正常时,负荷通过主电源及快速机械开关1供电,固态开关1断开,固态开关2及快速开关2都处于断开状态,这样可以减小运行时的损耗。一旦检测到主电源电压异常,快速开关1迅速断开(一般为4ms以内),快速开关1断开后固态开关2立即触发导通,然后再合上快速开关2,等快速开关2合上后,断开固态开关2,正常情况下让负荷通过快速开关2供电,减小损耗。由备用电源切换到主电源的过程类似。由固态切换开关的工作原理可以看到,为了保证负荷的连续供电,要求快速开关能快速切断(一般要求几毫秒以内),快速开关合上时速度不要求很快,因为固态开关由晶闸管构成,具有很快的速度(微秒级),因此由固态开关完成快速供电的过程。固态切换开关中最关键的技术是快速断开的开关。一旦检测到工作电源出现故障,快速开关应该快速断开,而通过晶闸管投切的另一路备用电源能够快速投入。我国上海NEC华虹电子有限公司就安装了日本三菱公司生产的固态切换开关。目前国内正在开展这方面的研究,但由于缺乏快速关断的机械开关,因此SSTS研制还处于起步阶段。

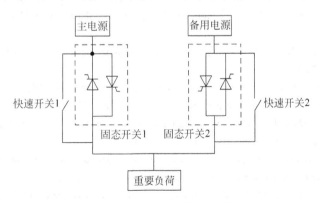

图1-48　固态切换开关的原理图

由于现代电网都是紧密联系在一起的,因此SSTS要求的双路独立电源通常难以满足。除非安装另一套独立的发电系统,否则SSTS切换对电能质量的改善是有限的。

参 考 文 献

［1］　HINGORANI N G，LASZIO G．Understanding FACTS：concept and technology of flexible AC transmission systems［M］. New York：The Institute of Electrical and Electronics Engineers，1999.

［2］　KUNDAR P. Power System Stability and Control［M］. New York：McGraw-Hill，1994.

［3］　TAYLOR C W. Power System Voltage Stability［M］. New York：McGraw-Hill，1994.

［4］　吴桂芳，陆家榆，邵方殷. 我国更高一级电压等级输电的电磁环境研究［C］//中国科协 2004 年学术年会电力分会场暨中国电机工程学会 2004 年学术年会论文集. 海南：2004：630-634.

［5］　郭剑波，姚国灿，徐征雄，等. 我国未来大区电网互联可能出现或应该注意的若干技术问题——全国联网和更高一级交流电压等级技术问题研究之一［J］. 电网技术，1998，22(6)：63-67.

［6］　HINGORANI N G. High power electronics and flexible AC transmission system［J］. IEEE Power Engineering Review，1988，8(7)：3-4.

［7］　HINGORANI N G. FACTS—flexible AC transmission system［C］//1991 International Conference on AC and DC Power Transmission，Sep. 1991：1-7.

［8］　HINGORANI N G. Flexible AC transmission［J］. IEEE Spectrum，1993，30(4)：40-45.

［9］　HINGORANI N G. Role of FACTS in a deregulated market［C］//2000 IEEE Power Engineering Society Summer Meeting，July 2000，3：1463-1467.

［10］　HINGORANI N G. Introducing custom power［J］. IEEE Spectrum，1995，32(6)：41-48.

［11］　HINGORANI N G. Future direction for power electronics［C］//2001 IEEE/PES Transmission and Distribution Conference and Exposition，2001(2)：1180-1181.

［12］　HINGORANI N G. Power electronics in electric utilities：role of power electronics in future power systems［J］. Proceeding of the IEEE，1998，76(4)：481-482.

［13］　HINGORANI N G，MEHTA H，LEVY S，et al. Research coordination for power semiconductor technology［C］//Proceedings of the IEEE，1989，77(9)：1376-1389.

［14］　HINGORANI N G. FACTS technology and opportunities［J］. IEE Colloquium on Flexible AC Transmission Systems(FACTS)—The Key to Increased Utilisation of Power Systems，12 Jan 1994，Digest No. 1994/005，4/1-410.

［15］　POVH I，PYC D，RETZMANN M，et al. Future developments in power industry［C］//The 4th General Meeting and IERE Central and Eastern Europe Forum，Krakow Poland，Oct 2004.

［16］　EDRIS A. FACTS technology development：an update［J］. IEEE Power Engineering Review，2000，20(3)：4-9.

［17］　PHILIP M，ASHMOLE P. Flexible AC transmission systems［J］. Power Engineering Journal，1995，9(6)：282-286.

［18］　PHILIP M，ASHMOLE P. Flexible AC transmission systems. Ⅱ. Methods of transmission line compensation［J］. Power Engineering Journal，1996，10(6)：273-278.

［19］　PHILIP M，ASHMOLE P. Flexible AC transmission systems. Ⅲ. Conventional FACTS controllers ［J］. Power Engineering Journal，1997，11(4)：177-183.

［20］　PHILIP M，ASHMOLE P. Flexible AC transmission systems. Ⅳ. Advanced FACTS Controllers ［J］. Power Engineering Journal，1998，12(2)：95-100.

［21］　LIU C C，HEYDT G T，EDRIS A A. Impact of FACTS controllers on transfer capability of power grids［C］//2002 IEEE Power Engineering Society Winter Meeting，27-31 Jan 2002，1：556-561.

［22］　GENE W. electricity through the ages［EB/OL］. http：//tdworld. com/mag/power_electricity_ages.

［23］　何大愚. 柔性交流输电技术的定义、机遇及局限性［J］. 电网技术，1996，20(6)：18-24.

[24] 王仲鸿，沈斐，吴铁铮. FACTS 技术研究现状及其在中国的应用与发展[J]. 电力系统自动化,2000
      (23)：1-6.

[25] The FACTS Terms & Definitions Task Force of the FACTS Working Group of the DC and FACTS
      Sucommittee(Chaired by Edris A A). Proposed terms and definitions for flexible AC transmission
      system(FACTS)[J]. IEEE Transactions on Power Delivery,1997,12(4)：1848-1853.

[26] Seppa T O. Increasing transmission capacity by real time monitoring[C]//2002 IEEE Power
      Engineering Society Winter Meeting,Jan 2002(2)：1208-1211.

[27] YOSHIHIKO S, YOSHINOBU H, HASEGAWA T, et al. New static VAR control using force-
      commutated inverters[J]. IEEE Transactions on Power Apparatus and Systems,1981,PAS-100(9)：
      4216-4224.

[28] HINGORANI N G, et al. A new scheme for SSR damping of torsional oscillations and transient
      torque[C]//1980 IEEE/PES Summer Meeting,1980 687-4 & 688-2.

[29] GYUGYI L, SCHAUDER C D, SEN K K. Static synchronous series compensator：a solid-state
      approach to the series compensation of transmission lines[J]. IEEE Transactions on Power Delivery,
      1997,12(1)：406-417.

[30] GYUGYI L. Dynamic compensation of AC transmission lines by slolid-state synchronous voltage
      sources[J]. IEEE Transactions on Power Delivery,1994,9(2)：904-911.

[31] GYUGYI L. Unified power-flow control concept for flexible AC transmission systems[J]. IEE
      Proceedings-Generation,Transmission and Distribution,1992,139(4)：323-331.

[32] FUJITA H, WATANABE Y, AKAGI H. Control and analysis of a unified power flow controller
      [J]. IEEE Transactions on Power Electronics,1999,14(6)：1021-1027.

[33] RAHMAN M, AHMED M, GUTMAN R, et al. UPFC application on the AEP system：planning
      consideration[J]. IEEE Transactions on Power Systems,1997,12(4)：1695-1701.

[34] FARDANESH B, SHPERLING B, UZUNOVIC E, et al. Multi-converter FACTS devices：the
      generalized unified power flow controller(GUPFC)[C]//2002 IEEE Power Engineering Society
      Summer Meeting,16-20 July 2000(2)：1020-1025.

[35] SYBILLE G, HAJ-MAHARSI Y, MORIN G, et al. Simulator demonstration of the interphase
      power controller technology[J]. IEEE Transactions on Power Delivery,1996,11(4)：1985-1992.

[36] BROCHU J, BEAUREGARD F, MORIN G, et al. The IPC technology—a new approach for
      substation updating with passive short-circuit limitation[J]. IEEE Transactions on Power Delivery,
      1998,13(1)：233-240.

[37] LEMAY J, BERUBE P,BRAULT M M,et al. The plattsburgh interphase power controller[C]//
      1999 IEEE Transmission and Distribution Conference,11-16 April 1999(2)：648-653.

[38] 何大愚. 柔性交流输电技术及其控制器研制的新发展——TCPST,IPC(TCIPC)和 SSSC[J]. 电力
      系统自动化,1997,21(6)：1-6.

[39] JACQUES L, JACQUES B,FRANCOIS B,et al. Interphase power controllers-complementing the
      family of FACTS controllers[J]. IEEE Canadian Review,2000：9-12.

[40] BROCHU J, BEAUREGARD F, LEMAY J, et al. Application of interphase power controller
      technology for transmission line power flow control[J]. IEEE Transactions on Power Delivery,
      1997,12(2)：888-894.

[41] SADEK K, MOHADDES M,RASHWAN M,et al. GPFC-Grid power flow controller：description
      and applications[C]//2002 IEEE Power Engineering Society Summer Meeting, July 2002(1)：
      461-466.

[42] BREUER W, POVH D, RETZMANN D, et al. Role of HVDC and FACTS in Future Power
      Systems[EB/OL]. http：//202.205.84.253/dqpy/gonggao/power.htm.

[43] DIEMOND C C, BOWLES J P, BURTNYK V, et al. AC-DC economics and alternatives-1987 panel session report[J]. IEEE Transactions on Power Delivery,1990,5(4):1956-1976.

[44] LEI X,BRAUN W, BUCHHOLZ B M, et al. Coordinated operation of HVDC and FACTS[C]// 2000 IEEE International Conference on Power System Technology(PowerCon 2000),Dec 2000(1): 529-534.

[45] ASPLUND G, CARLSSON L, TOLLERZ O. 50 Years of HVDC Transmission,Part Ⅰ:ABB— From pioneer to world leader[J]. ABB Review,2003(4):4-9.

[46] ASPLUND G, CARLSSON L, TOLLERZ O. 50 Years of HVDC Transmission, Part Ⅱ:The Semiconductor Takeover[J]. ABB Review,2003(4):4-9.

[47] AERNLÖV B. HVDC 2000—A New Generation of High-Voltage DC Converter Stations[J]. ABB Review,1996(3):10-17.

[48] ASPLUND G, et al. HVDC light-DC transmission based on voltage sourced converters[J]. ABB Review,1998(1):4-9.

[49] POVH D. Use of HVDC and FACTS[C]//Proceedings of the IEEE,2000,88(2):235-245.

[50] ANDERSEN B, BARKER C. A New Era in HVDC[J]. IEE Review,2000,46(2):33-39.

[51] GEMMELL B, LOUGHRAN J. HVDC offers the key to untapped hydro potential[J]. IEEE Power Engineering Review,2002,22(5):8-11.

[52] NOZARI F, PATEL H S. Power electronics in electric utilities:HVDC power transmission systems [J]. Proceedings of the IEEE,1988,76(4):495-506.

[53] 韩祯祥,薛禹胜,邱家驹. 电网互联的现状和前景[C]//2000 年国际大电网会议系列报道,2004 (24):1-4.

[54] 韩英铎,严干贵,姜齐荣,等. 信息电力与 FACTS&DFACTS 技术[J]. 电力系统自动化,2000, 20(19):1-7.

[55] CONROY E. Power monitoring and harmonic problems in the modern building[J]. IEEE Power Engineering Journal,2001,15(2):101-107.

[56] EDWARD R W. Power quality issues-standards and guidelines[J]. IEEE Transactions on Industry Applications,1996,32(3):625-632.

[57] WOODLEY N H, MORGAN L, SUNDARAM A. Experience with an inverter-based dynamic voltage restorer[J]. IEEE Transactions on Power Delivery,1999,14(3):1181-1186.

[58] CHOI S S, LI B H, VILATHGAMUWA D M. Dynamic voltage restoration with minimum energy injection[J]. IEEE Transactions on Power Systems,2000,15(1):51-57.

[59] 杨潮,张秀娟,唐志,等. 三相串联电能质量控制器及其补偿电压算法[J]. 清华大学学报,2003, 43(3):289-292.

[60] NIELSEN J G, BLAABJERG F, MOHAN N. Control strategies for dynamic voltage restorer compensating voltage sags with phase jump[J]. IEEE Sixteenth Annual Applied Power Electronics Conference and Exposition(APEC 2001),Anaheim CA USA,Mar 2001(2):1267-1273.

[61] 张秀娟,李晓萌,姜齐荣,等. 动态电压调节器(DVR)的设计与性能测试[J]. 电力电子技术,2004, 38(2):21-23.

[62] 姜齐荣,谢小荣,陈建业. 电力系统并联补偿——结构、原理、控制与应用[M]. 北京:机械工业出版 社,2004.

[63] HIROFUMI A, YOSHIHIRA K, AKIRA N. Instantaneous reactive power compensators comprising switching devices without energy storage components [J]. IEEE Transactions on Industry Applications. 1984,A-20(3):625-630.

[64] FENG Z P, LAI J S. Generalized instantaneous reactive power theory for three-phase power systems[J]. IEEE Transactions On Instrumentation and Measurement,1996,45(1):293-297.

［65］ 张剑辉,姜齐荣,赵地,等. 有源滤波器控制器的设计[J]. 电网技术,2002,26(10):48-52.

［66］ 王跃,杨君,王兆安,等. 电气化铁路用混合电力滤波器的研究[J]. 中国电机工程学报,2003,23(7):23-27.

［67］ 张毅,姜新建,张贵新,等. 基于DSP的三相四线制混合型滤波装置的研究[J]. 电力电子技术,2003,37(6):30-32.

［68］ GOMEZ J C, MORCOS M M. Coordinating overcurrent protection and voltage sag in distributed generation systems[J]. IEEE Power Engineering Interview,2002,22(2):16-19.

第 2 章

电力电子学基础

2.1 概　　述

本章将简要介绍与 FACTS 技术相关的电力电子学基础知识,它们之间的关系用图 2-1 表示。电力电子技术是 FACTS 的基础,FACTS 是电力电子技术在电力系统应用的一个重要分支。FACTS 的核心是各种类型的 FACTS 控制器,而 FACTS 控制器本质上是电力电子设备,而电力电子设备的主体是电力电子电路,其中的关键元件是各种电力电子器件。因此电力电子技术的发展及其在电力系统中的应用促进了 FACTS 的发展,反过来,FACTS 技术又对电力电子技术提出了更高的要求,成为推动电力电子器件、电路和设备不断创新的动力之一。

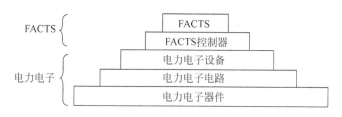

图 2-1　FACTS 与电力电子技术的关系

2.2　电力电子器件

2.2.1　发展历史与现状

在整流器(rectifier)/电力二极管(power diode)方面,20 世纪 50 年代初期,普通的半导体整流器(semiconductor rectifier,SR)开始应用,逐步取代汞弧整流器(mercury-arc rectifier)。普通整流器的正向通态压降(1V 左右)远低于汞弧整流器(10～20V),从而大大提高了整流装置的效率。但普通整流器工作频率不高,通常应用于 400Hz 以下的整流电路中。随着中频(数百 Hz～10kHz)和高频(10kHz 以上)整流应用的开展,相继研制出快恢复整流器以及适合低压高频整流应用的肖特基整流器。为进一步减少高频低压开关电源中的开关损耗,20 世纪 80 年代中后期出现了同步整流器。

1957 年至 1958 年间,美国 GE 公司研制出世界上第一只普通的反向阻断型可控硅 (sillicon controlled rectifier,SCR),又称晶闸管(thyristor)。而后,经过近 20 多年的工艺完善和应用开发,普通晶闸管形成了从低电压、小电流到高电压、大电流的系列产品。同一时期出现了大量的晶闸管派生和改进器件,如不对称晶闸管、逆导晶闸管、三端双向晶闸管、门极辅助关断晶闸管、光控晶闸管。特别是 20 世纪 80 年代迅速发展起来的可关断晶闸管 (gate-turn-off thyristor,GTO)使得晶闸管在高压交直流输电、交直流调速、电解电镀等方面得到广泛应用,并直接促使 FACTS 概念的诞生和发展。晶闸管的发展,一方面不断提升其工作电压和电流,即达到更大功率;另一方面追求更高的工作频率。由于晶闸管大多是换流型器件,开关频率不高,如前述各种晶闸管,工作频率通常在 400Hz 以下,通过缩短少子寿命和设计合理的门极可获得快速晶闸管和高频晶闸管,工作频率达到数 kHz 甚至 20kHz。20 世纪 90 年代末出现的(集成)门极换流晶闸管((integrated) gate-commutated thyristor,(I)GCT)、MOS 关断晶闸管(MOS turn-off thyristor,MTO)、发射极关断晶闸管 (emitter turn-off thyristor,ETO)等,利用集成电路技术和高速场控器件来改造晶闸管的门极,在大功率与高频率之间取得了更好的平衡。

1948 年,第一只晶体管(transistor)诞生于美国贝尔实验室,但直到 20 世纪 70 年代,电力变换用晶体管,即功率晶体管(giant transistor,GTR)才进入工业应用阶段。功率晶体管的开关频率较晶闸管高,如非达林顿(Darlington)功率晶体管的工作频率高于 20kHz,达林顿功率晶体管可工作在 10kHz 以下,从而使得脉宽调制(pulse width modulation,PWM)技术在晶体管变换电路中得到广泛应用。但是,功率晶体管的电压和电流水平比晶闸管低,适用于数百 kW 以下功率的电力电子设备,如高频开关电源、中小功率变频调速、高频电子镇流器等。而且,由于功率晶体管存在二次击穿、安全工作区(safe operation area,SOA)小、不易并联以及过载能力差等问题,应用面受到限制。

20 世纪 70 年代后期,功率场效应管(power MOSFET)进入实用阶段,标志着电力电子器件在高频化发展过程中的一次重要突破。其中应用最广的是电流垂直流动的双扩散 MOSFET(简称 VDMOS),它具有场控可关断、工作频率高(几十~数百 kHz,甚至 MHz)、开关损耗小、SOA 宽、易并联等优点,成为高频电力电子技术的核心器件。但是,由于 MOSFET 不具备类似于晶闸管的电导调制效应,导通电阻随着承受电压的增加而快速增大,从而限制了它在中、高功率领域的应用,它主要用于高频、低功率(数 kW 及以下)场合。将 MOSFET 与其他功率器件(如 GTO)结合起来可以构成更先进的电力电子器件,如 MTO、ETO 等。

20 世纪 80 年代出现所谓的复合型电力电子器件,它的主要特点是兼具双极型器件与 MOS 器件的优点,在高压大电流和动态特性之间取得较好的折中。典型的复合型器件为绝缘栅双极型晶体管(insulated gate bipolar transistor,IGBT)和 MOS 栅控晶闸管(MOS controlled thyristor,MCT),它们均为场控器件,工作频率超过 20kHz。随着其性能不断完善、产品成本逐步下降,在中高频、中小功率应用场合,IGBT 逐渐取代 GTR 和 MOSFET, 而 MCT 有取代 SCR 和 GTO 的趋势。为了进一步提高 IGBT 的容量,20 世纪 90 年代末出现了将 IGBT 与 GTO 结合起来构成的注入增强栅晶体管(injection-enhanced gate transistors,IEGT),2004 年该器件已达到 4500V 耐压、关断 6kA 电流的水平。

　　20 世纪 80 年代还出现了两种静电感应原理的电力电子器件,即单极型的静电感应晶体管(static induction transistor,SIT)和双极型的静电感应晶闸管(static induction thyristor,SITH),由于兼具高压大电流和高频等优点,在高频工业领域得到一定应用,如容量达到数百 kW 的高频感应加热电源。但是由于具有较大的通态压降,不适合于大功率电力电子应用领域。

　　自 20 世纪 80 年代始,功率电力电子的另一个重要发展是高压功率集成电路(high voltage integrated circuit,HVIC)和智能功率集成模块(intelligent/integrated power electronic module,IPEM)的研制和开发。它们是电力电子和微电子技术相结合的产物,即将电力电子电路和微电子电路集成在一个芯片上,或是封装在一个模块内构成。它突破了传统的器件概念,使之具有功率控制和保护的能力而发展成了一种电路。模块化是器件发展方向之一,功率集成模块是由同类或不同类的开关器件按一定的电路拓扑结构连接并封装在一起构成,而如果进一步具有信号检测及处理、驱动、保护与诊断功能,则构成所谓的智能功率集成模块。HVIC 和 IPEM 的发展使得电力电子器件使用起来更方便,可靠性更高。

　　电力电子器件的发展主要取决于两个因素,即应用的需要和器件本身在理论及工艺上的突破,大致表现在以下几个方面。

　　(1) 提高现有器件的容量和性能。如 GTO,采用大直径均匀技术、全压接式结构和电子寿命控制,平衡通态电压和关断损耗之间的矛盾,可望开发出 12kV/10kA 的器件。又如 IGBT,使其内部功率引线采用超声压焊或改压接式结构,可进一步提高工作可靠性。再如 IEGT,采用微电子技术和精细工艺(1μm 加工精度),研制深沟槽栅结构,可使器件的元胞密度提高、压降进一步减小。

　　(2) 开发新的器件。一方面根据器件本身的特点提出,如较近出现的 IGCT、MOT 等就是典型的例子。当前,仍不断有新的电力电子器件涌现。另一方面是为了满足新的应用需要。如为适用于传递极强的峰值功率(数兆瓦)、极短的持续时间(数百纳秒)的放电闭合开关应用场合,如激光器、高强度照明、放电点火、电磁发射器和雷达调制器需要,而提出的脉冲功率闭合开关晶闸管(pulse power closing switch thyristor,PPCST),它能在数 kV 的高压下快速开通,不需要放电电极,具有很长的使用寿命,体积小,价格较低,可望取代目前尚在应用的高压离子闸流管、引燃管,火花间隙开关或真空开关等。

　　(3) 集成化、智能化。HVIC 和 IPEM 将继续是 21 世纪电力电子技术发展的重要方向之一。近来,又提出了功率电子积木(又称功率电子模块,power electronic building block,PEBB)的概念。PEBB 是一个比 HVIC 和 IPEM 更广泛的概念,它将功率器件、门极驱动以及其他元件逐级集成为一个具有多种用途的功能模块,从而减少成本、损耗、重量和尺寸,便于使用。PEBB 的设计者在集成时根据器件的强度、开关速度、损耗和散热等因素,综合考虑了杂散电抗/电容、驱动、缓冲和滤波等,并以预想的多种应用所要求的功能指标为设计目标;而后,采用 PEBB 可以模块化地构建大容量产品,大大减少了工程应用的设计、测试、现场调试和维护工作量。PEBB 最终使得功率电子的应用者只需按照标准的界面、控制和保护接口来"搭积木"即可。简单来说,IPEM 可以看作是单层单片集成,一维封装;而 PEBB 属多层多片集成,三维封装,多方向散热,结构更复杂,有诸多问题需要跨学科联合研究。PEBB 概念提出至今,已经获得较大的发展,在 HVDC、FACTS、用户电力、变频调速等方面得到应用。

（4）基于新材料的电力电子器件。到目前为止，所有实用的电力电子器件均是由硅材料制成的。为了进一步实现对理想功率器件特性的追求，人们逐渐探索采用新型半导体材料制作半导体功率器件。其中最引人关注的新型半导体材料有砷化镓（GaAs）和碳化硅（SiC）。目前，已研制出 600V 的 GaAs 高频整流二极管，与硅快速恢复二极管相比，反向电流随温度变化小，开关损耗低，反向恢复特性好；用 GaAs VFETs 制成的 10MHz PWM 变换器，其功率密度高达每立方英寸 500W。SiC 功率器件被认为是最有希望的新型半导体器件，它的性能指标比砷化镓器件还要高一个数量级，其禁带宽度宽，工作温度可高达 600℃；击穿强度高，PN 结耐压易做到 5kV；导通电阻小，做成同样耐压水平的 MOSFET 管，其导通电阻是硅器件的 1/200，导热率高；本征载流子浓度比硅小，故漏电流特别小，其高频可达射频和微波范围。一旦解决材料提纯和结晶完整方面的问题，造价降低下来，SiC 器件的微细加工工艺和高温运行的外围技术获得突破，SiC 功率器件进入实用化，将大大促进电力电子技术的发展。

2.2.2 分类

根据参与导电载流子（空穴和电子）的种类，电力电子器件可以分为以下几种。

（1）单载流子（single-carrier）器件，或称单极型器件、多子器件，只有一种载流子参与导电的器件，不存在正反向恢复过程。

（2）双载流子（two-carrier）器件，或称双极型器件、少子器件，有两种载流子参与导电的器件，存在正反向恢复过程。

（3）混合载流子（mixed-carrier）器件，或称复合型器件，单载流子器件和双载流子器件的某种组合体。

按照上述分类方法，各电力电子器件之间的关系可用树形图（图 2-2）来表示。

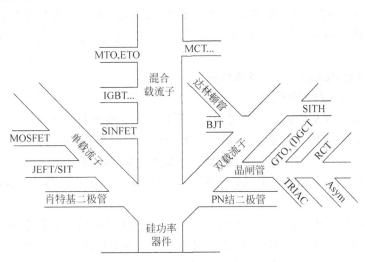

图 2-2　硅功率器件的树形分类图

按照发展历史来看，电力电子器件分为第一代、第二代和第三代产品。第一代产品主要指分立式换流开关器件，不具有自关断特性，包括 SR 和 thyristor 等；第二代产品主要指具有自关断能力的器件，包括 GTO，GTR，VDMOS，SIT，SITH 等；第三代产品是一些性能优

异的复合器件和功率集成器件、电路,如 IGBT,MTO,(I)GCT,MCT,IEGT 以及 HVIC,
IPEM,PEBB 等。

　　根据器件主体是基于晶闸管工作原理还是晶体管工作原理,电力电子器件还可分为晶
闸管类器件和晶体管类器件,其中前者包括 thyristor,GTO,SITH,(I)GCT,MTO 及 MCT
等,后者包括 GTR、MOSFET、IGBT 及 SIT 等。

2.2.3　特性参数

　　电力电子器件的特性参数可分为静态参数和动态参数,前者描述器件在稳定工作情况
下的特性及其参数,后者描述器件在开通、关断动态行为中的性能和指标。

　　主要的静态特性和参数包括:

　　(1) 额定电压(耐压),即正常工作时,器件能耐受的正向或反向,平均或峰值电压;

　　(2) 额定电流,即正常工作时,器件能流通的平均或峰值电流;

　　额定电压和额定电流是决定器件容量的主要参数。

　　(3) 通态压降,即器件导通时正负极之间的电压降,这是决定器件通态损耗的主要参
数。大多数存在双载流子导电的器件,如 GTR,SCR,IGBT,SITH 和 MCT 等,都存在电导
调制效应,通态压降较小;而大多数单载流子器件,如 VDMOS,不存在电导调制效应,通态
压降较高,且往往跟耐压成正比,这也是 VDMOS 电压不能做得太高的原因之一。

　　(4) 结温,即正常工作时器件的阀体温度,是跟散热条件密切相关的参数。

　　(5) 安全工作区(SOA),为确保器件在开关过程中能安全可靠地长期工作,其开关动态
轨迹必须限定在特定的安全范围内,该范围称为 SOA。它一般由电流、电压、耗散功率和二
次击穿(针对晶体管)等限制线所界定,又可分为正偏 SOA 和反偏 SOA。

　　(6) 过载能力,电力电子器件都具有一定的短时过负荷能力,过载能力越高则越不容易
因为扰动、故障(如短路)等非正常运行情况而损坏。Thyristor 具有很好的过载能力,如某
些 thyristor 在数秒内有 2 倍过电流能力、数周波内 10 倍过电流能力、一个周波内 50 倍过
电流能力。

　　(7) 门极参数,如输入阻抗、驱动功率等。

　　主要的动态特性和参数包括:

　　(1) 开通时间,即从门极加上开通信号到器件完全导通所需的时间。

　　(2) 关断时间,即从门极加上关断信号到器件完全关断所需的时间。对于大多数采用
少子导电的器件,由于存在少子的存储现象,开关速度受到限制。

　　(3) 工作频率,主要由开通和关断时间决定的反映器件正常工作能适应的开关动作的
频度范围。

　　(4) 电压上升率(du/dt),当器件两端的电压变化率过高时,器件(特别是晶闸管类器
件)会发生非正常导通甚至损坏,正常工作时能经受的电压变化率即为器件的 du/dt 耐量。

　　(5) 电流上升率(di/dt),对于晶闸管类器件,如导通时在很短的时间内流过一个上升率
很大的电流,会导致门极附近的电流密度过大,引起局部导通区的强烈发热、温度上升,随着
导通区的扩展,该区温度迅速下降,从而每次导通使得门极附近局部导通区经历一次剧烈的
温度升降波动,易导致器件热疲劳损坏。因此,在一定的长期工作寿命内,器件有一个承受
电流上升率的能力问题,亦所谓的 di/dt 耐量。

由于不同的器件在参数的定义和测试条件上存在差别,上述参数只是一些共性和具有可比性的参数,在选择器件时应根据其详细说明书来具体考察。

2.2.4 主要器件简述

1. 整流器/电力二极管

整流器(SR)是一类具有两层结构(一个 PN 结)、单向导通的电力半导体器件,符号如图 2-3 所示。当正负极间加正电压(正偏置)时导通,加负电压(负偏置)时阻断,无须门极控制。

SR 在 FACTS 控制器中的用途主要包括:

(1) 在 AC-DC 变换中作为整流元件,构成廉价和高效的整流器,在 FACTS 控制器中提供有功功率;

(2) 在晶闸管逆变电路中用作反向充电和能量传输元件;

(3) 在电压源型变换器(VSC)和多电平变换器中,跨接于可关断器件正负极构成开关阀体,用作续流元件;

图 2-3 电力二极管的符号

(4) 与可关断器件串联使用用于逆向电压阻断;

(5) 用于缓冲电路(snubber circuit)和门极驱动电路(gate-drive circuit);

(6) 其他,如在各类变换器中作为隔离、箝位、保护元件等。

实际上,由于其作用广泛,FACTS 设备中的器件几乎有一半是二极管。

2. 双极型晶体管

双极型晶体管(bipolar junction transistor,BJT)是一类具有三层结构(两个 PN 结)的电力半导体器件,包括 PNP 和 NPN 两种类型,它们的符号分别如图 2-4(a)、(b)所示。BJT 是采用电流控制的,它的三个极称为集电极(collector)、发射极(emitter)和基极(base)。当集电极相对于发射极间的电压为正,在基极施加一定的开通电流时,BJT 导通;此时,集电极电流是基极电流的函数,它们之间的比称为电流增益。

BJT 可以工作在截止、有源放大和饱和三个状态。在变流技术应用中,晶体管作为开关使用,工作于截止(断开)和饱和(导通)两个状态,在状态转换过程中,快速通过有源区。

为提高电流增益和容量,通常将多个晶体管组合成达林顿结构,如图 2-5 所示。由于每一级达林顿结构会产生一定的管压降,采用多级达林顿结构会导致较大的通态压降和损耗,同时延长了开关时间。

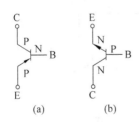

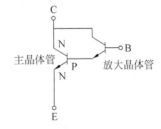

图 2-4 双极型晶体管的符号
(a) PNP 型;(b) NPN 型

图 2-5 达林顿结构的晶体管

与晶闸管相比,BJT 的开关速度快(典型一次开关时间为数 μs),但 BJT 的驱动功率大、过载能力低。在电力中应用的晶体管,由于耐压、容量较普通晶体管大大提高,通常称为功率晶体管(power transistor)或巨型晶体管(GTR)。目前,GTR 的容量较大的达 1200V/800A。相对于 thyristor、GTO 等器件,容量仍显低,加之控制功率大、通态压降和损耗较高,在 FACTS 设备中应用不多;但由于其开关时间小(数 μs),开关频率高(数百 kHz),且便于模块化,在拖动、大功率 UPS 中得到较广泛的应用。

3. 功率场效应管

场效应管(metal-oxide semiconductor field effect transistor,MOSFET)是一种具有高开关速度、低开关损耗,并采用电场(电压)控制的晶体管,属于单极型、多子导电和电压控制的器件。按照载流子的不同,MOSFET 可分为 P 沟道(空穴导电)型和 N 沟道(电子导电)型两类,每类又分为耗尽型和增强型。它的三个极通常称为栅极(G)、源极(S)和漏极(D),相应的符号如图 2-6 所示。

图 2-6　MOSFET 的符号

传统的 MOSFET 结构是把源极、栅极和漏极置于硅片的同一侧,因而 MOSFET 中的电流是横向流动的,使得器件的容量难以做大。20 世纪 80 年代出现的电流垂直流动的 MOSFET(简称 VDMOS)既保持沟道结构,又实现了垂直导电,大大增加了 MOSFET 的容量。

MOSFET 主要用于低功率(数 kW 及以下)场合,但是将其与其他功率器件(如 GTO)复合可以构成更先进的电力电子器件,如 MTO、ETO 等。

4. 绝缘栅双极型晶体管

绝缘栅双极型晶体管(IGBT)是一种在 VDMOS 管结构基础上再增加一个 P^+ 层而形成的复合型晶体管,它的符号和等效电路结构如图 2-7(a)、(b)所示。其中 G 极仍称栅极,原来 VDMOS 的源极称为发射极(E),而新增的 P^+ 层引出的电极称为集电极(C),在电路应用中,C-E 极间加正向电压。IGBT 的导通原理与 VDMOS 一致。IGBT 在正向导通时,存在基区电导调制效应,因而通态压降较低,数量级等同于 BJT;但由于引入了少子行为,存在少子存储现象,故开关速度较 VDMOS 慢,介于 VDMOS 和高频晶闸管之间,工作频率可达 50kHz,其输入特性具有 VDMOS 栅控特点。

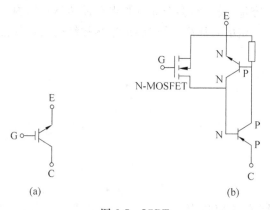

图 2-7　IGBT

(a) 符号；(b) 等效电路

从 IGBT 的结构上可以看到,它内部寄生着一个晶闸管,因此要防止产生晶闸管的锁定效应(latching effect),导致 IGBT 失去栅控器件关断的能力,甚至损坏。同时过高的 du/dt

和过大的电流(过载)都可能使 IGBT 工作于晶闸管的锁定状态,这是使用过程中应加以注意的。

表 2-1 给出了 1200V 级达林顿 GTR、功率 MOSFET 和 IGBT 的特性比较,可见 IGBT 综合了 BJT 和 MOSFET 的优点。

表 2-1　GTR、MOSFET 和 IGBT 的特性比较(1200V 级)

器　　件	达林顿 GTR	功率 MOSFET	IGBT
开关速率/工作频率	$10\mu s/\leqslant 5kHz$	$0.3\mu s/\geqslant 30kHz$	$10\sim 40kHz$
额定电流密度	低	低压时高,高压时低	高
驱动方式	电流、复杂	电压、简单	电压、简单
驱动功率	大	小	小
安全工作区	小	大	大
高压化	易	难	易
大电流化	易	难	易
高速化	难	极易	易
饱和压降	很低	高	低
并联使用	较易	易	易
反向耐压能力	不能单独反向使用	不能单独反向使用	反向耐压能力很低(几十伏)
其他	有二次击穿现象,限制了 SOA	无二次击穿现象	有擎住现象,限制了 SOA

近年来,日本东芝公司还开发了一种新型 IGBT 模块——IEGT。它由于利用了电子注入增强效应,从而兼有 IGBT 和 GTO 两者的某些优点:低的饱和压降,宽的安全工作区(吸收回路容量仅为 GTO 的 1/10 左右),低的栅极驱动功率(比 GTO 低 2 个数量级)和较高的工作频率。加之该器件采用了平板压接式电极引出结构,可望有较高的可靠性。目前该器件最大容量已达到 4.5kV/3kA 的水平。

在中小功率领域,IGBT 有取代 GTR 和 VDMOS 的趋势;在高功率领域,虽然采用 IGBT 的单台变流装置容量尚不及晶闸管,但通过级/并联,也可以达到非常大(数十 MV·A 级)的容量水平。可以预见,IGBT 在大功率方面的应用将更广泛。

5. 晶闸管

逆阻型普通晶闸管(thyristor),也称为可控硅晶闸管(silicon controlled rectifier,SCR),是一种三端四层的单向可控半导体器件,符号如图 2-8 所示。其外形上有螺栓式、平板式等种类,如图 2-9 所示,其中图(a)为螺栓式晶闸管的外形图。当晶闸管 A-C 极间正偏置,在门极-阴极施加(触发脉冲)电压产生一定的门极电流时,可开通晶闸管;晶闸管一旦被触发导通后,只要流过的电流达到擎住电流值,仍能自动维持导通(即所谓的擎住效应,latching effect);晶闸管完全导通后,如果其电流下降到维持电流以下,将自动关断。通常擎住电流比维持电流大 2~3 倍,且随结温下降而增大。

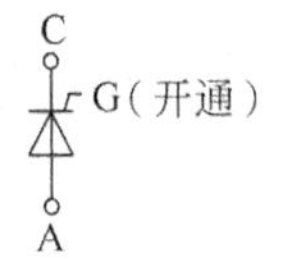

图 2-8　晶闸管的符号

逆导型普通晶闸管的主要特点有:

(1) 单向可控性(半控),即导通门极可控、关断门极不可控。

(2) 通态压降/电阻低。由于基区电导调制效应,其通态压降一般低于 2V,在同等电压水平下较其他半导体器件低。

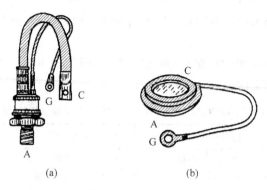

图 2-9　晶闸管的外形

(a) 螺栓式；(b) 平板式

（3）存在少子恢复现象，开关速度慢，且由于只是开通可控，工作频率较低（500Hz 以下），主要应用于工频电路。

（4）单管容量大。目前，普通晶闸管的耐压和电流水平是电力电子器件中最高的，已超过 12kV 和 8kA，单管容量接近百 MV·A。

（5）承受 du/dt、di/dt 能力强。

（6）过负荷能力强。通常，数秒内有 2 倍过电流能力，数周波内 10 倍过电流能力，一个周波内 50 倍过电流能力。

普通晶闸管由于容量大、耐压高、成本低、控制简单可靠而在 FACTS 控制器，特别是一些不需要关断可控器件的 FACTS 设备中得到大量应用。

6. 门极关断晶闸管

门极关断晶闸管（GTO）是在普通晶闸管基础改进的一种电流注入型自关断器件。它的符号、等效电路和外形如图 2-10 所示。它的导通机理与 SCR 几乎一样，利用正门极信号触发 GTO 导通；但关断时，不像 SCR 那样依赖于外部换流电路迫使阳极电流小于维持电流而关断，而是通过在门极加较大的负脉冲关断 GTO。因此，GTO 的开关损耗较 SCR 要大得多。

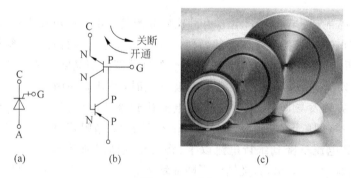

图 2-10　GTO

(a) 符号；(b) 等效电路；(c) 外形

GTO 的主要缺点是过大的门极关断驱动，进而导致较长的关断时间、较慢的开关频率、较低的 du/dt、di/dt 承受能力、复杂的缓冲电路和较大的开关损耗。因此，GTO 进一步发展的主要目标是减少门极驱动能量和加快关断速度。

尽管 GTO 存在很多不足之处,但与 IGBT 等全控型器件相比,它的优点也很突出:通态压降低,容量大(目前生产水平达到 6kV/6kA,研制水平达到 8kV/8kA,单管容量数十MV·A),短时过载能力强(一个周波内 10 倍过电流能力)。在 FACTS 应用中,工作频率一般不高,但容量的要求相对较高,因此,GTO 是目前构成 FACTS 控制器的主要半导体器件之一。

当 GTO 用于 VSC 时,通常与一个快速恢复二极管反并联使用,因此并不要求 GTO 具有与正向一样的反向耐压能力,即可采用所谓的不对称(asymmetric)GTO。

7. 改进门极关断晶闸管

1) 集成门极换流晶闸管((I)GCT)

GCT 是由三菱公司和 ABB 公司共同开发的、具有强关断能力的 GTO。它采用先进的封装技术,可在非常短的时间(1μs)内施加快速和很大(接近额定电流)的门极电流脉冲,将阴极电流抽取到门极而达到快速关断的目标。它的结构和等效电路与 GTO 基本一样。IGCT 是 GCT 与门极驱动等辅助电路板的组合体,有的还包括反并联二极管。为了能施加大和具有高上升率的门极电流,(I)GCT 采取一些特殊的措施以尽量降低门极电路的电抗。它们的关键技术在于采用同轴阴极-门极馈通(coaxial cathode-gate feed through)技术和多层门极驱动电路板(multi-layered gate-drive circuit board),从而使得在门极-阴极电压为20V 时,门极驱动电流上升速度快,导通过渡时间短,减少了开关损耗。

2) MOS 关断晶闸管(MTO)

MTO 是由 SPCO(Silicon Power Corporation)公司开发的、将 MOSFET 与 GTO 结合起来形成的复合器件。图 2-11(a)、(b)分别为其符号和等效电路。它具有两个门极,即开通门极和关断门极。开通原理与 GTO 类似。关断时,只需在关断门极(对应 MOSFET 的栅极)加一个约 15V 的电压脉冲信号,开通 MOSFET,进而关断 GTO。由于MTO 关断时无需像 GTO 那样抽出大量的载流子,因而可以快速关断且大大降低关断损耗,同时意味着更高的 du/dt、更简单的缓冲电路和易于串联使用。同时它又保留 GTO 的优点,如高电压、大电流和较小的通态压降。

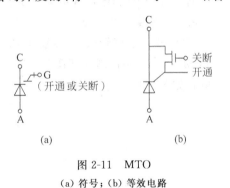

图 2-11 MTO
(a) 符号;(b) 等效电路

3) 射极关断晶闸管(ETO)

ETO 是由弗吉尼亚电力电子中心和 SPCO 共同开发的又一种 GTO 变体,它的符号和等效电路如图 2-12(a)、(b)所示。它可以看作两个 MOSFET 与 GTO 的组合体,其中 N-MOSFET T_1 与 GTO 串联,另一个 P-MOSFET T_2 跨接在 T_1 漏极与 GTO 门极之间。实际上,N/P-MOSFET 都是由多个 N/P-MOSFET 封装于 GTO 周围而构成,这样可以减少杂散电抗。

ETO 有两个门极。其一为 GTO 自身的门极,用于开通;另一个为串联 N-MOSFET 的栅极,用于关断。当在 N-MOSFET 上加上关断电压信号时,它先关断,将 GTO 阴极电流通过 P-MOSFET 转移到 GTO 门极,从而快速关断 GTO。由于 MOSFET T_2 的栅极与漏

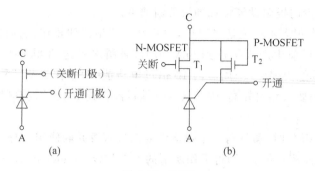

图 2-12 ETO

(a) 符号；(b) 等效电路

极短接,其承受电压被钳制于略高于门槛电压的水平,而 MOSFET T_1 耐受的电压不会超过 MOSFET T_2,因此,在 ETO 关断过程中,MOSFET 承受的电压都不高。

　　与 GTO 相比,ETO 的优点是具有更快的关断速度,从而降低了开关损耗、简化了门极驱动和缓冲电路,有利于提高 GTO 的工作频率；它的缺点是串联 MOSFET 需能承受较大的负载电流,同时由于 MOSFET 与 GTO 串联,增加了通态压降(约 0.3～0.5V)和通态损耗。

　　作为 GTO 的改进,MTO、ETO、(I)GCT 的共同点在于：通过将 GTO 上侧晶体管的阴极电流尽快抽出到基极以实现快速关断,并减少了门极-阴极电路中杂散电抗,从而使得改进后的 GTO 具有更快的电流关断速度(即更大的关断容量)、更高的 du/dt,进而简化了甚至省略了缓冲电路,使器件更易于串联使用。

　　8. MOS 栅控晶闸管

　　MOS 栅控晶闸管(MCT)是在 thyristor 结构中引进一对 MOSFET 管构成的,通过这一对 MOSFET 来控制其开通和关断。MCT 有 N 型和 P 型两种。N 型 MCT 的符号和等效电路如图 2-13 所示。

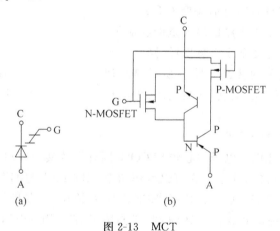

图 2-13 MCT

(a) 符号；(b) 等效电路

　　当 MCT 门极相对于阴极施加正脉冲电压时,N-MOSFET 导通,其漏极电流使 thyristor 下端的 PNP 晶体管导通,PNP 晶体管的集电极电流(空穴)使上端 NPN 晶体管导通,而后者的集电极电流(电子)又促进前者的导通,如此形成正反馈,使 MCT 迅速由截止转入导通,并处于擎住状态。当门极相对于阴极加负脉冲电压时,P-MOSFET 导通,NPN 晶体管的基极-发射极被短路,使 NPN 晶体管截止,从而破坏了晶体管的擎住条件,使 MCT 关断。

与其他可关断晶闸管相比,MCT 同时引入了控制关断和开通的分布式 MOS 门极,大大提高了开关速度和降低了开关损耗,其驱动电路也比 GTO 要简单得多。而与功率晶体管和 IGBT 等相比,MCT 在静态时,MOSFET 不起作用,故 MCT 同普通晶闸管一样具有很高的阻断电压和很低的通态压降,易于提高耐压和容量,但关断速度要低于 IGBT。因此,MCT 是一种较理想的可关断半导体器件。

MCT 曾因为它理想的结构而被寄予厚望,但由于其关断时电流的不均匀性及关断电流受旁路电阻限制,加之结构、工艺复杂,合格率偏低,成本太高,至今难以占据大功率开关器件的主导地位。

除了上述电力半导体器件以外,还有一些器件,由于在 FACTS 设备中应用很少,如静电感应晶体管(SIT)、静电感应晶闸管(SITH),或者尚处在应用初期,如碳化硅(SiC)功率器件,本书不做介绍。

2.2.5 FACTS 控制器中的电力电子器件

由于 FACTS 设备主要用于高压输电和配电系统中以改善其运行性能,它的主电路设计在对电力电子器件的选择上有以下较特殊的技术特点或要求:

(1) 容量大。相对于电力电子技术的其他应用领域,如开关电源、电机拖动等,FACTS 设备的应用环境电压高(从配电网的几 kV 到输电网的几百 kV)、功率大(容量从几百 kV·A 到几百上千 MV·A),因此对电力电子器件的容量有很高的要求。可以说,容量水平是 FACTS 设备选用器件的最重要参数之一。目前使用的 FACTS 设备,其主导开关器件(thyristor,GTO,IGCT,IGBT 等)的单管正常耐压在数 kV、载流能力在数百 A 以上;往往还需要采用串联、并联、多重化、多电平以及变压器升压等技术手段来达到足够的电压等级和容量。

(2) 在可控性方面,晶闸管控制/投切的 FACTS 设备采用半控的 thyristor 器件即可,而基于变换器的 FACTS 则大多采用全控器件。早期曾有采用强迫换相晶闸管电路来实现基于变换器的 FACTS 设备,但现在已不多见。

(3) 开关频率可高可低,目前以低为主。开关频率高,可望采用先进的 PWM 技术,从而获得更好的输出波形,同时加快设备的响应速度;但另一方面,高开关频率意味着较高的开关损耗和较复杂的控制系统。对于 FACTS 设备而言,需要综合考虑容量、损耗和可靠性等多种因素来选择开关频率。前面的介绍表明,目前的电力电子器件在开关频率和容量两者之间往往不能兼备,大容量器件(如 thyristor,GTO,IGCT)的开关频率普遍不高,而高速器件(如 VDMOS、IGBT)的容量却较小。同时,谐振开关技术在大容量变换器中的实用化水平尚不够,因此,在容量约束下,目前 FACTS 设备的开关频率普遍不高,以工频为主,少数采用几百 Hz 的简单 PWM 技术,而通过多重化、多电平等技术来改善输出波形。

(4) 损耗较低。器件损耗占据了 FACTS 设备损耗的很大一部分,不仅对设备总体效率,而且对散热成本有很大的影响。器件损耗中比重较大的是通态损耗、开关损耗和附加电路损耗。在同等容量水平下,通态损耗主要由通态压降决定,因此应选用通态压降低的器件。开关损耗受门极驱动功率、开关过渡过程等因素影响,因此,应尽量选用门极增益高、开关时间短的器件。附加电路损耗是指为保证主电力电子器件正常工作而设置诸如缓冲电路、反并联二极管的损耗,以及因此而引入的各种杂散损耗,附加电路的结构越简单、功率越小,越有利于降低附加损耗。

(5) 可方便地串/并联使用。由于单管容量不能满足 FACTS 设备容量的需要,往往需要采用器件串/并联技术,器件间的自动均压/均流的特性越好,越有利于其串/并联使用和提高装置可靠性。

以上是在设计 FACTS 设备时选择器件的一般性考虑,不同的 FACTS 设备或主电路结构对器件还有不同的特殊要求。

结合上述要求,下面简单回顾常用电力电子器件的主要特性。

(1) 晶闸管。阻断电压最高,载流能力最大,单管容量最大,承受 du/dt、di/dt 能力最强;半控器件;开关频率低,500Hz 及以下,工频应用为主;通态压降低,损耗小;根据应用不同,需要一定的缓冲电路;串/并联方便;应用时间最长,技术成熟。

(2) GTO。阻断电压高,载流能力大,单管容量大,与普通晶闸管比较,容量稍低,承受 du/dt 能力较差;全控型器件;开关频率不高,可拓展到 1kHz;通态压降低,关断增益小,开关损耗较大;需要较复杂的缓冲吸收和驱动电路;串/并联技术难度较大;应用时间较长,技术比较成熟。

(3) 改进型 GTO(包括 IGCT、MTO、ETO 等)。与普通 GTO 相比,容量相当,可承受更高的 du/dt;全控型器件;更高的开关频率;通态压降稍有增加,小得多的开关断损耗;简化了门极驱动和缓冲电路;更容易串联使用;使用时间不长。

(4) GTR。BJT 扩展到高功率领域的电流型器件,容量不大,相对于 thyristor、GTO 等器件,容量显低;全控型器件;存在二次击穿现象,SOA 小,承受 du/dt、di/dt 能力低;开关频率较高,达 5kHz;控制功率大、通态压降和损耗较高;门极驱动和缓冲电路较简单;不易并联;曾经大量使用,但目前应用不多。

(5) 功率 VDMOS。单极型压控器件,容量小;全控型器件;多数载流子导电机理,不存在少子存储效应,开关频率高(几十至几百千赫),无二次击穿现象,故而可靠性高,SOA 范围广;开关频率很高,高功率器件在数十千赫以上;控制功率小,通态压降大,损耗较高;门极驱动和缓冲电路简单;便于并联使用;应用时间较长。

(6) IGBT。复合型器件,综合了少子器件和多子器件的优良特性;容量一般,小于晶闸管和 GTO 及其改进型器件;承受 du/dt、di/dt 能力不高,有擎住现象,限制了 SOA;开关频率较高,高功率器件达到数十 kHz;输入阻抗高,控制功率小,通态压降低于少子器件但高于多子器件;驱动简单;便于并联使用;应用时间较长,发展较快。

综上所述,并参考目前已投运的 FACTS 控制器,可知:功率二极管、thyristor、GTO 及其改进、IGBT 是构成 FACTS 设备主电路的主流功率器件,而一些更新的器件,如 IEGT,也在不断发展中,可望很快加入主流功率器件的行列。

基于功率变换器的 FACTS 设备一般采用全控型开关器件,目前主要是在 GTO、改进型 GTO(IGCT、MTO、ETO 等)和 (HV)IGBT 等器件中进行选择。一般而言,改进型 GTO 和 (HV)IGBT 的性能较普通 GTO 好,如更高的开关频率、更简单的驱动电路、无需缓冲电路、更低的开关损耗、更易于模块化和串联使用;但在容量水平、通态损耗和应用经验上尚不及普通 GTO。

图 2-14 描述了上述主要器件的工作频率-容量范围及其发展趋势。

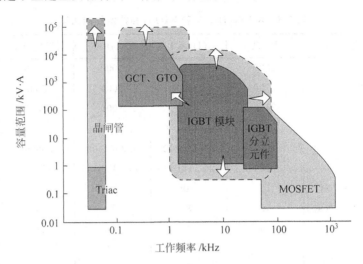

图 2-14 主要电力电子器件的工作频率-容量范围

文献[16]对 GTO、GCT、HVIGBT 三种器件进行了对比,图 2-15 是它们和普通晶闸管在 2001 年前后达到的电流-电压等级,表 2-2 是它们的主要特性比较。

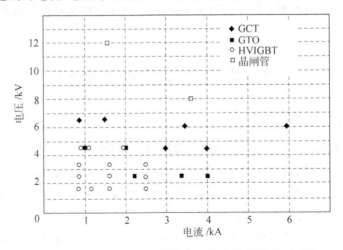

图 2-15 大功率电力电子器件的电压-电流等级(2001 年)

表 2-2 GTO、GCT 和 HVIGBT 的主要特性比较(2001 年)

性　　能	GTO	GCT	HVIGBT
耐压水平	高	高	较高
流载水平	高	高	较高
损耗	较高	低	中
门极驱动功率	高	较小	很小
辅助电路	较复杂	较简单	很简单
串联性	中等	好	中等

文献[11]对不同公司的几种商业化 IGBT、(I)GCT 和 ETO 产品进行了技术性能比较，主要结果如表 2-3 所示。

表 2-3　IGBT，(I)GCT 和 ETO 产品技术性能比较

参　　数	IGBT	(I)GCT	ETO4060	ETO1045	测试条件
阻断电压/V	3300	4500	6000	4500	—
工作电压(VDC)/V	1750	3000	3600	3000	—
关断电流/A	2400	4000	4000	1500	—
通态压降 1/V	6.5@2400	4.0@4000	5.0@4000	6.4@2400	125℃
通态压降 2/V	4.1@800	2.6@1200	3.3@1200	2.6@500	125℃
热阻抗/(K/kW)	12	12(GTO 11)	12(GTO 11)	30(GTO 28)	—
拖尾电流时间 1(1A)/ns	16	10	35	20	25℃
拖尾电流时间 2(1%)/ns	10	3	7	7	25℃
开通延时/ns	400	500	600	500	25℃
电压下降时间/ns	400	250	250	200	25℃
门极驱动功率/W	1	170	35	10	500Hz
工作频率/Hz	1.5k	1k	50/60～500	50/60～500	—

注：6.5@2400 表示通过 2400A 电流时，通态压降为 6.5V。

在设计 FACTS 设备而需具体选用功率器件时，应根据供货商提供的各种资料，进行详细的技术经济比较后确定。

2.3　电力电子变换器概述

2.3.1　电力电子变换器及其分类

电力电子变换器是采用电力电子器件实现电能变换的系统和装置。它以电力电子器件为基础，采用一定的电路结构形式对电能进行转换，以实现特定的目的，如采用整流器和变换器实现电能在交流和直流形态之间转换，采用交-直-交变换器实现变频、调压和电机调速目的，采用斩波器实现直流调压或稳压等。

FACTS 控制器是一种特殊的电力电子设备，它遵循一般电力电子设备的规律，特别是基于变换器型的 FACTS 控制器，如 STATCOM、SSSC 和 UPFC 等，其核心是电力电子变换器。基于此，本章以下各节将简要介绍应用于 FACTS 的电力电子变换器，主要是电压源型和电流源型变换器，包括其拓扑结构、工作原理、基本特性和控制方法等。

电力电子变换器根据不同的分类原则可分为多种类型。

按照能量在直流(DC)与交流(AC)之间的转换关系，可分为 AC-DC、AC-AC、DC-AC、DC-DC 四种变换器。AC-DC 变换的功率流向可以是双向的，功率由交流电源传向直流负载的变换称为整流，功率由负载传输回电源的变换称为有源逆变。AC-AC 有两种实现方案，即间接变频(AC-DC-AC)和直接变频(AC-AC)。DC-DC 亦称直流斩波，其作用类似于直流变压。DC-AC 即所谓的无源逆变，是电力电子技术领域最为活跃的部分，也是 FACTS

设备中最常用的变换方式。各种变换之间的关系如图 2-16 所示。

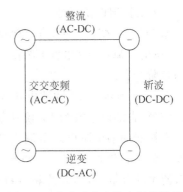

图 2-16 各种功率变换之间的关系

按照电流在开关器件间转移（即换相）的方式，变换器可分为自换相和外部换相两大类。外部换相是指依靠器件之外的电路条件实现换相，主要应用于采用不可控器件或半控器件的变换电路中。它又分为两类：依赖交流电源电压来完成换相的称为电网换相，依赖负载产生的交流电压来完成换相的称为负载换相。负载换相有用电动机反电动势的换相，也有用谐振负荷的换相。自换相又分为器件换相和脉冲换相。像功率晶体管等依靠本身自关断性能来换相的称为器件换相，全控器件都采用器件换相。像普通晶闸管那样自己不能关断，而需设置换相电路强迫关断的称为脉冲换相。脉冲换相包括脉冲电压换相和脉冲电流换相两种。由于普通晶闸管没有自关断能力，大多只用于构成电流源型变换器；采用强迫换相电路（即脉冲换相）时，也可实现电压源型变换器，但此时换相电路比较复杂，导致成本和控制难度增大，应用不多。基于可关断器件可以实现电压源型和电流源型中的任一种变换器。

在 FACTS 设备中，如 STATCOM、SCCC、UPFC、IPFC 等，用到的主要变换方式是 AC-DC 和 DC-AC。在这两种变换方式中，根据直流侧的电压或电流极性是否会改变，可分为电压源型变换器（voltage sourced converter，VSC）和电流源型变换器（current sourced converter，CSC）。前者的直流侧电压极性不变，功率方向随着直流电流方向的改变而改变；后者的直流侧电流极性不变，功率方向随着直流电压方向的改变而改变。本章和第 4 章将分别介绍电压源型和电流源型变换器。

2.3.2 电压/电流源型变换器的一些基本概念

为便于理解，先介绍电压源型和电流源型变换器中的一些基本概念和术语。

（1）单相/三相变换器

交流侧为单相系统的变换器称为单相变换器，相应地，交流侧为三相系统的变换器为三相变换器；单相变换器为三相变换器的基础。

（2）变换器的电平数

指 DC-AC 变换器中，直流侧电源电压（电流）恒定时，交流侧输出电压（电流）一个周期内的电压（电流）电平的种数。进而将变换器分为二电平和多电平（包括三电平）变换器。

（3）变换器的脉波数

交流、直流变换电路的脉波数是指交流电压的一个周期内，直流侧波形脉动的次数。在电流源型变换器中，它是直流电压波形脉动的次数；在电压源型变换器中，它是直流电流波形脉动的次数。

（4）脉宽调制（PWM）逆变电路的脉冲数

指在 DC-AC 变换器中，采用 PWM 技术，当电平数为 3 时，把输出基波半周期内的脉冲个数称为 PWM 逆变电路的脉冲数。在三相桥式逆变电路中，该脉冲数就是基波一周期内同一器件的导通次数，它等于载波频率和基波频率之比。

（5）变换器的阶梯数

指 DC-AC 变换器中,直流侧电源电压(电流)恒定时,输出交流电压(电流)波形在一个周期内所包含的台阶个数。

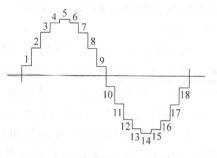

图 2-17 所示为 18 脉波电压源型变换器的交流输出波形,它的电平数为 10,阶梯数为 18。

变换器的输出波形总是偏离理想的正弦波而含有谐波分量。为评价其输出波形质量,通常需要对其做傅里叶分解,得到基波和各特征谐波的含量,并计算谐波因子和总谐波畸变率指标。它们的定义分别如下:

图 2-17　18 脉波电压源型变换器的
交流输出电压波形

第 n 次谐波的谐波因子(harmonic factor,HF)定义为第 n 次谐波有效值(root mean square value,RMS)U_n 与基波的有效值 U_1 之比,即

$$HF_n = U_n/U_1 \tag{2-1}$$

总谐波畸变率(total harmonic distortion,THD)定义为所有谐波 RMS 值与基波 RMS 值之比,即

$$THD = \sqrt{\sum_{n=2,3,\cdots}^{\infty} U_n^2} \bigg/ U_1 \tag{2-2}$$

在实际电力系统应用中,高次谐波所受到的系统阻尼也较大,因此,一般分析中,谐波畸变系数一般计算到某次(如 97)谐波为止。

除上面提到的指标以外,变换器的性能指标还包括效率、单位重量输出功率及可靠性指标等。

2.4　电压源型变换器

2.4.1　基本原理

图 2-18 给出了电压源型变换器的原理结构:直流侧并联一个单极性的直流电源或支撑电容,直流电源或电容的容量足够大,能在持续充/放电和器件换相过程中保持电压不会发生很大的变化。为讨论方便,在本章中假设直流电容电压恒定,并且直流电流是双向流动的,从而能实现电能的双向交换。交流侧通过一定的接口电感与交流系统(电网或负载)相连,串联电感的作用是在交流电压源内阻抗较小的情况下,防止直流电容发生短路而快速向容性负载放电,损坏器件和装置。接口电抗可以为分立的电抗器,也可以是连接变压器的漏抗。为了消除变换器的输出谐波,有时需要在输出侧接口电抗器之后设置滤波器,这在图中没有画出。

连接交流侧接口电抗器和直流侧电容的即为电压源型变换器的主电力电子电路,在图中用包含其基本结构单元——开关阀符号的方框来表示。由于电压源型变换器中直流电压的极性不变,而直流电流是双向的,因此所采用的可关断器件组(称为开关阀)只需阻断正向

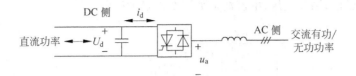

图 2-18 电压源型变换器的基本原理结构

电压而无需阻断反向电压,即具有所谓的不对称可控关断能力,同时应具备双向电流导通能力。通常采用一个不对称可关断器件(如 GTO)和一个同等容量的二极管反并联构成电压源型变换器的开关阀,如图 2-19 所示。一些可关断器件,如 IGBT 和 IGCT,可在其内部集成一个反并联二极管,从而无需分立的反并联二极管。在高压变换器中,为增大装置容量,也可以将多个不对称可关断器件并联后再与一个大容量的分立二极管反并联,形成一个开关阀,为变换器提供合适的电压和电流。电压源型变换器由直流电压产生交流电压,通常称为变换器,但其能量传递是双向的,输出电压的幅值、相角和频率都是可控的。

为说明电压源型变换器的基本工作原理,图 2-20 给出了单个开关阀的工作示意。假设直流电压 U_d 恒定,电容正极和可关断器件的正极相连。当可关断器件开通时,正向直流端和交流侧 A 相连,交流输出电压 u_a 跳变为 U_d。如果此时电流方向为从直流母线经可关断器件流向交流 A 相,则直流能量转换为交流能量,工作于逆变状态。反之,当电流从交流 A 相经反并联二极管流向直流母线时,变换器工作于整流状态。因此,电压源型变换器中能量的传递是双向的,其中可关断器件工作时为逆变状态,二极管工作时为整流状态,或者说开关阀随着电流方向的改变而分别工作于逆变和整流状态。

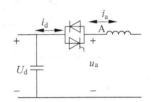

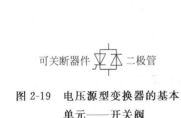

图 2-19 电压源型变换器的基本
单元——开关阀

图 2-20 电压源型变换器的单
开关阀工作原理

2.4.2 单相变换器

尽管 FACTS 控制器主要利用三相变换器,但单相变换器也应用在一些设计中,而且它是三相变换器的基础。以下先简单介绍单相变换器(single-phase converter)的基本原理。

1. 单相全波变换器

单相全波变换器(single-phase full-wave bridge converter)的基本构成如图 2-21(a)所示,它由 4 组开关阀构成。直流电容提供稳定的直流电压,a、b 为交流输出端。随着电力电子器件有规律的开通和关断(器件的标号表明其开通和关断顺序),直流电压被转换成交流电压。

4 组开关阀的开关规律如图 2-21(b)所示。半个周期内,器件 1 和 2 导通、3 和 4 关断,电压 u_{ab} 为 $+U_d$;另半个周期,器件 3 和 4 导通、1 和 2 关断,u_{ab} 为 $-U_d$。暂且假设交流系统

的电流 i_{ab} 为正弦波,则其电压、电流波形如图 2-21(b)所示。

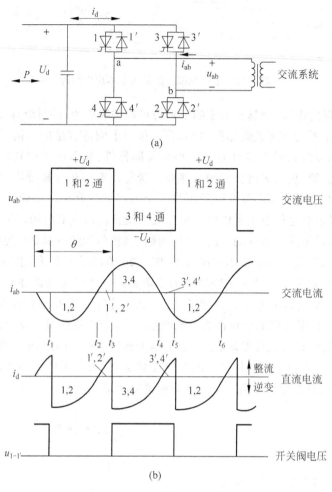

图 2-21 单相全波变换器

(a) 主电路结构;(b) 电压/电流波形

注意:以上分析没有考虑直流电流对直流电压的影响,即假设直流电容无穷大或直流系统容量足够大。实际上,直流电流往往会导致直流电压波动。

应用傅里叶分解,易知 u_{ab} 的基波和谐波含量如下式:

$$u_{ab} = \frac{4}{\pi}U_d \sum_{n=2k-1, k \in \mathbb{N}}^{\infty} \frac{(-1)^{k+1}}{n} \cos n\omega t \tag{2-3}$$

其基波有效值为

$$U_{ab1} = 2\sqrt{2}U_d/\pi \approx 0.9U_d \tag{2-4}$$

特征谐波为 $n = 2k-1 (k \in \mathbb{N})$,即含有所有奇数次谐波,且

$$\mathrm{HF}_n = 1/n, \quad \mathrm{THD} = 48.26\% \tag{2-5}$$

可见,单相全波变换的交流输出电压含有丰富的谐波分量,这些电压谐波会在系统中产生电流谐波,其大小取决于系统的阻抗。

2. 单相桥变换器

单相桥变换器(single-phase single-pole converter)的原理结构如图 2-22(a)所示,它把电容分成两个串联电容,中间和交流电源中性点相连。假设两组电容上的直流电压恒定为 $U_d/2$,两个开关器件交替开通和关断,则交流电压是峰值为 $U_d/2$ 的方波,如图 2-22(b)所示。与单相全波变换相比较可知:全波电路中,电流经过另一桥臂构成回路,不需要连接中性点;同时,全波电路的输出电压是两个半桥电路输出电压的和。

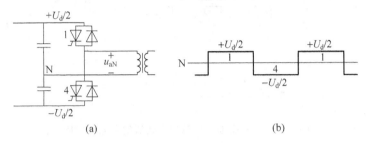

图 2-22 单相桥变换器
(a) 主电路结构;(b) 交流输出电压波形

通过对单相变换器的分析,可以得出如下结论:

(1) 如果变换器两侧分别有各自的直流和交流系统供给其有功功率,则交流电压和电流之间的相位可以是任意大小,即可以实现所谓的四象限运行;而如果变换器只是用于输出超前或滞后无功功率,直流侧只要有直流电容即可。

(2) 通过控制变换器输出交流电压的幅值和相位可以分别控制有功和无功功率。

(3) 开关阀中的二极管起着整流作用,而可控器件完成逆变功能;每个工作周期是由一系列的整流和逆变过程构成的,平均电流的方向决定了总体功率方向,进而决定变换器是工作于整流还是逆变状态。当变换器作为功率因数为 1 的整流器运行时,只有二极管工作;而作为功率因数为 1 的变换器运行时,只有可控器件起作用。

(4) 任何可控器件关断时,交流电流从该器件转移到某只二极管(功率因数不为 1 时)或另一只可控器件(功率因数为 1 时)。

(5) 控制可控器件的开通和关断,能产生所需的交流电压波形,但交流电流波形还取决于交流侧系统的情况(感性接口、负载等)。

(6) 同一桥臂上的上下两组开关阀不能同时导通(桥臂直通),否则会导致直流短路,电容快速放电而损毁该桥臂上的器件。为防止桥臂直通损坏装置,要适当设计门极脉冲互锁机制,确保上下开关阀在同一时间内只有一个能接收到开通脉冲;甚至需要采用特殊的检测和保护方法以防止桥臂直通损坏整个变换器。

(7) 理论上,只要不发生桥臂直通,可以有多个桥臂接在直流母线上,而且它们之间能独立工作。但为了产生所需的交流电压和电流波形,并有效抑制直流电压波动,往往采用特定的连接方式和控制模式来"组装"各桥臂的输出,这正是以下要介绍的。

2.4.3 三相二电平变换器

1. 三相全桥变换器

三相全桥变换器(three-phase full-wave bridge converter)的电路结构如图 2-23 所示,

它包括 3 个桥臂、6 组开关阀,1 到 6 的标号表明其导通顺序。每个桥臂都按照前述单相半桥变换的方波模式工作,即桥臂的上下两个开关器件交替关断 $180°$,三个桥臂之间相位依次差 $120°$。其输出波形如图 2-24 所示,其中 u_a,u_b,u_c 分别为 a,b,c 相对于直流电容中点 N 的电压,峰值为 $+U_d/2$;u_{ab},u_{ac},u_{bc} 为 3 个线电压,即 $u_{ab} = u_a - u_b$,$u_{bc} = u_b - u_c$,$u_{ca} = u_c - u_a$;交流侧中性点电压 $u_n = (u_a + u_b + u_c)/3$,而交流侧 a 相相电压为 $u_{an} = u_a - u_n$。

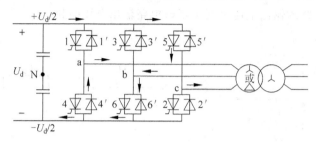

图 2-23 三相全波电压源型变换器的主电路拓扑

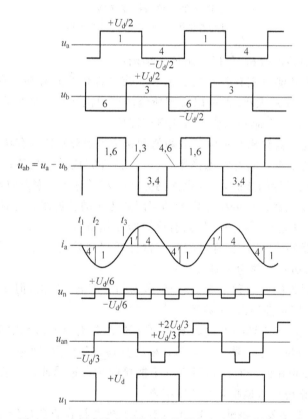

图 2-24 三相全波电压源型变换器的交流侧电压波形

由对单相全桥变换器的分析可知三相全桥变换器输出的方波电压 u_a 的傅里叶分解如下式所示,u_b,u_c 分别滞后和超前 u_a $2\pi/3$ 相位角。

$$u_a = \frac{4}{\pi}\left(\frac{U_d}{2}\right) \sum_{n=2k-1, k\in\mathbb{N}}^{\infty} \frac{(-1)^{k+1}}{n}\cos n\omega t \tag{2-6}$$

则交流侧中性点电压的傅里叶分解为

$$u_n = \frac{4}{\pi}\left(\frac{U_d}{2}\right)\sum_{n=3(2k-1),\,k\in\mathbb{N}}^{\infty}\frac{(-1)^{k+1}}{n}\cos n\omega t \tag{2-7}$$

可见,交流侧中性点电压仅包含 3 的奇数倍次谐波成分,其波形如图 2-24 中所示,它是一个幅值为 $U_d/6$,频率为 3 倍 u_a 频率的方波。

变换器交流侧 a 相相电压的傅里叶分解为

$$u_{an} = \frac{4}{\pi}\left(\frac{U_d}{2}\right)\left[\cos\omega t + \sum_{n=6k\pm1,\,k\in\mathbb{N}}^{\infty}\frac{\pm(-1)^k}{n}\cos n\omega t\right] \tag{2-8}$$

即相电压 u_{an} 只含有 $6k\pm1(k\in\mathbb{N})$ 次谐波,u_{bn},u_{cn} 与 u_{an} 具有相同的波形,只是相位分别滞后了 1/3 和 2/3 个周波。而 u_{an} 与 u_a 的差别在于前者不含 3 的奇数次谐波。

变换器交流侧线电压的波形如图 2-24 所示,其傅里叶分解为

$$u_{ab} = u_a - u_b = \frac{4\sqrt{3}}{\pi}\left(\frac{U_d}{2}\right)\left[\cos\left(\omega t + \frac{\pi}{6}\right) + \sum_{n=6k\pm1,\,k\in\mathbb{N}}^{\infty}\frac{\pm1}{n}\cos n\left(\omega t + \frac{\pi}{6}\right)\right] \tag{2-9}$$

可见,交流侧线电压只含 $6k\pm1(k\in\mathbb{N})$ 次谐波,与相电压相同,但基波和各次谐波的幅值是相电压的 $\sqrt{3}$ 倍,且相位发生于变化,如线电压基波的相角超前于相电压基波 30°。

交流侧线电压的总有效值为

$$U_{ab} = \sqrt{2}U_d/\sqrt{3} = 0.816U_d \tag{2-10}$$

而线电压基波有效值为

$$U_1 = \sqrt{6}U_d/\pi = 0.78U_d \tag{2-11}$$

进而可求得

$$HF_n = 1/n, \quad n = 6k\pm1; \quad THD = 31.05\% \tag{2-12}$$

假设交流侧电流为纯正弦波形,且三相对称,即只含有正序分量,则直流电流 i_d 的波形图 2-25 所示,每个交流周期内有 6 个脉波,所以,三相全桥变换器也称为 6 脉波变换器。直流电流包含直流分量和 6 的倍数次谐波(如 6 次、12 次、18 次……)分量。其中直流分量为

$$I_d = (3\sqrt{2}/\pi)I\cos\theta = 1.35I\cos\theta \tag{2-13}$$

式中,I 为交流电流的有效值;θ 为交流侧功率因数角。可见,直流侧电流的变化范围为 $-1.35I\sim1.35I$。

当交流侧功率因数为 1 时,直流侧谐波含量最小,对应的谐波因子为

$$HF_n = \sqrt{2}/(n^2-1) \tag{2-14}$$

而当交流侧功率因数为零时,直流侧谐波含量最大,对应的谐波因子为

$$HF_n = \sqrt{2}n/(n^2-1) \tag{2-15}$$

与单相全桥变换器比较,三相全桥变换器(交流侧电压、直流侧电流)的谐波分量减少了,特别地,后者消除了交流电压的 3 次谐波和直流电流的 2 次谐波。但是,要注意以上推导中的假设条件(直流电压恒定、交流电流为纯正弦波形),否则结论并不成立,如交流电流有 3 次谐波,将导致直流侧电流产生 2 次谐波。

2. 变压器耦合的多脉波变换器

按照一定方式,将上述 6 脉波变换器通过变压器耦合起来可以构成 12 脉波、24 脉波和更高脉波的变换器,能进一步改善输出波形和增大容量。

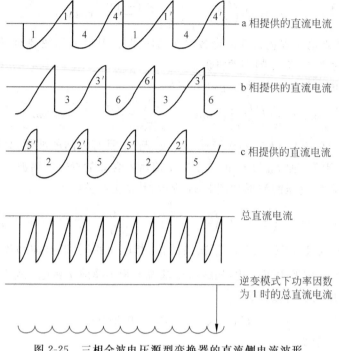

图 2-25　三相全波电压源型变换器的直流侧电流波形

1）12 脉波变换器

三相全波变换器交流输出的相电压和线电压分别如式（2-8）和式（2-9）所示，如将线电压相移－30°（基波）、乘以 $1/\sqrt{3}$，再加上相电压，经化简可得到

$$u_{ab} \underline{/(-\pi/6)}/\sqrt{3} + u_a = \frac{8}{\pi}\left(\frac{U_d}{2}\right)\left[\cos\omega t + \sum_{n=12k\pm1,k\in\mathbb{N}}^{\infty}\frac{\pm1}{n}\cos n\omega t\right] \quad (2\text{-}16)$$

即消除了 $12k-6\pm1(k\in\mathbb{N})$ 次谐波，只剩下 $12k\pm1(k\in\mathbb{N})$ 次谐波分量。变压器耦合方式的 12 脉波变换器即是根据上述原理来工作的，如图 2-26 所示，它包括两个三相全桥变换器（6 脉波变换器）和两台独立的三相变压器（即各有自己的铁心）。两变压器的一次绕组（右侧）各相串联，中性点接地；一台变压器的二次绕组采用星形接法，另一台变压器的二次绕组采用三角形接法，变比（1 次∶2 次）分别为 $k:1$ 和 $k:\sqrt{3}$。它们各与对应的 6 脉波变换器交流侧相连，其中与三角形接法相连的 6 脉波变换器（下侧）的触发脉冲整体滞后另一个 6 脉波变换器 30°，使得两变换器的输出在变压器一次绕组中感应的各相电压同相。这种结构方式实现了如式（2-16）的运算，使得变压器一次绕组输出的相电压只含有 $12k\pm1,k\in\mathbb{N}$ 次谐波，THD 下降为 15.20%，但各次谐波的谐波因子（HF）保持不变；而直流侧电流只包

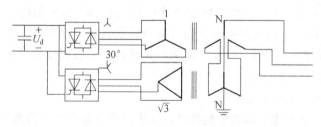

图 2-26　12 脉波电压源型变换器原理结构

含 12 的倍数次谐波,因而被称为 12 脉波变换器。

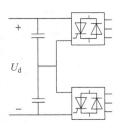

图 2-27 两个直流侧串联的 6 脉波变换器构成的 12 脉波变换器

采用两组 6 脉波变换器来构成 12 脉波变换器,在交流侧除了上述连接方式外,还可以采用其他方式,如通过相间电抗器并联,或采用特殊的变压器连接等。但是必须认识到,采用特殊变压器时,成本较高,通常只应用于特殊需要的场合。在直流侧,也可将两组 6 脉波变换器的直流电容串联起来,如图 2-27 所示。此时,直流侧电压为图 2-26 所示结构的 2 倍。采用这种电路结构,最重要的一点是要有适当的电压平衡控制措施来保证两组变换器的直流电压相等;否则,前述消除谐波的运算将不能成立,影响输出电压的波形。

2) 24 脉波、48 脉波变换器

将两组相移 15°(π/12)的 12 脉波变换器通过变压器耦合可以构成 24 脉波变换器。具体方法是:以一组 12 脉波变换器(以下称第一组)为基准,将另一组 12 脉波变换器(以下称第二组)的触发脉冲整体滞后 15°,同时使两组变压器绕组间提供 15°的相移,即第二组变压器超前(对于正序分量)或滞后(对于负序分量)第一组变压器 15°,将两组变换器-变压器组的输出在一次绕组侧相加。设第一组 12 脉波变换器的输出为式(2-16),而第二组 12 脉波变换器的触发脉冲整体滞后第一组 15°,则在交流一次侧绕组输出的相电压变为

$$\frac{16}{\pi}\left(\frac{U_d}{2}\right)\left(\cos n\omega t + \sum_{n=24k\pm1,\,k\in\mathbb{N}}^{\infty}\frac{\pm1}{n}\cos n\omega t\right) \tag{2-17}$$

即交流侧相电压的特征谐波次数为 $24k\pm1(k\in\mathbb{N})$,THD 下降为 7.56%,各次谐波的谐波因子保持不变。

在直流侧,构成 24 脉波变换器的四组三相变换器可以并联接入同一直流母线,即共有 12 个变换桥并联运行,也可以全部串联,还可以两两串联再并联。

在交流侧,每一个三相变换器连接的变压器是独立工作的。四组变压器的一次侧可以全串联,如图 2-28(a)所示,此时输出电压为四组变换器输出电压之和,即电压相加、电流相等;也可以将两组 12 脉波变换器通过相间电抗器并联起来使用,如图 2-28(b)所示,此时输出电压为两组 12 脉波变换器输出电压的平均值,即电流相加、电压平均。由于串联方式能避免 12 脉波变换器之间产生 $12k\pm1(k\in\mathbb{N})$ 次谐波环流,故使用更广泛。并联方式主要用于负载电流较大、电压较低的场合;它在空载和负载情况下,两个 12 脉波变换器之间存在 $12k\pm1(k\in\mathbb{N})$ 次谐波环流,适当设计变压器漏抗和相间电抗器,可以将谐波环流降低到很小,满足实际应用的需要。

对于大容量 FACTS 控制器,从交流系统来看,即使采用 24 脉波变换器构成,其输出电压的谐波含量都可能大于可以接受的标准。在这种情况下,可以在系统侧安装滤波器,调谐到 23、25 次谐波;也可以采用八个 6 脉波变换器实现 48 脉波运行以进一步减少输出谐波。48 脉波变换器的构造方式与 24 脉波变换器类似,只是相移的角度减小一半,即为 7.5°。理想情况下,48 脉波变换器的交流输出电压的 THD 降低到 3.78%。

上述将多个 6 脉波变换器组合成 12 脉波、24 脉波和 48 脉波的方法称为变换器的变压器耦合多重化技术,对于 VSC,它能有效地减少交流输出电压和直流电流的谐波含量、提高最低次谐波的次数,同时增大变换器的容量。

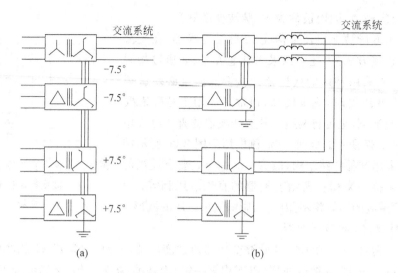

图 2-28　24 脉波电压源型变换器

（a）四组 6 脉波变换器交流侧串联；（b）两组 12 脉波变换器交流侧并联

　　VSC 多重化技术更一般的原理如图 2-29 所示，m 个三相桥式（6 脉波）变换器直流侧并联接到直流母线上，交流侧通过变压器串联耦合；各三相桥式变换器相互依次错开 $\pi/(3m)$ 运行，对应变压器之间存在抵消变换器之间相位差的相移，从而构成脉波数为 $6m$ 的变换器。

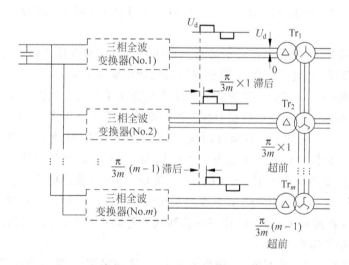

图 2-29　$6m$ 脉波 VSC 的原理结构

　　$6m$ 脉波的 VSC 除了采用如图 2-29 所示的直流并联、交流串联的构成方式外，还可以采用直流串联、交流并联以及其各种组合形式。如果直流侧电压恒定且平衡，交流电压为理想的正弦波，则交流侧输出电压只含有 $6mk\pm1(k\in\mathbb{N})$ 次谐波，且各次谐波的 $\mathrm{HF}_n=1/n$，$\mathrm{THD}=\sqrt{\sum\limits_{n=6mk\pm1}\dfrac{1}{n^2}}$，直流侧在全并联方式下，电流只含有 $6mk(k\in\mathbb{N})$ 次谐波。

2.4.4 三相多电平变换器

1. 多电平变换器的基本概念

采用二电平变换器的高压大容量应用中,往往需要将多个低压小容量变换器通过变压器耦合(即所谓的变压器多重化技术),或是在中间环节采用低压变换器而在交流输入/输出侧分别采用变压器进行降压和升压。显然,以上两种方法均采用了笨重、昂贵和耗能的变压器,而且第二种方法还会出现中间环节电流过大、系统效率下降、可靠性降低、低频时能量传输困难等诸多不利情况。为克服这些缺点,希望直接采用高压变换器方式,从而对变换器所用开关器件提出了更高的要求,特别是需要承受很高的电压应力,通常的做法是采用多个低耐压值的开关器件串联,这种方法既能实现直接高压变换,又在一定程度上降低了成本(通常几个小容量开关器件价格之和低于一个相同容量的大开关器件的价格)。但这种方法存在静态和动态均压问题,而均压电路会导致系统复杂,损耗增加,效率下降。因此,一种通过变换器自身拓扑结构的改进,达到既无需升降压变压器,又无需均压电路的多电平变换器(multilevel converter)应运而生。最早在 1980 年,日本学者 A. Nabae 提出了二极管中点箝位式(neutral point clamped,NPC)变换器。此后,美国学者 P. M. Bhagwat 和 V. R. Stefanovic 在 1983 年将三电平结构推广到多电平,进一步确立了 NPC 结构的多电平模式。多电平变换器的基本思想是用多个电平台阶(典型情况是电容电压)合成阶梯波以逼近正弦输出电压。由于输出电压电平数的增加,使得输出波形具有更好的谐波频谱,每个开关器件所承受的电压应力较小,且无需均压电路,开关器件工作在输出电压基频以下,开关损耗小,可避免大的 du/dt 所导致的各种问题。因此这种变换器一度被称为完美无谐波变换器,得到了长足发展和广泛应用。

2. 三相三电平变换器

三电平变换器的单相桥臂如图 2-30(a)所示,它包括两个半相桥臂,每半相桥臂由两个开关阀串联构成,如阀 1-1′ 与阀 1A-1′A 串联。两半相桥臂的串联开关阀的中点通过箝位二极管 D_1 和 D_4 连接到直流电容中点 N 上,因此这种三电平变换方式也称为中性点箝位(NPC)方式。三个单相桥臂并联连接到直流母线上,并通过箝位二极管和直流电容器的中点 N 连在一起,而且依次相移 120° 触发控制,则构成了三相三电平变换器。与二电平的单相桥臂相比,三电平的单相桥臂增加了 1 倍开关阀和两个二极管。对于单相桥臂,四组开关阀有三种有效开关模式,可获得 $+U_d/2,0,-U_d/2$ 三种不同的电平。三种开关模式中,开关器件 1 与 4、1A 与 4A 的状态是相反的。

图 2-30(b)所示为三电平变换器单相桥臂的输出电压波形。第 1 个波形是变换桥臂依次在开关模式 P 与 N 工作半个周波得到的幅值为 $\pm U_d/2$ 的方波。第 2 个电压波形是 a 相变换桥臂依次在开关模式 P、Z、N、Z 下工作 σ、$180°-\sigma$、σ、$180°-\sigma$ 电角度所产生的三电平波形,图中同时标出了换流的顺序。交流侧输出电压是正负对称、宽度为 σ 的方波,其中宽度 σ 是可变的。第 3 个波形是 b 相变换桥臂输出的电压,它只是相位滞后 a 相 120°。第 4 个波形是 ab 相间的线电压波形。

将上述三电平变换器和波形与 2.4.3 节的三相二电平全桥变换器作进行比较,可知,前者比后者增加 1 倍的开关器件,并需要额外的箝位二极管,但在直流电容电压相等的条件下(意味着开关器件的耐压一样),输出电压的幅值增加 1 倍,变换器的容量也增加 1 倍。因

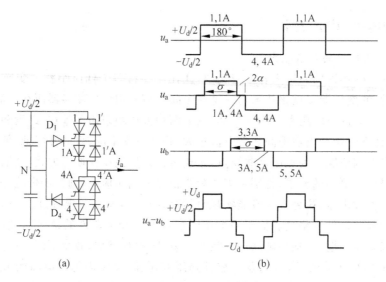

图 2-30　三电平电压源型变换器

(a) 单相桥臂结构；(b) 交流输出电压波形

此，相当于只是额外的箝位二极管增加了单位容量的成本。从耐压和容量上来考虑，也可以采用两个器件串联的二电平电路方式来获得同样的效果，并节省了箝位二极管，但此时需要解决器件的串联均压和器件冗余设计的问题，而且不能像三电平方式那样对输出进行调节。总之，三电平方式通过电容分割和中性箝位的方法，避免了器件串联而获得更高的和可调的输出电压，提供了一种不同于二电平的变换器拓扑形式。

以下分析三相三电平变换器交流输出电压的谐波含量。以 a 相某正脉波的中点作为时间起点，借助傅里叶分析，可得

$$u_a = \frac{4}{\pi}\left(\frac{U_d}{2}\right)\sum_{n=2k-1, k\in\mathbb{N}}^{\infty}\frac{(-1)^{k+1}}{n}\sin\frac{n\sigma}{2}\cos n\omega t \tag{2-18}$$

基波电压的有效值为 $U_1 = \frac{2\sqrt{2}}{\pi}\left(\frac{U_d}{2}\right)\sin\frac{\sigma}{2}$，它在 $\sigma = 180°$ 时取得最大值 $U_{1\max} = \frac{2\sqrt{2}}{\pi}\left(\frac{U_d}{2}\right)$，在 $\sigma = 0$ 时取得最小值 0。第 n 谐波电压的有效值为 $U_n = \frac{2\sqrt{2}}{\pi}\left(\frac{U_d}{2}\right)\left(\frac{1}{n}\sin\frac{n\sigma}{2}\right)$，$\mathrm{HF}_n = \sin\frac{n\sigma}{2}\Big/\left(n\sin\frac{\sigma}{2}\right)$，易知当 $\sigma = 120°$ 时，所有 3 的倍数次谐波为零。

图 2-31 给出了基波和各次谐波电压随脉波宽度 σ 变化的曲线，其中基波以 $U_{1\max}$ 为基准，谐波以相同 σ 下的基波为基准。可见，基波有效值随着 σ 的减小而单调减小；5 次、7 次谐波都在 $\sigma = 180°$ 时达到最大值，对应的谐波因子分别为 1/5 和 1/7；当 $\sigma = \frac{2k\pi}{n}(0\leqslant\sigma\leqslant\pi)$ 时，第 n 次谐波为零，如 5 次谐波在 $\sigma = \frac{2\pi}{5}, \frac{4\pi}{5}$ 时为零，7 次谐波分别在 $\sigma = \frac{2\pi}{7}, \frac{4\pi}{7}, \frac{6\pi}{7}$ 时为零；当 $\sigma = \frac{2k+1}{n}\pi(0\leqslant\sigma\leqslant\pi)$ 时，第 n 次谐波达到峰值，由于此时基波有效值减小，故在图中，其相对值增加。当 $\sigma = 0$ 时，所有谐波的谐波因子达到 1。

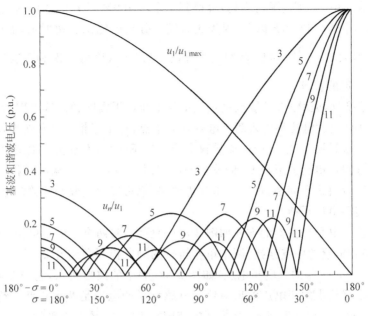

图 2-31 三电平变换器的基波和谐波电压

线电压的傅里叶分解式为

$$u_{ab} = u_a - u_b = \frac{4\sqrt{3}}{\pi}\left(\frac{U_d}{2}\right)\left[\sin\frac{\sigma}{2}\cos\left(\omega t + \frac{\pi}{6}\right) + \sum_{n=6k\pm1,k\in\mathbb{N}}^{\infty}\frac{\pm1}{n}\sin\frac{n\sigma}{2}\cos n\left(\omega t + \frac{\pi}{6}\right)\right]$$

$$(2\text{-}19)$$

可见,交流侧线电压的特征谐波为 $6k\pm1(k\in\mathbb{N})$ 次谐波,因此,三相三电平变换器为 6 脉波变换器。

当变换器在 $\sigma = \frac{6\pi}{7}(154.3°)\sim\frac{4\pi}{5}(144°)$ 区间内工作时,5 次和 7 次谐波很小,变换器几乎相当一个 12 脉波变换器。如当 $\sigma = \frac{6\pi}{7}$ 时,7 次谐波分量为 0,5 次谐波的谐波因子下降到约为 9%,而基波电压降为最大值的 97.5% 左右,等效损失了 2.5% 的变换容量;而当 $\sigma = \frac{4\pi}{5}$ 时,5 次谐波分量为 0,7 次谐波的谐波因子下降到 9%,而基波电压降为最大值的 95% 左右,等效损失了 5% 的变换容量。因此,在设置三电平变换器的 σ 时,需要协调灵活控制电压、减少特定次谐波和损失一些可用容量这三者之间的关系。

三电平变换器与二电平变换器有很多共同的特性,如交流侧电压与电流之间相位关系可为任意值,两个三电平单相桥也可以组合成一个三电平全波变换器,多个三相三电平变换器也能通过变压器耦合方式实现更高(如 12、18、24 等)脉波数的多重化变换器。但是三电平变换器也有一些独特的性质,包括以下三个方面:

(1) 同等容量下,虽然开关阀的数目比二电平变换器增加 1 倍多,但单只开关阀需承受的电压降低了一半,需要耐受的 du/dt 也大大降低,因此有利于使用低压开关器件实现高压变换器。

(2) 可以通过调整单相桥输出电压的脉宽 σ 来灵活改变交流基波电压大小、消除特定次谐波。如 σ 在 $180°\sim90°$ 范围内变化,可得到一个从 100% 到 70% 变化的交流电压(注意:很少使基波输出电压降到 70% 以下,因为此后谐波分量的比例迅速增加,如图 2-16 所示);又如在 $\sigma=\dfrac{6\pi}{7}$($154.3°$)$\sim\dfrac{4\pi}{5}$($144°$)区间内工作时,可以大大降低 5 次和 7 次谐波含量,当然这么做会损失一定的容量。

(3)三电平变换器比较大的缺点是直流电容电压不平衡问题。这是因为当桥臂工作于开关模式 Z(0) 时,负载电流将流入两个电容器的中点,对于三相三电平变换器,流入直流电容的将主要是 3 次谐波电流,这个电流导致电容电压不平衡,而且会产生三次电压谐波。电压不平衡将引起输出电压波形畸变,谐波增加,而且使三相输出电流不对称,失去三电平变换的优势。为了解决这个问题,可以采用改进电路,也可以通过改变开关时序或控制矢量电压持续时间来实现电压平衡。

另一种构造三电平变换器的方式如图 2-32(a)所示,将两个二电平单相桥臂通过一个电感并联,交流侧和电感的中点连接,两个单相桥臂的触发控制角错开 2α,从而在交流侧得到脉波宽度为 $\sigma=180°-2\alpha$ 的三电平电压,如图 2-32(b)中的波形所示,它与 2.4.4 节的 NPC 方式三电平变换器输出的相电压波形一致。电感承受的电压是两个相臂交流电压的差值,如图 2-32(b)中的第 4 个波形所示,当控制的范围越大时,电感上承受的电压 U_L 越大,亦即需要更大容量的电感,它的容量和 U_L 的积分成正比。这种结构中的电感也可以是变压器的原边绕组,此时其副边输出就是 U_L,同样得到一种三电平变换器,通过控制脉波宽度 σ,来调节变换器输出。

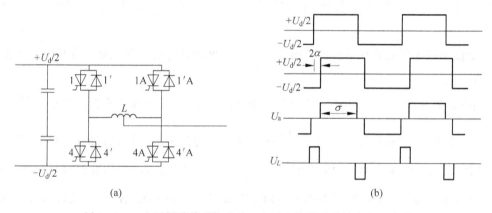

图 2-32　二电平桥臂并联构成的三电平变换器及其输出电压波形

3. 多电平变换器的主电路结构

多电平变换器是建立在三电平变换器的基础上,按照类似的拓扑结构拓展而成。很显然,电平数越多,所得到的阶梯波电平台阶越多,从而越接近正弦波,谐波成分越少。理论上,可设计任意 n 电平的多电平变换器,但在实际应用中受到硬件条件和控制复杂性的制约,通常在满足性能指标的前提下,并不追求过高的电平数,而以三电平或五电平最为成熟,应用最广。以下介绍几种典型结构。

1) 二极管箝位多电平变换器

若要在前述二极管箝位的三电平变换器基础上,得到更多电平数,例如 m 电平,只需将直流分压电容改为 $(m-1)$ 个串联,每桥臂主开关器件改为 $2(m-1)$ 个串联,每桥臂的箝位二极管数量改为$(m-1)(m-2)$个,每$(m-1)$个串联后分别跨接在正负半桥臂对应开关阀之间进行箝位,再根据与三电平类似的控制方法进行控制即可。图 2-33 所示为 5 电平变换器单相桥的拓扑结构。

二极管箝位多电平变换器的优点包括:①电平数越多,输出电压谐波含量越少;与二电平变换器相比,同等容量下单个开关器件的耐压和耐受 du/dt 要求下降。②同时具有多重化和脉宽调制的优点,即输出功率大,器件开关频率低,开关损耗小,效率高。③可控制无功功率流,back-to-back 连接系统控制简单,便于双向功率流控制。

缺点包括:①需要大量箝位二极管,不但大大提高了成本,而且在线路安装方面相当困难,因此,在实际应用中一般仅限于 7 电平或 9 电平变换器。②开关器件的导通负荷不一致。最靠近母线的开关阀开通时间较短,如果按导通负荷最严重的情况

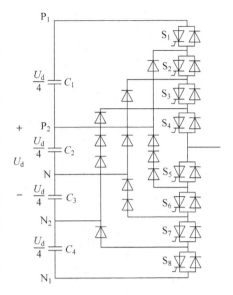

图 2-33　二极管箝位 5 电平变换器
单相桥的拓扑结构

设计器件的电流等级,则外层器件的电流等级过大,造成浪费。③用单个变换器难以控制有功功率流。④存在电容电压不平衡问题,增加了控制的复杂度和难度。

2) 悬浮电容箝位多电平变换器

将二极管箝位多电平变换器中的箝位二极管用悬浮电容来代替,便得到所谓的悬浮电容箝位多电平变换器,它们的工作原理非常相似。图 2-34(a)所示是悬浮电容三电平变换器的单相桥臂结构,它的开关模式和输出波形与二极管箝位三电平变换器完全一样。图 2-34(b)所示为悬浮电容箝位 5 电平变换器的单相桥臂结构。与二极管箝位多电平变换器类似,悬浮电容多电平电路也可构成三相系统,并可推广到 m 电平,每相所需开关器件为 $2(m-1)$个,直流分压电容$(m-1)$个以及箝位电容$(m-1)(m-2)/2$个。

悬浮电容箝位多电平变换器继承了二极管箝位型多电平变换器的大部分优点,如输出电压谐波含量随着电平数的增多而减少,单个开关器件的耐压和耐受 du/dt 要求下降;同时具有多重化和脉宽调制的优点,即输出功率大,器件开关频率低,开关损耗小,效率高。同时还具有一些新的优点,如更灵活的电压合成方式;可控无功和有功功率流,可用于高压直流输电;可通过灵活控制电压合成方式,实现电压平衡控制。

其缺点主要包括:①需大量的箝位电容,电容体积大、成本高、封装难。②用于有功功率传输时,控制复杂,开关频率高,开关损耗大。③为了使电容的充放电保持平衡,对于中间值电平需要采用不同的开关组合,这就增加了系统控制的复杂性,器件的开关频率和开关损耗大。④同二极管箝位型多电平变换器一样,电容箝位型多电平变换器也存在导通负荷不一致的问题。

3) 自均压电容箝位多电平变换器

自均压电容箝位多电平变换器(capacitor clamped self voltage balancing multilevel converter)的拓扑结构是在 2000 年由 Peng Fangzheng 博士首次提出来的,它是以电容箝位

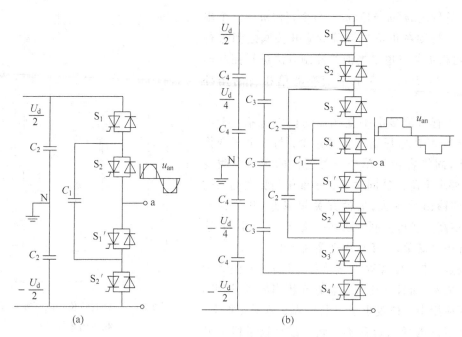

图 2-34   悬浮电容箝位的 3 电平和 5 电平变换器单相桥的拓扑结构

的半桥结构为基本单元,按金字塔结构形成的。图 2-35 所示为自均压电容箝位 5 电平变换器的主电路结构。图中,开关器件 S_{p1} , S_{p2} , S_{p3} , S_{p4} , S_{n1} , S_{n2} , S_{n3} , S_{n4} 和二极管 D_{p1} , D_{p2} , D_{p3} , D_{p4} , D_{n1} , D_{n2} , D_{n3} , D_{n4} 用来在输出端输出所需电平,其他开关器件、二极管和电容用于电平箝位以实现单元的自动均压。

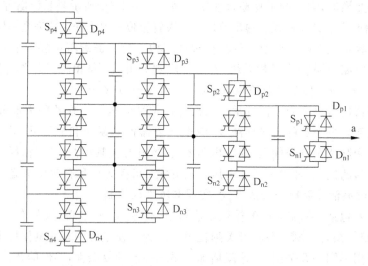

图 2-35   自均压电容箝位 5 电平变换器的拓扑结构

它的优点是:①实现了电容电压的自动箝位,不需要复杂的电容电压平衡控制算法;②将此结构的输出端和输入端交换,可以用相同电路实现功率的双向流动,实现 DC-DC,DC-AC,AC-DC 的功率转换,因而可以获得广泛应用。缺点是:①当电平增加时,所需的

1. 正弦脉宽调制

经典 SPWM 的工作原理可用如图 2-22(a)所示的单相变换桥臂来说明。为便于阅读,将其重画为 2-38(a)。图 2-38(b)给出了 SPWM 的两个控制信号,即具有交流工频的 a,b,c 三相正弦波形(称为参考波)和频率为 9 倍交流工频(即载波频率比为 9)的三角波(称为载波),各相参考波与载波的交点决定了该相开关阀的开通和关断时机。图 2-38(b)中,α_0,α_1,$\cdots$,α_{2M+1}表示阀开通和关断时刻对应的电角度。当斜率为负的载波和 a 相参考波相交时关断开关阀 4-4′,同时开通开关阀 1-1′,而当斜率为正的载波和 a 相参考波相交时关断开关阀 1-1′,同时开通开关阀 4-4′,从而得到交流输出 a 相电压(相对于直流电压中点)的波形如图 2-38(b)所示。与图 2-22(b)所示的每个工频周期内交流输出电压波形为一组正负方波脉冲不同,图 2-38(b)的波形在每个交流工频周期中是由 9 组不同宽度的正负方波脉冲组成的,而且在正弦波峰值和谷值处的脉冲要比 0 值处的脉冲宽一些。

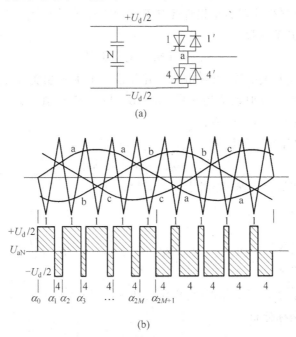

图 2-38 SPWM 的工作原理(载波频率比为 9)

(a) 单相桥臂;(b) SPWM 波形

采用 3 个如图 2-38(a)所示的单相变换桥臂,在直流侧并联,在交流侧采用星形或三角形接线方式,则构成三相 PWM 变换器。

SPWM 的主要优点是:通过适当设置参考波与载波的频率比和幅值比(简称调制因子),可以达到调节输出电压和抑制谐波的目的,且动态响应速度快。它的缺点是:开关频率较高,开关损耗较大,直流电压利用率不够高,即输出电压不高。为了提高直流电压利用率,提出了很多改进 SPWM 方法,主要是通过调整参考波或载波的形状,即参考波不再取标准的正弦波,或载波形状突破前述三角波形,如参考波采用阶梯波,在正弦参考波中引入一定的零序电压(三次谐波),采用双边沿调制 PWM 等。

2. 空间矢量 PWM

20 世纪 80 年代中期,国外学者在交流电机调速中提出了磁通轨迹控制的思想,进而发展了电压 SVPWM 的概念,它又简称为空间矢量调制(space vector modulation,SVM)。以下用二极管箝位三相三电平变换器(如图 2-39 所示)来说明 SVPWM 的工作原理。

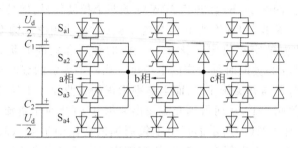

图 2-39 二极管箝位三相三电平变换器

二极管箝位三电平变换器的每相桥臂有 P,Z,N 3 个开关模式;三相变换器有 27 个开关模式,定义三元组开关函数

$$\boldsymbol{S}_{abc} = \begin{bmatrix} S_a & S_b & S_c \end{bmatrix}^T \tag{2-20}$$

其中 S_a,S_b,S_c 为各相开关函数,当该相处于开关模式 P 时取值为 1,处于开关模式 Z 时取值为 0,当处于开关模式 N 时取值为 -1。易知 $\boldsymbol{S}_{abc}$ 共有 27 个值。为方便起见,将其取值记作 $(S_a S_b S_c)$,如 (111)、$(1-1-1)$ 等。

定义变换器相电压空间矢量为

$$\boldsymbol{V}_s = u_a + \alpha u_b + \alpha^2 u_c \tag{2-21}$$

其中 u_a,u_b,u_c 为变换器交流输出相电压,$\alpha = e^{j2\pi/3}$。

从而

$$\boldsymbol{V}_s = \begin{bmatrix} 1 & \alpha & \alpha^2 \end{bmatrix} \begin{bmatrix} u_a \\ u_b \\ u_c \end{bmatrix} = \begin{bmatrix} 1 & \alpha & \alpha^2 \end{bmatrix} \boldsymbol{S}_{abc} \left(\frac{U_d}{2} \right) \tag{2-22}$$

易知 $\boldsymbol{V}_s$ 也有 27 个值,类似可记做 $V(S_a S_b S_c)$,如 $V(111)$、$V(1-1-1)$ 等。图 2-40 画出了 27 个空间向量的极坐标分布。

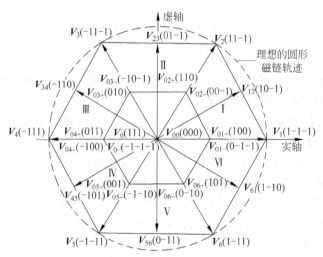

图 2-40 电压空间向量的极坐标分布

SVM 的基本原理就是在一个控制周期内,选择与参考电压矢量最为接近的三个开关矢量(也就是参考电压矢量所在小三角形顶点处的三个开关矢量),并控制它们的作用时间,使一个控制周期内,各开关矢量的作用效果在平均伏秒意义上与参考电压矢量 V_{ref} 相等,即

$$V_{s1}T_1 + V_{s2}T_2 + V_{s3}T_3 = V_{ref}T_s \tag{2-23}$$

其中 T_s 为采样(控制)周期;T_1,T_2,T_3 分别为三个空间矢量的作用时间,$T_s = T_1 + T_2 + T_3$。

易知,空间矢量与参考电压矢量在平均伏秒意义上的等效,实际就是使平均输出电压的正序分量与参考电压正序分量相等。以图 2-40 中的第 I 扇区为例来分析电压矢量的合成。如图 2-41 所示,空间矢量 V_{02},V_{12},V_{01} 的 3 个顶点连接起来,将 I 扇区分为 A,B,C,D 4 个小三角形。电压矢量后括号内的数值表示该矢量的作用时间,如 $V_2(t_2)$ 表示 V_2 的作用时间为 t_2。当参考电压矢量 V_{ref} 落在三角形 C 中时,应选择与参考电压矢量 V_{ref} 最邻近的 3 个电压矢量,分别是 V_{02},V_{12} 和 V_2,然后按照伏秒平衡的原则来合成,于是有

$$V_{ref}T_s = V_{02}t_{02} + V_{12}t_{12} + V_2t_2 \tag{2-24}$$

$$T_s = t_{02} + t_{12} + t_2 \tag{2-25}$$

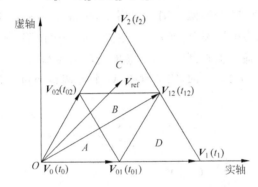

图 2-41 第 I 扇区的空间电压矢量及其合成

设 $V_{ref} = |V_{ref}|e^{j\theta}$,从而可解得

$$t_{12} = 2M\sin\left(\frac{\pi}{3} - \theta\right)T_s, \quad t_2 = (2M\sin\theta - 1)T_s, \quad t_{02} = T_s - t_{12} + t_2$$

其中

$$M = \frac{2|V_{ref}|}{\sqrt{3}U_d}$$

同样地,可以得到当 V_{ref} 落在三角形 A、B、D 3 个三角形中时对应的最邻近 3 个矢量各自作用的时间。V_{ref} 落在其他扇区的情况可类推。

以上对二极管箝位三电平变换器的 SVM 方法进行了简单叙述,但 SVM 的基本原则——用三个开关矢量在平均伏秒意义上去逼近参考电压矢量——适用于二电平、其他拓扑三电平和更高电平的变换器。但由于多电平电路开关状态多,输出矢量分布复杂,所以如何快速确定输出电压矢量和输出顺序、计算作用时间比较困难,而且当控制算法过于复杂时容易产生"窄脉冲"问题。另外,多电平电路中由于各个电容的输出功率不平衡会导致电容电压不平衡,从而使得输出电压中含有包括偶次谐波在内的低次谐波,因此在 SVM 中必须考虑电容电压平衡问题,更增加了 SVM 实现的难度。

与 SPWM 方法相比,SVM 的优点包括:利用电压空间矢量直接生成 PWM 信号,计算

简便；变换器输出线电压基波的最大幅值为直流侧电压，比一般的 SPWM 变换器输出电压高 15%，电源利用率高。已经被证明，在二电平和多电平变换器中，这两类 PWM 控制方法存在着本质联系，因此，可以将现有的许多二电平 PWM 控制方法应用于多电平变换器PWM 控制中。

　　3. 优化 PWM

　　优化 PWM 方法通常是建立在输出电压傅里叶级数表达形式的基础上，以某项性能（如消除输出电压中的低次谐波、总的谐波畸变度）最小、控制电机转矩脉动最小等为优化目标，计算出各个开关阀的开关时机（角度），适用于开关频率较低的大容量变换装置中。由于优化算法通常比较复杂，很难实时实现，所以通常采用查表的方式，因而控制的实时性和灵活性较差。以下将介绍优化 PWM 中最常用的选择谐波消除 PWM（selective harmonics elimination PWM，SHE PWM）。

　　SHE PWM 方法最早是由 H. S. Patel 和 R. G. Hoft 于 1973 年提出的，其基本原理可用图 2-38(b)来说明。PWM 的本质是对直流进行斩波控制。假设每半个交流周期内，对直流进行 M 次斩波（即产生 M 个凹陷），则可以用 $\alpha_0, \alpha_1, \alpha_2, \cdots, \alpha_{2M+1}$ 角度（简称开关角）定义具有 M 个凹陷的半波输出电压波形，如 α_1, α_2 定义了第一个凹陷，其中 $\alpha_0 = 0°, \alpha_{2M+1} = 180°$。为消除偶数次谐波，在实施斩波控制时，需使输出交流电压满足半波和四分之一波对称性，即 $\alpha_k + \alpha_{2M+1-k} = 180°, k = 0, 1, \cdots, M$，因此共有 M 个可调整变量，即 $\alpha_1, \alpha_2, \cdots, \alpha_M$。对该波形求傅里叶变换可得

$$u_{aN}(\omega t) = \sum_{n=2k-1, k\in\mathbb{N}}^{+\infty} A_n \sin n\omega t \tag{2-26}$$

其中，$A_n = \left(\dfrac{U_d}{2}\right)\dfrac{4}{n\pi}\left[1 + 2\sum_{k=1, k\in\mathbb{N}}^{M} (-1)^k \cos(n\alpha_k)\right]$（$n = 2k-1, k\in\mathbb{N}$）是谐波分量的幅值。

　　如果令基波幅值

$$A_1 = \alpha\left(\dfrac{U_d}{2}\right) \tag{2-27}$$

以及特定 $M-1$ 个高次谐波的幅值为 0，即

$$A_n = 0 \tag{2-28}$$

其中 n 为选定消除的谐波次数，则可以得到一组有 M 个未知数（$\alpha_1, \alpha_2, \cdots, \alpha_M$）的 M 维非线性方程组。解此方程组，则得到一组在 $[0°, 180°]$ 区间内的开关角，进而得到整个周期内的开关角。采用这组开关角实施 PWM 控制，能达到基波幅值为预定数值，同时 $M-1$ 个指定次谐波被消除的目的。这就是 SHE PWM 基本原理。对于三相对称系统，由于 3 的倍数次谐波形成零序而自动消除，所以通常选定消除的谐波次数为 5, 7, 11, $\cdots$

　　使用数字化控制时，SHE PWM 方法比 SPWM 的各种规则采样法要简单，而且交流基波输出电压可以在一个较大的范围内控制，能选择性地消除谐波分量，电流脉动性小，甚至在基波电压降到 10% 时也不会出现大的电流畸变，节省了滤波器。

2.4.6　多电平变换器和 PWM 技术在 FACTS 中的应用

　　FACTS 设备中有很大一部分是基于 VSC 的，如 STATCOM、SSSC、UPFC、IPFC、IPC等。在实际应用中，VSC 的拓扑结构常见的有两种，一种是传统的 6 脉波桥式变换器；另一

种是多电平变换器。后者可以在较低的开关频率下,通过增加电平数来提高输出电压和减少谐波含量,而且无需多脉波变压器连接,随着其容量不断增高,逐渐达到电力系统的容量要求,因而成为非常有吸引力的方案,是未来发展的方向。从已有的 FACTS 应用工程来看,过去很长一段时间内,都是采用多 VSC 变压器耦合方式来实现高电压大容量变换,多电平变换器只是应用于一些较低压和中小容量的用户电力装置。随着 IGCT、(HV)IGBT 等新型高压大容量开关器件的出现,很多新实施的 FACTS 工程逐渐采用多电平(特别是三电平)和 PWM 技术,如德国西门子公司制造并已安装于丹麦 Rejsby Hede 风力发电厂的 ±8Mvar STATCOM 和西屋公司与 EPRI 合作研制的 ±160MV·A UPFC 都采用基于 GTO 的二极管箝位三电平变换器,ABB 公司的 SVC Light(即 STATCOM)均采用基于 IGBT 的二极管箝位三电平变换器,ALSTOM、英国国家电网公司(National Grid Company,NGC)于 1999 年合作研制的 ±75Mvar STATCOM 和清华大学为上海电力局研制的 ±50Mvar STATCOM 的主电路都采用了链式变换器。

采用 PWM 控制方法主要是为了能灵活调节交流输出,同时减少低次谐波。但是脉冲数越多意味开关损耗越大,控制也更复杂。因此,在实际应用中,必须进行综合的经济技术比较,使得采用 PWM 获得的好处能够大于开关损耗增加所带来的损失。目前,在大容量 FACTS 控制器中得到应用的 PWM,其开关频率在数百至一两千赫兹左右,如 EPRI、ABB 和美国电力(American Electric Power,AEP)公司合作研制并于 2000 年投运的 ±72MV·A HVDC Light/GPFC 采用了 NPC VSI 主电路结构和约 1.5kHz 的 PWM 技术。近年来,也有采用了零电流或零电压型软开关的谐振 PWM 变换器拓扑结构来减少开关损耗的,这样的变换器在一些低功率应用中日益增多,但是由于设备成本较高,现有的电路拓扑结构在高功率范围中并不可行。

总体来说,随着电压和功率的增加,工作频率呈逐级下降趋势。功率只有几十瓦左右的低电压、低功率 PWM 变换器,如印刷电路板的电源,内部电路的 PWM 频率达到几百千赫兹甚至更高。数十千瓦的工业驱动装置,PWM 频率大约为几十千赫兹。对于 1MW 的变换器,如用户电力控制器,其频率为数千赫兹左右。而对于需要使用几十兆瓦大容量、交流电压为几千伏或几十千伏、上百千伏的 FACTS 控制器来说,很多采用额定频率,高不过几百 Hz、数 kHz 的工作频率,更高频率下因损耗等因素十分突出而变得不可行。

以上对多电平和 PWM 的波形分析中,电力半导体器件假设为理想开关,没有考虑其开通关断机理、各种损耗以及辅助电路,而实际上,在设计实用的变换器,特别是高压大功率的变换装置,如 FACTS 设备、高压变频器等时,这些因素将成为至关重要的约束条件。因此,理论上很容易实现的多电平变换和 PWM 控制,将其应用于大功率、高电压的变换器时,就不是一件简单的事情了。开关损耗、更高次谐波增加后的影响、电磁干扰(EMI)、可听噪声等,这些都需要综合考虑。

2.4.7 如何增大变换器容量

一个普通规模电网的容量达到数十吉瓦,一条 220kV 传输线上承载的功率达到数百兆瓦,传统的并联电容补偿装置的容量也达到兆伏安级,因此,欲使 FACTS 设备能有效调控电网的性能,其容量要求也较高,一般可达到数十兆伏·安、上百兆伏·安,甚至更高水平。而在目前的器件水平下(单管耐压数千伏、电流数千安),考虑一定设计裕量,一个普通的 6 脉波变换器,假设每个开关阀采用一个电力半导体设备,其正常可用的变换容量只有 5MV·A 左右。因此,如何增加变换器容量成为电力电子技术应用于电力系统,包括 FACTS 技术的重要课题。综合本章的前述分析,可以有多种选择来搭建高容量变换器,这些选择包括以下几方面。

(1) 器件串联

对于大功率的变换器,这是一种常用和简单的方法,相当于增大了器件的容量。关键问题是要保证各器件之间的均压和同步触发,因而需要有电压分配/缓冲电路和保证同步触发的控制电路,同时器件的电压额定值需要有一定的裕度。此外,应在电路上采取措施,如在每个阀臂中串联一个额外的器件或二极管,以保证当一个器件发生故障后电路还能继续工作。不同的器件在串联特性上相差较大,如普通晶闸管的串联,虽然比较复杂,但技术已经相当成熟;GTO 的串联使用不易实现,而 IGCT 串联所需的辅助电路和控制相对较简单等。在设计电路时应根据器件的具体情况进行分析。

(2) 桥臂并联

如图 2-33 所示,将每相的桥臂数量增加一倍,并通过一个带中间抽头的电感将两个相臂并联起来。单相两桥臂电路可以工作在二电平和三电平两种模式,工作在二电平模式时,相当于增加了电流,而工作在三电平模式,则相当于增加了电压。

(3) 增加脉波数

采用多个(如 2,4 或 8 个)6 脉波变换器,通过变压器耦合,实现更多脉波数(如 12,24 或 48)的变换器,可减少谐波含量,同时成倍增加容量。这是目前大容量 FACTS 设备实现大容量的主要方式之一,仅采用这一项技术,就能使变换器的容量达到数十、上百兆伏安。该方式面临的问题是直流侧的串/并联选择、耦合变压器的类型和相移及交流侧的串/并联选择等。由于多电平变换器和 PWM 方法的发展,目前在选用这一方式时,必须综合权衡它与其他方式在谐波消除、动态与静态控制灵活性、实现成本等方面的利弊。

(4) 采用多电平变换器

如采用三电平变换器可以将变换器的电压提高 1 倍,从而使每阀单管变换器的容量在 6 脉波下可达到 10MV·A,而且交流电压在一定范围内可灵活控制。又如链式变换器,通过将多个基本变换单元串接起来,可避免使用升压变压器而直接获得非常高的交流输出电压,而且易于实现模块化设计和冗余控制,大大提高了可靠性,在大型 FACTS 设备(如 STATCOM)中具有很好的应用前景。

(5) 桥臂/变换器组并联

将大量的桥臂/变换器组并联起来使用,其数量可以远远超过所需增加的脉波数。此时,应具备有效的保护和隔离措施,避免故障变换器/桥臂影响其他正常桥臂/变换器的工作。随着新型器件在高速检测和高频开关特性方面的不断提高,通过采用大量桥臂/变换器组并联来增大容量的方法技术上已经可行,具有很好的应用前景。

(6) 以上方法的综合应用

实际应用中,往往将上述方法之中的两种或更多综合起来,增大变换器的容量并改善其整体性能。对于同样的容量设计目标,可以多种方法供选择,此时,除容量以外的其他性能指标和成本因素等将成为决定选用主电路结构的主要因素。

2.5 电流源型变换器概述

电流源型变换器(CSC)的基本特点是其直流电流总保持一个方向,功率流向随着直流电压方向的反转而改变。在这一点上,它和电压源型变换器(VSC)不同。VSC 的直流电压总保持一个极性,而功率流向随着直流电流的反转而改变。图 2-42 表明了 VSC 和 CSC 的这一根本区别之处。与 VSC 在直流侧采用电容而在交流侧串接电抗器相对应;CSC 在直流侧为了维持电流方向不变而串联电抗器,在交流侧为便于换流和形成交流输出电压而并联电容器。关于这两种变换器的关系,进一步可以采用对偶理论来讨论,本章不展开讨论。

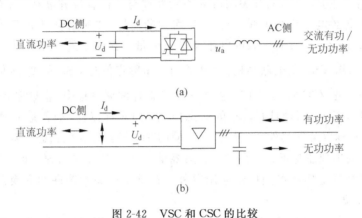

图 2-42 VSC 和 CSC 的比较
(a) VSC; (b) CSC

VSC 的基本单元——开关阀,是由一个可关断器件和一个反并联二极管构成的,而CSC 可以基于可关断器件、不可关断器件(普通晶闸管)甚至二极管来实现。因此,CSC 可大体分为如下三种基本类型。

(1) 二极管变换器

它仅实现最简单的交直流转换即整流,利用交流系统电压来完成二极管间的电流换相。这种基于二极管、依靠电源换相的 CSC 只是不可控地将交流功率转换为直流功率,而且在交流侧还要消耗一定的无功功率。

(2) 电源换相变换器

它基于普通晶闸管(开通可控、关断不可控)构成,利用交流系统电压完成电流换相,能实现有功功率的双向交换和控制,但要在交流侧消耗无功功率。

(3) 自换相变换器

它是基于可关断器件,如 GTO、MTO、IGCT、IGBT 等构成的 CSC。该类变换器依靠器件关断信号和交流侧电容的作用,促使电流从一个器件转移到另一个器件,从而实现电流换相。与 VSC 中电流换相由直流电压母线和电容来支撑相对应的,在自换相 CSC 中,交流侧的电流母线和电容提供了换相所需的电流脉冲。这种变换器能够实现有功和无功功率的双向交换。值得注意的是,虽然它能发出无功功率,但在其主电路中仍需采用像电容器、滤波电路这样的无功源。自换相 CSC 的一个显著优点是具有更强的灵活性,能采用 PWM控制。

2.6 电压源型变换器与电流源型变换器的比较与综合

2.6.1 VSC 和 CSC 的比较

以下从几个方面对 VSC 和 CSC 进行简单的比较。

(1) 在原理上,二者的差别已经在前文进行了较多的介绍,但它们之间存在对偶性。根据对偶原理,可将 VSC 的主电路拓扑、控制方法等通过镜像得到对偶 CSC 的主电路拓扑和控制方法等;反之亦然。关于对偶原理的详细介绍,可参考文献[6]等。

(2) 在使用器件上,VSC 的开关阀由可关断器件与二极管反并联构成;CSC 的开关阀由不对称可关断器件与二极管串联,或由对称可关断器件(如晶闸管、IGCT 等)构成。主开关器件与二极管通常要求具有一致的电压和电流耐量。在简单的三相全波变换器中,同样的容量水平下,采用 VSC 主电路结构,主开关的电压额定值是 CSC 的 $2/\sqrt{3}$ 倍,而主开关的电流额定值,CSC 是 VSC 的 $2/\sqrt{3}$ 倍。在电力电子器件发展过程中,非对称器件一直占据主导地位,如 IGBT,GTO,而且具有较小的通态损耗;而对称器件(如普通晶闸管)不具有可关断能力,将非对称可关断器件与二极管串联使用又会导致较大的通态损耗,而对称可关断器件(如 IGCT)的出现还是近来的事情。这在很大程度上决定了 VSC 和 CSC 发展的不平衡,CSC 除了晶闸管变换器得到广泛应用以外。在基于可关断器件的变换器应用上,VSC 一直占据主导地位。

(3) 在直流储能元件上,VSC 采用直流电容器,CSC 采用直流电抗器。相对而言,直流电抗体积较大,较笨重,而且会产生较大的持续损耗,增加成本,此外谐波和直流电感的存在会导致阀体和变压器过电压;而直流电容的缺点是易于老化,导致损耗逐渐增加。随着超导材料的发展,几乎无损的电感的问世将促进 CSC 的发展。

(4) 在刚性 CSC 中,由于交流电容的存在,管子上不会承受较高的 du/dt;而 VSC 如不采取一定的保护措施,可能产生较高的 du/dt。

(5) 在内部短路电流及其保护上,对于 CSC,由于内部或外部故障电流变化被直流侧电感所限制,因而短路电流不高,即具备内在的短路保护功能;而 VSC 由于直流电容放电会导致短路电流迅速上升,需采用额外的短路电流检测和保护功能,否则易于导致器件损坏。

(6) 在交流侧谐波特性上,6 脉冲刚性 CSC 不产生 3 次谐波电压,因而采用多重化技术构成 12 脉波变换器时,不需要将变压器原边串联以抵消谐波;同样,用移相绕组构成 24 脉波变换器也相对简单一些。当接入电网时,VSC 向系统输出的电流谐波的大小跟其产生的谐波电压、开关频率和接入阻抗等因素有关。当输出基波电流为 0 时,VSC 将成为纯粹的谐波源;而 CSC 在基波输出为 0 时,不产生谐波,这是它的优点之一。当开关频率较低时,采用 CSC 可望获得更好的交流电流波形,这对于低频大功率并具有可控电流源特性的并联型 FACTS 控制器(如 STATCOM)具有重要意义;而且,CSC 的输出交流电压波形较 VSC 的脉冲波形更接近正弦波,因此对于构造具有可控电压源特性的串联型 FACTS 控制器(如 SSSC)也是一个有利的权衡因素。

(7) 在与交流系统的接口上,VSC 通过电抗接入系统,而线路电抗和变压器漏抗是自然的,因而比较方便。而 CSC 需要在交流侧并联电容器,增加了成本和体积,此外,还需要适当选择电容器,防止与线路电感之间产生谐振,这在采用 PWM 控制方式时,应特别关注。

(8) 在直流侧纹波上,当开关频率和直流负载固定时,VSC 的直流电压纹波由交流电流决定,交流电流越小,直流电压纹波也就越小。CSC 的直流电流纹波由交流线电压决定,交流电流相位越滞后于电压,直流电流纹波越小;相反,交流电流相位超前于电压越多,直流电流纹波就越大。提高开关频率,有利于改善交流和直流电压/电流波形;而直流负荷越大,直流侧的纹波也就越大。

(9) 在直流侧控制上,VSC 容易可以使用简单、开环的整流器获得接近恒定的直流电压源;相对而言,CSC 的直流电流源往往需要对整流进行较复杂的(闭环)控制才能获得。

(10) 在变换器启动上,VSC 需要额外的启动限流电路或启动充电电路,而 CSC 由于有直流电抗的作用,并采取了对应的直流电流控制环节,不需要启动限流电路或启动充电电路。

(11) 在整体体积上,由于 CSC 直流侧电抗,交流测并联电容的存在,导致体积较大。无论 VSC 还是 CSC,都能通过采用 PWM 方式来减小体积。

(12) 在成本上,如果不需要控制变换器功率,则基于二极管的 CSC 是成本最低的;如果不需要超前的无功输出,基于晶闸管的 CSC 成本较低且可以控制有功,它还可以用作可控的滞后无功负载(类似于晶闸管控制电抗器);在 VSC 和刚性 CSC 之间比较时,由于前者采用非对称器件和反并二极管(通态损耗小),而后者采用对称器件(目前成本高)或非对称器件和串联二极管(通态损耗大),又 CSC 需直流电抗和交流电容,增加了损耗和成本,因此,目前 VSC 比刚性 CSC 的等容量成本要低一些。

(13) 在研究和应用水平上,由于受器件发展和成本等因素的制约,长期以来,VSC 无论在研究投入上,还是实际应用上,都占据主导地位;而 CSC 还停留在晶闸管变换器,刚性 CSC 的发展和应用发展较慢。目前,所有工业化的 FACTS 控制器,都是基于 VSC 的,采用 CSC 的 FACTS 设备还处于实验室或低压小容量应用场合。然而,随着器件技术的进一步发展,特别是一些高级 GTO 器件的发展,CSC 的研究和应用将逐渐增多。在 FACTS 研究和应用过程中,不断地重新权衡变换器电路拓扑十分重要。

2.6.2 混合变换器概念

由于 VSC 和 CSC 各有其优缺点,自然就有研究者想到将二者结合起来构成混合变换器(hybrid converter),以获得更好的性能。以下简单介绍两种混合变换器的原理结构。

图 2-43 所示是文献[37]提出的混合变换器的原理结构。它是由一个 VSC 与一个 CSC 在交流侧并联构成的,其中可控整流为 CSC 提供(接近)恒定的直流电流源。CSC 是主变换器,提供主要的功率变换功能;VSC 容量较小,主要功能是补偿主变换器中的谐波电流和功率,从而获得更好的输出特性。该混合变换器综合了 VSC 和 CSC 的优点,有利于减小开关损耗和消除谐波。

文献[39]提出了另一种结构的混合变流器,如

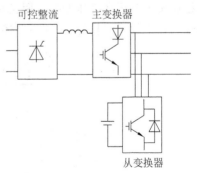

图 2-43 CSC 与 VSC 交流并联构成的
混合变换器

图 2-44 所示。它是由 VSC 与 CSC 在直流侧串联、交流侧并联构成。其中，VSC 容量稍小，运行高频 PWM 下，参与有功变换，主要作为无功补偿器和滤波器运行，提供 CSC 的无功电流并稳定交流电压，同时消除输出谐波分量；CSC 容量稍大，是主变换器。由于二者直流侧串联，CSC 能有力防止直流短路电流，如果都采用 6 脉波调制方式，有利于减小直流电容和交流滤波器。

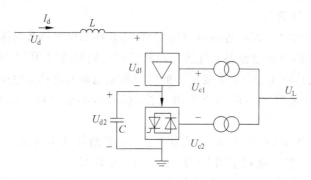

图 2-44   CSC 与 VSC 直流串联、交流并联构成的混合变换器

值得注意的是，混合变换器虽然能在一定程度上改善性能和获得额外的好处，但由于采用了两套变换器，其成本和控制复杂度都会有一定程度的上升。

2.6.3   阻抗型变换器概念

在电路结构上，VSC 和 CSC 都可以看作采用一定的无源储能元件将变换器主电路跟电源耦合起来构成的，在 VSC 中储能元件是电容（网络），在 CSC 中是电感，二者的电源通常都是整理器的直流输出。将这种思路进行推广，便出现了文献[39]提出的阻抗型变换器（impedance-converter，Z-sourced converter）的概念，它的一般原理如图 2-45 所示。其基本特点在于，耦合变换器主电路和电源的无源储能元件已不是单独的电容或电感，而是一个由两者构成的"X"形阻抗网络，从而称为阻抗型变换器。根据文献[7]的分析，这种变换器能实现 DC-to-AC、AC-to-DC、AC-to-AC 和 DC-to-DC 之间的功率变换。由于耦合电路采用独特的 L-C 阻抗网络形式，因而可望获得一些传统 VSC 和 CSC 不具备的特性，如 VSC 和 CSC 不能同时作为升压（boost）或降压（buck）变换器，而阻抗型变换器能在同一电路中借助于控制实现升压和降压变换。阻抗型变换器在概念上突破了传统 VSC 和 CSC 的结构，但由于它提出的时间较短，目前主要还处于理论研究阶段，有待于进一步的发展。

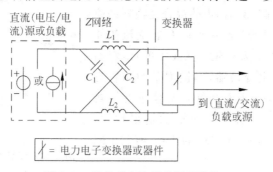

图 2-45   阻抗型变换器的原理结构

参 考 文 献

[1] 冷增祥. 电力电子器件[J]. 电气时代,2003(8): 34-37.

[2] HINGORANI N G, GYUGYI L. Understanding FACTS: concept and technology of flexible AC transmission Systems[M]. IEEE Press,1999.

[3] 赵良炳. 现代电力电子技术基础[M]. 北京: 清华大学出版社,1992.

[4] OGURA T, SUGIYAMA K, NINOMIYA H, et al. High turn-off current capability of parallel-connected 4.5kV trench IEGT[J]. IEEE Transactions on Electron Devices. 2003,50(5): 1392-1397.

[5] OMURA I, DOMON T, MIYAKE E, et al. Electrical and mechanical package design for 4.5kV ultra high power IEGT with 6kA turn-off capability[C]//IEEE 15th International Symposium on Power Semiconductor Devices and ICs(ISPSD 2003). April 2003(3): 114-117.

[6] HINGORANI N G. Power electronics building block concepts[C]//2003 IEEE Power Engineering Society General Meeting. July 2003(3): 1339-1343.

[7] CRAIG A H, HOPKINS D C, DRISCOLL J C. A high speed pulser thyristor[C]//1998 Applied Power Electronics Conference and Exposition(APEC'98). Feb 1998(2): 737-742.

[8] HOWER P L. Power semiconductor devices: an overview[C]//Proceedings of IEEE. April 1988, 76(4): 335-342.

[9] 张立,赵永健. 现代电力电子技术——器件、电路及应用[M]. 北京: 科学出版社,1992.

[10] NIEDERNOSTHEIDE F J, SCHULZE H J, KELLNER-WERDEHAUSEN U, et al. 13kV rectifiers: studies on diodes and asymmetric thyristors [C]//2003 IEEE 15th International Symposium on Power Semiconductor Devices(ISPSD 2003). UK, April 2003(3): 123-125.

[11] MOTTO K, LI Y, HUANG A Q. Comparison of the state-of-the-art high power IGBTs, GCTs and ETOs[C]//Fifteenth Annual IEEE Applied Power Electronics Conference and Exposition(APEC 2000). Feb. 2000(2): 1129-1136.

[12] HUANG A Q, MOTTO K, LI Y. Development and comparison of high-power semiconductor switches[C]//The Third International Power Electronics and Motion Control Conference(PIEMC 2000). Aug. 2000(1): 70-78.

[13] KATSUMI S, MASNORI Y. The present state of the art in high-power semiconductor devices[C]// Proceedings of the IEEE. June 2001,89(6): 813-821.

[14] UM K J, SUH B S, HYUN D S. Switching performance of 3.3kV HVIGBTs with PT and NPT structures[C]//The Thirty-Fourth Industry Applications Conference Annual Meeting. Oct 1999(1): 708-716.

[15] AKAGI H. The state-of-the-art of power electronics in Japan[J]. IEEE Transactions on Power Electronic,1998,13(2): 345-356.

[16] KATSUMI S, MASANIRY Y. The present state of the art in high-power semiconductor devices [C]//Proceedings of the IEEE. June 2001,89(6): 813-821.

[17] TSUNEO O. 4.5kV injection-enhanced gate transistors(IEGTs) with high Turn-off Ruggedness [J]. IEEE Transactions on Electron Devices,2004,51(4): 636-641.

[18] 张立,赵永健. 现代电力电子技术——器件、电路及应用[M]. 北京: 科学出版社,1992.

[19] 日本电气学会. 电力半导体变换电路[M]. 王兆安,张良金,译. 北京: 机械工业出版社,1993.

[20] 吴洪洋,何湘宁. 高功率多电平变换器的研究和应用[J]. 电气传动,2000(2): 7-12.

[21] 孙凯,吴学智,黄立培. 国内多电平变换器和矩阵式变换器的研究动态[J]. 变频器世界,2002(12): 4-9.

[22] PENG F Z. A generalized multilevel inverter topology with self-voltage banlancing[C]//Industry applications conference. 8-12 Oct. 2000: 2024-2031.

［23］ 江友华.高压大功率多电平变频装置拓扑结构的分类和研究［J］.变频器世界,2004(2).

［24］ 朱宗晓,周京华,苏彦民.多电平大功率逆变电源的研制［J］.电气传动自动化,2002,24(5)：4-6.

［25］ RODRÍGUEZ J,LAI J S,PENG F Z. Multilevel inverters：a survey of topologies,controls,and applications［J］. IEEE Transactions on Industrial Electronics,2002,49(4)：724-738.

［26］ 李永东.脉宽调制(PWM)技术——回顾、现状及展望［J］.电气传动,1996(3)：2-11.

［27］ 黄俊,王兆安.电力电子变流技术［M］.3 版.北京：机械工业出版社,1995.

［28］ 熊健,康勇,张凯,等.电压空间矢量调制与常规 SPWM 的比较研究［J］.电力电子技术,1999(1)：25-28.

［29］ 杨贵杰,孙力,崔乃政,等.空间矢量脉冲调制方法的研究［J］.中国电机工程学报,2001,21(5)：79-83.

［30］ SAKUI M,FUJITA H,SHIOYA M. A method for calculating harmonic currents of a three-phase bridge uncontrolled rectifier with DC filter［J］. IEEE Transactions on Industrianl Electronics,1989,36(3)：434-440.

［31］ ZARGARI N R,XIAO Y,WU B. A multilevel thyristor rectifier with improved power factor［J］. IEEE Transactions on Industry Applications,1997,33(5)：1208-1213.

［32］ KIM S,ENJETI P N,PITEL I J. A new approach to improve power factor and reduce harmonics in a three phase diode rectifier type utility interface［J］. IEEE Transactions on Industry Applications,1994,30(6)：1557-1564.

［33］ GYUGYI L. Application characteristics of converter-based FACTS controllers ［C］//2000 International Conference on Power System Technology (PowerCon 2000). Piscataway,NJ,USA,December 2000(1)：391-396.

［34］ YE Y,KAZERANI M,QUINTANA V. Current-source converter based SSSC：modeling and control ［C］//2001 IEEE Power Engineering Society Summer Meeting. Vancouver,BC,Canada,July 2001(2)：949-954.

［35］ YE Y,KAZERANI M. Decoupled state-feedback control of CSI based STATCOM［C］//The 32nd Annual North American Power Symposium. Waterloo,Ontario,Canada,23-24 October 2000(2)：1-8.

［36］ KAZERANI M,YANG Y. Comparative evaluation of three-phase PWM voltage-and current-source converter topologies in FACTS applications［C］//2002 IEEE Power Engineering Society Summer Meeting. 21-25 July 2002(1)：473-479.

［37］ TRZYNADLOWSKI A M,PATRICIU N,BLAABJERG F,et al. A hybrid current-source/voltage-source power inverter circuit［J］. IEEE Transactions on Power Electronics,2001,16(6)：866-871.

［38］ LEDWICH G. Current source inverter modulation［J］. IEEE Transactions on Power Electronics,1991,6(4)：618-623.

［39］ Fang Z P. Z-Source inverter［J］. IEEE Transactions on Industry Applications,2003,39(2)：504-510.

［40］ 周京华,苏彦民,詹雄.多单元串联多电平逆变电源的控制方法研究［J］.电力电子技术,2003,37(4)：49-51.

［41］ 唐付良,庄朝晖,熊有伦.一类新型的多电平逆变拓扑研究［J］.中国电机工程学报,2000,20(12)：11-14.

第 3 章

并联补偿与静止无功补偿器

3.1　并联补偿概述

电力系统补偿可按接入方式分为并联补偿、串联补偿和串并联混合补偿三种,而并联型 FACTS 控制器是并联补偿设备的主要成员。由于并联补偿方式的接入和退出都很方便,因此在电力系统中得到广泛的应用。电力系统并联补偿具有如下特点:

（1）只需电网提供一个接入节点,另一端为大地或悬空的中性点,接入电网很方便。

（2）接入方式简单,不会改变电力系统的主要结构;而且通过调节并联补偿输出,可以在系统正常运行时接入系统,并将接入造成的影响减到最小,甚至可以做到无冲击投入运行和无冲击退出运行。

（3）并联补偿设备要么只改变系统节点导纳矩阵的对角线元素,要么可等效为注入电网的电流源,因此并联补偿的投入对电力系统的复杂程度增加不多,便于分析。

（4）并联补偿设备与所接入点的短路容量相比通常较小,并联补偿对节点电压的补偿或控制能力较弱,它主要是通过注入或吸收电流来改变系统中电流的分布。因此,并联补偿适合于补偿电流。

（5）并联补偿只能控制自身注入的电流,而电流进入电网后如何分布则由系统状况决定,因此并联补偿通常能使节点附近的一定区域均受益,适合于电力部门采用。

（6）并联补偿设备需要承受全部的节点电压,其输出电流要么是由接入点电压决定的,要么是可控的,因此并联补偿设备的输出通常受系统电压的限制。

3.2　并联补偿的作用

并联补偿可以向系统中注入电流或改变系统导纳矩阵的对角元素,因此采用并联补偿可以方便地向系统注入或从系统吸收无功和/或有功功率,进而可以控制电力系统的无功功率和/或有功功率的平衡。正是并联补偿的这种能力,使得它对电力系统具有如下作用:

（1）向电网提供或从电网吸收无功和/或有功功率;

（2）改变电网的阻抗特性;

（3）提高电力系统的静态稳定性；

（4）改善电力系统的动态特性；

（5）维持或控制节点电压；

（6）通过控制潮流变化阻尼系统振荡；

（7）快速可控的并联补偿可以提高电力系统的暂态稳定性；

（8）负荷补偿，提高电能质量等。

并联补偿在输电网和配电网中都得到广泛应用。在输电网中，其主要功能是改善潮流可控性、提高系统稳定性和传输能力；而在配电网中，其主要功能是提高负荷电能质量和减小负荷对电网的不利影响（如不对称性、谐波等）。在电网中，并联补偿设备可以根据需要灵活布置，常见的方式有两种：一种是安装于输电线路的受电端（负荷侧）；另一种是在长传输线中间增加变电站（即线路分段）并布置并联补偿设备。下面将通过简单的分析来说明并联补偿的一些主要功能的基本原理。

3.2.1　输电系统并联补偿和动态性能控制

电力系统的动态性能主要包括以下三项指标：

（1）过渡过程时间。当电力系统受到扰动后将从一种稳定状态过渡到另一种稳定状态或回到原来的稳定状态。而它的状态向量 $X(t)$ 都要经历一定的振荡过程后再到达稳态，图 3-1 所示为某一状态量 $x_i(t)$ 的过渡过程。从加入干扰时间 t_0 开始，到状态变量基本趋于稳定，即满足不等式

$$\| X(t) - X(\infty) \| \leqslant \varepsilon \qquad (3\text{-}1)$$

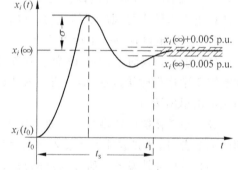

图 3-1　状态变量变化的动态过程

（ε 为允许的偏差，一般取为 0.005p.u.）的时间 t_1 为止，这段时间称为过渡过程时间 $t_s = t_1 - t_0$。

（2）某些重要状态变量在过渡过程时间 t_s 中的振荡次数，如图 3-1 中振荡次数为 1 次半。

（3）一些重要状态变量的超调量。如图 3-1 所示，超调量定义为

$$\sigma = \left| \frac{x_{i\max} - x_i(\infty)}{x_i(\infty)} \right| \times 100\% \qquad (3\text{-}2)$$

电力系统受到干扰后，从一个稳态过渡到另一个稳态的过渡过程时间越短，振荡次数越小，超调量越小，则称电力系统的动态性能越好。

电力系统的主要作用是为用户提供安全可靠和经济优质的电能，因此功率是电力系统中一个非常关键的量，电力系统中任何的过渡过程一般都伴随着功率的变化。同时，由于所有负荷均被设计为在一定的额定电压下正常工作，所以电压则通常是用户所直接关心的参数。因此要保证电力系统的动态品质就要关心电力系统中功率的过渡过程和电压的动态性能。图 3-2 所示为典型的输电系统，系统 1（送端）通过输电线（等效阻抗为 X）送到系统 2（受端）的有功功率为

$$P = \frac{U_s U_r}{X}\sin\delta \qquad (3\text{-}3)$$

式中 $\delta = \delta_s - \delta_r$，为两端母线电压相角差。

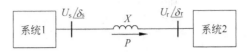

图 3-2 一般输电系统示意图

输电系统的并联补偿通常为无功补偿(如具备有功补偿功能,那么功能更强),可以在一定的范围内改变输电系统的节点电压,即对 U_s 和 U_r 进行控制,则由式(3-3)可知,可以对输电系统传输的有功功率进行控制。因此,在电力系统受到扰动的过程中,并联补偿设备可以控制节点电压和线路功率,从而缩短输电系统的过渡过程,降低过渡过程中状态量的超调并抑制其振荡。

3.2.2 输电线路分段和中点并联补偿

仍然考虑如图 3-2 所示的简单输电网,在传输线中间"插入"一个理想并联补偿装置,将原传输线等分为两段,如图 3-3(a)所示。为简化分析,不计线路损耗和电容充电效应,并设并联补偿装置接入点母线电压和线路两端母线的电压幅值相等,即 $U_s = U_r = U_m = U$,则各电压和电流相量之间的关系如图 3-3(b)所示,进而推导出线路功率为

$$P_s = P_r = \frac{U^2}{X/2}\sin\frac{\delta}{2} \qquad (3\text{-}4)$$

$$Q_s = -Q_r = \frac{U^2}{X/2}\left(1 - \cos\frac{\delta}{2}\right) \qquad (3\text{-}5)$$

并联补偿装置提供的功率为

$$P_c = 0 \qquad (3\text{-}6)$$

$$Q_c = \frac{4U^2}{X}\left(1 - \cos\frac{\delta}{2}\right) \qquad (3\text{-}7)$$

补偿后线路传输的有功功率以及并联补偿器需提供的无功功率与送-受端母线电压相位差(功角)之间的关系如图 3-3(c)所示。可见,采用线路分段和中间并联补偿后,两系统之间的传输容量大大增加,最大值增加 1 倍;但前提是"插入"的并联补偿装置能提供快速和大量的无功功率以维持分段处母线的电压。

上述线路二等分和中点补偿原理可以推广到线路多等分和多并联补偿的情形。图 3-4(a)所示为线路四等分和三个并联补偿的情况,对应的电压、电流相量关系如图 3-4(b)所示。由类似分析可知,线路传输能力比二等分的情况增大 1 倍。理论上,如果对线路进行 n 次等分和 $n-1$ 个理想并联补偿,则每一分段传输的功率为

$$P = \frac{U^2}{X/n}\sin\frac{\delta}{n} \qquad (3\text{-}8)$$

即最大传输功率增大到未补偿时的 n 倍。极限情况下,$n \to \infty$,沿线电压恒定不变,传输能力为 ∞,传输线路等效成一根"无穷大母线"。

值得注意的是,上述分析中假设并联补偿装置具有瞬间响应速度和无限的无功补偿容

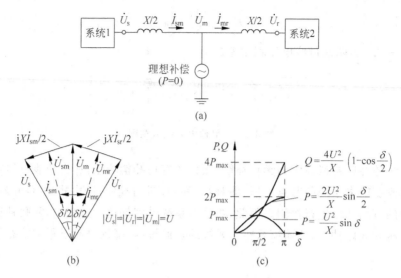

图 3-3　传输线等分和中点并联补偿

(a) 单线系统；(b) 电压、电流相量关系；(c) 功率-角度曲线

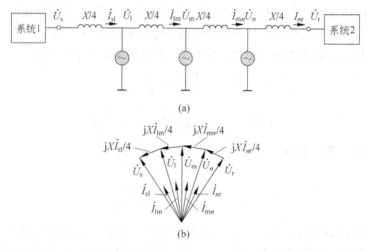

图 3-4　传输线多分段和中点并联补偿

(a) 单线系统；(b) 电压、电流相量关系

量,在系统任何扰动情况下都能维持接入点母线电压恒定为预设值,而实际上(以后会讲到),无功补偿设备的容量和响应速度都是有限的。因此,实际应用中,线路分段和并联补偿对提高线路传输容量的能力比理想情况稍有下降。

3.2.3　并联补偿提高系统电压稳定性

电压稳定性是电力系统在正常运行条件下和遭受扰动之后系统所有母线都持续地保持可接受的电压的能力,其核心问题是系统(包括负荷)的无功功率特性,而并联补偿能提供稳态和动态的无功补偿,因此对改善系统的小干扰和暂态电压稳定性都具有重要的作用。以下简单介绍并联补偿提高小干扰(或静态)电压稳定性的基本原理。

图 3-5 所示为辐射型简单电力系统,无穷大电源 $\dot{E} = E \underline{/0°}$ 通过线路电抗 X 向一纯阻抗负载 $\dot{Z} = Z_L \underline{/\varphi}$ 供电。易知,负荷吸收的有功功率及负荷节点的电压分别为

$$P_L = \frac{E^2 Z_L \cos\varphi}{X^2 + Z_L^2 + 2XZ_L \sin\varphi} \tag{3-9}$$

$$U = \frac{EZ_L}{\sqrt{X^2 + Z_L^2 + 2XZ_L \sin\varphi}} \tag{3-10}$$

当负荷为纯电阻,即 $\cos\varphi = 1$ 时,负荷吸收的有功功率为

$$P_L = \frac{E^2 Z_L}{X^2 + Z_L^2} \tag{3-11}$$

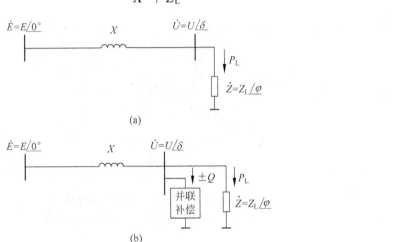

图 3-5 辐射型纯阻抗负载单线系统
(a) 未补偿;(b) 负荷侧加并联无功功率补偿

随着负荷阻抗的变化,负荷有功功率也发生变化,当 $Z_L = X$ 时,有功功率达到最大值,为

$$P_{Lmax} = \frac{E^2}{2X} \tag{3-12}$$

综合上面式子有

$$\left.\begin{array}{l} \dfrac{P_L}{P_{Lmax}} = \dfrac{2XZ_L\cos\varphi}{X^2 + Z_L^2 + 2XZ_L\sin\varphi} \\[3mm] \dfrac{U}{E} = \dfrac{Z_L}{\sqrt{X^2 + Z_L^2 + 2XZ_L\sin\varphi}} \end{array}\right\} \tag{3-13}$$

取 $\cos\varphi$ 分别等于 0.80(感性)、0.95(感性)、1.0、0.97(容性)、0.90(感性),Z_L 由 ∞ 到 0 之间变化,由式(3-13)可以绘出如图 3-6(a)所示的负荷电压与负荷有功功率关系曲线。可见,随着负荷需求的增加(阻抗 Z_L 减小),负荷功率 P_L 开始快速增加,后来功率增加变得缓慢,并达到最大值,最后随着阻抗减小负荷功率反而变小。可见电源通过电抗 X 向负荷传输有功功率存在最大值。当电抗 X 上电压降落大小等于负荷电压大小时,传输功率等于最大值。传输的有功功率最大值代表可接受运行的极限功率,此时对应的负荷电压 U 和电流 I 称为临界值,对应的点为临界点。

由图 3-6 可见,对于一定的功率因数,如果负荷功率 P_L 小于最大值,则对应的阻抗值

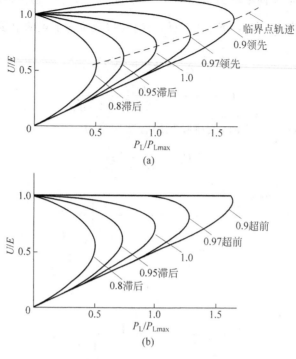

图 3-6   系统的 *U-P* 特性曲线

(a) 未补偿；(b) 负荷侧加并联无功功率补偿

Z_L 有两个。其中一个 Z_L 对应的电压高，电流小，位于 *U-P* 曲线的上半部，是正常的运行点；而另一个 Z_L 对应的电压低，电流大，位于 *U-P* 曲线的下半部，是不正常的运行点。

如果负荷的功率需求比最大传输的功率更高，通过改变负荷来控制功率是不稳定的，例如负荷阻抗 Z_L 继续减小，则系统输送的功率会减小，从而使系统运行在曲线的下半部。对于运行在下半部的情况，如果负荷为恒定阻抗负荷，同样可以稳定运行，但是负荷电压会很低。如果负荷具有带分接头自动调节的变压器，那么因负荷电压低，分接头会自动调节使负荷电压提高，即原副边变比减小，相当于减小 Z_L，从而导致负荷电压进一步降低，分接头再调节，电压再降低，形成恶性的正反馈，最终使系统失去稳定。

由图 3-6 可见，负荷的功率因数越低，系统能传输的最大有功功率越小。而负荷功率因数为超前功率因数，且超前越多则系统能传输的最大有功功率越大，临界点电压对应的有功功率和负荷电压也越高，因此系统传输同样的有功功率时，负荷的电压越高，离临界点的距离也越远，这说明系统的电压稳定性越好。

如果在负荷母线处接入并联补偿（如图 3-5(b) 所示），对负荷的无功功率进行补偿，提高负荷的功率因数，则可以有效地提高系统的电压稳定性。图 3-6(b) 所示为理想补偿情况（并联无功功率补偿维持负荷节点电压不变）下的 *U-P* 曲线，可见，并联补偿不仅能提高系统的电压稳定性，还能调节负荷的电压水平。

3.2.4   并联补偿提高输电系统暂态稳定性

以下针对图 3-7 所示的单机无穷大系统，采用等面积法则（equal area criterion）来分析并联补偿提高电力系统暂态稳定性的基本原理。

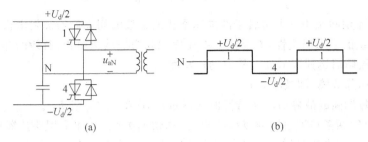

图 3-7 单相桥变换器

(a) 主电路结构；(b) 交流输出电压波形

一般可以将系统发生故障的过程分为故障发生前、故障期间和故障切除后三个阶段；每个阶段的功角特性是不同，设分别为 P_{I}、P_{II} 和 P_{III}，如图 3-8 所示。正常运行时，功角特性为 P_{I}，发电机输出的电磁功率等于原动机输入的机械功率，即系统运行在 a 点；一旦发生故障，发电机功角特性降到很低，变成 P_{II}，由于发电机输出的电磁功率比原动机功率低，因此发电机转子加速，功角增大；发电机功角增大到 δ_c 时，继电保护动作切除故障，此时发电机功角特性稍微提高一些，但仍低于故障前水平，变成 P_{III}，此时发电机输出的电磁功率比原动机机械功率大，使得发电机转子开始减速，如果发电机转子的功率角不超过 δ_h，则发电机在故障切除后能够保持暂态稳定。图 3-8 中，$abcd$ 对应的面积代表发电机转子在故障期间通过加速获得的动能，称为加速面积，为

$$S_{abcd} = S_{\text{加速}} = \int_{\delta_0}^{\delta_c} (P_0 - P_{\mathrm{II}}) \mathrm{d}\delta \tag{3-14}$$

而 $edgf$ 所对应的面积代表发电机转子在故障切除后通过减速失去的动能，称为减速面积，为

$$S_{edgf} = S_{\text{减速}} = \int_{\delta_c}^{\delta_f} (P_{\mathrm{III}} - P_0) \mathrm{d}\delta \tag{3-15}$$

故障切除后，发电机转子减速面积的最大值对应图中的 $edghf$，称为最大减速面积，即

$$S_{\text{减速max}} = \int_{\delta_c}^{\delta_h} (P_{\mathrm{III}} - P_0) \mathrm{d}\delta \tag{3-16}$$

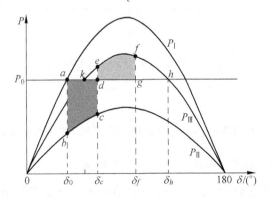

图 3-8 单机无穷大系统发生故障后功角特性的变化

根据等面积定则，当最大减速面积大于等于加速面积时，能保证发电机暂态稳定，否则发电机将失去稳定，即发电机暂态稳定的充分必要条件为

$$\int_{\delta_0}^{\delta_c} (P_0 - P_{\mathrm{II}})\mathrm{d}\delta \leqslant \int_{\delta_c}^{\delta_h} (P_{\mathrm{III}} - P_0)\mathrm{d}\delta \tag{3-17}$$

如果在故障期间减小发电机转子的加速面积或在故障切除后增加发电机转子的减速面积即可提高系统的暂态稳定性,而要减小加速面积或增加减速面积,有效的办法包括:

(1) 发生故障后迅速降低发电机原动机功率;

(2) 迅速切除故障,即减小 δ_c;

(3) 使故障期间或故障后功角特性曲线尽量高,即提高 P_{II} 或 P_{III}。

其中(1)、(2)两条可通过控制发电机出力(如快速关汽门)和采用快速断路器快速切除故障达到。而(3)的本质是增加故障期间或其后的系统传送能力。根据 3.2.2 节的分析可知,如果对图 3-7 中连接发电机和无穷大系统的联络线进行分段,如分段点选择在等分 X_1 处,并在该处"插入"足够容量的并联补偿装置,则可以大大提高故障期间或故障后功角特性曲线(见图 3-3),即增大系统传输容量,增强暂态稳定性。而 3.2.3 节的分析表明,采用并联补偿可以调节系统的电压和增大线路的传输功率,因而也可以提高电力系统的暂态稳定极限。

3.2.5 并联补偿提高输电系统振荡稳定性

提高振荡稳定性的关键是增强系统的阻尼能力,而动态并联补偿设备可通过快速调节其注入系统的无功功率控制节点电压和线路功率来实现阻尼系统振荡的目的。以下简单介绍并联补偿设备阻尼低频功率振荡的原理。

对于如图 3-7 所示的单机无穷大系统,设系统发生故障后切除一回输电线,成为欠阻尼系统,机组功角和功率均发生衰减很慢的低频振荡,如图 3-9(a)中的欠阻尼曲线所示。

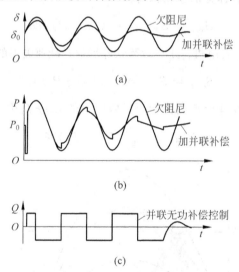

图 3-9 机组功角和功率的低频振荡和并联无功补偿的阻尼效果

根据机组摇摆方程,要阻尼振荡需要采取如下措施

(1) 当 $\omega > 1$,即 $\dfrac{\mathrm{d}\delta}{\mathrm{d}t} > 0$ 时,为使 ω 保持在 1,应减小 ω,即使 $\dfrac{\mathrm{d}\omega}{\mathrm{d}t} < 0$,为此必须增加发电机输出的电磁功率或减小原动机功率;

(2) 当 $\omega < 1$,即 $\dfrac{\mathrm{d}\delta}{\mathrm{d}t} < 0$ 时,为使 ω 保持在 1,应增加 ω,即使 $\dfrac{\mathrm{d}\omega}{\mathrm{d}t} > 0$,为此必须减小发电机

输出的电磁功率或增加原动机功率。

由于发电机输出功率是节点电压幅值的增函数,因此如果能控制节点电压,即可阻尼振荡。而并联无功功率补偿通过控制注入节点的无功功率可以控制节点电压在一定范围内变化,因此合理控制并联无功功率补偿可以增加系统阻尼,抑制系统振荡。这可通过在输电线路中间或首末端接入并联无功功率补偿设备来实现。按照上述原则,当 $\omega > 1$,即 $\dfrac{\mathrm{d}\delta}{\mathrm{d}t} > 0$ 时,控制并联补偿设备向系统注入无功功率,抬升节点电压,增加发电机输出的电磁功率;当 $\omega < 1$,即 $\dfrac{\mathrm{d}\delta}{\mathrm{d}t} < 0$ 时,控制并联补偿设备从系统吸收无功功率,降低节点电压,减小发电机输出的电磁功率,如图 3-9 中的"并联无功补偿控制"曲线所示,从而能有效地阻尼低频振荡,如图 3-9(a)和(b)中的"加并联补偿"曲线所示。

3.2.6 负荷的三相不平衡补偿

正常情况下,电力系统的电源都是三相对称的,电网中出现的电压不对称主要是由于负荷的不平衡电流流过系统阻抗造成的,因此对不平衡的三相负荷进行补偿,使其流入系统的电流三相平衡,是保证系统电压三相对称的基础。考虑到我国 35kV 及以下电压等级电网一般采用中性点不接地运行方式,下面以中性点不接地系统为例,简单介绍三相不平衡负荷补偿的基本原理。

三相不平衡负荷补偿的目的是通过在该负荷节点处并联无功补偿设备使三相系统的线电流平衡,更进一步要求三相线电流为纯有功电流。根据文献[1]的分析,如果三相系统电压完全对称,不失一般性,设负荷是三角连接的,用导纳表示分别为:a,b 相间导纳 $Y_{ab} = G_{ab} + jB_{ab}$,b,c 相间导纳 $Y_{bc} = G_{bc} + jB_{bc}$,c,a 相间导纳 $Y_{ca} = G_{ca} + jB_{ca}$。如果对负载进行并联补偿使系统三相线电流为平衡的纯有功电流,则要求 a,b 相,b,c 相与 c,a 相之间的补偿电纳为

$$\left. \begin{aligned} B_{c,ab} &= -B_{ab} + (G_{ca} - G_{bc})/\sqrt{3} \\ B_{c,bc} &= -B_{bc} + (G_{ab} - G_{ca})/\sqrt{3} \\ B_{c,ca} &= -B_{ca} + (G_{bc} - G_{ab})/\sqrt{3} \end{aligned} \right\} \tag{3-18}$$

如果采用功率来表达负荷,设负荷 a,b 相,b,c 相及 c,a 相间吸收的有功功率和无功功率分别为

$$\left. \begin{aligned} S_{ab} &= P_{ab} + jQ_{ab} \\ S_{bc} &= P_{bc} + jQ_{bc} \\ S_{ca} &= P_{ca} + jQ_{ca} \end{aligned} \right\} \tag{3-19}$$

则使系统三相功率为纯有功功率而要求各相间补偿的无功功率为

$$\left. \begin{aligned} Q_{c,ab} &= \frac{\sqrt{3}\,Q_{ab} + P_{ca} - P_{bc}}{\sqrt{3}} \\ Q_{c,bc} &= \frac{\sqrt{3}\,Q_{bc} + P_{ab} - P_{ca}}{\sqrt{3}} \\ Q_{c,ca} &= \frac{\sqrt{3}\,Q_{ca} + P_{bc} - P_{ca}}{\sqrt{3}} \end{aligned} \right\} \tag{3-20}$$

如果从系统侧向负荷侧看,采用相电压和相电流来表达负荷,设负荷 a,b,c 相电流(注

意,a 相负荷电流是负荷 a,b 相间和 a,c 相间电流之和)相量分别为 $\dot{I}_{\text{la}}$,$\dot{I}_{\text{lb}}$,$\dot{I}_{\text{lc}}$(设 a 相电压相量为 U),则式(3-18)可以改写为

$$\left.\begin{aligned}
B_{\text{c,ab}} &= -\frac{1}{3U}\left[\operatorname{Im}\dot{I}_{\text{la}} + \operatorname{Im}a\,\dot{I}_{\text{lb}} - \operatorname{Im}a^2\,\dot{I}_{\text{lc}}\right] \\
B_{\text{c,bc}} &= -\frac{1}{3U}\left[-\operatorname{Im}\dot{I}_{\text{la}} + \operatorname{Im}a\,\dot{I}_{\text{lb}} + \operatorname{Im}a^2\,\dot{I}_{\text{lc}}\right] \\
B_{\text{c,ca}} &= -\frac{1}{3U}\left[\operatorname{Im}\dot{I}_{\text{la}} - \operatorname{Im}a\,\dot{I}_{\text{lb}} + \operatorname{Im}a^2\,\dot{I}_{\text{lc}}\right]
\end{aligned}\right\} \tag{3-21}$$

其中 $a = e^{j2\pi/3} = -1/2 + j\sqrt{3}/2$,Im 表示复数的虚部。

由上面的分析可得到如下结论:

(1) 如果系统三相电压完全对称,对于任意的三相不接地负载,可通过并联无功功率补偿,使系统侧三相线电流完全平衡,且该电流为纯有功电流。

(2) 如果三相不平衡负荷为动态负荷,可以实时测量相间瞬时有功功率和无功功率,根据相间电压计算出等效的导纳,从而根据等效导纳计算出该时刻应该补偿的无功功率,或按照式(3-20)进行瞬时无功功率控制,即可保证系统三相线电流动态平衡,且近似为纯有功电流。

3.2.7 电力系统谐波的并联补偿

谐波主要是由于用电设备的非线性特性所造成,例如各种电力电子设备、IT 行业和办公设备中大量使用的开关式电源、电弧式负荷、公共照明系统中大量使用的荧光灯负荷等。这些负荷产生的谐波电流在系统中引起谐波电压,降低了系统的电压质量,并带来其他危害,如造成保护误动、损耗增加、变压器和线缆降容量使用等。近年来,随着静止变频器、周波变流器、异步电动机和电弧发生装置的使用,产生了所谓的次谐波和间谐波现象,这两类谐波也会对设备的安全稳定运行产生很大的威胁。研究表明:次谐波和间谐波对电动机造成的损害远大于普通的 3、5 次谐波,会严重影响电机的使用寿命,造成重大经济损失。

目前,谐波问题已经成为出现范围最广、危害非常严重的电能质量问题,但在解决方面存在一定的复杂性。这是因为,谐波问题大多是由用户负荷所造成的,如何在处理过程中平衡各方面的投入,如何更有效地实施谐波抑制标准还没有一个有效的方法。抑制负荷谐波最有效的技术手段之一是并联补偿。

如果非线性负荷集中在某个节点,采用就地并联谐波补偿措施,补偿谐波电流与非线性负荷注入谐波电流大小相等,方向相反,使该节点的总注入谐波电流为零,则可消除各节点电压的谐波。对于难以准确地找到非线性负荷所在的位置或者非线性负荷分布在许多节点上的情况,往往难以就地并联补偿抵消补偿电压的谐波。为此,采用异地补偿的方法,即在对电压质量要求高的节点进行并联补偿,抑制该节点处的电压谐波,满足负荷需求。

电力系统谐波并联补偿装置有无源滤波器(LC 滤波器)、有源电力滤波器(APF)和混合型滤波器等,后面将进一步介绍。

3.3 电力系统并联补偿技术的历史与现状

并联补偿技术在电力系统中的应用已有很长的历史,最早的是各种机械投切式并联补偿装置,如:在负荷侧采用机械投切的电容器和电抗器进行无功功率补偿,改善系统的电压

水平和负荷的功率因数;在发电机侧,采用机械投切的制动电阻,提高系统的暂态稳定性。由于机械投切式并联补偿会带来冲击,同时补偿性能有限(如响应慢、离散补偿、受接入点电压限制等),人们开始在负荷中心安装同步调相机,它能双向和平滑地调节无功功率,具有较强的补偿控制功能。但是,同步调相机是旋转设备,建设投资额大,运行维护都很复杂,响应速度也较慢,且随着负荷中心地区对环境要求的提高,旋转设备带来的噪声等问题也使居民越来越不满意。因此,在设计新的并联补偿设备时,已很少考虑同步调相机。

世界上最早用于取代同步调相机的静止并联无功补偿设备是由德国的 E. Friedlander 博士发明的直流控制的自饱和电抗器,于 1964 年在一家钢厂投入商业运行,并于 1967 年在输电系统中投入商业运行。随着大功率晶闸管的诞生和应用,在 20 世纪 70 年代,出现了一系列晶闸管投切或控制的并联补偿设备,如 TSC,TSR,TCR 及其综合体 SVC,它们最早应用于大型负荷(如轧钢厂和电弧炉)的无功补偿。70 年代中期,基于晶闸管的 SVC 装置开始在电力系统投入商业运行,用于实现自动和连续的电压控制和提高电网的电能质量。SVC 不仅可以快速调节补偿的无功功率(响应时间在几十 ms),TCR 可以平滑调节输出,而且没有旋转部件,维护简单,成本较低,很快成为电力系统并联补偿的主要选择,得到广泛应用,使电力系统并联补偿进入了一个新的阶段。到 2012 年,全世界已经投运的 SVC 工程已有数千个,总容量超过 100Gvar;其应用领域包括输配电系统,HVDC 换流站的无功补偿和抑制电弧炉等大型冲击负荷造成的电压波动等。但 SVC 本身也存在一定的问题:晶闸管控制只能以斩波方式工作,会产生较大的谐波;这些装置并联接入系统后会改变系统的阻抗特性,过多安装这些设备可能出现振荡;由于这些设备的阻抗特性,补偿容量与电压平方成正比,使得在系统电压偏低或偏高时,补偿容量过小或过大,影响了补偿效果;由于晶闸管的关断不能控制,开关频率低,对配电系统电能质量的补偿能力较弱。

1980 年,日本三菱公司采用晶闸管和强迫换相技术成功研制出世界上第一台基于变换器的静止同步补偿器(STATCOM),并投入工业试运行。此后,STATCOM 作为一种先进的动态并联补偿设备,得到迅速发展,推动了 FACTS 技术的进步。随着高压大容量可关断器件,如 IGBT、GTO、IGCT 等的实用化,STATCOM 主电路已用自换相器件取代了最初的晶闸管,从而取得更高的性价比。1986 年,美国西屋公司和 EPRI 合作研制出首台基于可关断器件 GTO 的 STATCOM,容量为 ±1Mvar。1991 年,三菱电机和关西电力公司合作研制了一台基于 GTO 的 ±80Mvar 的 STATCOM。1999 年,ABB 公司采用 IGBT 串联和 NPC 主电路结构制造第一台容量为 ±22Mvar 的 SVC Light,并用于改善瑞典某钢厂的电能质量。2003 年,英国 ALSTOM 公司在美国 Connecticut 州 Glenbrook 变电站投运了容量为 ±150Mvar 的 STATCOM。随着 FACTS 技术进一步发展,STATCOM 应用的一个重要趋势是将它与串联补偿相结合构成功能更全面的综合型 FACTS 控制器,如 UPFC 和 CSC。1997 年美国电力公司、西屋公司和 EPRI 合作研制的 ±320MV·A UPFC 中包括了容量为 ±160Mvar 的 STATCOM;2001 年美国纽约电力局投运的 CSC,其第一阶段即为 ±200Mvar 的 STATCOM。与 SVC 相比,STATCOM 具有一系列优越性,如具有可控电流源或电压源特性(相对于 SVC 的阻抗型特性),响应速度快(达到 ms 级),连续控制的精度高,可调范围大,输出谐波特性好;而且对电容器或电抗器的容量要求下降,有利于减小体积、降低成本、模块化制造和灵活配置。从 STATCOM 的诞生到 2012 年年底,全世界已有超过 30 项大容量(10Mvar 及以上)STATCOM 工程投运,总的可控容量超过 3000Mvar,成为继 SVC 之后应用最广的并联型 FACTS 控制器。

在实际应用中,为了满足特定的补偿需要和降低设备成本,常常将 STATCOM、SVC 和其他机械式并联无功补偿设备组合起来,构成将综合无功补偿系统(SVS)。而为了实现对电网有功功率的快速平滑控制,又可将 STATCOM 与大容量储能设备结合起来形成并联有功静止补偿设备(SSG)。SSG 的典型代表是 BESS 和 SMES。目前大型 BESS 和 SMES 的容量已经达到数十甚至上百兆瓦。

SVC,STATCOM,BESS 和 SMES 在输电和配电电网中都得到广泛应用,在配电网还有一种并联补偿设备是 APF。

我国自 20 世纪 80 年代从 ABB、Siemens 等跨国公司引进 SVC 装置,至今已有数十套进口 SVC 设备,安装于 500kV 变电站以及大型的冶金企业。同时,经过二十多年来的消化吸收,我国已有独立生产成套 SVC 装置的能力。1999 年,清华大学与河南省电力局合作研制出我国首台大容量(± 20Mvar) STATCOM,表明我国已具备自主研制工业化 STATCOM 的能力。2011 年在南方电网投运的 200Mvar STATCOM 是目前世界上容量最大的 STATCOM 装置之一。BESS,SMES 和 APF 等其他并联型补偿设备在我国同样得到了很大的发展。

3.4   并联补偿器的种类

电力系统并联补偿设备可以按照不同的标准进行分类。

按照所使用的开关器件及其主电路结构的不同可以分为:①机械投切阻抗型并联补偿设备,包括传统的断路器投切电抗器、电容器;②旋转电机式并联补偿设备,如同步调相机;③晶闸管投切或控制的阻抗型并联补偿设备,包括 TSC,TSR,TCR 及其综合体 SVC;④基于变换器的可控型并联补偿设备,包括 STATCOM,SMES 和 APF 等。其中后两者属于 FACTS 控制器的范畴。

按照并联补偿设备输出功率的性质可以分为:①有功和无功功率并联补偿设备,如抽水蓄能电站、飞轮储能系统、SMES 及 BESS,其中后两者属于 SSG 类型的 FACTS 控制器;②无功功率并联补偿设备,如同步调相机、可投切电抗器、SVC,STATCOM,APF 等;③有功功率并联补偿设备,如 TCBR。

按补偿对象的不同,无功补偿技术的设备可分为负荷补偿和系统补偿两类。负荷补偿通常是指在用户内靠近负荷处对单个或一组负荷的无功功率进行补偿,其目的是提高负荷的功率因数,改善电压质量,减少或消除由于冲击性负荷、不对称负荷和非线性负荷等引起的电压波动、电压闪变、三相电压不平衡及电压和电流动波形畸变等危害。系统补偿则通常指对交流输配电系统进行补偿,目的是支撑电网枢纽点处的电压,提高系统的稳定性,增大线路的输送能力以及优化无功潮流,降低线损等。

按照应用系统的不同,并联补偿设备还可分为输电系统并联补偿设备和配电系统并联补偿设备,前者主要是保证输电系统安全稳定性和提高传输能力,而后者主要是维持节点电压,保障用户的供电可靠性和电能质量等。

此外,还可以按照并联补偿设备的电压等级分为低压并联补偿设备、中压并联补偿设备与高压并联补偿设备等;按照并联补偿设备的响应速度分为慢速型、中速型以及快速型设备等。

上面提到的各类并联补偿器中,用于输电网和系统补偿的静止型设备属于FACTS控制器范畴,而用于配电网和补偿负荷的静止型设备属于用户电力控制器,它们是本书所关注的内容。本章和第4章将分别介绍SVC和STATCOM的原理及应用;第6章将简要叙述具备有功调节能力的并联补偿设备,重点是BESS和SMES;并联型用户电力控制器将在第12章介绍。

3.5 静止无功补偿器

SVC是在机械投切式并联电容和电感的基础上,采用大容量晶闸管代替断路器等触点式开关而发展起来的,分立式SVC包括可控饱和电抗器、晶闸管投切电容(TSC)和晶闸管控制/投切电感(TCR/TSR),它们之间或与传统的机械投切电容/电感结合起来构成组合式SVC。在外特性上,SVC可视作并联于系统或负荷的可控容抗或感抗。

3.5.1 并联饱和电抗器

饱和电抗器(saturated reactor,SR)可分为自饱和电抗器和可控饱和电抗器两种,后者属于FCATS控制器。

自饱和电抗器是在电力系统中较早得到发展和应用的一种并联补偿设备,它不需要调节器而依靠电抗器自身固有的能力来稳定电压。自饱和电抗器利用铁心的饱和特性,使感性无功功率随端电压的升降而增减。图3-10是带斜率校正的自饱和电抗器的原理图及工作特性曲线。图中 C 为固定电容器组,L_s 为自饱和电抗器,C_s 为斜率校正电容。从图中可以看出,当每母线电压升高 ΔU 时,则感性电流 ΔI 会增加,该电流在 X_s 上产生压降 ΔU,从而维持系统电压不变;反之,当母线电压下降 ΔU 时,容性电流增加 ΔI,该电流在 X_s 上产生压升 ΔU,从而维持系统电压不变。该装置对电压波动的响应速度较好,响应时间一般在10～20ms;缺点是运行时电抗器的硅钢片将达到饱和状态,因而使铁心损耗增大,并伴有振动和噪声。

可控饱和电抗器的原理如图3-11所示。它通过调节晶闸管的导通角以改变饱和电抗器控制绕组中电流的大小来控制电抗器铁心的工作点磁通密度,进而改变绕组的电感值及相应的补偿的无功功率。与自饱和电抗器相比,它能够更好地适应母线电压变化较大的情况,但仍具有振动和噪声大的缺点。

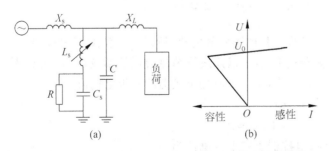

图3-10 带斜率校正的自饱和电抗器及其工作特性曲线

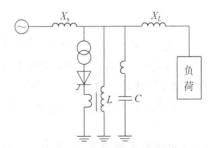

图3-11 可控饱和电抗器型静止
补偿装置原理图

由于这种装置的电抗器是在高度磁饱和状态下运行的,电抗器呈现的动态电抗基本上是绕组的漏抗,因此时间常数很小,响应很快。实测表明,这种装置在冲击发生后的 6～10ms 即起作用,当振荡阻尼回路参数选择合适时,调节过程在几个周期内即达到稳定。英国 GEC 公司模拟试验证明,SR 装置在抑制电压闪变方面比 TCR 装置要好。

3.5.2 晶闸管控制/投切电抗器

1. 结构与原理

基本的单相 TCR 原理结构如图 3-12 所示,它由固定电抗器(通常是铁心的)、双向导通晶闸管(或两个反并联晶闸管)串联组成。由于目前晶闸管的关断能力通常在 3～10kV,3～6kA 左右,实际应用时,往往采用多个(10～20)晶闸管串联使用,以满足需要的电压和容量要求,串联的晶闸管要求同时触发导通,而当电流过零时自动阻断。

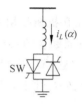

图 3-12   TCR 的单线原理结构

TCR 正常工作时,在电压的每个正负半周的后 1/4 周波中,即从电压峰值到电压过零点的间隔内,触发晶闸管,此时承受正向电压的晶闸管将导通,使电抗器进入导通状态。一般用触发延时角(firing delay angle)α 来表示晶闸管的触发瞬间,它是从电压最大峰值点到触发时刻的电角度,决定了电抗器中电流 i 的有效值大小。

图 3-13 为 TCR 的电流波形,图(a)为正半周波的情况,图(b)为负半周波的情况。由于电抗器几乎是纯感性负荷,因此电感中的电流滞后于施加于电感两端的电压约 90°,为纯无功电流。当 $\alpha=0°$ 时,电抗器吸收的感性无功最大(额定功率);当 $\alpha=90°$ 时,电抗器不投入运行,吸收的感性无功最小。

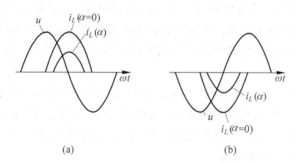

(a)   (b)

图 3-13   TCR 的电压和电流波形

如果 α 介于 $-90°\sim0°$,则会产生含直流分量的不对称电流,所以 α 一般在 $0°\sim90°$ 调节,即 $0\leqslant\alpha\leqslant\pi/2$。通过控制晶闸管的触发延时角 α,可以连续调节流过电抗器的电流,在 0(晶闸管阻断)到最大值(晶闸管全导通)之间变化,相当于改变电抗器的等效电抗值。

设接入点母线电压为标准的余弦信号,即

$$u(t) = U_{\mathrm{m}}\cos\omega t$$

将晶闸管视为理想开关,则在正半波时,电抗器支路上的电流为

$$i(t) = \frac{1}{L} \int_a^{\omega t} u(t)\mathrm{d}t = \frac{U_\mathrm{m}}{X_L}(\sin\omega t - \sin\alpha), \quad \alpha \leqslant \omega t \leqslant \pi - \alpha$$

式中,基波电抗 $X_L = \omega L$,L 为电抗器的电感值。当 $\omega t = \pi - \alpha$ 时,由于支路电流下降到 0,晶闸管自动关断。在负半波,当 $\omega t = \pi + \alpha$ 时,晶闸管反向导通,类似可得到支路上的电流为

$$i(t) = \frac{U_\mathrm{m}}{X_L}[\sin\omega t - \sin(\pi + \alpha)], \quad \pi + \alpha \leqslant \omega t \leqslant 2\pi - \alpha \tag{3-22}$$

对支路电流进行傅里叶分解,可以的得到其基波分量的幅值为

$$I_\mathrm{F} = \frac{U_\mathrm{m}}{X_L}\left(1 - \frac{2\alpha}{\pi} - \frac{1}{\pi}\sin2\alpha\right), \quad 0 \leqslant \alpha \leqslant \frac{\pi}{2}$$

若定义导通角(prevailing conduction angle)$\sigma = \pi - 2\alpha$,则有

$$I_\mathrm{F} = \frac{U_\mathrm{m}}{X_L}\left(\frac{\sigma - \sin\sigma}{\pi}\right), \quad 0 \leqslant \sigma \leqslant \pi$$

可见,支路电流的基波分量是 α/σ 的函数。

TCR 的基波等效电纳为

$$B_\mathrm{F}(\alpha) = \frac{I_\mathrm{F}}{U_\mathrm{m}} = \frac{1}{X_L}\left(1 - \frac{2\alpha}{\pi} - \frac{1}{\pi}\sin2\alpha\right), \quad 0 \leqslant \alpha \leqslant \pi/2 \tag{3-23}$$

或

$$B_\mathrm{F}(\sigma) = \frac{1}{X_L}\left(\frac{\sigma - \sin\sigma}{\pi}\right), \quad 0 \leqslant \sigma \leqslant \pi \tag{3-24}$$

因此,TCR 的基波电纳连续可控,最小值为 $B_\mathrm{Fmin} = 0$(对应 $\alpha = \pi/2$),最大值为 $B_\mathrm{Fmax}(\alpha) = \frac{1}{X_L}$(对应 $\alpha = 0°$)。

图 3-14 所示为当 α 从 $0°$ 逐渐增加的过程中,电感上电流及其基波分量的变化过程。

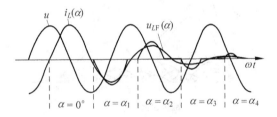

图 3-14 触发延迟角渐增时 TCR 电流基波分量的变化

2. 运行特性

TCR 的运行特性可以用图 3-15(a)所示的"U-I 区域(U-I area)"来描述,它的边界由最大允许电压、电流和导纳构成。在正常运行区域内,TCR 可以视作连续可调的电感。

当 TCR 按照某个固定的触发延时角进行控制时,称为晶闸管投切电抗器(TSR),通常按 $\alpha = 0°$ 进行控制,此时电抗器中的稳态电流为纯正弦波形。TSR 提供固定的感性阻抗,当接入系统时,其中的感性电流与接入点的母线电压成正比,如图 3-15(b)所示。可以将多个 TSR 并联采用分级(step-like)控制方式。

3. 谐波分析与抑制

从图 3-14 可见,当触发延时角 $\alpha \neq 0°$ 时,流过电抗器的电流不是正弦信号。在理想情况

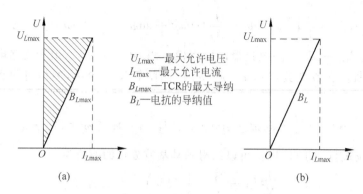

图 3-15   TCR 和 TSR 的运行特性

(a) TCR; (b) TSR

下,通过傅里叶分析可以得到电流各次谐波分量的幅值与 α 的关系,如下式所示:

$$I_n(\alpha) = \frac{4}{\pi} \frac{U_m}{X_L} \frac{\sin\alpha\cos n\alpha - n\cos\alpha\sin n\alpha}{n(n^2-1)}, \quad n = 2k+1, k = 1, 2, 3, \cdots \quad (3\text{-}25)$$

基波和各次谐波的幅值随着 α 的变化曲线如图 3-16 所示,其中 I_1 对应基波电流幅值,$\alpha=0°$时 TCR 流过最大基波电流 $I_1 = 1.0$。为了将谐波成分表达更清楚,图中将其幅值乘 10,即放大了 10 倍。

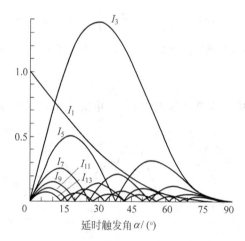

图 3-16   TCR 电流的各次谐波含量与触发延时角的关系

可见,最主要的谐波是 3,5,7,9,11 和 13 等次谐波,它们的最大值出现在不同的触发导通角,如表 3-1 所示。

表 3-1   TCR 正常运行时最大特征谐波电流值

谐波次数	3	5	7	9	11	13	15	17
谐波幅值/%	13.78	5.45	2.57	1.56	1.05	0.78	0.27	0.22
导通角/(°)	120	108	102	100	98	96	95	95

TCR 在正常运行时会产生大量的特征谐波注入电网,因此必须采取措施将这些谐波消除或减弱,有以下几种方法。

（1）多脉冲 TCR（包括 6 脉冲 TCR 和 12 脉冲 TCR）

在三相交流电力系统中，通常将三个单相 TCR 按照三角形（△）方式连接起来，如图 3-17 所示，用 6 组触发脉冲来控制晶闸管的开通，故称为 6 脉冲 TCR。如果各相 TCR 参数一致，三相电压平衡，晶闸管在电压正半周期和负半周期的控制角相等，那么通过电抗器的电流除基波外，还包括正序 $6k+1$ 次（即 7,13 次等），零序 $6k+3$ 次（即 3,9,15 次等）和负序 $6k-1$ 次（即 5,11 次等）次谐波。其中零序电流在接成三角形的电抗器内形成环流，不会进入电网。正序和负序电流流入电网，因此 6 脉冲 TCR 的特征谐波为 $n=6k\pm1(k\in\mathbb{N})$。

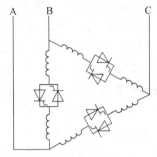

图 3-17　6 脉冲晶闸管控制电抗器

图 3-18 所示为 12 脉冲 TCR 电路结构，由两组参数相同的 6 脉冲△连接 TCR 组成，通过变压器耦合起来，一组 TCR 接入变压器二次侧的三角形连接绕组（以下称第一组），另一组 TCR 接入变压器二次侧的星形连接绕组（以下称为第二组）。

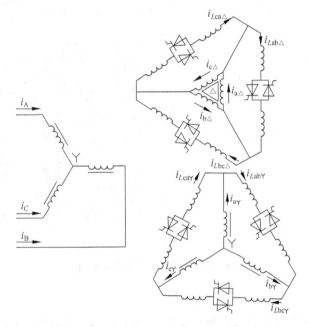

图 3-18　12 脉冲晶闸管控制电抗器

设三相对称，变比分别为 $1:k_{\triangle}$（二次侧）和 $1:k_{Y}$，且 $k_{\triangle}:k_{Y}=\sqrt{3}:1$，各 TCR 控制的触发延迟角 α 相同，经分析可知，该电路可消去 5,7,17,19 等次谐波分量；又由于 6 脉冲△连接 TCR 输出电流中不含 3,9,15 等零次谐波，因此，12 脉冲 TCR 的特征谐波为 $n=12k\pm1(k\in\mathbb{N})$。

更复杂的情况可以将 3 个甚至更多的△连接 TCR 通过变压器绕组耦合，在适当的移相条件下，消去更多次的谐波分量。但是，采用多脉冲 TCR 来消除谐波的做法增加了一套晶闸管阀及其控制装置，不仅结构复杂而且经济性也较差，所以通常仅用于大容量的无功补偿装置中。上面分析是基于三相对称假设的，但实际系统中，电抗器不会完全相同，电压也可能不平衡,尤其当电抗器正负半周投切不对称时,电抗器电流将包含包括直流分量在内的所有频谱的谐波,直流分量可能使变压器饱和,增大谐波含量和损耗。因此,在实际应用中,超过 12 脉冲的多脉冲 TCR 应用不多。

(2) 并联 TCR 的顺序控制(sequentially control parallel-connected TCR)

如图 3-19 所示,各相 TCR 由 n 组参数一致的 TCR 电路并联构成,单组 TCR 的容量为该相总容量的 $1/n$。顺序控制的原则是:根据需要投入的容量,使得 n 组 TCR 中 n_1 组处于全导通状态($\alpha=0°$)、n_2 组处于全关断状态,且 $n_1+n_2=n-1$,只有一组的触发延时角 α 在 $[0,\pi/2]$ 内连续可控。由图 3-16 可知,当 $\alpha=0°$ 时,TCR 输出的谐波成分为 0,因此,采用顺序控制后,装置各相的谐波只是一组 TCR 输出的谐波,跟同容量的 TCR 相比,谐波分量将大大减小,减小的幅度取决于分组数 n。同时,采用顺序控制将减少开关损耗,从而降低整个装置的损耗。图中共有 4 组 TCR,当需求的无功电流减少时,逐次关断第 1,2,3 组,由第 4 组 TCR 提供需求的无功电流中连续可控的小数部分。

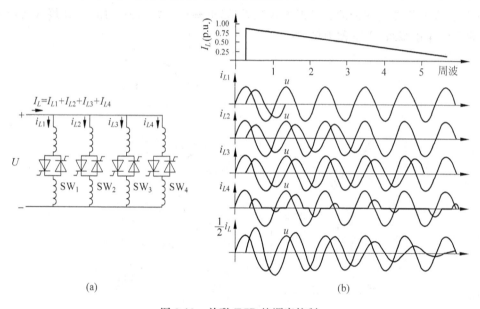

(a) (b)

图 3-19 并联 TCR 的顺序控制

(3) 并联滤波器

前面所述的两种方法都是在理想状况下分析的结果,然而,在电力系统中存在诸多因素导致产生大量的非特征谐波,如 TCR 端电压幅值与相位不平衡,电抗器参数的差异,触发角的不对称,每相在正负半波内触发角不对称等。此时,采用前述方法将难以达到滤波要求,可以考虑配置无源或有源滤波器,减少注入到系统的谐波电流。

3.5.3 晶闸管控制的高阻抗变压器

TCT(thyristor controlled transformer)是一种特殊类型的 TCR,它利用高阻抗变压器替代电抗器与晶闸管串联构成,其单线结构可参考图 3-20,其中高阻抗变压器的漏抗 Z 可取在 33%～100%之间。用于高压电网时,高阻抗变压器一般采用星形-三角形接法,以降低绝缘要求;中低压电网中则采用三角形-开口星形的接法,原边采用三角形接法能消除 3

次谐波,副边中性点分开,使每相负载与另外两相独立,从而可以单独控制正序和负序电流,分相调节,补偿电弧炉等不平衡负载。

TCT 实际上是将常规 TCR 中的耦合变压器和电抗器合二为一,基本工作原理和 TCR 相同,同样需要固定的电容支路提供容性无功并兼作滤波器。由于高阻抗变压器次级电压可以取得较低,如 1kV 左右,在单个晶闸管器件的工作电压以内,所以主电路和门极电路的绝缘均变得简单,安装容易,所以造价低于同容量的 TCR,在中小型(40~50Mvar 及以下)SVC 中得到了相当广泛的应用,如在日本采用此类结构的 SVC 占到总数的一半以上。当容量进一步增大时,由于变压器次级的电流增大,使得其经济性变差,再加上大电流引起的干扰和损耗问题,所以变得不再适用。

图 3-20 为安装于衡阳钢管厂 35kV 母线上的 TCT 型 SVC 应用系统单线图。其中 TCT 高压侧采用三角形接法,能有效抑制三次谐波;低压侧采用带中点星形接法,各相晶闸管独立换流控制。TCT 的短路阻抗为 75%,动态补偿容量为 30Mvar。另有容量为 45Mvar 的 4 组 LC 滤波器,分别对应 2,3,4,5 次谐波。该 SVC 装置的主要作用是解决由接在同一母线上两台电弧炉工作而造成的母线电压剧烈波动以及高次谐波问题。

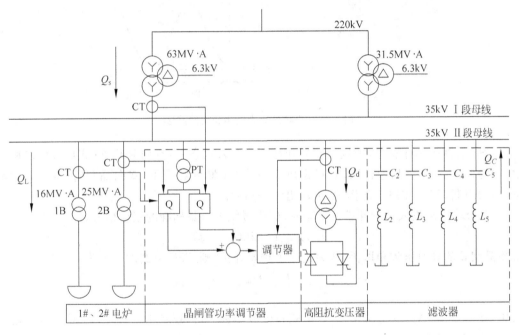

图 3-20　衡阳钢管厂基于高阻抗变压器的 SVC

3.5.4　晶闸管投切电容器

固定并联电容补偿的建造费用低,运行和维护简单,运行可靠性较高,但无法解决无功功率的过补偿和欠补偿问题,难以满足变电站功率因数指标要求,因此,一般需要采取一定的自动投切控制。根据控制开关的不同,自动投切电容器分为机械式(断路器或接触器)投切电容器(mechanically switched capacitor,MSC)和晶闸管投切电容器(TSC)。MSC 具有结构简单、控制方便、性能稳定和成本低廉等优点,但是响应速度慢、不能频繁投切,主要应

用于性能要求不高的场合。TSC 具有无机械磨损、响应速度快、平滑投切以及良好的综合
补偿效果等优点；但相对而言,控制较复杂、投资费用较高,主要适用于性能要求较高的并
联无功补偿应用。

1. TSC 的基本结构与原理

单相 TSC 的基本结构如图 3-21(a)所示,它由电容器、双向导通晶闸管(或反并联晶闸
管)和阻抗值很小的限流电抗器组成。限流电抗器的主要作用是限制晶闸管阀由于误操作
引起的浪涌电流,而这种误操作往往是由于误控制导致电容器在不适当的时机进行投入引
起的。同时,限流电抗器与电容器通过参数搭配可以避免与交流系统电抗在某些特定频率
上发生谐振。

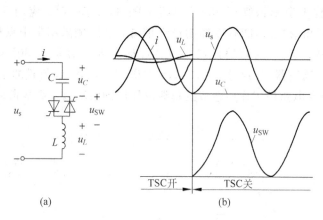

图 3-21 TSC 的原理结构和工作波形

TSC 有两个工作状态,即投入和断开状态。投入状态下,双向晶闸管(或反并联晶闸管
之一)导通,电容器(组)起作用,TSC 发出无功功率；断开状态下,双向晶闸管(或反并联晶
闸管均)阻断,TSC 支路不起作用,不输出无功功率。

当 TSC 支路投入运行并进入稳态时,假设母线电压是标准的正弦信号,即

$$u_s(t) = U_m \sin(\omega t + \phi)$$

忽略晶闸管的导通压降和损耗,认为是一个理想开关,则 TSC 支路的电流为

$$i(t) = \frac{k^2}{k^2 - 1} \frac{U_m}{X_C} \cos(\omega t + \phi)$$

式中,$k = \sqrt{X_C/X_L} = \omega_n/\omega$,为 LC 电路自然频率 ω_n 与工频之比,$\omega_n = 1/\sqrt{LC} = k\omega$; $X_C = 1/(\omega C)$,$X_L = \omega L$。

电容上电压的幅值为

$$U_C = \frac{k^2}{k^2 - 1} U_m$$

当电容电流过 0 时,晶闸管自然关断,TSC 支路被断开,此时电容上的电压达到极值,
即 $u_{C,i=0} = \pm \frac{k^2}{k^2 - 1} U_m$(其中"+"号对应电容电流由正变为 0 晶闸管自然关断的情况,"-"
号对应电容电流由负变为 0 晶闸管自然关断的情况)。此后,如果忽略电容的漏电损耗,则
其上的电压将维持极值不变,而晶闸管承受的电压在(近似)0 和交流电压峰峰值之间变化,
如图 3-21(b)所示。

2. TSC 投入的暂态过程分析

TSC 的投入时机是 TSC 控制中最重要的问题之一,目标是使晶闸管导通瞬间不至于引起过大的冲击电流损坏电容,并获得良好的过渡过程动态,增快 TSC 的响应速度。以下简单分析 TSC 投切时机的选择。

设投入时电容上的残压为 U_{C0},忽略晶闸管的导通压降和损耗,认为是一个理想开关,则用拉氏变换表示的 TSC 支路电压方程为

$$U(s) = \left[Ls + \frac{1}{Cs}\right]I(s) + \frac{U_{C0}}{s} \tag{3-26}$$

其中 $U(s)$ 和 $I(s)$ 分别为端电压和支路电流的拉氏变换。以晶闸管首次被触发(即投入 TSC)的时刻作为计算时间的起点,对应的电压波形中的角度是 ϕ。经过简单的变换处理及逆变换后可以得到电容器上的瞬时电流为

$$i(t) = I_{1m}\cos(\omega t + \phi) - kB_C\left[U_{C0} - \frac{k^2}{k^2-1}U_m\sin\phi\right]\sin\omega_n t - I_{1m}\cos\phi\cos\omega_n t \tag{3-27}$$

式中,$B_C = \omega C$,是电容器的基波电纳;$I_{1m} = U_m B_C \dfrac{k^2}{k^2-1}$,是电流基波分量的幅值。上式右侧的后两项代表预期的电流振荡分量,其频率为自然频率,实际上会由于该支路电阻的影响而逐渐衰减为零。

(1) 无暂态过程的 TSC 投入时机

由式(3-27)可见,如果希望投入 TSC 支路时完全没有过渡过程,即后边两项振荡分量为零,必须同时满足以下两个条件:

自然换相条件

$$\alpha = 0°, \quad \phi = \pm 90° \tag{3-28}$$

零电压切换条件

$$U_{C0} = \frac{k^2}{k^2-1}U_m\sin\phi \tag{3-29}$$

自然换相条件要求在系统电压极值点触发晶闸管,这是因为流过电容的电流超前其两端电压(即系统电压)90°,在系统电压极值点流经电容的电流为零,而作为依赖电流过零自然关断的半控器件,晶闸管的无电流冲击换相点应为系统电压极值点。零电压切换条件要求投入时电容器应已预充电到 $\pm U_m k^2/(k^2-1)$,如此则开通前后晶闸管两端电压均为零,开通过程将不会在电路中引起由于电压突变导致的过渡过程。上述两个条件同时满足时投入 TSC,则立即进入稳态运行,相应的波形如图 3-22 所示。

但在实践中,如果考虑到系统自身的电抗,则 k 往往是不确定的;同时,根据国家标准"每一电容器单元或电容器组应具备在 10min 之内从初始直流电压 U_n 放电到 75V 或更低的放电器件。"由于电容器一旦被切除后将经过放电回路放电而导致电容电压的下降,因此除非每次投入之前对电容进行充电,否则上述无暂态过程的投切条件很难保证。因此,实际应用时常采用下面讲到的两种有暂态过程的投入时机。

(2) 电容充分放电情况下系统电压过零点作为 TSC 的投入时机

这种作法是假定每次投入之前电容器均经过充分放电,其两端电压为零。此时就可以在系统电压过零点,即触发延时角等于 $-90°$ 时开通晶闸管使电容接入。此时由于 $U_{C0} = 0$,$\sin\phi = 0$,故式(3-29)代表的零电压切换条件可以得到满足,但自然换相条件不能得到满足,

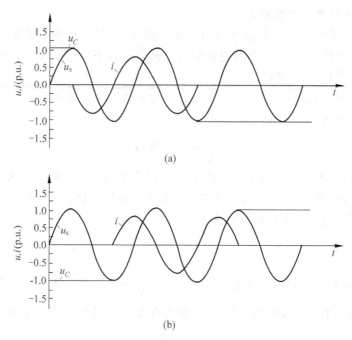

图 3-22 无暂态过程的 TSC 投入时机

(a) 电容电压等于系统电压峰值时投入 TSC；(b) 电容电压等于系统电压谷值时投入 TSC

使得振荡分量的第一项为零，于是式(3-27)改写为下式：

$$I_0 = I_{1m}[\cos\omega t - \cos\omega_n t] \tag{3-30}$$

易知，电流振荡的最大值接近正常情况下的 2 倍。

显然，仅在首次投切(即 $t=0$ 时)，可以保证流经晶闸管和与之串联的电容中的电流为零。但在此后的投切过程中，由于电容中的基频电流在系统电压过零时正达到其峰值，不能自然关断，如图 3-23(a)所示，因此采用电压过零点投切电容的方式实际上只能应用于首次投切。在其后的运行中，两个晶闸管实际上仍应在系统电压峰值时进行自然换相，为可靠起见，实践中往往采用提供连续脉冲的形式使晶闸管工作于二极管模式。这种方式由于电容器一旦从系统中切除，必须等到电压下降到零以后才能够再次投入，而根据国家标准，电容所附带的放电电路需要 3～10min 对电容上的电压进行放电，所以限制了其再次投入的时间。

（3）晶闸管端电压为零作为 TSC 投入时机

这种方法可以看作是前一种方法的扩展，它不再要求电容充分放电和在系统电压过零时刻投入，而是以晶闸管两端电压为零(系统电压和电容两端电压相等)作为投入的时机，即首次投入时，满足 $U_{C0} = U_m\sin\phi$，从而式(3-27)可改写为

$$i(t) = I_{1m}\cos(\omega t + \phi) + \frac{1}{k}I_{1m}\sin\phi\sin\omega_n t - I_{1m}\cos\phi\cos\omega_n t \tag{3-31}$$

相应的波形为图 3-23(b)所示。

假定晶闸管对于首先开通的晶闸管为 T_1，T_1 的开通使得电容电压跟随系统电压而变化，所以将始终满足零电压切换条件。此时即便施加触发脉冲于两个器件，已经导通的晶闸管 T_1 仍维持导通，而晶闸管 T_2 由于 T_1 的导通处于反向偏置而处于关断状态。这个状态一直延续到在电源电压达到正峰值的时刻，此时晶闸管 T_1 将由于与其串联的电容中的电

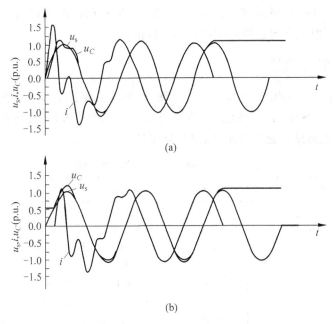

图 3-23 有暂态过程的 TSC 投入时机

(a) 电容充分放电、无残压情况；(b) 电容部分放电、有残压情况

流（$i_C = C\mathrm{d}u_s/\mathrm{d}t = 0$）下降到零而自然关断，同时电容器已被充到电源电压的正峰值，而随之而来的电源电压的下降（$\mathrm{d}u_s/\mathrm{d}t < 0$），将使电容中的电流反向；而又由于 T_2 处于正向偏置，具备触发导通条件，此时施加触发脉冲将实现无过渡过程的自然换相。这种方法中，TSC 的晶闸管一旦导通就将始终满足零电压切换条件，所以最简单可靠的作法就是提供连续脉冲来实现自然换相，否则还需增加峰值投切条件。该方法由于取消了必须在电容电压为零时进行投切的条件，所以可以在短时间内进行重复投切。

综上所述，为使 TSC 电路的过渡过程最短，应在输入的交流电压与电容上的残留电压相等，即晶闸管两端的电压为 0 时将其首次触发导通，具体而言：当电容上的正向（反向）残压小于（大于）输入交流电压的峰（谷）值时，在输入电压等于电容上的残压时导通晶闸管，可使得过渡过程最短；当电容上的正向（反向）残压大于（小于）输入交流电压的峰（谷）值时，在输入电压达到峰（谷）值时，导通晶闸管，可直接进入稳态运行。图 3-23(a)，图 3-23(b) 所示为当电容完全放电和部分放电时，重新投入 TSC 支路的过渡过程。一般来说，电容残留电压的幅值越小，过渡过程越明显。

根据以上投切原则，TSC 响应控制命令的最大迟延（也称为传输迟延（transport lag））将达到一个周波；而且由于电容器只能在一个周期的特定时刻投入，不能采用像 TCR 那样的延时触发控制，因此，TSC 支路只能提供或者为 0（断开时）或者为最大容性（投入时）电流。当其投入时，支路的容性电流与加在其上的电压成正比，其 $U\text{-}I$ 特性曲线如图 3-24 所示。实际应用时，可

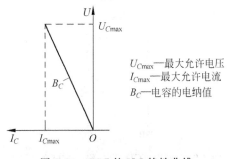

$U_{C\max}$——最大允许电压
$I_{C\max}$——最大允许电流
B_C——电容的电纳值

图 3-24 TSC 的 $U\text{-}I$ 特性曲线

以将多组 TSC 并联使用,根据容量需要,逐个投入,从而获得近似连续的容抗;也可以将 TSC 与 TCR 并联使用,获得连续可控的感(容)抗值。

3.5.5　组合式 SVC 概述

将上述各种分立式 SVC 的主要特性进行概括,并总结成表 3-2,可见它们各有自己的特点和优势。在实际系统中,为了满足并联无功补偿各方面的要求,通常将它们之间或与传统的机械投切电容/电感结合起来使用,构成组合式 SVC。

表 3-2　各种分立式 SVC 的特性比较

特　　　性	SR	TCR	TST	TSC
无功输出	连续	连续	连续	级差
响应时间(传输迟延)/ms	约 10	约 10	约 10	约 10~20
分相调节	不可以	可以	可以	可以
自身谐波量	小	有	有	无
噪声	大	较小	稍大	很小
损耗率/%	0.7~1	0.5~0.7	0.7~1	0.3~0.5
控制灵活性	差	好	好	好
限制过压能力	很好	依靠设计	依靠设计	无
运行维护	简单	复杂	较复杂	较复杂

实用的 SVC 包括并联的感性支路和容性支路,且一部分为可控的。可控的感性支路包括 TCR 或 TSR 两种形式。容性支路通常包括与滤波器结合成一体的固定电容器、MSC、TSC 或是它们的某种组合形式。图 3-25～图 3-27 为 SVC 的一些常见结构形式。

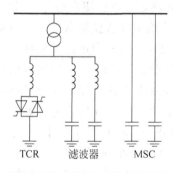

图 3-25　采用 TCR,MSC 和滤波器组合方式的 SVC

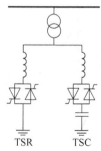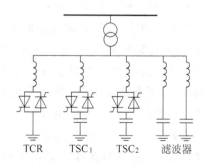

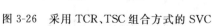

图 3-26　采用 TCR、TSC 组合方式的 SVC　　图 3-27　采用 TCR、TSC 和滤波器组合方式的 SVC

3.5.6　固定电容-晶闸管控制电抗型SVC

1. 基本结构

固定电容-晶闸管控制电抗型静止无功补偿器(FC-TCR 型 SVC)的单相结构如图 3-28 所示,其中电容支路为固定连接,TCR 支路采用延时触发控制,形成连续可控的感性电抗。通常 TCR 的容量大于 FC 的容量,以保证既能输出容性无功也能输出感性无功。实际应用中,常用一个滤波网络(LC 或 LCR)来取代单纯的电容支路,滤波网络在基频下等效为容性阻抗,产生需要的容性无功功率,而在特定频段内表现为低阻抗,从而能对 TCR 产生的谐波分量起着滤波作用。

FC-TCR 型 SVC 总的无功输出(以吸收感性无功功率为正)为 TCR 支路和 FC 支路的无功输出之和,即 $Q = Q_L - Q_C$。图 3-29 所示为无功输出与需求之间的关系曲线,纵坐标为无功输出,横坐标为无功需求,最下面的平行线表示 FC 输出的无功功率(假设输入电压有效值不变),最上面的斜线表示 TCR 的无功输出,中间的斜线是 FC-TCR 的合成输出。当需要最大的感性无功输出时,将 TCR 支路断开,即延时触发角 $\alpha = 90°$,逐渐减少延时触发角 α,则 TCR 吸收的感性无功增加,从而实现从输出到吸收感性无功功率的平滑调节。在 0 无功输出点上,FC 输出的和 TCR 吸收的感性无功正好抵消,进一步减少 α,则 TCR 吸收的感性无功超过 FC 输出的感性无功,整个装置吸收净感性无功。当 $\alpha = 0°$ 时,TCR 支路全导通,装置吸收的感性无功最大。

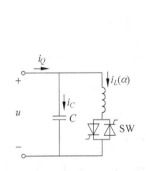

图 3-28　FC-TCR 型 SVC 的单相结构

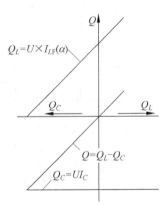

图 3-29　FC-TCR 型 SVC 的无功输出与需求之间的关系曲线

2. 基本控制原理

对 FC-TCR 型 SVC 进行控制的基本原理如图 3-30 所示,它包括四个功能模块。

(1) TCR 基波电流(或电抗)参考值计算。即根据装置的无功电流(或功率)需求,计算其中的 TCR 基波电流(或功率或电抗)参考值。如图 3-29 所示,如果装置的参考输入为无功电流需求,实时测得 FC 支路的电流有效值,则 TCR 支路电流的参考值即为前者减去后者。

(2) 触发角计算。即根据 TCR 的无功电流或电抗的参考值变换得到晶闸管的触发延时角。有几种方法来实现:①模拟电路法,通过模拟电路构造模拟函数发生器(analog

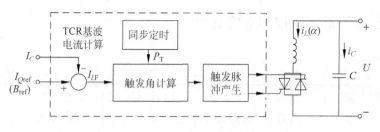

图 3-30　FC-TCR 型 SVC 基本控制原理

function generator)，它将输入信号（如 TCR 支路的电流参考值）变换成一个与触发延时角成正比的输出信号；②数字查表法（digital look-up table），将输入参考值与触发角的函数关系用一个数字表存储起来，触发角产生模块每隔一定的时间，根据输入查表获得对应的触发角；③微处理器方法，采用单片机或者计算机构成信号处理系统，它根据参考输入，实时计算触发角。

（3）同步定时。即向脉冲控制提供同步用的基准信号，它与输入交流电压频率相同，有固定的相位关系，控制器根据该基准信号产生晶闸管触发脉冲。如图 3-31 所示，同步定时模块的输出是一个与输入交流电压同频率、上升沿与交流电压峰值对应的脉冲信号。同步定时功能可以采用传统的锁相环或数字信号处理技术实现。

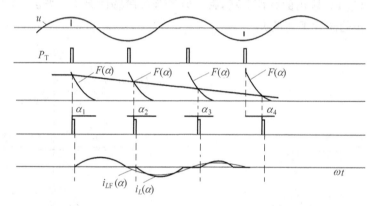

图 3-31　TCR 的触发延迟控制原理

（4）触发脉冲发生。即根据触发角产生。模块产生的触发角，形成晶闸管门极触发脉冲，在适当时机导通晶闸管，使 TCR 支路工作。关于晶闸管触发电路的细节可以参考有关电力电子学书籍。

3. 外特性和动态性能

（1）外特性曲线

从外特性上来看，FC-TCR 型 SVC 可以视作可控阻抗，在一定的容量范围内能以一定的响应速度跟踪输入的无功电流或容抗参考值。图 3-32 所示为 FC-TCR 型 SVC 的 U-I 运行区域，它由最大容抗 B_C 和感抗 B_{Lmax}、装置元件能耐受的最大电压 U_{Cmax}、U_{Lmax} 和电流 I_{Cmax}、I_{Lmax} 等决定。

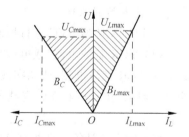

图 3-32　FC-TCR 型 SVC 的 U-I 特性曲线

（2）动态特性

由于采用触发角延时控制，实际输出的无功电流或者阻抗值将滞后于参考输入，近似地可以将 FC-TCR 型 SVC 的动态响应用下述传递函数形式表示：

$$i_Q = G(s) i_{Q,\mathrm{ref}}, \quad G(s) = \frac{k}{1 + T_\mathrm{d} s}$$

对于单相 TCR，传输迟延 T_d 的最大值为半个周波，$T_\mathrm{d} = T/2$，即在参考值变化后最多将等半个周波待晶闸管电流自然过 0 后，才能根据新的触发角来触发晶闸管。

对于三相△连接 TCR（即 6 脉冲 TCR），在平衡条件下，平均传输迟延 T_d 的最大值在增加感性无功电流的情况下为 $T/6$，而在减少感性无功电流的情况下为 $T/3$。造成这种差异的原因在于 TCR 支路的导通可控而关断不可控，一旦晶闸管被触发导通，必须等到其电流自然过 0 而关断。对于 6 脉冲 TCR，假设初始无功电流为最大值（即触发延迟角 $\alpha = 0°$），如果恰好在某相电流过 0 时发出关断指令，则三相 TCR 支路将分别在 $T/6$，$T/3$，$T/2$ 后相继关断，从而使最大传输迟延的平均值为 $T/3$。经过类似分析可知，12 脉冲 TCR 的传输迟延在最坏的情况下跟 6 脉冲 TCR 没有太大差别，因为单相 TCR 的开通和关断延时的最大值是一样的。但是，随着脉冲数的增多，从一个电流水平过渡到另一个电流水平的平滑性和连续性将逐次得到改善。在进行电力系统研究时，为简便起见，FC-TCR 型 SVC 的传输迟延通常采用 $T/6$，这对于系统规划和一般的性能评估已经足够了。

4. 损耗分析

FC-TCR 型 SVC 的损耗主要包括三个部分：①固定电容器或滤波网络的损耗，这一部分损耗是固定的，且较小；②TCR 支路中电抗器的损耗，与支流电流的平方近似成正比关系；③晶闸管损耗，包括触发电路损耗、开通与关断损耗、通态与阻态损耗等，近似可以认为与支路电流成正比关系。因而，总的损耗随着输出感性无功的增加而增加，随着输出容性无功的增加而减少，如图 3-33 所示。可见，当装置的输出无功为 0 时，是存在一定损耗的。

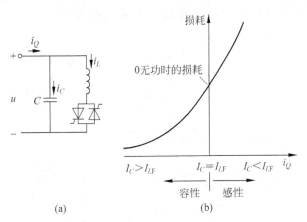

图 3-33　FC-TCR 型 SVC 的损耗特性

3.5.7　晶闸管投切电容-晶闸管控制电抗型 SVC

1. 基本结构

TSC 装置不产生谐波，但是只能以阶梯变化的方式满足系统对无功的需要；FC-TCR

型 SVC 响应速度快且具有平衡负荷的能力,但由于 TCR 工作中产生的感性无功电流需要固定电容中的容性无功电流来平衡,因此在需要实现输出从额定感性无功到容性无功的调节时,TCR 的容量则是额定容量的 2 倍,从而导致器件和容量上的浪费,造成了可观的经济损失。晶闸管投切电容-晶闸管控制电抗型无功补偿器(TSC-TCR 型 SVC)可以克服上述两者的缺点,比 FC-TCR 型 SVC 具备更好运行灵活性,并有利于减少损耗。

TSC-TCR 型 SVC 的单相结构如图 3-34 所示,根据装置容量、谐波影响、晶闸管阀参数、成本等而由 n 条 TSC 支路(或者容性滤波器支路)和 m 条 TCR 支路构成,图中 $n=3$,$m=1$,各 TSC,TCR 参数一致。通常,TCR 支路的容量稍大于 TSC 支路的容量。

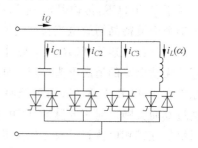

图 3-34　TSC-TCR 型 SVC 的单相结构

在额定电压下,TSC-TCR 型 SVC 在所有 TSC 支路投入而 TCR 支路断开时,输出最大的无功功率 $Q_{C\max}$;在所有的 TSC 支路断开而 TCR 支路投入($\alpha = 0°$)时,吸收最大的感性无功功率 $Q_{L\max}$;当要求装置输出无功 $Q < Q_{C\max}$ 时,则投入 k 条 TSC 支路,使得 $\dfrac{k-1}{n}Q_{C\max} < Q \leqslant \dfrac{k}{n}Q_{C\max}$,并调节 TCR 支路的延迟触发角 α,吸收多余的无功功率 $\dfrac{k}{n}Q_{C\max} - Q$;而要求装置输出感性无功时,可关断所有的 TSC 支路而通过控制 TCR 支路来获得所需的无功功率。为减少谐波成分,可以采用前面章节叙述的顺序控制方法。如何在设定的运行电压附近协调 TCR 与 TSC 的运行,抑制临界点处可能出现的振荡是需要特别注意的问题。

2. 基本控制原理

TSC-TCR 型 SVC 的基本(脉冲)控制系统的原理如图 3-35 所示,总体上包括三个功能。

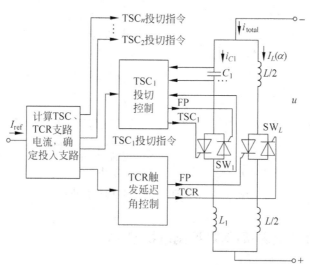

图 3-35　TSC-TCR 型 SVC 的基本(脉冲)控制原理

（1）根据所需要的补偿无功电流值决定需要投入的 TSC 或 TCR 支路的数目,同时计算出抵消过补偿的感性电流值;

（2）控制投入的 TSC 暂态过渡过程最小,详见 3.5.4 节;

（3）通过触发延迟角控制 TCR 输出电流,详见 3.5.3 节。

3. 外特性和动态性能

（1）外特性曲线

跟 FC-TCR 型 SVC 类似,TSC-TCR 型 SVC 的外特性也表现为可控阻抗,在一定的容量范围内能以一定的响应速度跟踪输入的无功电流或容抗参考值。图 3-36 所示为其 U-I 运行区域,包括两组单组容抗为 B_C 的 TSC,其中 $B_{L\max}$ 为 TCR 的最大感抗,$U_{L\max}$,$U_{L\max}$,$I_{C\max}$,$I_{L\max}$ 分别为 TSC 和 TCR 的耐受电压和电流值。稳态条件下 TSC-TCR 型 SVC 与 FC-TCR 型 SVC 的运行区域是一样的。

（2）动态特性

TSC-TCR 型 SVC 的动态特性可采用与 FC-TCR 型 SVC 相同形式的传递函数描述,但是由于单相 TSC 支路的最大传输迟延是一个周波,因此当需要增加无功输出时,装置的最大传输迟延理论上将达到 1 个周波 $T_d = T$（单相）或 1/3 个周波 $T_d = T/3$（三相）。

4. 损耗分析

TSC-TCR 型 SVC 的损耗特性曲线如图 3-37 所示,对应每相包括 3 条 TSC 支路和一条 TCR 支路的情况。在装置吸收无功时,TSC 支路断开,损耗特性将由 TCR 支路决定;当装置输出无功时,损耗特性将由投运的 TSC 支路和 TCR 支路决定,与 FC-TCR 型 SVC 类似。然而在相同的无功容量需求下,TSC-TCR 型 SVC 可以只投入部分 TSC 支路,TCR 支路需要吸收的多余无功也随之减少,从而有利于减少装置损耗。特别是当系统无功需求变化频繁时,采用 TSC-TCR 型 SVC 更为有利。

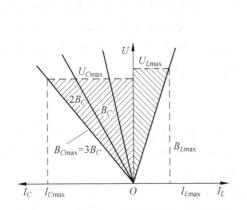

图 3-36　TSC-TCR 型 SVC 的 U-I 特性曲线

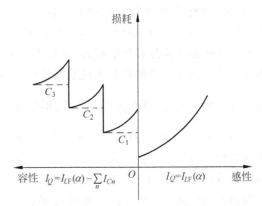

图 3-37　TSC-TCR 型 SVC 的损耗特性

3.5.8　机械式投切电容-晶闸管控制电抗型 SVC

在一些要求不高、电容投切不频繁的应用场合,可以采用机械开关代替 TSC 支路的晶闸管,构成机械开关投切电容-晶闸管控制电抗型无功补偿器（MSC-TCR 型 SVC）,有利于降低成本和降低损耗。

采用机械开关进行电容器投切,由于不能对开关操作进行精确和一致的控制,因此要求:

(1) 合闸时,电容器上不能有残压,即需在再次投入前将电容器进行放电,考虑到放电时间约 3～4 个周波,典型的开关合闸时间在 3～7 个周波,MSC 的响应延时将达到 6～11 个周波,远远大于 TSC 的最大响应时间(约 1 个周波)。

(2) 串入适当地限流电抗器,由于开关的通断时刻无法进行精确控制,所以通常上述电抗器的值均取得较晶闸管投切电容器要大,如 12% 左右;即便如此,高压并联电容器在投切时的损坏也时有发生。

(3) 由于机械开关可靠重复投切次数有限,因此 MSC 也不实用于需要对容性无功进行频繁控制的场合,通常一天投切次数以两三次以内为宜。

3.6 SVC 的控制策略简介

前面介绍了几种常见 SVC 的电路结构和基本特性。从外特性上看,SVC 可以视为并联型可控阻抗,通过控制晶闸管(或其他适当开关器件)的开通和关断,向系统输出对应的无功功率,从而实现对电网特性的影响。从电网侧来看,SVC 的功能和响应特性在很大程度上取决于其控制系统。

SVC 的控制通常可以分为两个层次,即底层的器件与装置级控制,以及从应用系统整体性能考虑的系统级控制。器件和装置级控制主要研究与电力电子电路拓扑结构密切相关的脉冲控制方法,考虑电力电子器件的关断与开通,从而将不同结构方式的 SVC 封装,使之具有一定模型并可灵活控制阻抗;系统级控制研究从应用系统的需要出发,基于一定的控制策略向 SVC 底层控制提供阻抗的参考值。SVC 器件和装置级控制跟具体采用的电力电子拓扑结构密切相关,这在前面介绍各类 SVC 时已经简单介绍过了,本节将从电力系统的需求出发,通过一些简单的例子,如在电网中采用 FC-TCR 型 SVC 以维持接入点母线电压并实现功率振荡阻尼控制的应用,来简要说明 SVC 控制器的设计。关于应用 SVC 改善电网动态特性的更复杂的控制系统策略设计将在第 4 章进一步说明。

3.6.1 面向电力系统的对称控制策略

当 SVC 用于电力系统补偿时,主要是通过控制其等效电纳来调节接入点的电压,进而达到各种系统控制目标。由于系统正常条件下可以看作是对称的,所以通常采用三相对称的控制策略。注意到 SVC 的主要特性是它的 U-I 特性,对不同的系统电压,TCR 支路电流的波形和有效值取决于电抗器的感抗和触发延时角 α。SVC 在控制系统的指令下,自动地调整 α,运行在 U-I 特性曲线和系统负载线的交点。

在实际应用中,根据控制目标的不同通常采用开环和闭环两种基本控制模式,开环控制是闭环控制的基础。如图 3-38 所示,设 SVC 与负荷并联运行,接在同一负荷母线上,负荷母线再通过联络变压器接入更高等级电压(以下称系统电压)母线,控制目标是维持负荷母线的电压不变。在

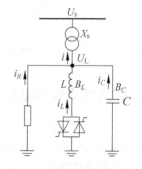

图 3-38 SVC 与负荷并联接线

假定系统电压恒定、联络变压阻抗(以下称系统阻抗)保持不变的前提下,为了在负荷电纳发生变化时维持负荷母线上的电压不变,可以通过改变与之并联的 SVC 的等效电纳,从而维持负荷母线上包括补偿装置在内的总电纳不变来实现。

开环控制即无反馈的控制系统,它根据被控对象的性质和控制目标,实时监视被控对象的特性变量,然后以一定的规律得出控制量并实施。开环控制器的原理如图 3-39 所示。

(1) 首先由一个称为电纳计算器(SC)的功能模块,通过测量负荷上的电压和电流,经计算得到负荷的等效电纳,设为 B_L。

(2) 然后根据维持总电纳恒定的控制目标计算出 SVC 应该具有的等效电纳,即 $B_{\mathrm{SVC}} = B_{\mathrm{ref}} - B_L$,其中 B_{ref} 为需要维持恒定的电纳参考值。

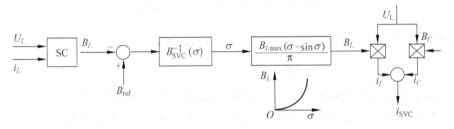

图 3-39　SVC 的开环控制结构

(3) 再通过非线性变换得到所需的 TCR 导通角 σ,该非线性变换对应的函数通常被称作 SVC 的前馈传递函数 G,它是由 SVC 的运行特性决定的。对于图示的 FC-TCR 型 SVC,如果忽略动态特性,它的电纳可以表示为

$$B_{\mathrm{SVC}}(\sigma) = B_{\mathrm{FC}} + B_{\mathrm{TCR}} = B_{\mathrm{FC}} + \frac{\sigma - \sin\sigma}{\pi X_L}$$

从而

$$G = \sigma(B_{\mathrm{SVC}}) = B_{\mathrm{SVC}}^{-1}(\sigma)$$

即前馈传递函数是 B_{SVC} 的逆函数。可见,为了得出对应的 TCR 的触发延迟角,需要求解一个非线性超越方程,这是由一个称为导通角计算器(CAC)的功能模块来完成的。在模拟控制时代,CAC 是由复杂的运算电路来实现的。随着计算机控制技术的发展,CAC 功能可以很容易地利用软件来实现。

开环式前馈控制的优点是实现简单、响应迅速,如经过精心设计的具有前馈环节的开环控制的典型响应时间为 5~10ms。但是,前馈控制系统的性能在很大程度上决定于前馈传递函数 G 的精确性。实际上,由于:①函数 G 是预先确定的,如果外部系统的特性发生了设计函数 G 时没有考虑到的变化,将得不到如设计所要求的控制效果。②函数 G 很难反映系统的动态特性,SVC 装置从得出新的触发延迟角到其导纳值的改变是需要一定时间来完成的,这在前馈传递函数中不易表达。③前馈控制对于系统参数变化所引起的控制偏差没有校正能力。因此,开环式前馈控制方法通常仅用于需要快速响应且精度要求不高的负荷补偿,如对冲击性负荷进行补偿的闪变抑制。更高性能的控制系统中通常将前馈控制与反馈控制结合起来,利用前馈环节的快速响应特性和反馈环节的精确调节特性,达到最优的补偿效果。

以前述开环控制为基础构造的闭环控制系统如图 3-40 所示。在这里,SVC 的电纳参考值将由一个称为自动电压调节器(automatic voltage regulator,AVR)的环节来计算。AVR

的工作原理是：当其检测到电压偏差（即母线电压和参考电压之间的差值）后，就按照一定的控制规律，如比例积分(PI)控制规律调节 SVC 电纳参考值，从而改变负荷母线上总的无功电流大小，调节线路和变压器上的压降，直到被测点电压误差减小到可接受的水平为止。

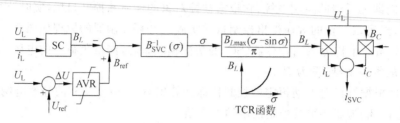

图 3-40　SVC 的闭环控制结构(AVR)

设 AVR 采用 PI 控制规律，则 SVC 电纳参考值由下式决定：

$$B_{ref} = k_p \Delta U + k_i \int \Delta U \mathrm{d}t$$

式中，k_p 和 k_i 分别为比例和积分增益。AVR 的输出经限幅环节后，产生所需的 SVC 电纳参考值。只要给定负荷母线电压的参考值，整个控制系统能根据测量的母线电压，自动调节 SVC 的电纳值，使得负荷母线的实际电压等于参考值，达到闭环调节的效果。

　　闭环控制的响应速度和稳定性是由控制环的总放大系数和调节系统的时间常数来决定的。为了满足不同（甚至是矛盾）的控制目标，闭环控制可以采用各种控制规律，从最简单的 PI 控制到复杂的非线性控制。

　　以上是应用 SVC 维持电网某一母线电压恒定的例子，实际上，SVC 可通过采用适当的控制规律来改善电力系统各种动态和稳态性能。如图 3-41 所示的 SVC 闭环控制器，包括 AVR 和电力系统稳定器(power system stabilizer，PSS)两种功能。前者用于在限定的范围内对电压扰动进行控制，同时在机组第一摆稳定时发挥对电压变化的高速控制能力，以增强系统的暂态稳定性；而后者作为 AVR 的辅助输入信号，能抑制系统的功率振荡，有利于提高电网的小干扰稳定性和阻尼能力。

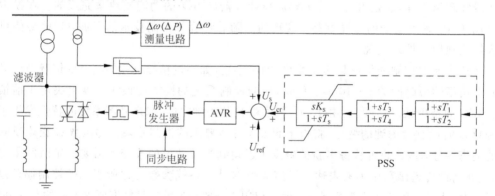

图 3-41　SVC 闭环控制器(AVR+PSS)

3.6.2　面向负荷的控制策略

　　工业用电负荷，尤其是大功率的轧机、电焊机、电弧炉等冲击性负荷，会导致各种电能质量问题,如功率因数降低、波形畸变、电压闪变和三相不平衡等。长期以来,SVC 广泛应用于负荷补偿,以改善负荷的用电环境并减少负荷冲击对电网的影响。SVC 应用于负荷补偿的控制主要是以动态补偿负荷的无功电流(功率)为主,通过快速地检测负荷吸收或释放的无功电流(功率)变化,提供对称或不对称的电纳补偿,达到减少负荷动态冲击对电网的影响。当然,SVC 也可以实现稳态补偿,达到调节电压和改善功率因数等目的。

在大量的冲击性负荷中,尤其以电弧炉的影响最为严重。电弧炉是利用电极和熔化的炉料(通常是小块废钢铁)之间的电弧所生成的热对金属炉料进行熔化的。电弧在熔化过程中会随炉料的崩落和滑动发生大幅度的变化,从而导致电弧炉消耗的有功和无功功率均发生随机性的剧烈变化。因此,处于熔化期的交流电弧炉,对于电网而言是一种变化剧烈、三相严重不平衡(负序电流可以高达正弦电流的 70%)且功率因数极低(电极短路时为 $0.1\sim$ 0.2)的冲击性负荷。它所引起的巨大冲击性的无功电流会在交流线路阻抗上造成大量压降和显著的电压波动,不仅会引起使人感到不舒服的白炽灯照明的闪变,还会危害连接在其公共供电点上其他用户的正常用电。对电弧炉的闪变补偿一直是 SVC 在配电系统应用的重要内容之一。

SVC 进行闪变补偿的基本原理就是控制 SVC 的无功输出,使得它和电弧炉吸收的无功功率之和尽可能地稳定,从而使系统中邻近节点的电压脉动降到最小,达到抑制电压波动的目标。图 3-42 给出 SVC 进行闪变补偿控制的原理:对三相电压和负荷及 SVC 的电流进行交流采样,计算电压的瞬时有效值和瞬时功率;主控制包括一个前馈环节和一个反馈环节;前者利用电路方程式快速计算出 SVC 需提供的电纳值 B_1,后者包括移相和 PI 调节,得到 B_2,二者之和经过限幅后送到脉冲发生器。这种将前馈和反馈相结合的控制方法可兼顾控制精度和响应速度。

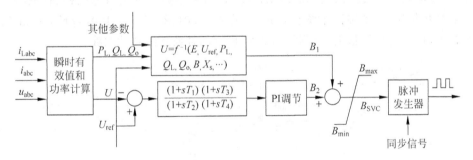

图 3-42 SVC 进行闪变补偿控制的原理

负荷不平衡时,SVC 可以采用不对称控制方法来加以补偿,亦即控制器计算出各相需补偿的电纳的大小,而后分别进行输出,其基本原理可参考第 3.2.6 节。

如果控制目标为电压,则可以采用 3 个独立的控制环分别控制 3 个线电压有效值,但这样响应速度慢,而且控制环相互之间存在耦合,不便于分析。可采用前馈与反馈相结合的控制方式,首先求得负荷电流中的正负序分量,然后通过控制环的作用,使 SVC 提供同样是三相不对称的电抗,以抵偿三相不平衡负荷在线路中产生的负序电流分量,使得补偿后的负序电流只在负荷与补偿电抗之间流通,从而改善负荷不平衡运行对系统的影响。

3.7　SVC 的应用概述与工程举例

3.7.1　SVC 应用概述

SVC 自 20 世纪 60 年代诞生至今已有 40 多年的历史。它是目前电力系统中应用最广的并联补偿设备,也是第一个和应用最广的 FACTS 和用户电力控制器。无论是从工程数目还是从容量上来讲,SVC 都占据了 FACTS 和用户电力控制器的绝大部分。

迄今为止,全世界已经投运的 SVC 工程已有数千个,总容量超过 100Gvar。SVC 设备的主要提供商包括瑞典 ABB 公司、德国 Siemens 公司等。

我国自 20 世纪 80 年代从 ABB、Siemens 等公司引进 SVC 装置,至今已有数十套进口 SVC 设备,安装于辽宁沙岭、广东江门、河南郑州、湖北凤凰山和湖南株洲等地的 500kV 变电站以及大型的冶金企业。同时,经过近 20 多年来的消化吸收,我国已有独立生产成套 SVC 装置的能力。

为了说明 SVC 的实际应用,以下简单介绍两个 SVC 的工程实例,其一为美国新墨西哥州 Eddy 变电站−50/+100Mvar TCR+TSC+滤波器型 SVC,用于为交直流输电系统提供电压支撑和提高稳定性,属于 FACTS 应用工程;其二为国内武钢硅钢厂安装的−20/+23Mvar TCR+滤波器型 SVC,用于提高负荷的功率因数、减少谐波电流和抑制电压波动,属于用户电力应用工程。

3.7.2　美国 Eddy 变电站高压直流联络线的并联无功补偿

Eddy 变电站位于美国西南部的新墨西哥州,与一条高压直流输电线相邻(见图 3-43)。根据计算分析结果,为了维持系统正常运行,存在−50(感性)～+100(容性)Mvar 的无功功率缺口,以此作为设计依据,得到如图 3-44 所示的补偿系统特性曲线。

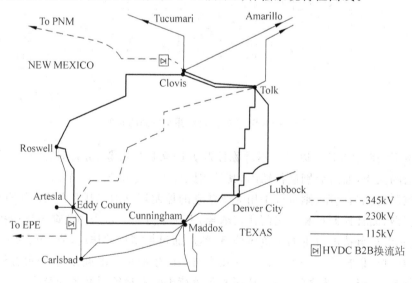

图 3-43　Eddy 变电站附近的电网结构

系统运行要求：当系统电压低于 0.85p.u. 时，装置工作在容性极限；当电压高于 1.1p.u. 时，装置工作在感性极限；在图 3-44 中的阴影区间装置可以连续工作。根据上述性能要求，设计出如图 3-45 所示的单线系统图，整个 SVC 装置包括容量为 76Mvar 的 TSC、容量为 74Mvar 的 TCR，以及基频容量为 24Mvar（容性）的滤波网络。滤波网络采用了 3/5 和 7/11 两个双调谐滤波器，能有效滤除低次谐波分量。

为了优化晶闸管的工作能力，SVC 的工作电压选为 8.5kV，每个 TSC 阀体由 14 个额定容量为 5.6kV（峰值阻断电压）/4.2kA（有效值）的晶闸管串联组成；而 TCR 阀体则由 7 个同型号的晶闸管组成。TSC 和 TCR 的额定电流分别为 3.2kA 和 3.3kA。可见，阀体设计中留出了很大的裕量以保证装置长期可靠运行。

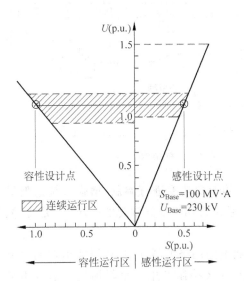

图 3-44 Eddy 变电并联无功补偿器的 U-S
特性曲线

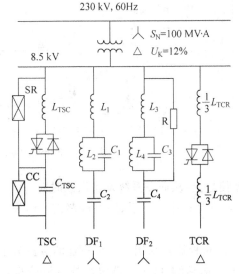

图 3-45 Eddy 变电并联无功补偿器的
单线结构

控制系统如图 3-46 所示，包括的控制功能有：电压控制、无功功率控制、功率振荡阻尼控制以及稳定性与增益控制。

电压控制作为装置的主控制，它的作用是用来调节高压母线的电压。控制规律采用常见的 PI 调节器，高压母线电压的测量值与设定值（U_{ref}）之差加上其他附加控制信号构成的误差信号（ΔU）作为 PI 调节器的输入。调节器输出 SVC 电纳值，经控制模式切换开关和 SVC 开关控制送至 TCR 和 TSC 的脉冲控制电路，后者产生的脉冲信号经由阀基电子（valve base electronics，VBE）输出到各晶闸管的门极。电压测量电路中加入了仔细设计的数字滤波器，用以滤除谐波和信号波动，获得精确的反馈信号。整个电压控制电路的响应时间大约为一个周波左右。

无功功率控制作为一个附加的慢速控制环，它的主要作用是协调多个无功补偿设备的稳态输出，调整 SVC 运行点，以减小损耗和保存足够的无功储备，从而满足动态快速补偿要求。

功率振荡阻尼（power oscillation damping，POD）控制的目标是抑制低频功率振荡，提高系统的振荡稳定性。它利用系统的频率偏差作为输入信号，控制输出叠加到电压控制的

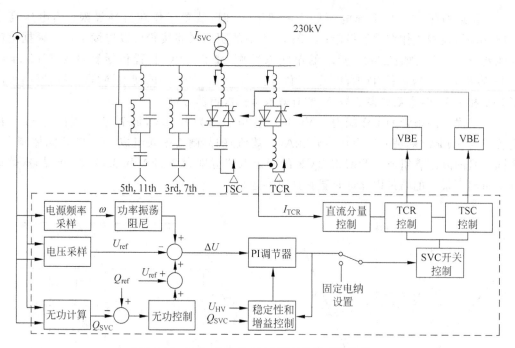

图 3-46　Eddy 变电站 SVC 闭环控制系统结构

偏差信号上,从而在系统发生振荡时对 SVC 输出的无功功率进行调制,增强系统的阻尼能力;而在振荡平息之后,频率振荡信号消失,控制系统自动恢复到常规的电压(或无功)控制模式。

TCR 控制还采用了一个附加的直流分量控制电路用来抑制 TCR 中可能出现的直流偏置,它实时检测 TCR 支路电流的直流分量,并为 TCR 控制产生一个附加校正信号用来抑制输出的直流成分。

3.7.3　武钢硅钢厂 SVC 工程

1. 工程背景

武钢硅钢厂在其扩建工程中采用了进口的森吉米尔 ZR-3 主轧机及其配套机组,主传动采用数控交交变频装置,辅传动和生产性机组采用变压变频(variable voltage variable frequency,VVVF)装置和少量直流传动。这些设备均接入 10kV 母线,进而通过两台变压器连接到 110kV 变电站。由于主轧机及其配套设备特殊的负荷特性,给电网带来了如下不良影响:

(1) 母线电压波动大。主轧机在生产过程中产生有功和无功冲击负荷很大,在额定出力、额定轧制工况下,可使 10kV 母线电压波动 6.9%,而在加速轧制或过载运行时,电压波动高达 10.2%,大大超出正常允许范围 2.5%,严重影响硅钢厂产品质量和主变压器的稳定运行。

(2) 高次谐波电流大。由于采用了交交变频、交直交变频或直流传动装置,导致产生大量的整数和非整数次谐波,谐波电流导致 10kV 母线电压畸变率超标。

(3) 功率因数极低。由于轧机系统消耗大量的无功功率,导致功率因数很低,如在轧机额定工况时,功率因数只有 0.25;同时,从电网吸收大量无功,加重了电网负担和损耗。

为了改善轧机工作条件并抑制对电网的不利影响,提高硅钢生产能力和经济效益,在 10kV 母线上装设了一套 SVC 装置,并于 1996 年年底带负荷运行。该 SVC 工程为第一套与国外先进交交变频装置配套的国产化 SVC。

2. 主接线

工程主接线如图 3-47 所示,SVC 装置采用了 TCR 加滤波器型结构。TCR 采用三角形接线、双电抗器、晶闸管在中间的接线形式。滤波器采用 *R-L-C* 滤波电路,包括 3,5,7 三组单调谐滤波器和 11 次兼高通滤波器,能有效抑制交交变频装置产生的整数次谐波和旁频谐波,并避免危险的谐波放大。滤波器采用星形方式连接,且中性点不接地。为了保障 SVC 的正常运行及维护、操作的方便性,SVC 单独设一个 10kV 开关室,采用单母线接线方式;TCR 与 H5 支路共用一个开关,H3,H7 与 HP11 三个滤波支路各设一个开关。

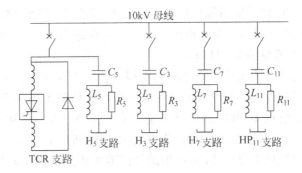

图 3-47 武钢硅钢厂 SVC 的单线

3. 参数设计

(1) SVC 容量的确定

容量的确定包括 TCR 和滤波器的容量设计。

TCR 容量的选择遵循了以下原则:①10kV 母线电压波动和 110kV 母线电压波动分别小于 2.5% 和 2%;②10kV 母线电压变化满足变频装置电压变化范围的要求,解决轻载或停机时功率因数超前、无功倒送的问题;③在轧机过负载运行或处于加速轧制等少数工况时采用部分补偿,而对于正常轧制工况采用全补偿,以节省一次性投资。根据以上原则,SVC 主电抗器的容量为

$$Q_r = K_0 (Q_0 + Q_{max} + \Delta U_{pmin} \cdot S_d)$$

式中,Q_r 为 SVC 主电抗器容量(MV·A);K_0 为考虑 TCR 调节死区的调节系数,取 1.05~1.1;ΔU_{pmin} 为 110kV 母线电压波动的最大允许值,为标幺值;S_d 为 110kV 母线正常最小运行方式时的系统短路容量(MV·A);Q_0 为轧机空载或多台轧机负荷叠加后基本负荷无功功率(MV·A);Q_{max} 为轧机正常轧制工况时最大无功功率(MV·A)。该计算公式的含义为:TCR 能提供的可控无功容量应能够满足补偿轧机的冲击性无功变化,并维持 110kV 母线电压波动在允许范围之内的要求。

按上述原则,确定 TCR 的容量为 20Mvar,额定电压为 10kV,最高运行电压为 10.5kV。

滤波器容量的确定主要考虑两方面的因素:

① 满足功率因数补偿要求。根据能耗法确定平均功率因数,补偿容量 Q_{cp} 为

$$Q_{cp} = aP_{js}(\tan\varphi_1 - \tan\varphi_2)$$

式中，a 为平均负荷系数，取 $0.70\sim0.85$；P_{js} 为负荷系统最大计算有功功率（MW）；φ_1 和 φ_2 分别为功率因数补偿前后的负荷功率因数角。

② 平衡电抗器所需的电容器组容量。在轧机正常运行时，TCR 整个运行期间，吸收的无功功率平均为其额定容量的 $0.5\sim0.6$ 倍，因此平衡电抗器所需的电容容量为

$$Q_{cb} = (0.5\sim0.6)Q_r$$

于是，滤波器的容性容量为

$$Q_c = Q_{cp} + Q_{cb}$$

要求 110kV 母线侧平均功率因数大于 0.9，则可确定其容量为 23Mvar，额定电压为 10kV，最高运行电压为 10.5kV。

（2）SVC 参数设计与设备选择

TCR 主参数以满足 110kV 母线电压波动的考核要求、达到较好的经济效益和适当考虑不利运行条件而确定，具体为：额定电压 10kV，额定容量 20Mvar，额定电流 1155A，长期过载能力为 10.5kV 下容量为 22.1Mvar。

TCR 采用水冷式，10kV 反并联高压晶闸管阀的长期工作电压为 1.05 倍额定电压，晶闸管冗余度为 2 个，可控硅阀的过电压能力在无冗余度的情况下不小于 3 倍。主电抗器为空心、铝制的户外桶式电抗器，其电感偏差小于 1%，应能在 1.05 倍额定电压下长期工作，损耗百分数小于 0.5。TCR 采用恒无功调节方式，响应时间小于 20ms。

根据主轧机、生产性机组以及 TCR 产生的特征谐波和旁频谐波分量，在满足所需无功功率有效补偿容量且不产生并联谐振的前提下，以满足总电压畸变率（THD）和各次电压畸变率在规定值之内，使整体滤波效果最佳为原则，调整各组滤波器的容量，计算出电容器、电抗器和电阻器的参数、各支路滤波器参数，如表 3-3 所示。

表 3-3　各组滤波器参数

谐波次数	R/Ω	L/mH	$C/\mu\mathrm{F}$
3	84.7	8.98	128
5	31.2	1.98	208
7	30	1.373	155
11	3.9	0.26	217

滤波电容器采用户外式，单台容量为 200kvar，单套管、全膜介质，配备单台熔断器，外壳为不锈钢；长期过电压倍数为 1.1，长期过电流能力为 1.3 倍额定电流，电容器的损耗角正切值不大于 0.0005。滤波电抗器采用户外桶式、铝材质，具有 5% 连续可调节范围，电感值制造误差小于 1%，噪声水平 2m 处低于 55dB；滤波电阻器为无感电阻，在 $+12\%\sim-20\%$ 范围内分段可调，调节级差不大于 4%，其电阻值在周围温度为 20℃时误差不大于 $\pm5\%$，并具有良好的抗蚀能力。

4. 控制方式

SVC 采用恒无功调节方式，其工作原理是根据主轧机系统综合无功功率 Q_F 的变化情况，连续地控制并改变主电抗器的无功功率 Q_r 使之合成的无功功率为常数。当轧机负荷的无功功率 Q_F 增大时，则 TCR 阀控制的电抗器的无功功率 Q_r 相应地减少；反之，当 Q_F 减少

时,SVC 使 Q_r 相应地增大,保证 Q_F 和 Q_r 的和为常数。

5. 运行情况

SVC 于 1996 年底带负荷一次投运成功,并于次年通过有关部门的验收。

(1) 滤波效果

经过现场实测,未投入 SVC 时,10kV 母线电压畸变率达 6.5%,超过设计目标值 4%;而投入 SVC 后,10kV 母线电压畸变率降到 0.8%~1.0%,公共连接点的 110kV 母线电压畸变率也由 0.7%~1.2%降到 0.48%~0.67%,滤波效果明显。

(2) 补偿前后电压波动

10kV 及 110kV 母线电压波动比较见表 3-4。

表 3-4   电压波动比较表   %

名　　称	10kV 母线电压波动		110kV 母线电压波动	
	未装 SVC 时	装 SVC 后	未装 SVC 时	装 SVC 后
稳速轧制时	6.9	0.0	1.5	0.0
20s 加速轧制时	10.2	1.3	2.2	0.3

(3) 补偿前后功率因数

功率因数比较见表 3-5。在 SVC 运行后,硅钢 110kV 侧功率因数为 0.90~0.92。

表 3-5   功率因数比较表

工　　况	10kV 侧未装 SVC 时的功率因数	10kV 侧装 SVC 后的功率因数
额定负载、额定轧制速度工况	0.24~0.25	0.93~0.95
加速或减速轧制工况	0.26	0.92

参 考 文 献

[1] 姜齐荣,谢小荣,陈建业. 电力系统并联补偿——结构、原理、控制与应用[M]. 北京:机械工业出版社,2004.

[2] TYLL H K,HUESMANN G,HABUR K,et al. Design considerations for the Eddy County static var compensator[J]. IEEE Transactions on Power Delivery,1994,9(2):757-763.

[3] BERGMANN K,FRIEDRICH B G,STUMP K,et al. Digital simulation,transient network analyzer and field tests of the closed loop control of the Eddy County SVC[J]. IEEE Transactions on Power Delivery,1993,8(4):1867-1873.

[4] 翁利民,张广祥,曾莉. 武钢硅钢 SVC 的研制与实际效果评价[J]. 电力系统自动化,20000(10):39-42.

[5] 翁利民,靳剑锋,龙翊. 武钢硅钢 SVC 的研制与补偿效果分析[J]. 电气传动,2001(2):44-47.

[6] HASEGAWA T,AOSHIMA Y,SATO T,et al. Development of 60 MV・A SVC (static var compensator) using large capacity 8kV and 3kA thyristors[C]//Power Conversion Conference. Nagaoka,1997,3-6 Aug. 1997(2):725-730.

[7] 刘益良. 2×30t 电弧炉 TCT 型静止无功功率补偿(SVC)装置[J]. 特殊钢,1999,20(1):51-53.

[8] CHEN J H,LEE W J,CHEN M S. Using a static var compensator to balance a distribution system [J]. IEEE Transactions on Industry Applications,1999,35(2):298-304.

[9] WANG H F,SWIFT F J. Capability of the static var compensator in damping power system

oscillation[J]. IEE Proceedings-Generation，Transmission and Distribution，1996，143(4)：353-358.

[10]　SAWA T，SHIRAI Y，MICHIGAMI T，et al. A field test of power swing samping by static var compensator[J]. IEEE Transactions on Power Systems，1989，4(3)：1115-1121.

[11]　米勒. 电力系统无功功率控制[M]. 北京：水利电力出版社，1990.

[12]　朱罡. 电力系统静止无功补偿技术的现状及发展[J]. 电力电容器，2001，(4)：31-34.

[13]　任丕德，刘发友，周胜军. 动态无功补偿技术的应用现状[J]. 电网技术，2004，28(23)：81-83.

第4章

静止同步补偿器 STATCOM

4.1 概　　述

SVC 中大量采用的电力电子器件为高压大电流晶闸管,它起着电子式开关的作用,通过控制其投切时机,改变被控电抗和/或电容的等效阻抗,从而达到调节并联无功功率目的,因此 SVC 常称为变阻抗型并联 FACTS 装置。20 世纪七八十年代出现了一种新原理的并联无功补偿 FACTS 设备,它以变换器技术为基础,等效为一个可调的电压/电流源,通过控制该电压/电流源的幅值和相位来达到改变向电网输送无功功率大小的目的,它的名称一度包括 ASVC,ASVG,STATCON,SVC Light 和 STATCOM,在 2002 年 IEEE DC&FACTS 专委会起草的术语表中统一为 STATCOM。相应地,STATCOM 被归为基于变换器的 FACTS 控制器(converter-based FACTS controller)。

本章首先将介绍 STATCOM 的简单原理,其次以我国开发的 ±20Mvar 工业用 STATCOM 为例详细阐述 STATCOM 的数学模型、基本特性、控制与保护以及运行与测试情况,继而综述 STATCOM 的应用现状,最后对国外几个比较著名的 STATCOM 工程进行简单介绍。

4.2　STATCOM 工作原理简述

目前,实用的大容量 STATCOM 基本上都采用电压源型逆变器(voltage-sourced inverter,VSI),下面以基于 VSI 的 STATCOM 来说明其工作原理。如图 4-1 所示,STATCOM 的主电路包括作为储能元件的电容和基于电力电子器件的 VSI,逆变器通过连接电抗(或变压器)接入系统。理想情况下(忽略线路阻抗和 STATCOM 的损耗),可以将 STATCOM 的输出等效成"可控"电压源 $\dot{U}_\mathrm{I}$,系统视为理想电压源 $\dot{U}_\mathrm{s}$,两者相位一致,当 $U_\mathrm{I}>U_\mathrm{s}$ 时,从系统流向 STATCOM 的电流相位超前系统电压 $90°$,STATCOM 工作于"容性"区,输出感性无功;反之,当 $U_\mathrm{I}<U_\mathrm{s}$ 时,从系统流向 STATCOM 的电流相位滞后系统 $90°$,STATCOM 工作于"感性"区,吸收感性无功;当 $U_\mathrm{I}=U_\mathrm{s}$ 时,系统与 STATCOM 之间的电流为 0,不交换无功功率。可见,STATCOM 输出无功功率的极性和大小决定于 U_I

和 U_s 的大小,通过控制 U_I 的大小就可以连续调节 STATCOM 发出或吸收无功的多少。

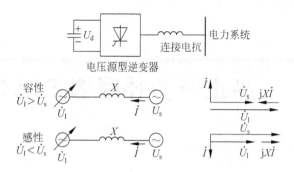

图 4-1　STATCOM 的简化工作原理

实际 STATCOM 总是存在一定损耗,并考虑到各种动态元件的相互作用以及电力电子器件的离散操作,其工作过程要比上述简单工作原理要复杂得多,以下将通过对一个具体 STATCOM 工业装置的数学建模,来详细阐述 STATCOM 的工作原理。

4.3　国产±20Mvar STATCOM 的建模、分析与控制

4.3.1　±20Mvar STATCOM 简介

1994—1999 年间,清华大学与河南省电力公司合作开发±20Mvar 工业化 STATCOM 装置。历经试验室样机(基于 IGBT、10kvar)、工业样机(基于 GTO、300kvar,曾安装于河南省孟砦变电站)后,1999 年完成最终的工业化装置,安装于洛阳市郊朝阳变电站,并于同年 3 月并网投入试运行。

±20Mvar STATCOM 接入朝阳变电站的 10kV 母线,进而向 220kV 主干电网提供快速可调的无功功率,以改善河南电网北、中和西部向东南部送电的暂态稳定性和动态阻尼特性。它的主要参数和技术指标如表 4-1 所示。

表 4-1　国产±20Mvar STATCOM 的主要参数和性能指标

交流额定电压:10kV	额定容量:±20Mvar
额定电流:1155A	控制范围:—20～20Mvar 连续可调
脉波数:12	变换器数目:4
单个变换器容量:±5MV・A	多重化方式:变压器耦合多重化
变换器运行方式:可选脉冲幅值调制(PAM)	GTO 额定值:4.5kV/4kA
直流额定电压:1.58kV	工作频率:50Hz
并网后 10kV 母线电压 THD:<1.1%	开环响应时间:约 30ms
空载损耗:约 34kW	额定输出平均损耗:约 370kW
总效率:约 97.5%	阀件冷却方式:60%纯水+40%乙醇(体积分数)

图 4-2 所示为 STATCOM 的建筑外貌,图 4-3 所示为它的总体构成,其中 GTO 逆变柜的概貌如图 4-4 所示。整个装置包括以下组成部分:

(1) 主电力电子电路,是 STATCOM 的核心和主体部分,由直流电容器组、基于 GTO 的多脉波变换器、多重化变压器组以及接入断路器等构成。

图 4-2 ±20Mvar STATCOM 装置的建筑外貌

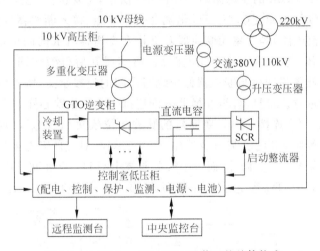

图 4-3 ±20Mvar STATCOM 装置的总体构成

图 4-4 ±20Mvar STATCOM 装置的 GTO 变换器概貌

(2) 启动电路,主要由启动用升压变压器和启动整流器构成。

(3) 保护与控制子系统,包括控制器、脉冲发生器及脉冲分配与保护器三部分。

（4）监测与诊断子系统,包括布置在本地、集控室和远程三处的监测与诊断硬软件。

（5）水冷子系统,采用全封闭式纯水冷却方式。

（6）其他辅助设备,如提供从系统获取电力的电源变压器、开关电源设备、电池、各类开关柜等。

装置的启动和运行过程为:①在监测子系统监控下,如各子系统正常运行,则首先将控制器置于开环并网工作状态;②投入启动电路,对直流电容器组充电;③调节启动整流器输出,逐步提升直流电压,变换器的输出电压幅值也随之增加;④监测变换器输出电压与系统电压之间的关系、计算并网条件,并网条件满足时合接入主开关,STATCOM 并网运行;⑤将启动电路断开,将控制器切换为自动调节模式。运行过程中,控制器能根据用户设置工作于恒无功、恒电压和阻尼振荡控制模式。

4.3.2 主电路结构

±20Mvar STATCOM 的主电路结构如图 4-5 所示,主要包括:直流电容器组及其放电回路、4 组基于 GTO 的单元变换器、四重化耦合变压器组、接入断路器以及相关的限流、保护电路(如 CLC 限流电路)等。单元变换器及其耦合变压器构成的四重化电压源型变换器是电力电子电路主体,忽略辅助和缓冲电路后,将其展开后得到如图 4-6 所示简化电路,图 4-6(a)为变换器侧各逆变桥与变压器低压绕组之间的连接示意,图 4-6(b)为系统侧变压器高压绕组的连接示意。可见,各组变换器分别连接一个三相铁心柱式变压器,变压器系统侧绕组采用四重化丫/△连接。单元变换器的脉冲相位依次相差 15°,包括 A,B,C 三个单相逆变桥,直流侧接到公共的直流电容器组上,交流侧与对应的耦合变压器低压侧绕组相连;每相逆变桥包含 4 个开关阀体,而每个开关阀体由 GTO、反并联二极管及相应的缓冲、驱动电路等组成,单只 GTO 容量为 4.5kV/4kA,最大工作直流电压设计为 1.9kV。

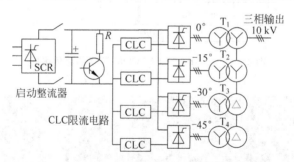

图 4-5 ±20Mvar STATCOM 的主电路结构图

4.3.3 主电路建模

1. 建模假设

（1）忽略辅助电路(包括缓冲电路和保护电路)的影响;

（2）主电路损耗(包括变换器损耗和变压器损耗)用集中参数——端口等效电阻 R 代替,变压器漏抗以及连线电抗用集中参数——端口等效电感 L 代替;

（3）GTO 简化为理想的可控无损耗开关;

（4）耦合变压器为线性和非饱和的理想变压器,且绕组内不存在环流;

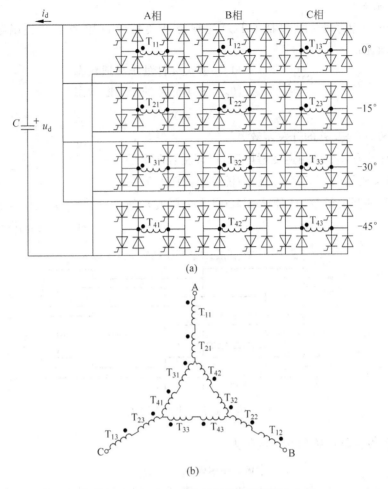

(a)

(b)

图 4-6 ±20Mvar STATCOM 的展开简化电路

(a) 多重化变换器组及耦合变压器低压侧接法；(b) 耦合变压器的系统侧丫/△连接

（5）在如图 4-6 所示的简化主电路中，耦合变压器的变比分别为 k_1：1（丫接绕组）和 $\sqrt{3}\,k_1$：1（△接绕组），其中 1 代表变换器侧。

在上述假设下，STATCOM 的主电路可简化为如图 4-7 所示的等效电路。其中 DC/AC 变换器包括多重变换器组和耦合变压器，是理想和无损的；L,R 为等效电抗和电阻；u_s 表示系统相电压；u_1 表示 DC/AC 变换器输出相电压；u_d,i_d 表示直流电容的电压和电流的瞬时值。

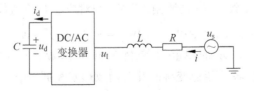

图 4-7 STATCOM 接入系统的简化等效电路

2. 开关函数

全控型电力电子器件(包括 GTO)的理想开关特性可用如下开关函数(switching function)来描述:

$$SW(\omega t) = \begin{cases} 1, & \text{开关元件处于导通状态} \\ 0, & \text{开关元件处于关断状态} \end{cases} \tag{4-1}$$

$$\overline{SW}(\omega t) = 1 - SW(\omega t)$$

称 $SW(t)$、$\overline{SW}(t)$ 是互补的开关函数。

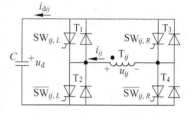

图 4-8 所示为一个单相逆变桥电路,包含左右两个桥臂,共 4 个开关阀体($T_1 \sim T_4$),设任一桥臂上的两个开关阀体具有互补的开关函数,且各导通 $180°$(半个周波),如图 4-9 所示。

图 4-8 单相逆变桥电路

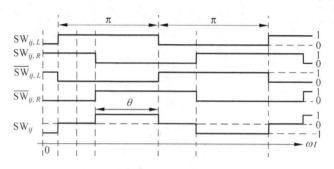

图 4-9 单相逆变桥电路的开关函数

定义单相变换器电路的开关函数为

$$SW_{ij} \overset{\text{def}}{=} SW_{ij,L} - SW_{ij,R} \tag{4-2}$$

式中,$SW_{ij,L}$,$SW_{ij,R}$ 分别为 T_1 和 T_3 的开关函数,SW_{ij} 的波形如图 4-9 所示。从而存在如下关系式:

$$\left. \begin{array}{l} u_{ij} = SW_{ij}\, u_d \\ i_{dij} = SW_{ij}\, i_{ij} \end{array} \right\} \tag{4-3}$$

式中,u_{ij},i_{ij},u_d,i_{dij} 分别为交流侧电压/电流和直流侧电压/电流。可见,单相变换器在每个交流周期内换相 4 次,输出包含 3 个电平。

根据式(4-3)和图 4-6,可以得到 STATCOM 四重化变换器组输出的电压,以 A 相为例即有

$$u_{1AB} = SW_{AB}\, u_d \tag{4-4}$$

式中,u_{1AB} 为变换器组输出线电压(系统侧),SW_{AB} 为对应的开关函数,定义如下:

$$SW_{AB} \overset{\text{def}}{=} k(SW_{11} + SW_{21} - SW_{12} - SW_{22} - \sqrt{3}\,SW_{32} - \sqrt{3}\,SW_{42}) \tag{4-5}$$

式中,SW_{ij} 为如式(4-2)所示的单相逆变桥的开关函数。以 $0°$,A 相逆变桥为基准,STATCOM 对称控制时,各单相逆变桥的开关函数形状相同,相位上存在如下关系:

$$SW_{11,R}(\omega t) = SW_{11,L}(\omega t + \theta) \tag{4-6}$$

$$SW_{ij,L}(\omega t) = SW_{11,L}\left[\omega t - (i-1)\frac{\pi}{12} - (j-1)\frac{2\pi}{3}\right] \tag{4-7}$$

$$\mathrm{SW}_{ij,R}(\omega t) = \mathrm{SW}_{11,R}\left[\omega t - (i-1)\frac{\pi}{12} - (j-1)\frac{2\pi}{3}\right] \tag{4-8}$$

$$\mathrm{SW}_{ij}(\omega t) = \mathrm{SW}_{ij,L}(\omega t) - \mathrm{SW}_{ij,R}(\omega t) \tag{4-9}$$

$$\mathrm{SW}_{ij}(\omega t) = \mathrm{SW}_{11}\left[\omega t - (i-1)\frac{\pi}{12} - (j-1)\frac{2\pi}{3}\right] \tag{4-10}$$

式中，θ 为 SW_{ij} 的脉宽；$i=1,2,3,4$，分别表示 $0°$、$-15°$、$-30°$、$-45°$变换器；$j=1,2,3$，分别表示 A,B,C 相。

设系统向 STATCOM 注入的三相电流平衡，即 $i_A + i_B + i_C = 0$，则耦合变压器系统侧绕组的电流如图 4-10 所示。

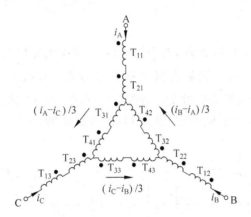

图 4-10 四重化变压器组系统侧电流关系

根据式(4-3)可得到直流电容电流如下：

$$i_d = \sum_{i=1}^{4}\sum_{j=1}^{3} i_{ij} = k_1\{i_A[\mathrm{SW}_{11} + \mathrm{SW}_{21}] + i_B[\mathrm{SW}_{12} + \mathrm{SW}_{22}] + i_C[\mathrm{SW}_{13} + \mathrm{SW}_{23}]$$

$$+ \sqrt{3}/3[(i_A - i_C)(\mathrm{SW}_{31} + \mathrm{SW}_{41}) + (i_B - i_A)(\mathrm{SW}_{32} + \mathrm{SW}_{42})$$

$$+ (i_C - i_B)(\mathrm{SW}_{33} + \mathrm{SW}_{43})]\}$$

对上式进行简单推导，可得到

$$i_d = \frac{1}{3}[(\mathrm{SW}_{AB} - \mathrm{SW}_{CA})i_A + (\mathrm{SW}_{BC} - \mathrm{SW}_{AB})i_B + (\mathrm{SW}_{CA} - \mathrm{SW}_{BC})i_C] \tag{4-11}$$

式(4-4)与式(4-11)给出了 STATCOM 交流侧电压/电流与直流侧电压/电流的关系。

根据式(4-6)～式(4-10)所示的各开关函数的相位关系，经过一定计算可以得到单相桥逆变电路开关函数和 STATCOM 变换器组开关函数的傅里叶表达式如下：

$$\mathrm{SW}_{ij}(\omega t) = \frac{4}{\pi}\sum_{k=1,3,5,\cdots}^{+\infty}\left\{\frac{(-1)^{(k-1)/2}}{k}\sin\frac{k\theta}{2}\sin k\left[\omega t + \phi_{11} - (i-1)\frac{\pi}{12} - (j-1)\frac{2\pi}{3}\right]\right\}$$

$$\tag{4-12}$$

$$\mathrm{SW}_{AB} = k_I\sum_{k=1}^{+\infty} A_k\sin k\left(\omega t + \phi_{11} + \frac{\pi}{8}\right)$$

式中，

$$A_k = \begin{cases} \pm \dfrac{16\sqrt{3}}{k\pi}\sin\dfrac{k\theta}{2}\cos\dfrac{k\pi}{24}, & k = 1, 12n \pm 1, n \in \mathbb{N} \\[3mm] (-1)^n \dfrac{8\sqrt{3}}{k\pi}\sin\dfrac{k\theta}{2}\cos\dfrac{k\pi}{24}, & k = 6n-3, n \in \mathbb{N} \end{cases} \tag{4-13}$$

ϕ_{11} 为开关函数 SW_{11} 的基波初相位。

可见，输出开关函数 SW_{AB} 是 θ 和 ϕ_{11} 的函数。为了消除3的倍数次谐波，在 $\pm20\text{Mvar}$ STATCOM 的脉冲控制中一般取 $\theta = 2\pi/3$，从而开关函数 SW_{AB} 可简化为

$$SW_{AB} = k_I \sum_{k=1}^{+\infty} A_k \sin k\left(\omega t + \phi_{11} + \frac{\pi}{8}\right), \quad A_k = \frac{24}{k\pi}\cos\frac{k\pi}{24}, \quad k = 1, 12n \pm 1, n \in \mathbb{N} \tag{4-14}$$

SW_{AB}/k_I 的波形如图4-11所示，其中初相位 θ_0 根据实际情况调整。它是一个与正弦曲线近似的多级阶梯波，从0到最大值共有6级台阶：0、2、$2+\sqrt{3}$、$2+2\sqrt{3}$、$3+2\sqrt{3}$、$4+2\sqrt{3}$。可见，4组单元变换器通过变压器耦合后形成一个12脉波的变换器，在直流电容恒定的条件下，交流输出线电压的电平数为11，阶梯数为20。

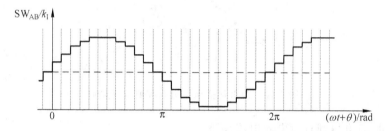

图4-11　$\pm20\text{Mvar}$ STATCOM 变换器组输出开关函数波形

3. 主电路的动态数学模型

对于如图4-7所示的 STATCOM 接入系统的简化等效电路，其动态过程可用以下方程描述。

直流电容电压动态方程

$$C\frac{du_d}{dt} = i_d \tag{4-15}$$

交流三相电流动态方程

$$\left. \begin{array}{l} L\dfrac{di_A}{dt} = u_{sA} - u_{IA} - Ri_A \\[3mm] L\dfrac{di_B}{dt} = u_{sB} - u_{IB} - Ri_B \\[3mm] L\dfrac{di_C}{dt} = u_{sC} - u_{IC} - Ri_C \end{array} \right\} \tag{4-16}$$

式中，u_{sA}，u_{sB}，u_{sC} 为系统母线三相电压；u_{IA}，u_{IB}，u_{IC} 为多重化变换器组的输出三相电压（高压侧）。

将式(4-11)代入式(4-15)，可得

$$C\frac{du_d}{dt} = \frac{1}{3}\left[(SW_{AB} - SW_{CA})i_A + (SW_{BC} - SW_{AB})i_B + (SW_{CA} - SW_{BC})i_C\right]$$

$$= \{\boldsymbol{C}_{\mathrm{LP}}[\mathrm{SW}_{\mathrm{AB}} \quad \mathrm{SW}_{\mathrm{BC}} \quad \mathrm{SW}_{\mathrm{CA}}]^{\mathrm{T}}\}^{\mathrm{T}}[i_{\mathrm{A}} \quad i_{\mathrm{B}} \quad i_{\mathrm{C}}]^{\mathrm{T}} \tag{4-17}$$

其中系数矩阵

$$\boldsymbol{C}_{\mathrm{LP}} = \frac{1}{3}\begin{bmatrix} 1 & 0 & -1 \\ -1 & 1 & 0 \\ 0 & -1 & 1 \end{bmatrix}$$

对于三相对称基波系统,易知相电压与线电压之间满足以下关系式:

$$[u_{\mathrm{A}} \quad u_{\mathrm{B}} \quad u_{\mathrm{C}}]^{\mathrm{T}} = \boldsymbol{C}_{\mathrm{LP}}[u_{\mathrm{AB}} \quad u_{\mathrm{BC}} \quad u_{\mathrm{CA}}]^{\mathrm{T}} \tag{4-18}$$

定义系统相电压向量 $\boldsymbol{U}_{\mathrm{s}}=[u_{\mathrm{sA}} \quad u_{\mathrm{sB}} \quad u_{\mathrm{sC}}]^{\mathrm{T}}$,STATCOM 变换器组输出相电压向量 $\boldsymbol{U}_{\mathrm{I}}=[u_{\mathrm{IA}} \quad u_{\mathrm{IB}} \quad u_{\mathrm{IC}}]^{\mathrm{T}}$,STATCOM 相电流向量 $\boldsymbol{I}=[i_{\mathrm{A}} \quad i_{\mathrm{B}} \quad i_{\mathrm{C}}]^{\mathrm{T}}$,STATCOM 变换器组相间开关函数向量 $\mathbf{SW}_{\mathrm{L}}=[\mathrm{SW}_{\mathrm{AB}} \quad \mathrm{SW}_{\mathrm{BC}} \quad \mathrm{SW}_{\mathrm{CA}}]^{\mathrm{T}}$,以及 $\boldsymbol{L}=\mathrm{diag}\{L,L,L\}$,$\boldsymbol{R}=\mathrm{diag}\{R,R,R\}$,$\mathrm{diag}\{\ \}$ 表示以其中的元素为对角元构成的对角矩阵。

考虑到式(4-4)和式(4-18),可得 STATCOM 变换器组输出相电压(系统侧)为

$$\boldsymbol{U}_{\mathrm{I}} = \boldsymbol{C}_{\mathrm{LP}}\,\mathbf{SW}_{\mathrm{L}}u_{\mathrm{d}} \tag{4-19}$$

定义 STATCOM 变换器组相开关函数向量

$$\mathbf{SW}_{\mathrm{P}} = \boldsymbol{C}_{\mathrm{LeP}}\,\mathbf{SW}_{\mathrm{L}}$$

从而方程(4-15)和式(4-16)可以写成

$$C\frac{\mathrm{d}u_{\mathrm{d}}}{\mathrm{d}t} = \mathbf{SW}_{\mathrm{P}}^{\mathrm{T}}\boldsymbol{I} \tag{4-20}$$

$$\boldsymbol{L}\frac{\mathrm{d}}{\mathrm{d}t}\boldsymbol{I} = \boldsymbol{U}_{\mathrm{s}} - \boldsymbol{U}_{\mathrm{I}} - \boldsymbol{R}\boldsymbol{I} \tag{4-21}$$

$$\boldsymbol{U}_{\mathrm{I}} = \mathbf{SW}_{\mathrm{P}}\,u_{\mathrm{d}} \tag{4-22}$$

式(4-20)和式(4-21)即为 STATCOM 简化等效电路的动态数学模型。

4. 稳态情况下 STATCOM 输出电压的谐波分析

正常稳态工作情况下,STATCOM 的直流电压恒定、交流输出平衡,输出线电压由式(4-4)给出,其谐波含量可以通过分析开关函数的傅里叶分解来得到。以 AB 相间电压为例,其开关函数为式(4-14),波形如图 4-11 所示。易知各次谐波的谐波因子为

$$\mathrm{HF}_i = \cos\frac{k\pi}{24}\bigg/\left(k\cos\frac{\pi}{24}\right), \quad i=1, 12n\pm 1, \quad n\in\mathbb{N}$$

THD 用下式来计算:

$$\mathrm{THD} = \sqrt{\frac{\dfrac{1}{2\pi}\displaystyle\int_{\omega t}^{\omega t+2\pi}\mathrm{SW}_{\mathrm{AB}}^2(\omega t)\mathrm{d}(\omega t)}{A_1^2/2} - 1} \tag{4-23}$$

根据 $\mathrm{SW}_{\mathrm{AB}}/k_1$ 的波形图,经计算可得到其有效值为 $\sqrt{(15+8\sqrt{3})}$,从而有

$$\mathrm{THD} = \sqrt{\frac{15+8\sqrt{3}}{A_1^2/2} - 1} = 7.77\%$$

5. 主电路的正序基波动态数学模型

从上述分析可知,STATCOM 的输出电压包括一定的谐波成分,但由于总谐波含量不高且最低次谐波为 11 次,系统对高次谐波的阻抗很大,因此 STATCOM 的输出电流谐波含量很低。另外,STATCOM 对系统的影响主要决定于其基波特性,因此,本节将分析

STATCOM 的正序基波动态模型。

设 STATCOM 和系统工作在三相对称情况下,接入母线的相电压为

$$U_s = \sqrt{\frac{2}{3}} U_s \begin{bmatrix} \sin(\omega t) \\ \sin\left(\omega t - \frac{2\pi}{3}\right) \\ \sin\left(\omega t - \frac{2\pi}{3}\right) \end{bmatrix} \tag{4-24}$$

其中 U_s 为系统线电压有效值。

STATCOM 交流侧只考虑基波分量,则式(4-20)、式(4-21)和式(4-22)可改写为

$$C \frac{\mathrm{d}u_d}{\mathrm{d}t} = \mathbf{SW}_{P1}^T \mathbf{I}_1 \tag{4-25}$$

$$L \frac{\mathrm{d}}{\mathrm{d}t} \mathbf{I}_1 = \mathbf{U}_S - \mathbf{U}_{I1} - \mathbf{RI}_1 \tag{4-26}$$

$$\mathbf{U}_{I1} = \mathbf{SW}_{P1} u_d \tag{4-27}$$

其中

$$\mathbf{SW}_{P1} = \frac{1}{3} \begin{bmatrix} 1 & 0 & -1 \\ -1 & 1 & 0 \\ 0 & -1 & 1 \end{bmatrix} \cdot kA_1 \begin{bmatrix} \sin\left(\omega t + \phi_{11} + \frac{\pi}{8}\right) \\ \sin\left(\omega t + \phi_{11} + \frac{\pi}{8} - \frac{2\pi}{3}\right) \\ \sin\left(\omega t + \phi_{11} + \frac{\pi}{8} + \frac{2\pi}{3}\right) \end{bmatrix}$$

$$= \frac{\sqrt{3}}{3} kA_1 \begin{bmatrix} \sin\left(\omega t + \phi_{11} - \frac{\pi}{24}\right) \\ \sin\left(\omega t + \phi_{11} - \frac{\pi}{24} - \frac{2\pi}{3}\right) \\ \sin\left(\omega t + \phi_{11} - \frac{\pi}{24} + \frac{2\pi}{3}\right) \end{bmatrix}$$

以上各式中,下标 1 表示基波分量,为了简化表示在本节以下各方程中略去。

采用派克变换(Park transform)矩阵

$$\mathbf{P} = \sqrt{\frac{2}{3}} \begin{bmatrix} \sin(\omega t) & \sin\left(\omega t - \frac{2}{3}\pi\right) & \sin\left(\omega t + \frac{2}{3}\pi\right) \\ \cos(\omega t) & \cos\left(\omega t - \frac{2}{3}\pi\right) & \cos\left(\omega t + \frac{2}{3}\pi\right) \\ 1/\sqrt{2} & 1/\sqrt{2} & 1/\sqrt{2} \end{bmatrix}$$

易知 $\mathbf{P}^{-1} = \mathbf{P}^T$,且定义

$$\mathbf{U}_{s,dq0} = \begin{bmatrix} u_{s,d} & u_{s,q} & u_{s,0} \end{bmatrix}^T = \mathbf{P}\mathbf{U}_s$$

$$\mathbf{U}_{I1,dq0} = \begin{bmatrix} u_{I,d} & u_{I,q} & u_{I,0} \end{bmatrix}^T = \mathbf{P}\mathbf{U}_I$$

$$\mathbf{I}_{dq0} = \begin{bmatrix} I_d & I_q & I_0 \end{bmatrix}^T = \mathbf{P}\mathbf{I}$$

则可将式(4-25)和式(4-26)可以变换到 $dq0$ 坐标系,并经化简,可得

$$C \frac{\mathrm{d}u_d}{\mathrm{d}t} = K\cos\delta i_d + K\cos\delta i_q \tag{4-28}$$

$$L\frac{\mathrm{d}\boldsymbol{I}_{dq0}}{\mathrm{d}t}-\omega L\begin{bmatrix}i_q\\-i_d\\0\end{bmatrix}=\begin{bmatrix}U_s\\0\\0\end{bmatrix}-k\begin{bmatrix}\cos\delta\\\sin\delta\\0\end{bmatrix}u_d-\boldsymbol{R}\boldsymbol{I}_{dq0} \tag{4-29}$$

略去 0 轴分量，并将式(4-33)和式(4-34)组织成状态方程形式

$$\frac{1}{\omega}\begin{bmatrix}\dot{i}_d\\\dot{i}_q\\\dot{u}_d\end{bmatrix}=\begin{bmatrix}-R/X_L & 1 & -K\cos\delta/X_L\\-1 & -R/X_L & -K\sin\delta/X_L\\KX_C\cos\delta & KX_C\sin\delta & 0\end{bmatrix}\cdot\begin{bmatrix}i_d\\i_q\\u_d\end{bmatrix}+\frac{U_s}{X_L}\begin{bmatrix}1\\0\\0\end{bmatrix} \tag{4-30}$$

另有代数关系式

$$i_d = K(i_d\cos\delta+i_q\sin\delta) \tag{4-31}$$

$$u_{1,d} = K\cos\delta u_d \tag{4-32}$$

$$u_{1,q} = K\sin\delta u_d \tag{4-33}$$

式中，$K=kA_1/\sqrt{2}$，表示变换器组输出线电压有效值与直流电压之比；$\delta=\phi_{11}-\pi/24$表示变换器组 A 相开关函数基波分量与系统侧相电压之间的相位差，以超前为正；$X_L=\omega L$为等效感抗；$X_C=1/\omega C$为等效容抗。由于直流电容并不工作于工频电路，故这里的 X_C 只是一个具有容抗量纲的量值，并无一般容抗的物理含义。

定义瞬时有功功率和瞬时无功功率矢量为

$$p = \boldsymbol{U}_{\alpha\beta0}\cdot\boldsymbol{I}_{\alpha\beta0} \tag{4-34}$$

$$\boldsymbol{q}_{\alpha\beta0} = \boldsymbol{U}_{\alpha\beta0}\times\boldsymbol{I}_{\alpha\beta0} \tag{4-35}$$

式中

$$\boldsymbol{U}_{\alpha\beta0} = \boldsymbol{C}_{\alpha\beta0}\boldsymbol{U}_{ABC}$$

$$\boldsymbol{I}_{\alpha\beta0} = \boldsymbol{C}_{\alpha\beta0}\boldsymbol{I}_{ABC}$$

$$\boldsymbol{C}_{\alpha\beta0} = \sqrt{\frac{2}{3}}\begin{bmatrix}1 & -1/2 & -1/2\\0 & \sqrt{3}/2 & -\sqrt{3}/2\\1/\sqrt{2} & 1/\sqrt{2} & 1/\sqrt{2}\end{bmatrix}$$

$\boldsymbol{U}_{\alpha\beta0}$，$\boldsymbol{U}_{ABC}$，$\boldsymbol{I}_{\alpha\beta0}$，$\boldsymbol{I}_{ABC}$ 分别为 $\alpha\beta0$ 和 ABC 坐标系下的电压和电流，符号"×"表示矢量叉积。

根据以上定义，计算系统向 STATCOM 注入的瞬时（基波）有功功率和无功功率矢量，经简化可得

$$p = U_s i_d \tag{4-36}$$

$$\boldsymbol{q}_{\alpha\beta0} = \begin{bmatrix}0 & 0 & U_s i_q\end{bmatrix}^{\mathrm{T}} \tag{4-37}$$

定义系统向 STATCOM 注入的瞬时无功功率为

$$q = -\parallel\boldsymbol{q}_{\alpha\beta0}\parallel = -U_s i_q \tag{4-38}$$

6. 主电路的正序基波动态数学模型的标幺化

交流侧 ABC 三相坐标系下基值选取为：容量基值 S_B 为 STATCOM 的额定容量，线电压基值 U_B 为 STATCOM 接入母线的额定线电压有效值，相电压基值 $U_{P,B}=U_B/\sqrt{3}$，电流基值 $I_B=S_B/(\sqrt{3}U_B)$，阻抗基值 $Z_B=U_{P,B}/I_B=U_B/(\sqrt{3}I_B)$。

交流侧 $dq0$ 坐标系下基值选取的原则是，容量基值与 ABC 坐标系下的容量基值相等，

电压基值的选择使得同一电压在两个坐标系的标幺值相等,从而

$$S_{B,dq} = S_B, \quad U_{B,dq} = U_B, \quad I_{B,dq} = \sqrt{3}\,I_B, \quad Z_{B,pq} = Z_B$$

直流侧基值选取的原则是,容量基值与交流 $ABC(dq0)$ 坐标系下的容量基值相等,电压基值的选择使得变换器组交流侧输出线电压基波与直流侧电压具有相同的标幺值,从而

$$S_{B,d} = S_B, \quad U_{B,d} = U_B/K, \quad I_{B,d} = S_{B,d}/U_{B,d} = KS_B/U_B = \sqrt{3}\,KI_B,$$
$$Z_{B,d} = U_{B,d}/I_{B,d} = Z_B/K^2$$

时间的基值 $t_B = \dfrac{1}{\omega_0}$, ω_0 为系统交流额定角频率。

在上述基值选择和工频运行方式下,式(4-30)可以写成如下标幺值形式(即 STATCOM 的正序基波标幺值动态模型):

$$\frac{\mathrm{d}}{\mathrm{d}t^*}\begin{bmatrix} i_d^* \\ i_q^* \\ u_d^* \end{bmatrix} = \begin{bmatrix} -R^*/X_L^* & 1 & -\cos\delta/X_L^* \\ -1 & -R^*/X_L^* & -\sin\delta/X_L^* \\ X_C^*\cos\delta & X_C^*\sin\delta & 0 \end{bmatrix} \cdot \begin{bmatrix} i_d^* \\ i_q^* \\ u_d^* \end{bmatrix} + \frac{U_s^*}{X_L^*}\begin{bmatrix} 1 \\ 0 \\ 0 \end{bmatrix} \tag{4-39}$$

$$i_d^* = i_d^*\cos\delta + i_q^*\sin\delta \tag{4-40}$$
$$u_{I,d}^* = u_d^*\cos\delta \tag{4-41}$$
$$u_{I,q}^* = u_d^*\sin\delta \tag{4-42}$$
$$p = U_s i_q \tag{4-43}$$
$$q = -U_s i_d \tag{4-44}$$

式中,上标"$*$"表示标幺值,$X_C^* = X_C/Z_{B,d}$。在以下对 ± 20Mvar STATCOM 数学模型的引用中,如无特别说明,均采用标幺化模型,并省略"$*$"号。

由于 STATCOM 变换器组是理想无损的,容易验证

$$u_d i_d = \boldsymbol{U}_{I,dq0} \cdot \boldsymbol{I}_{I,dq0}$$

7. 主电路的正序基波稳态数学模型

令动态方程式(4-39)等于 0,则可解得各物理量的稳态值

$$i_d = \frac{U_s}{R}\sin^2\delta, \quad i_q = -\frac{U_s}{2R}\sin 2\delta \tag{4-45}$$

$$i_d = 0, \quad u_d = \frac{U_s\cos(\alpha+\delta)}{\cos\alpha}, \quad \alpha = \arctan(X/R) \tag{4-46}$$

$$p = \frac{U_s^2}{R}\sin^2\delta, \quad q = \frac{U_s^2}{2R}\sin 2\delta \tag{4-47}$$

$$u_{I,d} = \frac{\cos\delta\cos(\alpha+\delta)}{\cos\alpha}U_s, \quad u_{I,f,q} = \frac{\sin\delta\cos(\alpha+\delta)}{\cos\alpha}U_s \tag{4-48}$$

变换器组输出相电压和电流的有效值为

$$U_I = \frac{\cos(\alpha+\delta)}{\cos\alpha}U_s, \quad I_f = \sqrt{i_{f,d}^2 + i_{f,q}^2} = \frac{U_s}{R}\,|\sin\delta| \tag{4-49}$$

实际运行时,δ 是一个绝对值很小的角度。从以上公式可知,当 $\delta>0$ 时,系统向 STATCOM 注入正的有功功率和感性无功功率,即 STATCOM 从系统吸收有功功率和无功功率,且变换器组输出电压小于系统电压;反之当 $\delta<0$,则 STATCOM 从系统吸收有功功率并向系统注入感性无功功率,且变换器组输出电压大于系统电压。

稳态时,STATCOM 的工作状况可用图 4-12 所示相量图来描述。其中图 4-12(a)表示

$\delta<0$，STATCOM 向系统输出感性无功的情况；图 4-12(b)表示 $\delta>0$，STATCOM 从系统吸收感性无功的情况。

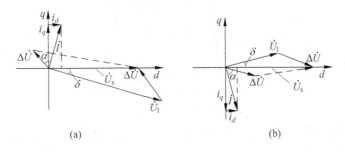

图 4-12　STATCOM 的稳态相量关系
(a) STATCOM 向系统输出感性无功功率；(b) STATCOM 从系统吸收感性无功功率

对照图 4-12 与图 4-1 可见，考虑了 STATCOM 的损耗，即引入等效电阻 R 之后，其运行特性跟理想情况有很大的差别。首先，变换器组输出电压并不跟接入母线电压同相位，而是存在一个很小的相位差 δ，δ 的大小决定了 STATCOM 的工作状态(直流电压大小、输出功率的大小和方向等)；其次，STATCOM 的电流相量并不严格垂直于接入母线的电压相量，亦即 STATCOM 不仅是无功源或汇，它还始终从系统吸收有功功率，这是因为它在输出或吸收无功功率时，总要消耗一部分的有功功率。

8. 关于 20Mvar STATCOM 主电路建模的一些讨论

以上对 STATCOM 的数学建模是在一系列假设或简化条件下得到的，与实际情况存在一定的差别。

(1) 等效电阻

等效电阻代表了 STATCOM 的损耗，取值比较复杂。这是由于 STATCOM 的损耗包括变压器的损耗(包括铜损耗和铁损耗)、GTO 的开关损耗及通态损耗、缓冲电路的损耗和直流侧电容损耗等，既有并联损耗，又有串联损耗，有的损耗与 STATCOM 的电流平方成正比，有的损耗则不然，其机理非常复杂，因而等效电阻本质是一个时变参数。

根据式(4-49)，考虑到 δ 很小(正负几度的范围内)，近似地

$$I_{\mathrm{f}} = \frac{U_{\mathrm{s}}}{R} \mid \delta \mid$$

即 STATCOM 输出电流近似与 δ 成正比。图 4-13(a)、(b)为实际测量和考虑 STATCOM 损耗模型而由电力电子仿真得到的稳态电流随着 δ 变化的曲线，可见它们之间存在较强的非线性关系：在$-1.3°\sim1.3°$范围内电流变化非常平缓，即等效电阻大，且输出电流与 δ 之间呈非线性关系；而在此范围之外，电流与 δ 具有近似线性关系。而且，实际 STATCOM 的输出电流与 δ 的关系曲线并不是关于原点对称的，而是存在偏差，因为 STATCOM 装置的并联损耗与直流侧电容电压的平方成正比，可用并联在直流侧电容器两端的电阻来等效，该损耗是导致无功(电流)外特性不关于原点对称的主要原因。

(2) 谐波影响

在上述模型分析中，忽略了 STATCOM 输出电压中的谐波分量，也假设系统电压为理想的对称正弦波形。但实际上，系统电压总存在一定程度的畸变。将系统电压中除去零序

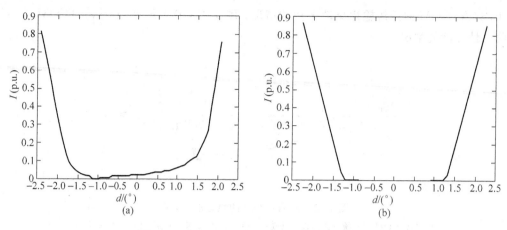

图 4-13   ±20Mvar STATCOM 装置输出特性

(a) 实测曲线；(b) 仿真曲线

成分后的畸变分量看作一系列的正序谐波分量之和。在一定的控制角 δ 下，pq 坐标系下的 STATCOM 可认为是线性时不变系统，适用叠加原理，各次谐波电压在 STATCOM 中产生的响应可以进行独立分析。系统电压的 $n(n \neq 1)$ 次谐波分量产生的 p 轴、q 轴电流以及直流电压均为 $n-1$ 次正弦波，经 Park 反变换后，在交流侧形成 n 次和 $(2-n)$ 次正序电流，其大小由 STATCOM 的元件参数（电容值、电感值等）和控制参数（控制角 δ）等决定。因此，当 STATCOM 的直流侧电压仅由一个合适的直流电容支撑时，交流侧系统电压的畸变会引起直流电容电压波动，并在交流侧产生谐波电流。

（3）系统不对称运行与控制

当系统电压存在三相不对称时，相当于存在负序基波电压，或者称为 -1 次的正序谐波分量。根据以上 STATCOM 谐波分析的结果可知，负序基波电压会在直流电容上产生 -2 次的正序谐波电压，在交流侧"反射"出 -1 次和 3 次的正序谐波分量。也就是说，STATCOM 注入系统的电流将包括负序基波和正序 3 次谐波分量，其大小与系统电压的负序电压和 3 次谐波电压分量与 STATCOM 交流输出的负序电压和 3 次谐波电压分量之间的差成正比，并与 STATCOM 的元件参数（电容值、电感值等）和控制参数（控制角 δ）密切相关。其中，STATCOM 输出的负序电压分量能部分抵消系统的负序电压分量，从而减少流过 STATCOM 的负序电流分量，而对于 STATCOM 输出的 3 次谐波电压分量，则没有类似的好处。

在建模分析中认为 STATCOM 采用了三相对称控制。对称控制有利于充分利用变换器的容量，并在正常情况下减小输出谐波。但是，在考虑系统存在不对称性的特殊应用中，或者需要补偿很大的不对称负荷时，具备合适主电路结构（如各相可独立控制）和波形合成方法的 STATCOM 可采用分相控制方法，即相对独立地控制每相的输出电压，实现对正序和负序分量的补偿。然而，分相控制会使得各相功率不平衡，在直流电容上产生严重的电压波动，因此，需要较大容量的电容器组。

此外，变压器的非线性、辅助电路等也会对 STATCOM 的实际模型产生影响，这里不一一分析。应该注意到，STATCOM 的数学模型与所研究的问题是密切相关的，本节所推导的模型是 STATCOM 装置级的开环动态模型，不涉及电路内部脉冲级的信号过程，而在电网侧仅考虑母线电压具有理想的对称正弦波形式,亦即没有深入涉及 STATCOM 与系统的交互动态影响。

考虑到以上诸多因素,式(4-39)所表示的数学模型不能完全精确地描述实际的 STATCOM 装置,即存在误差,但在一定的适用范围内,如运行方式变化不大的情况下,该模型仍能较好地反映 STATCOM 的行为规律,因而可用于分析一些基本的静态和动态特性。

4.3.4 特性分析

1. 开环稳定性和时间常数

由 STATCOM 的状态方程模型式(4-39),可得到其特征方程

$$s^3 + \frac{2R}{X_L}s^2 + \left(\frac{R^2}{X_L^2} + \frac{X_C}{X_L} + 1\right)s + \frac{RX_C}{X_L^2} = 0 \tag{4-50}$$

根据劳斯稳定判据可以证明式(4-50)的特征根都具有负实部,因而 STATCOM 对于任意固定的控制角 δ 都是开环稳定的。这一点非常重要,它表示:即使在没有任何反馈控制的情况下,给定一个运行范围允许的控制角 δ,STATCOM 都能稳定地过渡到一个新的运行状态。

式(4-50)有 3 个特征根,1 个代表非振荡分量,另 2 个代表振荡分量,而 STATCOM 的时间常数主要取决于非振荡分量,其近似表达式为

$$T = \left(1 + \frac{X_L}{X_C}\right)\frac{X_L}{R} \tag{4-51}$$

可见,时间常数由两部分构成:第一部分是 $\frac{X_L}{R}$,由 RL 串联支路确定;第二部分是 $\frac{X_L^2}{X_C R}$,与电容器参数有关。

国产±20Mvar STATCOM 的主电路参数为:变压器变比 $k=1.842/1.56$,额定工况下的等效电阻 $R=0.2\Omega$,直流电容 $C=15000\mu F$,等效电抗 $X_L=0.91\Omega$。选取基准容量 $S_B=20MV\cdot A$,额定线电压 $U_B=10.5kV$,则 $I_B=1.0997kA$,$Z_B=5.5125\Omega$,$K=kA_1/\sqrt{2}=6.32383$,进而得到各参数的标幺值:$R=0.036281$,$X_C=1.539468$,$X_L=0.16508$。将这些参数代入式(4-50),可解得其三个根为 -0.1985,$-0.1205\pm j\,3.2133$;时间常数为 $T=16.0ms$。

值得注意的是,在第 3 章中提到的传输迟延(transport lag)与这里的开环时间常数是两个不同的概念。传输迟延是指从发出控制指令到开关器件真正响应指令而进行触发开通或关断操作的时间间隔。对于 SVC 而言,由于 TCR 和 TSC 中晶闸管只是开通时机可控、关断时机不可控,至于 TSC 更是在一个工频周期内只有一个开通时机,从而使得其输出(电压)波形仅在上升沿处可控,而在下降沿不可控,三相装置的传输迟延达到 1/3 甚至 1 个工频周期。而对于基于变换器的 STATCOM 而言,其传输迟延很小,几乎可以忽略不计,这是因为 STATCOM 采用可关断器件,其开通和关断时机均可控,从而输出波形的上升和下降沿可根据需要进行即时控制。而本节讨论的 STATCOM 开环时间常数,是针对线性系统传递函数模型而定义的一个反映其动态响应速度的参数,在一定程度上表征了开环系统从执行新的控制指令开始过渡到新的稳态的速度。对于一个基于电力电子器件的系统而言,其整体的开环响应速度应该是由传输迟延和开环时间常数共同决定的。对于

STATCOM 而言,由于传输迟延可以忽略不计,因此基本上可采用上述开环时间常数来代表其开环响应速度;而对于 SVC 而言,传输迟延不可忽略。

2. 安全运行区

STATCOM 的安全运行主要受开关器件(如 GTO,IGCT)安全的限制,在实际应用中影响开关器件安全工作的主要因素是过电流。以 GTO 为例,因为 GTO 受最大关断电流 I_{GTO} 限制,一旦流过 GTO 的电流大于 I_{GTO} 而此时正好对 GTO 发关断脉冲,则 GTO 立即损坏。这就使得 STATCOM 对输出电流有较严格的限制,其输出的感性无功电流和容性无功电流均有最大值限制,即 $-I_{Cmax} \leqslant I \leqslant I_{Lmax}$,其中 I_{Cmax},I_{Lmax} 分别为 STATCOM 能输出的最大容性和感性电流,通常设计成 $I_{Cmax} = I_{max} = I_{Lmax}$,即具有对称的容性和感性输出能力。另外,开关器件的耐压值也是有限的。如果其两端的电压超过其最大耐受电压,也会导致其工作异常乃至损坏,因此 STATCOM 有最大电压限制。虽然 STATCOM 在系统电压很低时都能输出额定电流,但电压过低(如远低于 0.2 倍额定电压)时,其正常工作也会受到影响,因此 STATCOM 工作电压有一定的范围,即 $U_{min} \leqslant U \leqslant U_{max}$。

此外,STATCOM 装置直流侧电容电压也不能过高,否则容易损坏电容并且造成开关器件关断状态下承受的电压偏高,因此直流侧电容电压有上限值 u_{dmax}。同样,直流侧电容电压也不能太低,否则系统出现电压突变时容易损害整流二极管,因此直流侧电容电压有下限值 u_{dmin}。可见,直流侧电容电压必须满足 $u_{dmin} \leqslant u_d \leqslant u_{dmax}$。根据稳态情况下 STATCOM 的直流侧电压和电流表达式(4-46)和式(4-48),并考虑到正常运行时 δ 很小,$\cos\delta \approx 1.0$,从而直流侧电压可近似表示为

$$u_d \approx U - X_L I \tag{4-52}$$

从而有

$$u_{dmin} \leqslant U - X_L I \leqslant u_{dmax} \tag{4-53}$$

综上,可以绘出 STATCOM 的安全运行区域,如图 4-14 中的灰色部分,其中 1 表示电压额定值。对于实际的 STATCOM 装置,其安全运行区域主要是由电流限制、交流侧最大电压限制和直流侧最低电压限制等限定的,并且由于选择元件时留有安全性系数而具备一定的过载能力。

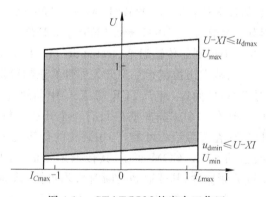

图 4-14　STATCOM 的安全工作区

3. 损耗特性

STATCOM 的总损耗包括主电路损耗和辅助设备损耗。辅助设备损耗是指监控保护

设备、启动整流设备、冷却装置、驱动电源和其他辅助设备所消耗的电力,它只占STATCOM 损耗的一小部分。主电路损耗主要包括变换器损耗、主连接变压器损耗和接口电磁损耗。变换器损耗是指变换器组的损耗,包括电力电子器件的通态损耗、器件开关损耗和缓冲/辅助电路损耗,它们主要取决于开关器件的特性和开关频率。主连接变压器损耗是指用于连接 STATCOM 和系统的变压器(往往是升压变压器)的损耗,包括变压器激磁损耗和漏电阻损耗,后者与 STATCOM 输出电流的平方成正比。接口电磁损耗是指为将多个变换器进行电磁耦合所带来损耗,如采用变压器耦合时耦合变压器的损耗,采用接口电抗耦合时相间电抗器的损耗等。通常将主连接变压器损耗和接口电磁损耗统称为电磁损耗,它主要取决于 STATCOM 所采用的主电路结构和运行模式。在某些电路结构中,主连接变压器可以省略。

根据以上分析可知,STATCOM 的损耗跟其开关器件、主电路结构及其控制方式以及接入系统的方法等诸多因素有关,详细分析非常困难。根据已有的工程实践来看,对于采用 GTO 器件、单元变换器为二电平、开关频率为电网工频、通过变压器耦合多重化并经升压变压器连接到高压电网的 STATCOM,其主电路损耗中变换器损耗约占总损耗的 50%~60%,电磁损耗约占 40%~50%。它们都随着输出功率的增加而增加;但由于后者的主体(漏电阻损耗)与输出电流呈平方关系,随着输出功率的增加而增加得更快一些,故在高功率输出情况下,电磁损耗所占比例会稍高一些。由于采用二电平方式,开关器件的开关频率为系统工频,比较低,通态损耗是变换器损耗主体,约占变换器损耗的 2/3,而器件开关损耗和缓冲/辅助电路损耗只约占变换器损耗的 1/3。

由于 STATCOM 损耗特性的上述特点,使得一些在低压小容量电力电子装置中广泛采用的技术应用于大容量 STATCOM 时会受到限制。拿 PWM 技术来说,虽然它有利于减小谐波分量和提高控制灵活性,但对于开关损耗较大的器件(如 GTO),PWM 技术的采用受到开关损耗的约束。以上面提到的大致数据为例来说明:如果采用 PWM 技术来消除 5次和 7 次谐波,则器件的开关频率将增大为原来的 3 倍,则变换器损耗增大约 2/3(1/3×3+2/3−1),总损耗约增大 1/3(2/3×50%),这将降低装置的工作效率和需要采用更大容量的散热系统,增加了 STATCOM 的应用成本。为了使一些采用高开关频率的控制方法,如 PWM 等,研究人员不断努力以改善电力电子器件的开关特性,降低单次开关操作的损耗,并研究简单和可靠的方法将开关缓冲电路中存储的能量回馈到直流电容,从而减少开关损耗。一些新开发的综合型器件,如 IGBT,IGCT,MTO,ETO 和 MCT,由于其良好的开关特性,使得在没有能量回馈电路的情况下也能采用中低频(数百至数千赫兹)的 PWM 技术。如已经采用 IGBT 和数百至数千赫兹 PWM 技术实现了中高容量(D)STATCOM。

对±20Mvar STATCOM 的主电路损耗进行测试,它的空载损耗约为 34kW,发出额定无功功率时的平均有功损耗约为 370kW,分别为额定容量的 0.17% 和 1.85%,整个STATCOM 的效率约为 97.5%。随着容量的进一步增大,STATCOM 的损耗比例一般会下降,如 50Mvar 以上 STATCOM 的损耗比例通常在 1% 左右。

4.3.5 控制系统

1. 分级控制的概念

STATCOM 的控制通常可分为三个层次,即器件级、装置级和系统级。器件级层次主要研究 STATCOM 的电路拓扑结构和脉冲控制方法,考虑精确到微秒级的电力电子器件的关断与开通,通常称为脉冲控制。系统级层次从电力系统的潮流与稳定等宏观角度来探讨 STATCOM 的运行,将其视为可快速平滑控制的无功(电流)源,进而设计控制规律,达到提高电网运行性能的目标。装置级层次作为前两者间的桥梁,研究从脉冲控制结果到系统无功电流需求之间的模型与控制问题,亦即探讨 STATCOM 无功输出电流与脉冲控制角之间的非线性关系,进而设计一定的控制规律使得装置能较好地跟踪输出从系统角度提出的无功电流需求。在实际的工业装置中,三个层次的控制可能会有一定程度的交叉和整合,特别是脉冲级和装置级控制经常整体设计,又统称为内环控制(internal control)。

±20Mvar STATCOM 的本地控制系统如图 4-15 所示。它包括两套完全一样、互为热备用的集成控制器 A 和 B,通过人机界面和脉冲选择逻辑来协调 A 和 B 的工作,并最终实现对 STATCOM 主电力电子电路的脉冲控制。每个集成控制器主要包括数据采集与处理、主控制卡、脉冲发生器等部件。数据采集与处理获得系统和 STATCOM 的运行参数,包括系统母线电压、STATCOM 输出电压和电流、直流电容电压等,并计算瞬时功率和频率等量。主控制卡根据系统控制要求和一定的控制规律,利用当前采集的系统和装置信息计算出控制量 δ, θ,其中 δ 是 4.2 节定义的代表脉冲相位的控制量(称为脉冲发生角),θ 是单相逆变桥开关函数的脉冲宽度。在某些特殊的控制要求下(如不对称控制),θ 不是固定的 $120°$,而可以灵活改变,即实施脉冲幅值调制(pulse amplitude moduluation,PAM)。同时,主控制器还可直接控制 STATCOM 的接入与断开。脉冲发生器根据主控制器给定的 δ, θ,在同步跟踪系统电压的基础上产生多路控制脉冲,并分配到各电力电子器件,使 STATCOM 产生所需的无功电流/功率,达到改善电网性能的目的。人机界面提供控制系统与操作人员的交互界面,包括监视控制系统运行状况的文字/图形界面和对控制规律、参数进行调整的操作界面。控制系统可实现对 STATCOM 的自动控制功能,并具有良好的自我容错功能,一旦某些部件出现错误,如 PT 断线,控制系统能够立即发现并报警;另外,控制系统使得操作简单可靠,便于现场使用。

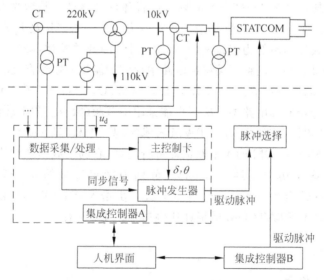

图 4-15   ±20Mvar STATCOM 本地控制系统结构示意图

2. 脉冲控制(脉冲发生器)

脉冲控制(脉冲发生器)的基本功能是按照主控制器给定的参数产生和分配能有效触发(开通和关断)电力电子器件的脉冲信号。由于它能否正常可靠地工作直接关系到 STATCOM 的性能,故属于 STATCOM 设计和实现中的关键性技术。±20Mvar STATCOM 中共包括 48 只 GTO 器件,故需要产生 48 路脉冲信号,但由于各脉冲信号之间满足特定的相位关系,如同一桥臂上的两个 GTO 的脉冲互补,又如采用对称控制时 GTO 通断对应的开关函数满足如式(4-6)~式(4-10)要求的相位关系,因此脉冲发生器往往只需产生少数几路脉冲信号,然后通过脉冲变换和分配得到剩下的脉冲信号。

对脉冲发生器的基本要求包括以下六个方面:

(1) 高精度

对于±20Mvar STATCOM,稳态输出无功功率由式(4-47)决定,由于等效电阻 R 很小,在其额定容量范围内,脉冲发生角 δ 的取值范围很小。可由 $q_{max} = \dfrac{U_s}{2R}\sin 2\delta_{max}$,取 $q_{max} = 1.0$,$U_s = 1.0$,可得 $\delta_{max} = 2.0806°$,即 $\delta \in [-2.0806°, 2.0806°]$,最大控制角($2.0806°$)对应工频下 $115.5876\mu s$ 的时间间隔。在实际 STATCOM 装置中,由于 R 的非线性因素,δ 的实际取值范围约为 $[-2.5°, 2.5°]$。为适应 STATCOM 连续控制的需要(如无功功率控制的精度达到额定值的 $1/40$),要求 δ 的变化间隔(步进量)达到 $0.1°$(对应约 $5.5556\mu s$),即要求脉冲发生器输出脉冲的精度高于 $0.1°$($5.5556\mu s$),否则无功调节将不准确、不光滑,并对系统造成不利冲击。

(2) 同步

同步是指脉冲发生器输出脉冲与系统正序基波电压之间频率严格一致、相差保持稳定。否则,一旦存在轻微的不同步,如相差 $0.1Hz$,在 $20ms$ 内即可造成约 $0.72°$ 的相差,导致装置在几个周期之内因过流而无法正常工作。而脉冲发生器是以同步脉冲(参考脉冲)为基础来产生触发脉冲的,同步脉冲的频率和相位精度对脉冲发生器、进而对 STATCOM 的性能具有重大影响。通常,同步脉冲是由接入点母线电压经传感、变换和整形等而来。在系统正常运行时(电压频率稳定、相角不突变),容易获取准确的同步脉冲信号,但在系统异常时(如谐波、不对称、扰动等),能否得到高精度的同步脉冲将成为一个难题。因此,脉冲发生器的同步电路应具备良好的适应性。

(3) 高对称性和相对相位精度高

由建模分析可知,装置的输出是由多个逆变桥输出叠加起来的,只有在保证各逆变桥输出以及相互之间相位关系严格对称的条件下,才能达到消除低次谐波、降低高次谐波、防止桥臂直通故障与变压器偏磁等目的,因而要求多路脉冲不但各自具有高对称性,而且相对相位应严格满足设定的关系。

(4) 输出脉冲满足电力电子器件对触发脉冲的要求

不同的电力电子器件对脉冲的宽度、上升沿、能量等具有不同的要求,而且为防止同一桥臂上开关器件同时导通导致直流侧短路及其他异常情况发生,还必须保证各相邻脉冲之间有一定的"死区"。脉冲发生器必须能满足这些要求,以保证可靠开通和关断器件。

(5) 高稳定性和可靠性

如相位抖动小、不会丢失脉冲等。

（6）不对称控制能力

在系统三相不对称的情况下，由于系统负序电压的作用将有可能造成 GTO 的过电流及直流侧电压的波动，需要采取不对称控制策略来保证装置的安全运行，因此脉冲发生器还需要具备产生不对称控制所需的脉冲信号。

脉冲发生器可采用多种硬件形式构造，如基于数字锁相环（PLL）、一般微处理器、数字信号处理器（DSP）、复杂可编程逻辑器件（CPLD）和现场可编程门阵列（FPGA）等实现，在±20Mvar STATCOM 的研制过程中开发了基于 PLL 和 DSP 的脉冲发生器，具体可参考文献[9,10]。

3. 装置级控制

STATCOM 装置级控制的目标是：根据系统级控制提出的无功功率（电流）需求，即参考值，产生对应的脉冲控制角（三相对称控制时即 δ），使 STATCOM 的无功输出能快速跟踪参考值变化。±20Mvar STATCOM 装置级控制采用了带前馈补偿的 PI 控制方法，原理如图 4-16 所示，其中 $i_q(t)$ 为实时测得的系统注入 STATCOM 的 q 轴电流，$i_{q,\mathrm{ref}}$ 为给定参考值，$U_s(t)$ 为接入母线电压的有效值。前馈补偿即根据 i_q 与 δ 的稳态表达式 $i_q = -\dfrac{U_s}{2R}\sin 2\delta$ 求出对应的 $\delta = -\dfrac{1}{2}\arcsin\left(\dfrac{2Ri_q}{U_s}\right)$，直接作为控制输出的一部分。由于模型和参数的不确定性，前馈补偿产生的控制量不能产生所需的 $i_{q,\mathrm{ref}}$，这部分误差由 PI 控制来消除。加入前馈补偿的优点是可提高控制系统的响应速度。积分控制虽然可以实现 $i_q(t)$ 无差地跟踪参考值 $i_{q,\mathrm{ref}}$，但在实际应用中，宜采用抗积分饱和措施以防止超调过大。

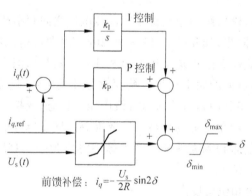

图 4-16　STATCOM 装置级控制的原理

考虑到：①STATCOM 模型本质上是非线性的；②模型参数之一的等效电阻难以预先精确测量，并且其值会因运行状况和外界环境的改变而迁移；③工程应用中建模与测量不可避免地存在误差和噪声干扰；因此，控制器应能自动适应未知模型参数且具有良好的鲁棒特性。

在装置级控制下，STATCOM 的无功电流（功率）输出具有类似于一阶时滞的动态特性，即近似地有

$$i_q = \frac{1}{1+sT}i_{q,\mathrm{ref}} \tag{4-54}$$

其中 T 为时间常数，由 STATCOM 开环时间常数和闭环控制参数决定，通常为 10ms 左右。

4. 系统级控制

从电网角度看,STATCOM 可视为能快速平滑控制的无功电流源,具有式(4-54)所示的数学模型。系统级控制就是从电力系统潮流与稳定控制的要求出发,设计一定的规律,为 STATCOM 装置级控制提供参考值 $i_{q,\mathrm{ref}}$,并最终达到提高电网运行性能的目标。

由于电力系统控制是多目标的,因此 STATCOM 系统级控制通常需要满足以下目标之一或其组合:

(1) 无功功率控制,向系统提供给定的无功功率;

(2) 电压控制,提高电压稳定性,如维持特定(通常是接入点)母线电压恒定;

(3) 提高系统的静态稳定极限;

(4) 阻尼控制,抑制系统振荡,增强人工阻尼;

(5) 提高系统的暂态稳定性;

(6) 改善系统过渡过程的动态品质;

(7) 提高联络线传输容量;

(8) 增强潮流控制的灵活性。

实际应用中,设计 STATCOM 控制系统使其具有上述某一项功比较容易,但要兼具所有功能则非常难,因为这些控制目标在一定条件下是相互矛盾的。

因此,应根据实际系统的问题和 STATCOM 安装的具体位置,设计合适的控制器,使其能解决系统的主要矛盾,或能在线辨识系统的主要稳定性问题,自适应地采用对应控制策略,达到多目标优化控制效果。

± 20Mvar STATCOM 控制规律的原理如图 4-17 所示,将装置级控制与系统级控制结合起来,考虑了无功控制、电压控制、阻尼控制等目标,采用模糊自适应控制方法,实现多目标优化控制。

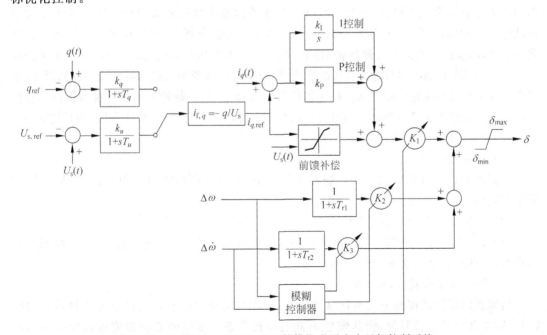

图 4-17　± 20Mvar STATCOM 的模糊自适应多目标控制系统

它的工作原理是：无功功率控制和电压控制可以根据用户需要进行选择。动态过程中，模糊控制器根据 $(\Delta\omega, \Delta\dot{\omega})$ 来识别系统所处状态和主要控制目标，进而选定控制规律，即决定图中的增益系数 K_1, K_2 及 K_3。K_1 是功率/电压控制环节的相对增益，在稳态调节（对应 $\Delta\omega, \Delta\dot{\omega}$ 均很小）时为最大值 1，在振荡稳定控制过程中其取值减小（最小值为 0），如此使得在动态过程中能放开电压约束，充分发挥 STATCOM 的提高动态稳定性的能力。

4.3.6   保护系统

± 20Mvar STATCOM 具有比较完备的保护体系，包括器件与电路级保护，以及控制和监测系统所提供的保护功能。

1. 器件与电路级保护

GTO 是装置中最重要也是最脆弱的器件，它的安全运行是 STATCOM 可靠运行的关键，因此 GTO 的保护设计至关重要。

（1）GTO 故障诊断

设计了专门的 GTO 故障诊断电路，通过比较控制单元发出的驱动脉冲电压信号和返回的门-阴极脉冲电压信号，判断 GTO 是否故障。一旦发现故障，则根据当前装置的运行状态采取追加触发脉冲或进行脉冲封锁乃至装置停运等措施。

（2）GTO 的过电压和过电流保护

过电压保护包括抑制关断过电压的高效吸收电路，抑制浪涌过电压的氧化锌避雷器和避免因脉冲封锁导致直流侧过电压的撬杠电路保护等。过电流保护考虑了负载过电流、输出短路、桥臂直通短路和变压器逆变侧绕组偏磁饱和等情况。

（3）桥臂直通保护

桥臂直通短路是电力变换装置中最危险的一种故障，极易损坏开关元件。对桥臂短路的预防方法有设置上下管驱动脉冲死区时间、快速诊断出故障开关管后封锁未开通开关管驱动脉冲。然而，GTO 驱动模块故障、GTO 续流二极管损坏等，仍可能造成桥臂短路。因此，应采取除预防外的其他有效保护措施。但由于直流电压较高时，没有合适耐压水平的快熔，且 STATCOM 输出侧与电力系统高压线路相连（与一般变换器带无源负载不同），因此，常规变换器中采用的快速熔断器加撬杠保护的方法难以适用，本装置采用了一种特殊的环流保护电路来对短路电流进行抑制，然后通过检测短路电流来决定关断或维持 GTO 的开通状态。

2. 控制系统提供的保护功能

（1）过流保护

控制器通过调节输出相角及控制参考值来减小 STATCOM 输出电流，使其回到正常额定值以内。

（2）系统三相电压不平衡保护

当 STATCOM 检测到系统三相电压不平衡过大或异常时，为防止输出过流，控制器自动将 STATCOM 运行在零无功功率状态；

（3）保护封锁后复位再启动

当装置因保护动作而进入封锁脉冲状态后，控制器可以根据系统的状态选择特定的时机对 STATCOM 进行复位，使其恢复正常的运行状态。特定的复位相位可避免变压器剩磁引起的过电流。

3. 监测系统的保护和诊断功能

监测系统监视整个装置,包括水冷、耦合变压器、启动电路以及其他辅助设备的实时运行状态。系统在线自动诊断,一旦发现异常,即进行报警,如果情况紧急,装置不能正常运行,则操作主开关将 STATCOM 退出运行。其强大而细致的录波功能,能对装置的运行状态、特别是异常情况下各主要参量进行高精度和高分辨率的记录,方便运行人员和诊断程序进行事后分析,了解异常或事故发生的原因,有利于快速维修和重新投入运行。

4.3.7 运行与测试

国产±20Mvar STATCOM 于 1999 年 3 月并网试运行后,对其进行了全面的现场测试,并与理论分析结果进行了对比。

1. 并网测试及其输出电压和电流波形

±20Mvar STATCOM 采用他励启动方式,启动励磁由 1 台 80kW/2kV 的启动整流器提供。启动整流器主电路采用双重移相三相全控整流电路,可以输出 2kV 直流电压。监控系统根据系统启动逻辑监视装置各个部件的启动,并根据运行状态给出操作建议。当满足并网条件时,可自动或手动实施并网操作,并网时采用开环无功控制,且设定参考值为 0。并网成功后,可根据系统需要过渡到其他控制模式。图 4-18 给出了并网时 STATCOM 输出的电压和电流波形。

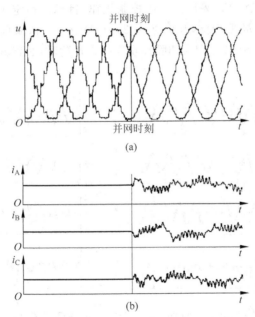

图 4-18　±20Mvar STATCOM 并网时输出的电压和电流波形
(a) 输出电压;(b) 输出电流

经分析,并网前 STATCOM 输出电压的谐波成分与理论分析很一致,50 次以下谐波构成的 THD 为 6.8%;STATCOM 的并网操作对系统的冲击很小;并网后,电压波形中的谐波分量明显减少,电流基本为 0(因为无功功率设定值为 0)。

2. 阶跃响应特性

图 4-19 给出了 STATCOM 在开环无功控制模式下,参考值从 0 阶跃至+20Mvar 时,

装置输出的线电压和电流波形。

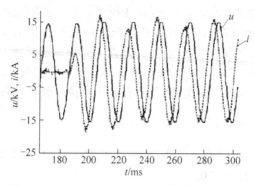

图 4-19　±20Mvar STATCOM 的阶跃响应曲线

可见,STATCOM 从 0 输出稳态过渡到额定输出稳态的过渡时间约为 30ms,与前面对其开环时间常数的分析基本一致。同时,对额定工况下输出电流的谐波进行了测试,结果为 THD<4%,表明 STATCOM 向系统注入的谐波电流很小。

3. 系统切除和投入负荷时 STATCOM 的响应特性测试

在安装±20Mvar STATCOM 的朝阳变电站,采用投切负荷的方法对其闭环动态特性进行了现场试验。STATCOM 采用恒电压控制规律,目标是稳定 10kV 母线电压;试验负荷位于变电站的 110kV 母线,大小为 60.0+j29.1MV·A。试验前,STATCOM 的输出功率接近于 0;图 4-20(a)和(b)分别为切除和重新投入负荷时,装置输出电流及 10kV 母线电压的变化曲线。

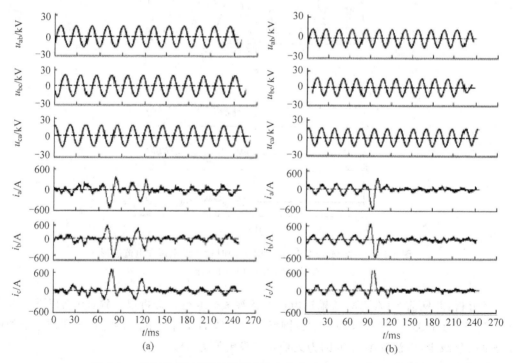

图 4-20　投切负荷时 STATCOM 输出电流及 10kV 母线电压变化

(a) 切除负荷;(b) 重新投入负荷

试验结果表明,STATCOM 在系统投入或切除负荷瞬间,会引起接入母线电压的大小和相位在短时间内发生变化,从而导致装置的电流增大。如果投切负荷大小适中,不会导致 STATCOM 过电流,大电流会在很短一段时间(约 60ms)内平息,装置在闭环控制规律的作用下逐渐过渡到另一个稳态运行点,能够起到维持母线电压的作用。但应该注意,如果投切负荷过大或装置本身在投切前处于高负载运行,则投切负荷瞬间将导致装置过电流,引起保护动作。

4. 其他测试结果

(1)输出电压负序分量的测量统计结果为 0.475%;

(2)在所有开环测试中,STATCOM 没有突变或振荡过程,表明其开环稳定性;

(3)装置空载的损耗约为 34kW,发出额定无功功率时的平均有功损耗约为 370kW;

(4)在环境温度 28℃条件下,额定负载运行后,冷却水温度稳定在 41℃左右;

(5)装置具有一定的短时过载能力,如 STATCOM 能在输出功率超出额定值 5% 的情况下连续运行 30s 以上。

5. 运行情况和发现的问题

±20Mvar STATCOM 在投运初期,主要采用恒功率控制模式,曾先后运行在零无功、发无功(8Mvar,10Mvar,15Mvar)和吸无功(8Mvar)状态。此后,则主要采用恒电压控制模式,目标是稳定 10kV 母线的电压。根据文献[20]提供的运行记录分析,装置投入运行以来大部分时间内运行稳定可靠,输出无功在 −8~+8Mvar 范围内变化。2000 年 6 月 28 日 0 时到 2002 年 7 月 31 日 24 时共 2 年多(18336h)的时间里,装置的实际运行时间为 17215.5 小时,运行率为 93.88%,其中由于系统和装置本身故障造成的强迫停运时间为 819 小时(停运率 4.47%),由于变电站操作和 STATCOM 调试而停运的时间为 301.5 小时(计划停运率 1.65%)。

±20Mvar STATCOM 的投运在一定程度上提高了河南电网从西部能源中心向东部负荷中心输电的能力,同时有利于抑制当地大量工业负荷造成的电压波动问题,给电网公司和电力用户都带来了好处。但是,该装置在长时间运行过程中也出现了一些问题,如电磁干扰造成 GTO 误触发、GTO 与驱动电源不匹配、直流母线绝缘不足以及水冷系统渗漏等,通过维修和更新,这些问题都先后得到了解决。

由于我国电力系统网架仍较薄弱,存在一定的安全稳定隐患,特别是因动态无功补偿手段不足而导致对电压稳定的潜在威胁,因此,对高压大容量的 STATCOM 有广泛的需求。±20Mvar STATCOM 成功研制和运行经历为更大容量 STATCOM 的研发和进一步完善提供了宝贵的经验,也为 STATCOM 的产业化打下了坚实的基础。

4.4 国内外 STATCOM 应用工程概述及实例

4.4.1 国内外 STATCOM 应用工程概述

自日本三菱公司于 1980 年成功研制基于晶闸管的 ±20Mvar STATCOM 以来,STATCOM 作为 FACTS 的重要成员已引起各国电力科研和工业界的广泛重视,得到迅速发展和应用。但由于 STATCOM 的技术含量较高,目前掌握并应用这一技术的还只限于少数国家,如日本、美国、德国、英国和中国等。据不完全统计,自 1980 年至 2013 年年底,全世界已投入工业运行的大容量(10Mvar 及以上)STATCOM 工程超过 30 个,总的可控容量超过 3000Mvar。它们有的安装在输电网络中用于潮流控制、无功补偿和提高系统稳定性等,属于 FACTS 范畴;有的安装在配电和用电网络用于改善电能质量和提高供电可靠性,属于用户电力范畴,即用户电力控制器的 D-STATCOM。部分重要应用工程的基本情况参见表 4-2。

应用工程有如下共同特点:

(1) 在电力半导体器件的选用上,除了早期曾采用普通晶闸管和强迫换相方式外,绝大多数是基于 GTO 和 IGBT 的。相对而言,采用 GTO 的 STATCOM 容量更大、电压等级更高,这是因为单只 GTO 的容量和耐压较高,而且当主电路上采用变压器多重化技术时,开关频率较低,GTO 的单次开关损耗高的缺点不会成为主要矛盾,故而成为较佳选择。IGBT 主要应用于中小容量,特别是 D-STATCOM 装置中,虽然单个 IGBT 的容量和耐压有限,但采用器件串联、三电平以及多变换器并联等技术,同样可以获得较高的容量水平,而且由于 IGBT 开关频率高、开关损耗较小,可使用多脉冲 PWM 技术,能获得更好的输出特性,有效解决多种电能质量问题。一些 GTO 和 IGBT 的改进型器件,如(I)GCT、IEGT、HV IGBT 和 ETO 等,已经逐渐应用于 STATCOM,如文献[39,40]采用 IEGT 实现的 200MV·A STATCOM 试验装置。可以预见,它们将具有很好的应用前景。

(2) 在主电路上,大容量高电压 STATCOM 主要采用变压器耦合多重化技术,这种方式对器件开关频率、控制复杂性要求都比较低,而且开关损耗低,但需要昂贵的耦合变压器。随着多电平和 PWM 变换技术的发展,中低容量和电压的(D-)STATCOM 较多地采用三电平和/或 PWM 变换器。

(3) 基本采用 VSC。关于 VSC 和 CSC 的优劣比较请参考第 2 章相关内容。现有 STATCOM 实用工程只采用 VSC 而不是 CSC 的主要原因包括:①CSC 需采用具有双向电压阻断能力的大功率开关器件,而当时的可关断器件(如 GTO、IGBT)要么反向阻断能力差,要么在其他方面的性能不佳(如导通损耗过大);而 VSC 没有受到类似限制。②实际系统中,CSC 直流侧的电抗比 VSC 直流测电容的损耗要大得多。③VSC 交流侧通过耦合变压器自然提供的漏抗就可接入交流电网,而 CSC 交流侧需要另外的并联电容(或容性滤波器)来产生所需的交流电压,从而使得装置复杂化、成本增加。④VSC 由于直流侧采用大容量电容,具有天然的防止器件过电压的功能;而 CSC 需要设置附加的过电压保护电路或者器件降压使用。VSC 的以上优势使其成为现有 STATCOM 的主流选择。但应该注意到,CSC 也具有一些 VSC 没有的优点,如:变换器输出电流直接可控性,天然的过电流保护功能,无需启动整流器,零无功输出时不向系统注入谐波等。目前已经在实验室里开发出小容量的基于 CSC 的 STATCOM 装置,显示了良好的性能。随着电力电子器件及其相关技术的发展,有望在将来采用 CSC 实现大容量和工业化的 STATCOM 装置。

(4) 系统控制目标多样化。由于 STATCOM 良好的性能,能对改善电网各方面的运行性能起到积极作用,如无功补偿、电压控制、提高稳定性和传输能力,以及改善电能质量等。因此,在实际电网中往往采用多目标控制方法或者提供多种系统控制功能,供用户根据实际运行情况进行选择。

表 4-2　国内外部分 STATCOM/D-STATCOM 应用工程

序号	投运时间	研制者	投运地点	容量/MV·A	电压等级/kV	开关器件	主电路	功能/控制模式	冷却方式(介质)	注释
1	1980年	三菱电机、关西电力	日本，原型装置	±20	77	晶闸管	6重化变压器耦合；直流电压：917V	AQR	水冷+风冷	首个大容量STATCOM装置，文献[22]
2	1986年	西屋公司、EPRI	美国，Spring Valley,NY	±1	13.2	GTO	2重化变压器耦合；直流电压：800V	AVR	水冷	第一个采用GTO的STATCOM工程，文献[23]
3	1991年	三菱电机、关西电力	日本，Kansai电力公司 Inuyama 开关站	±80	154	4.5kV/3kA GTO,3个串联使用	8重化变压器耦合；逆变器额定电压：3kV	AVR,PSS,AQR	纯水冷却	文献[24~28]
4	1995年	西屋公司、EPRI	美国，TVA Sullivan变电站	±100	161	4.5kV/4kA GTO,5个GTO串联使用	8重化变压器耦合；直流电压：6.6kV	AVR,PSS	水冷	文献[25,26]
5	1997年	西门子	丹麦，Rejsby Hede风场	±8	60	GTO	3电平2重化变压器耦合；直流电压：16.8kV	AQR,功率因数控制、改善电能质量	风冷	D-STATCOMS,文献[27]
6	1997年	西屋公司、EPRI	美国，Kentucky 东部 Inez 变电站	±160, UPFC部分	138	4.5kV/4kA GTO	3电平8重化变压器耦合；直流电压：24kV	提高传输能力，提供电压支持	水冷+风冷	文献[28,29]
7	1998年	西门子	美国 Texas 州 SMI 钢铁公司	±80	138		—	无功补偿，制抑电弧炉引起的电压闪变、改善电能质量	—	
8	1999年	清华大学、河南省电力局	中国，河南省朝阳变电站	±20	10	4.5kV/4kA GTO	4重化变压器耦合；直流电压：1.58kV	AQR,AVR,阻尼功率振荡、提高输送容量	水冷（纯乙醇）	迄今（2004年底）容量最大的D-STATCOM工程，文献[4~20,30]
9	1999年	ALSTOM、NGC	英国，Ease Clayton 变电站	±75	400/275	4.5kV/3kA GTO	链式结构，4重化变压器耦合；直流电压：16.8kV	AVR	水冷+风冷	文献[31~33]

续表

序号	投运时间	研制者	投运地点	容量/MV·A	电压等级/kV	开关器件	主电路	功能/控制模式	冷却方式（介质）	注　释
10	1999年	ABB	瑞典 Hagfors 地区 Uddeholm Tooling AB 炼钢厂	±22（另有22Mvar滤波器）	10.5	多个IGBT串联使用	单个VSC, NPC结构, PWM控制（开关频率约1kHz）	无功补偿，制抑制电弧炉引起的电压闪变，改善电能质量	水冷＋风冷	SVC Light/D-STATCOM, http://www.abb.com
11	2000年	EPRI, AEP,ABB	美国, AEP公司 Texas州 Eagle Pass 变电站	±72(2台±36Mvar并联运行时)	138	多个IGBT串联使用	两个VSC, 每个VSC采用NPC结构, PWM控制（开关频率~1.5kHz）, 经电抗器和升压变与系统连接	潮流控制，电压控制,异步联网	水冷＋风冷	HVDC Light B2B/GPFC/STATCOM（SVC Light）, http://www.abb.com
12	2001年	美国纽约电力局	美国,纽约 Marcy 345kV变电站	CSC的第一阶段±200	345	4.5kV/4kA GTO	多重化变压器耦合；直流电压: 21.4kV	具有电压、无功等多种控制模式	—	目前容量最大的STATCOM工程之一，文献[34,35]
13	2002年	三菱电机	美国加州 Talega 变电站	±100	138	6kV/6kA GCT	8重电抗器耦合；直流电压: 6kV	AVR	水冷	文献[36]
14	2003年	ALSTOM	美国,西北电力公司,Connecticut州西南 Glenbrook 变电站	±150(2台±75Mvar并联)	115	4.5kV/3kA GTO		AVR,电压支撑	水冷（乙二醇＋纯水）	文献[37,38]
15	2004年	ABB	美国, Holly 变电站	±100	138	多个IGBT串联使用	单个VSC, NPC结构, PWM控制（开关频率约1kHz）	电压支撑，提高动态电压稳定性	—	STATCOM/SVC Light,http://www.abb.com
16	2006年	上海市电力公司, 清华大学,等	中国上海西郊变电站	±50	110	4.5kV/4kA IGCT	链式结构，每相10个链节，交流输出10kV	电压支撑，提高动态电压稳定性和输电能力	水冷	文献[39]
17	2011年	南方电网公司等产学研联合	中国,南方电网东莞变电站	±200	500	IEGT	链式结构，每相26个链节，交流输出35kV	电压支撑，无功控制，阻尼控制	—	文献[40,41]

注：电压等级是指 STATCOM 的耦合变压器出口侧或接入母线的电压。

(5) 大容量 STATCOM 多采用水冷方式。全封闭的循环纯水冷却系统由于其具有散热效率高、体积小、污染小、能耗低、造价与油冷系统相近、寿命长等优点而在大功率变流装置上得到了越来越广泛的应用,成为大容量 STATCOM 的首选冷却方式。中小容量的 STATCOM 则采用风冷和/或水冷方式可满足散热要求。

与 4.3 节介绍的国产 ±20Mvar STATCOM 相比,其他 STATCOM 的基本工作原理是类似的,但在具体的主电路结构、保护与控制技术以及性能与功能上各具特色。

简单回顾一下基于 VSC 的 STATCOM 的工作原理。系统级控制根据电网运行要求提出无功电流或无功功率需求,由内环控制导出 VSC 的输出电压幅值和相位,然后形成对应的门极开关控制模式,进而为变换器中的开关器件产生一系列的驱动脉冲,使得变换器将直流电压调制成具有所需幅值和相位的交流电压输出,通过接口电抗器与系统电压耦合,获得预期的无功电流或功率。因此,STATCOM 的输出决定于变换器输出电压的幅值和相位,仅考虑基波分量,则决定于 U_{l1},根据式(4-27),即 $U_{l1} = SW_{P1} u_d$。也就是说,STATCOM 输出基波电压的大小决定于直流电容电压和变换器开关函数的基波分量。因此,STATCOM 的内环控制通常有两种方式:其一是不改变变换器开关函数 SW_P 的形状,而通过改变 SW_P 与系统电压的相位关系,改变直流电容电压来控制变换器输出基波电压,进而达到控制 STATCOM 输出无功电流/功率的目的,这种方式称为间接控制。4.3 节介绍的国产 ±20Mvar STATCOM 即采用了这种控制方式。对应地,直接控制方式是通过直接改变开关函数 SW_P 的形状(如调节脉宽 θ 或采用多脉冲 PWM)来控制变换器输出基波电压,进而达到控制 STATCOM 输出无功电流/功率的目的。在直接控制中,直流电压通常保持不变(通过相位控制来实现)。很多 STATCOM 工程中采用直接控制方式,这是读者在阅读相关文献中应该注意的。

为进一步了解国外 STATCOM 的应用情况,建议读者参阅一些实际的 STATCOM 工程,典型的如:①日本关西电力系统 Inuyama 开关站 ±80Mvar STATCOM 工程,这是世界上第一个采用 GTO 实现的大容量(10Mvar 以上)STATCOM;②美国 TVA 电网 Sullivan 变电站的 ±100Mvar STATCOM 工程,它采用了目前最常见的主电路结构;③ALSTOM 公司为英国国家电网公司(NGC)研制的 ±75Mvar STATCOM,它采用较新的链式电路结构;④我国南方电网在东莞变电站投运的 ±200Mvar STATCOM,它采用 IEGT 器件、链式结构是目前容量最大的 STATCOM 装置之一。以下分别对工程①和③进行实例说明。

4.4.2 日本关西电力系统 Inuyama 开关站 ±80Mvar STATCOM

1. 工程概述

20 世纪 60 年代到 80 年代,随着日本电力需求的迅猛发展,迫切希望提高电网的传输能力,能从远端电厂向负荷中心传输更多的功率,但由于环境限制、造价高(包括土地价格)等因素,建设更多的新线路非常困难,STATCOM 作为一种新型的无功补偿装置应运而生。1991 年 5 月,在关西电力系统的 Inuyama 开关站,世界上第一台基于 GTO 的大容量 STATCOM 投入商业应用。它是由日本关西电力公司和三菱电机联合设计和制造的,容量

为 ±80Mvar。

图 4-21 所示为 Inuyama 开关站 STATCOM 在输电系统中的位置。关西电力系统的水电站位于山区,通过 Inuyama 开关站向负荷中心送电,总的输电距离约 250km。在 Inuyama 开关站安装 ±80Mvar STATCOM,能提高系统的动态电压稳定性和增强已有线路的传输能力,将水电站的送出容量从 531MW 提高到超过 620MW。

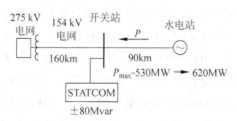

图 4-21   Inuyama 开关站 ±80Mvar STATCOM 在电网中的位置

2. STATCOM 的参数与结构

（1）主要特性参数

Inuyama 开关站 ±80Mvar STATCOM 的主要特性参数如表 4-3 所示。

表 4-3   **Inuyama 开关站 ±80Mvar STATCOM 特性参数**

电网额定电压:154kV	额定容量:±80Mvar
脉波数目:48	变换器数目:8
单个变换器容量:±10MV·A	变换器运行方式:单脉冲 PWM
GTO 额定值:4.5kV/3kA	阀件冷却方式:纯水冷却
反向二极管额定值:4.5kV/1kA	阀臂:3 只 GTO 串联
直流电压:4.15kV	变换器电流:1.11kA
交流侧相电压:约 3kV	工作频率:60Hz
交流侧线电压:约 $3\sqrt{3}$ kV	载波频率:60Hz
主变压器变比:154/34.24kV	多重变压器变比:34.24/33kV

（2）系统结构

图 4-22 为 STATCOM 的系统结构图。8 组单元变换器在直流侧并联,触发脉冲依次相差 7.5°。它们将直流电容器上的电压(4.15kV)转化为波形相同但相位依次相差 7.5° 的阶梯形电压,这些电压通过多重变压器串联耦合,构成了一个 48 脉波的变换器,向系统输出波形非常接近正弦波的交流电压,再通过升压变压器接入 154kV 输电网。由于 48 脉波变换器中低次(<47 次以下)谐波分量已经被有效抵消,STATCOM 的谐波含量很低,不必采用额外的滤波器来消除谐波。

（3）单元变换器

每组变换器的容量为 10MV·A,由 3 个相同的单相变换器构成,称为单元变换器。变换器使用 4.5kV/3kA 的 GTO。图 4-23 所示为单元变换器三相的电路结构,其中每一相包括 4 个由电抗器分隔的桥臂电路,每个桥臂由 3 个 GTO 阀串联构成冗余式结构,其中任意 1 个 GTO 出现故障,其他 GTO 可以继续工作,从而提高了装置的运行可靠性。

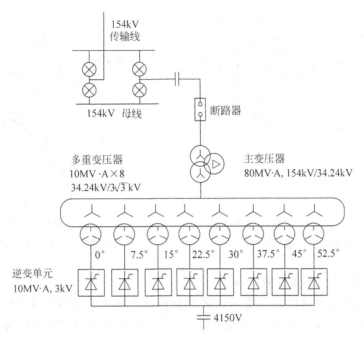

图 4-22 Inuyama 开关站±80Mvar STATCOM 的系统结构

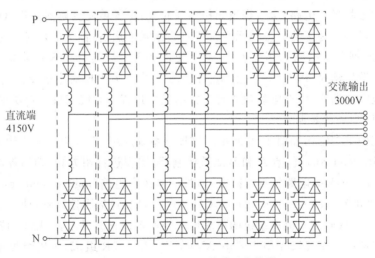

图 4-23 STATCOM 的单元变换器

变换器采用单脉冲的脉宽调制方式,即 GTO 每个工频周期只开关一次。图 4-24 所示为单元变换器一个臂的电路结构及其触发控制部分。绝缘变压器(insulating transformer)提供 GTO 的门极驱动能量,门极触发信号由控制器和脉冲发生器通过光纤(optical fiber)提供。在门极驱动单元(gate drive unit,GDU)中装有可变电感用来补偿关断时间,从而调整由于 GTO 串联模块引起的瞬态电压变化。图 4-25 为串联 GTO 的电压分布。可见,GTO 的电压分布非常平衡,电压差被限制在 4% 以内。

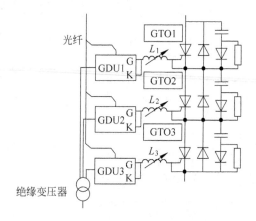

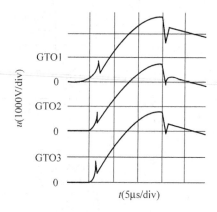

图 4-24　Inuyama 开关站 ±80Mvar STATCOM　　　图 4-25　Inuyama 开关站 ±80Mvar STATCOM
　　　　　的 GTO 变换器的桥臂电路　　　　　　　　　　　　中串联 GTO 的均压效果

（4）升压变压器和多重化变压器

输出变压器采用两级串联方式，由主升压变压器和多重变压器串联构成。这种结构方式既能使总的谐波含量大大减少，又能降低功耗，并使得 STATCOM 的输出电压与接入母线的电压一致。

多重变压器由 24 个单元变压器构成，对应 8 组三相变换器。单元变压器的原边绕组接单元变换器的各相逆变电路，次边绕组同相串联起来，将各单元变换器的输出电压相加以达到消去谐波的目的。为了防止各单元变压器间的相互干扰，在各绕组之间插入有隙的铁心，防止磁通耦合，抑制绕组间的相互干扰，从而使得多重变压器能像 8 台独立变压器一样工作。多重变压器启动时，由系统侧先充电，在变压器的原边出现对应的交流电压，经过旁路二极管向直流电容器充电，充电后建立起正常的逆变过程与系统交换无功功率。

3. STATCOM 的控制系统

控制系统的基本结构如图 4-26 所示。该控制系统采用 16 位微处理器构成直接数字控制（direct digital control），包括 A 和 B 双重控制器，实现热备用方式，即当控制器的故障检测（fault dectecting，FD）电路发现故障时，通过切换逻辑电路（logic circuit for change-over，LGC）控制切换电路（change-over circuit，COC）自动切换到备用控制器，使系统能不受故障影响而持续运行，从而大大提高系统的可靠性。控制器硬件设计上，采用 16 位 DSP，可获得非常快的控制速度。系统级控制主要由 AVR，PSS 和 AQR 组成，装置级控制包括直流电压控制（DC voltage controller，DVC）。

（1）AVR 功能

通过电压传感器（PT）检测 154kV 输电线电压，并通过控制输出无功功率使其处在预先定义的电压-无功斜率曲线所规定的电压范围之内。

（2）PSS 功能

通过功率传感器（power sensor，PS）检测出 154kV 输电系统的潮流波动 ΔP，通过控制输出无功功率抑制系统的功率振荡。

（3）AQR 功能

通过无功功率传感器（var sensor，QS）检测 STATCOM 的无功输出，并根据它与参考值之差进行反馈控制,使得 STATCOM 的无功输出能跟踪参考值的变化。

(4) DVC 功能

通过直流电压传感器(DCPT)实时检测直流电容电压,并与参考值进行比较,根据误差进行控制,维持直流电压恒定。

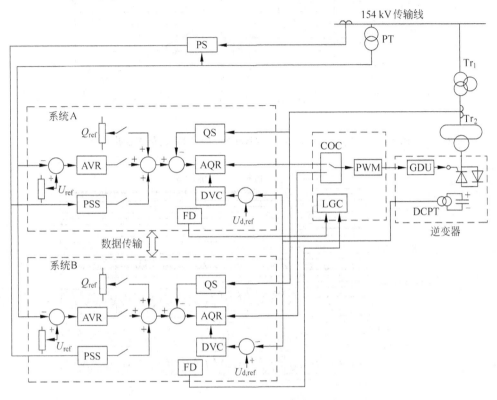

图 4-26　Inuyama 开关站±80Mvar STATCOM 的控制系统

4. STATCOM 的性能测试

1991 年对投运的 STATCOM 进行了性能和功能测试,内容包括:系统启动测试、额定负载测试、无功阶跃响应测试、静态特性测试、系统扰动测试和提高系统静态稳定性的有效性校验等。以下列出一些主要的测试结果。

(1) 静态输出特性

通过理论分析,可得到 STATCOM 的无功电流输出与脉宽控制角 θ 的关系为

$$\frac{I_1}{I_0} = \frac{1}{X}\left(\frac{2\sqrt{2}}{\pi}\frac{u_d}{U_s}\sin\frac{\theta}{2} - 1\right)$$

式中,u_d 为直流电压;θ 为脉宽控制角;U_s 为系统电压有效值;X 为系统与 STATCOM 间连接电抗的标幺值;I_1,I_0 为装置的输出电流和额定电流。

图 4-27 为计算和实测结果比较,可见二者能很好地吻合。

(2) 阶跃响应特性

图 4-28 所示为进行无功控制、输入参考值阶跃变化(从 0 到 40Mvar)时,STATCOM 输出无功功率、直流电容电压和三相输出电流的变化过程。可见,STATCOM 的上升响应

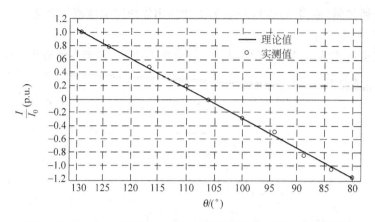

图 4-27　Inuyama 开关站±80Mvar STATCOM 的静态输出特性

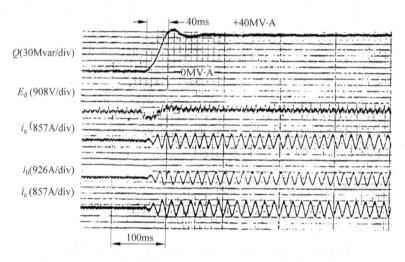

图 4-28　Inuyama 开关站±80Mvar STATCOM 的阶跃响应特性

时间约为 40ms。

（3）扰动试验与动态特性

系统的扰动试验是为了测试 STATCOM 及其调节器对系统扰动后振荡的抑制作用，试验系统即 SATATCOM 所在的运行系统，其结构如图 4-21 所示。试验时联络线的输送功率为 340MW，人工扰动方式为断开向电网送电的一回线路。图 4-29 是试验的录波结果。可见，没有 SATCOM 时线路潮流振荡 13 周以上，时间持续约 20s；安装 STATCOM 后线路振荡只存在约 3 周，持续时间为 3s 左右。说明 STATCOM 能有效抑制低频功率振荡。

（4）STATCOM 提高系统静态稳定性的测试

在无 STATCOM 和有 STATCOM 的情况下，分别逐渐增加电厂的出力而加大传输线上送出的电力，直至到达系统的静态稳定的极限或线路的热稳定极限。测试结果表明，没有 STATCOM 时，系统静稳极限为 531MW；而投入 STATCOM 时，传输功率达到线路的热稳定极限，即 621MW 时，系统仍是稳定的。也就是说，STATCOM 将最大可能传输的容量提高了 17%，有力证明了 STATCOM 特高系统静态稳定性的有效性。

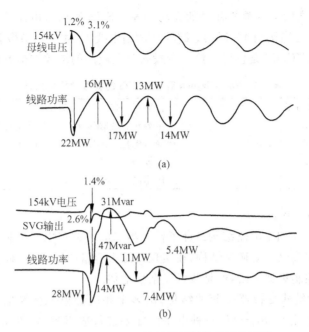

图 4-29　SATCOM 抑制低频振荡的试验波形

(a) 无 STATCOM；(b) 有 STATCOM

5. STATCOM 的运行情况

Inuyama 开关站的 STATCOM 自 1991 年投入运行以来，其可靠性一直很高，从 1991 到 2001 十年中的强制能量不可用率（forced energy unavailability，FEU）平均为 0.23%，加上计划内的能量不可用率（scheduled energy unavailability，SEU），总的能量不可用率（energy unavailability，EU）为 1% 左右。Inuyama 开关站的 STATCOM 是世界上第一台采用可关断器件的大容量 STATCOM 工程，它的成功投运和多年的运行经验为 STATCOM 乃至 FACTS 技术的发展作出了重要的贡献。

4.4.3　NGC-ALSTOM 的 ±75Mvar 链式 STATCOM

1. 工程概述

英国电力市场自 1957 年开始建立，发展迅速，独立的发电公司和电网公司很多，这就使得电网的安全运行、潮流的快速控制显得非常必要。英国国家电网公司（National Grid Company，NGC）是负责整个英国主要输电电网的调度和控制的大型输电公司。2000 年前后，NGC 公司和法国 ALSTOM 公司合作，在英格兰白金汉郡的 East Claydon 变电站成功投运一套静止无功补偿系统（SVS）。该系统包括一台 +127Mvar 的 TSC、一台可移动式（relocatable）的 ±75Mvar STATCOM 和一台 +23MV·A 的滤波器（其中"+"表示容性），如图 4-30 所示，从而可

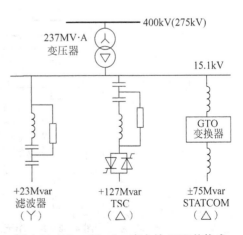

图 4-30　East Claydon 变电站 SVS 的构成

在0到＋225Mvar之间平滑调节补偿的无功功率。SVS的出口电压为15.1kV,通过一个237MV·A的变压器连接到400kV或275kV的输电线上,相关的参数和技术指标如表4-4所示。其中的STATCOM是世界上第一台投入工业应用的链式结构STATCOM。

表4-4　East Claydon 变电站 SVS 的参数和技术指标

电压等级:400kV(275kV)	工作频率:49.5～50.5Hz
输出功率:0～225Mvar	额定容量:225Mvar(对应母线电压为0.95p.u.)
正常电压范围:0.95～1.05p.u.	承受过电压:1.1p.u./15min,1.3p.u./1s
最低工作电压:0.4p.u.	工作效率:98%
补偿度:2%～10%	工作温度:－25～40℃

2. 主电路结构与参数设计

这台STATCOM的主电路结构放弃了传统的二电平或三电平变换器加变压器多重化的方式,而采用链式多电平变换器结构,在实现高压大容量的同时,省略了耦合变压器,大大缩小了装置体积,控制更加灵活,但是装置复杂性增加。

图4-31所示为链式变换器一相的结构,由多个相同的单元变换器(称为link)串联组成,每个link可以输出U_d,0,$-U_d$三种电平。如果进行适当控制,单相变换器的输出电压波形为多个(如N个)link输出电压的叠加,即可输出多电平(如2N+1电平)的电压波形。图4-32所示为3个采用单脉波调制方式的link串联输出7电平电压的情况。3个单相链式变换器可以通过星形(丫)或三角形(△)连接方式组成三相链式变换器。

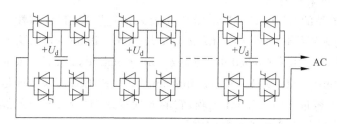

图4-31　单相链式结构变换器的构成

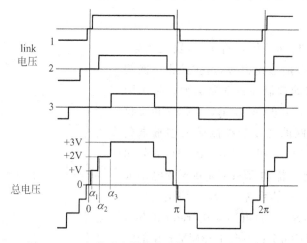

图4-32　3个单元变换器串联输出7电平电压波形

±75Mvar STATCOM 采用的链式结构为三相△形连接,每相 16 个 link,其中包括两个冗余的 link。各 link 都采用单脉波调制方式,每相电压的电平数最多可达到 33。每相链式逆变电路的构成如图 4-33 所示。其中:缓冲电抗器(buffer reactor)可以有效抑制电流畸变,保持输出电压的快速和平稳性,该电抗器的最大耐压是 36kV;阀避雷器(valve arrester)可以防止链式变换器过电压,选用的放电电压是 49kV。每个 link 直流侧电容电压最高不能超过 3kV。主电力电子器件为 4.5kV/3kA 的 GTO,各 link 的结构完全相同,封装成一个模块,使装置非常紧凑,缩小了连接距离,有利于串联使用,并增强了可靠性和维护方便性。

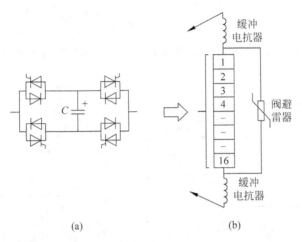

图 4-33　STATCOM 的单相链式逆变电路的构成

3. 控制器设计

整个 SVS 的控制系统采用基于工业标准处理器和 EPLD 的高速数字平台实现。最上层是一个无功-电压控制器,原理如图 4-34 所示。它的作用是根据控制模式(control mode)和当前 SVS 的工作状况,生成 SVC 和 STATCOM 的电流输出指令,即 I. SVC. order 和 I. STM. order,分别送到下一级的 SVC 和 STATCOM 控制器。由于 STATCOM 可以进行分相控制,因此 I. STM. order 又分为 I. STM. order. ab、I. STM. order. bc 和 I. STM. order. ca。控制器有两种控制模式,即电压跟踪控制和恒无功控制。前者采用有差式斜率调节方式(斜率为 2%～10%)使接入母线电压维持在 0.95～1.05p. u. 的范围内;后者采用 PI 式调节,使 STATCOM 输出一定的无功功率,并在暂态过程中允许短时过负荷运行。同时,该套装置还提供功率振荡阻尼控制接口,供用户选择。

STATCOM 通过控制链式变换器输出电压 V. ac 与接入母线电压 V. LV 的相角差 δ 来调节 STATCOM 与系统间的小部分有功功率流动,对直流进行充电或放电,从而影响直流电压的大小,进而调节 STATCOM 输出电压的幅值,最终达到控制输出无功电流的方向和大小的目的。STATCOM 控制器的原理如图 4-35 所示。主要包括五个部分:

(1) 移相控制(phase shift control),是电流闭环控制的核心部分,利用一个 PI 式调节器确定相角差 δ。

(2) 追踪控制(tracking control),根据电网电压波形和相角差 δ 确定链式变换器的输出电压波形参考 V. acref,并用一系列数值进行表示。

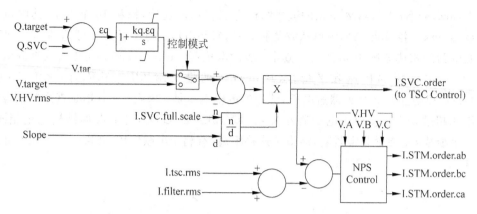

图 4-34　East Claydon 变电站 SVS 的无功-电压控制的原理

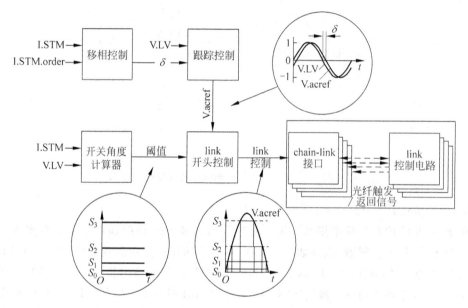

图 4-35　East Claydon 变电站 STATCOM 的控制器结构

（3）开关角度计算器（switching angle calculator），根据当前的 STATCOM 输出电流 I. STM 和电网电压 V. LV，按照预定的消谐要求，产生各个 link 的门槛值 $S(n)$。

（4）链路开关控制（link switching control），通过比较各个 link 的门槛值 $S(n)$ 和输出电压波形参考 V. acref，获得一相各个变换器单元的开关控制信号 link control。

（5）Chain-link 接口（chain-link interface），将开关控制信号通过光纤送往各个模块的 LCE，后者再通过 GTO 的门极单元控制 GTO 的导通和关断。

当系统发生扰动引起接入母线电压异常时，控制器能对 V. acref 进行适当修正，如母线电压出现短时跌落时对工作 link 旁路，而如果母线出现短时过电压时能扩展工作 link 的导通脉波，从而使得 STATCOM 输出的电流在其允许的最大超前或滞后电流之内，既保护了装置，又发挥了 STATCOM 快速性应付扰动的能力。

4. 安装与移动

SVS 采用紧凑型布置,占地面积不到 1400m²,其中 STATCOM 约占一半的面积,如图 4-36 所示。STATCOM 由于三相能够完全分开且独立运行,故每相单独做成一个变换器柜,相应的 3 个机柜在图中的右上位置,TSC 阀以及控制等辅助设备安装在一个同样机柜中,位于图中的中部;冷却和热交换设备位于图中的右边;泵及其控制设备装在一个标准的机柜中,易于移动;其他设备(如电容器组、电抗器组等)采用金属框架成组安装。

图 4-36 East Claydon 变电站 SVS 的现场布置

由于英国电网需要无功补充的地点较多,且不固定,为方便未来应用时移动和扩展,SVS 设计成易于移动安装的方式。STATCOM 的每相变换器可采用货车直进行接托,如图 4-37 所示。

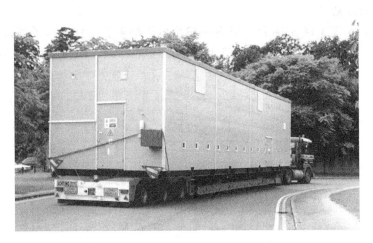

图 4-37 移动中的 STATCOM 单相变换器

5. 性能测试

(1) 开路测试

STATCOM 在安装到电网之前进行了开路试验。试验时,直流电压和所有的电路损耗

通过公共接地电源由变电站供给。每相变换器柜的输出相当于一个开路的电压源,不带任

何负载。该试验可以验证 STATCOM 的电路及其控制能否承受 24kV 的峰值电压,并对辅助电源和控制系统进行检验。STATCOM 开路输出的电压波形如图 4-38 所示,可见其非常接近理想的正弦波形。

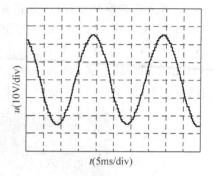

图 4-38　STATCOM 开路输出
的电压波形

（2）额定输出试验

STATCOM 并入电网后,测试其吸收和输出最大感性无功功率的情况,测试结果如图 4-39 所示,其中图 4-39(a) 为 STATCOM 输出电流超前系统电压,即吸收最大感性无功功率的情况,图 4-39(b) 为 STATCOM 输出电流滞后系统电压,即输出最大感性无功功率的情况。

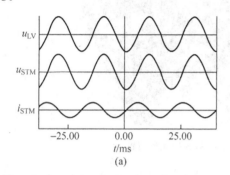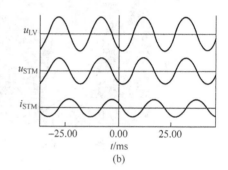

图 4-39　STATCOM 输出最大感性、容性电流时的电压、电流波形
(a) 输出电流超前系统电压;(b) 输出电流滞后系统电压

（3）输出谐波测试

在各种运行情况下对 STATCOM 各相输出电压的谐波特性进行了测试,图 4-40 所示是连续测试约 1h 得到的各相电压的 THD 指标。可见,STATCOM 输出的谐波分量很小,可以忽略。

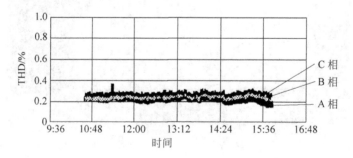

图 4-40　STATCOM 各相输出电压的 THD

（4）STATCOM 的阶跃响应试验

通过改变 SVS 的无功电流参考值来测试 STATCOM 的阶跃响应特性,同时调整控制器的参数,以获得最佳的动态响应性能。图 4-41 所示为电流参考值发生阶跃变化时 SVS

和 STATCOM 各相输出电流的典型动态过程。测试表明,无功输出从 0 阶跃到 90% 额定值对应的上升时间约为 100ms。

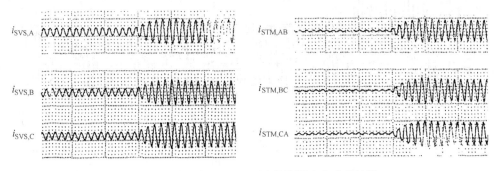

图 4-41 SVS 和 STATCOM 的阶跃响应动态过程

(5) TSC 投运(deblock)与切除(block)试验

在 SVS 处在电压控制模式下,通过调整电压参考值,控制器自动投运和切除 TSC,使得 STATCOM 的电流参考值发生很大的变化,进而使得其输出在短时间内变化巨大,甚至从最大容性电流跳变到最大感性电流,或者相反。图 4-42(a) 和 (b) 分别为 TSC 投运和切除时,SVS,TSC 和 STATCOM 的电流动态过程。

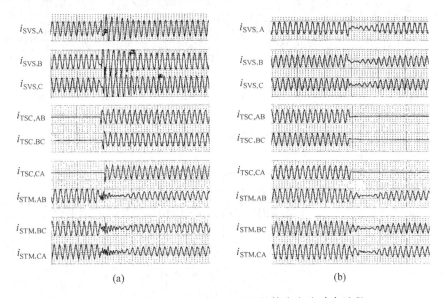

(a)　　　　　　　　　　　　　(b)

图 4-42 SVS,TSC 和 STATCOM 的输出电流动态过程

(a) TSC 投运;(b) TSC 切除

(6) STATCOM 在系统电压发生跌落时的运行情况

经测试,当系统发生短时间内的电压跌落(如降低至 0.4p.u.)时,STATCOM 仍能在 30s 内维持规定的输出电流,并在 5min 内保持与系统并网,在这段时间内 STATCOM 的每相 link 和冷却泵等由 UPS 供电,直流电容不放电,变换器输出电流对于加大故障电流只有很小的贡献。图 4-43~图 4-45 所示分别为系统电压发生跌落时的系统各相电压、STATCOM 输出各相电压和 SVS 输出各相电流的动态过程。

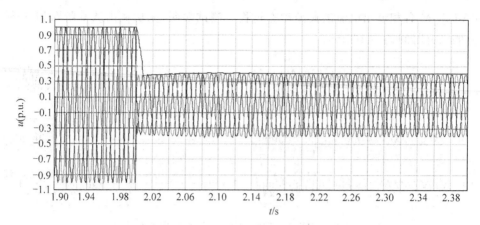

图 4-43   系统电压发生跌落时系统各相电压的动态过程

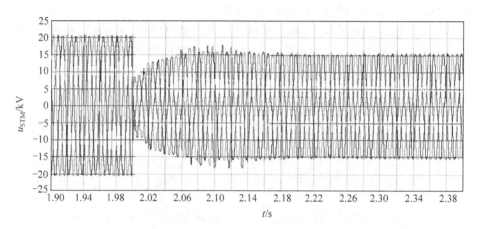

图 4-44   系统电压发生跌落时 STATCOM 输出各相电压的动态过程

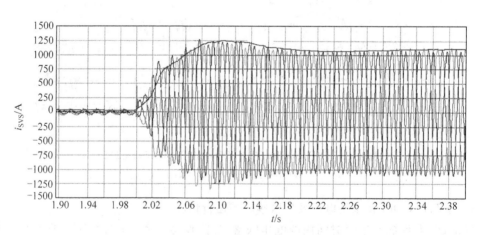

图 4-45   系统电压发生跌落时 SVS 输出各相电流的动态过程

6. STATCOM 的运行情况

该装置自 2000 年 12 月投入运行起,到 2002 年 12 月没有出现一例 GTO 元件损坏等较大事故,整体运行可靠性很高。其中,链式 STATCOM 作为 SVS 项目的一部分,在投运后显示了良好特性。该项目的实施有效地提高了英格兰南北方向上的潮流传输能力,而且可拖动式的设计使得其随时可以移动到需要进行无功补偿的位置。由于 STATCOM 的快速控制特性,相对于只采用 SVC 而言,整个项目获得了更好的快速响应速度和占地面积较小的优势。此外,STATCOM 采用链式主电路结构,使采用更灵活的控制方法成为可能。

参 考 文 献

[1] HINGORANI N G, LASZIO G. Understanding FACTS: Concept and technology of flexible AC transmission systems [M]. New York: The Institute of Electrical and Electronics Engineers, Inc., 1999.

[2] 赵贺. 电力电子学在电力系统的应用——灵活交流输电系统[M]. 北京:中国电力出版社,2001.

[3] FANG Z P, LAI J S. Generalized instantaneous reactive power theory for three-phase power systems [J]. IEEE Transactions on Instrumentation and Measurement, 1996, 45(1): 293-297.

[4] 姜齐荣. 新型静止无功发生器建模及其控制的研究[D]. 北京:清华大学电机系,1997.

[5] 姜齐荣,蒋霞,梁旭,陈学宇. 大容量 STATCOM 装置的非线性特性[J]. 清华大学学报(自然科学版),2003,43(3):326-328.

[6] 王仲鸿,姜齐荣,沈东. 关于新型静止无功发生器模型参数及暂态控制模型选择的讨论[J]. 电力系统自动化,1999,23(24):43-45.

[7] 沈东. 基于标幺值模型的静止同步补偿器性能分析与主电路参数评估[D]. 北京:清华大学博士论文,1999.

[8] 栗春,姜齐荣,马晓军,修林成. ±10kvar 静止同步补偿器的动模试验研究[J]. 电力系统自动化,1999,23(6):50-53.

[9] 修林成,王强,沈东,韩英铎,等. 高精度 ASVG 数字脉冲发生器研究[J]. 清华大学学报(自然科学版),1997,37(7):35-38.

[10] 栗春,高辉,石建民,姜齐荣. 基于 DSP 的静止同步补偿器脉冲发生器及控制器的设计[J]. 电力系统自动化,1999,23(13):26-29.

[11] 王强,王蔚宏,姜齐荣,韩英铎,修林成. 基于声表面波器件脉冲发生器的改进研究[J]. 电力系统自动化,1999,23(22):31-36.

[12] 刘文华,姜齐荣,梁旭,等. ±20Mvar STATCOM 总体设计[J]. 电力系统自动化,2000,24(23):14-18.

[13] 刘文华,梁旭,姜齐荣,等. 采用 GTO 变换器的±20Mvar STATCOM[J]. 电力系统自动化,2000,24(23):19-23.

[14] 姜齐荣,刘文华,韩英铎,纪勇. ±20Mvar STATCOM 控制器设计[J]. 电力系统自动化. 2000,24(23):14-18.

[15] 刘文华,姜齐荣,梁旭,等. ±20Mvar STATCOM 的工业现场测试及试运行[J]. 电力系统自动化,2000,24(23):43-46.

[16] 马晓军,姜齐荣,陈建业,等. 不对称系统的设计参数对 STATCOM 性能的影响[J]. 清华大学学报(自然科学版),2000,40(7):23-26.

[17] 谢小荣,唐义良,韩英铎,等. ±20Mvar STATCOM 的运行监测与故障诊断系统[J]. 电力系统自动化,1999,23(12):25-28.

[18] 沈东,姜齐荣,韩英铎. 静止同步补偿器的标幺化模型及开环响应时间常数分析[J]. 中国电机工程学报,2000,20(7):56-61.

[19] 谢小荣,崔文进,唐义良,韩英铎. STATCOM 无功电流的鲁棒自适应控制(输出反馈方法)[J]. 中

国电机工程学报,2001,21(4): 35-39.

[20] 纪勇,李向荣,朱庆翔. 基于 GTO 的±20Mvar STATCOM 的现场运行及改进[J]. 电力系统自动化,2003,27(4): 61-65.

[21] CLAUCLIO A C. Power flow and transient stability models of FACTS controllers for voltage and angle stability studies[C]//2000 IEEE Power Engineering Society Winter Meeting, 23-27 Jan. 2000 (2): 1447-1454.

[22] SUMI Y,HARUMOTO Y,HASEGAWA T,et al. New static var control using force-commutated inverters[J]. IEEE Transactions on Power Apparatus and Systems, 1981,100(9): 4216-4224.

[23] EDWARDS C W,MATTERN K E,STACEY E J,et al. Advanced state var generator employing GTO thyristors[J]. IEEE Transactions on Power Delivery,1988,3(4): 1622-1627.

[24] MORI S, MATSUNO K, TAKEDA M, et al. Development of a large var generator using self-commutated inverters for improving power system stability[J]. IEEE Transactions on Power System, Feb 1993,8(1): 371-377.

[25] SCHAUDER C,GERNHARDT M,STACEY E,et al. Development of a ±100Mvar static condenser for voltage control of transmission systems[J]. IEEE Transactions on Power Delivery, 1995,10(3): 1486-1496.

[26] SCHAUDER C,GERNHARDT M,STACEY E,et al. Operation of ±100Mvar TVA STATCON [J]. IEEE Transactions on Power Delivery,1997,12(4): 1805-1811.

[27] SOBRINK K H,RENZ K W,TYLL H. Operational experience and field tests of the SVG at rejsby hede[C]//1998 International Conference on Power System Technology (POWERCON'98). 18-21 Aug. 1998(1): 318-322.

[28] RENZ B A,KERI A,MEHRABAN A S,et al. AEP unified power flow controller performance[J]. IEEE Transactions on Power Delivery,1999,14(4): 1374-1381.

[29] SCHAUDER C,STACEY E,LUND M,et al. AEP UPFC project: Installation,commissioning and operation of the ±160MV • A STATCOM (Phase I)[J]. IEEE Transactions on Power Delivery, 1998,13(4): 1530-1535.

[30] XIE X B,LIU W H,QIAN H,et al. Real-time supervision for STATCOM installations[J]. IEEE Computer Applications in Power,2000,13(2): 43-47.

[31] HANSON D J,HORWILL C,GEMMELL B D,et al. A STATCOM-based relocatable SVC project in the UK for national grid[C]//2002 IEEE Power Engineering Society Winter Meeting. 27-31 Jan 2002(1): 532-537.

[32] HORWILL C, TOTTERDELL A J, HANSON D J, et al. Commissioning of a 225Mvar SVC incorporating a ±75Mvar STATCOM at NGC's 400kV East Claydon Substation[C]//Seventh International Conference on AC-DC Power Transmission. 28-30 Nov 2001,Conf. Publication No. 485: 232-237.

[33] AINSWORTH J D,DAVIES M,FITZ P J,et al. Static var compensator (STATCOM) based on single-phase chain circuit converters[J]. IEE Proceedings-Generation,Transmission and Distribution, 1998,145(4): 381-386.

[34] ARABI S,HAMADANIZADEH H,FARDANESH B. Convertible static compensator performance studies on the NY state transmission system[J]. IEEE Transactions on Power Systems,Aug. 2002, 17(3): 701-706.

[35] UZUNOVIC E,FARDANESH B,HOPKINS L,et al. NYPA convertible static compensator (CSC) application phase I: STATCOM[C]//2001 IEEE/PES Transmission and Distribution Conference and Exposition. 28 Oct-2 Nov 2001(2): 1139-1143.

[36] REED G, PASERBA J, CROASDAILE T, et al. SDG&E Talega STATCOM project-system

analysis, design, and configuration[C]//2002 IEEE/PES Transmission and Distribution Conference and Exhibition：Asia Pacific. 6-10 Oct 2002(2)：1393-1398.

[37] SCARFONE A W, OBERLIN B K, DI Luca J P, et al. A ±150Mvar STATCOM for northeast utilities' glenbrook substation[C]//2003 IEEE Power Engineering Society General Meeting. 13-17 July 2003(3)：1834-1839.

[38] ZHANG Z, FAHMI N R. Modelling and analysis of a cascade 11-level inverters-based SVG with control strategies for electric arc furnace (EAF) application[C]//IEE Proceedings-Generation, Transmission and Distribution. March 2003,150(2)：217-223.

[39] 刘文华,宋强,腾乐天,等. 基于集成门极换向晶闸管与链式逆变器的±50Mvar静止同步补偿器[J]. 中国电机工程学报,2008,28(15)：55-60.

[40] 许树楷,陈名,傅闯,等. 南方电网±200Mvar静止同步补偿装置系统调试[J]. 南方电网技术,2012, 6(2)：21-25.

[41] 黄剑. 南方电网±200Mvar静止同步补偿装置工程实践[J]. 南方电网技术,2012,6(2)：14-20.

第 5 章

综合并联无功补偿系统

5.1 概　　述

通过前两章的介绍可以知道,电网中使用的并联无功补偿设备包括传统的基于机械开关投切的电容器或电抗器,也包括采用电力电子器件的 FACTS 控制器。后者进一步区分为采用晶闸管控制/投切电感和电容的可控阻抗型 SVC,以及采用电力电子变换器的同步电压/电流源型 STATCOM。它们在电路结构、工作原理、输出特性、损耗特点、响应速度、装置成本等各方面均有一定的区别,但作为并联无功补偿设备,都能向电网提供无功功率,满足特定的补偿要求,并在线性区域表现出类似的工作能力。而在实际的电力系统应用中,往往需要根据无功补偿的具体技术经济指标,将不同的补偿设备结合起来,构成综合并联无功补偿系统。

本章首先对 SVC 和 STATCOM 的基本特性进行比较,然后研究它们之间共性的系统级控制策略,比较其提高系统各种稳定性和传输容量的能力,进而探讨将各种并联补偿设备集成起来构成综合并联补偿系统的必要性、优势及其协调控制的问题。通过对 SVC,STATCOM 和其他并联补偿设备较全面的对比分析,有利于在实际应用中根据电网的具体要求选择合适的 FACTS 控制器或传统并联补偿设备,或综合多者的优点,更好地改善电网性能。

5.2　SVC 与 STATCOM 的基本特性比较

SVC 是电力系统中应用较早和较普遍的并联无功补偿设备和 FACTS 控制器,而 STATCOM 是较近发展并得到应用的新型并联无功补偿设备和 FACTS 控制器,通过前两章的介绍,读者基本了解了其结构、组成和工作原理上的不同之处,下面将进一步从外部特性、对系统的作用等方面进行对比,以便在实际应用中根据系统需要作出适当的选择。

5.2.1　输出特性比较

SVC 通过改变电纳来调节其输出的无功功率(电流),等效为可控电抗或电容器;而

STATCOM 通过改变输出电压来调节其输出的无功功率(电流),等效为可控电流源。这一点是 SVC 与 STATCOM 在外特性上最根本的区别,它使得 STATCOM 比 SVC 拥有更出色的特性、更好的性能以及更优越的应用灵活性。

第 3 章和第 4 章分别介绍了 SVC 和 STATCOM 在开环运行情况下的输出特性,在常用的斜率式电压调节器闭环控制下(详细内容将在 5.3.2 节中介绍),其 U-I 和 U-Q 特性曲线可分别用图 5-1 和图 5-2 来表示。可见:

(1) STATCOM 是一个可控电流源,最大容性或感性输出电流不依赖系统电压,最大无功输出或吸收随着系统电压线性变化;SVC 是一个可控的阻抗,在满载时是一个固定容量的电纳,可以达到的最大补偿电流随着系统电压线性减少,最大无功输出与系统电压的平方成正比。STATCOM 甚至可以在很低的电压(如 0.2 p.u.)下运行于满发电流状态,而 SVC 在低电压下输出的补偿功率会大大减少。因此,STATCOM 比 SVC 具有更好的补偿特性,在大系统扰动下,电压偏移往往会超出补偿的线性运行区,STATCOM 在系统电压跌落时提供最大补偿电流的能力使得它较 SVC 具有更佳的电压支撑能力,同样的动态补偿使用 SVC 需要考虑更大的容量。大量的仿真分析表明,在电力系统故障过程中,电压降低导致 STATCOM 的无功补偿能力相当于约 1.2~1.3 倍容量 SVC 的无功功率补偿能力。

(2) STATCOM 在感性和容性运行区域有较优越的暂态性能。SVC 所能达到的最大容性电流严格地由电容容量和系统电压幅值决定,难以增加暂态无功输出;而 STATCOM 的暂态过载能力跟所采用的电路、器件和控制方式有关。在容性运行区,STATCOM 可达到的暂态过电流的最大值由所使用的电力电力器件(例如 GTO)的最大关断电流决定;在感性运行区,对于采用基波频率控制的变换器,由于电力电子器件一般是自换流的,其暂态电流值理论上只受 GTO 结最大允许温度限制,大体上具有比容性范围更高的暂态过载能力。但需要指出的是,如果变换器采用 PWM 控制时,由于每半个基波周波内上下阀件间电流转换多次,这种可能性不成立。甚至在使用非 PWM 变换器时,当运行的暂态值超过所使用电力电子器件关断电流容量极值时,应该认真考虑运行可靠性,因为一旦预料中的自换流由于某种原因失败,会导致变换器故障。

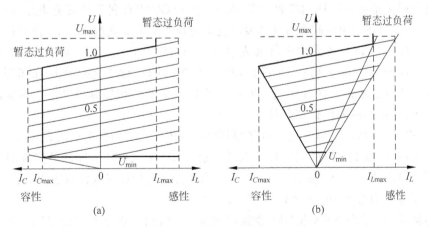

图 5-1　STATCOM 和 SVC 的 U-I 特性

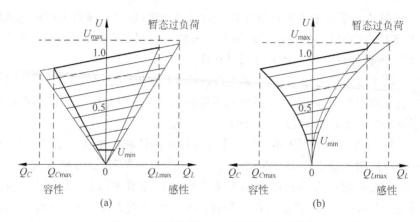

图 5-2   STATCOM 和 SVC 的 U-Q 特性

5.2.2   响应速度比较

    SVC 和 STATCOM 的整体开环响应时间包括传输迟延和设备自身的响应特性,前者是从发出操作指令到开关器件真正响应的时间间隔,而后者决定于主电路响应参考输入到输出(阻抗或无功电流)发生改变的速度。对于采用普通晶闸管的 SVC 而言,由于一旦晶闸管导通,必须等电流过零才能自然关断,因此最大的传输迟延将达到半个周波,加上 SVC 本身的过渡过程,整个开环响应时间约为 20～40ms。而 STATCOM 的传输迟延很小(0.1～1ms),可以忽略不计,开环响应速度主要由其固有的时间常数决定,大容量 STATCOM 的开环时间常数通常在 10～200ms 范围,最快的(如基于高频 PWM)STATCOM 开环时间常数可降低到数毫秒。

    还有一些因素使得 STATCOM 能获得比 SVC 更好的动态响应特性,包括:①基于可关断器件的 STATCOM 能实现各种优化控制模式,如 PWM、多电平等,增强了控制灵活性,而 SVC 不能做到这一点。②STATCOM 具有电流源型特性,在端电压幅值变化约 15% 的范围即可获得全额可调的输出,而 SVC 是阻抗型并联补偿器,只有当端电压从 0 到额定值之间变化时才能获得同样的控制范围,因而 STATCOM 有利于实现更快速的控制效果。③STATCOM 能在极短时间内快速改变其直流电压来调节交流输出电压,进而控制输出功率和电流。④STATCOM 采用多脉波或多电平结构时,随着容量增大,损耗(等效电阻效应)降低,其响应速度会得到进一步提高,而 SVC 虽然随着脉波数的增多(如 6 脉波、12 脉波),其响应速度会增快一些,但由于 TCR/TSC 的最大整体传输延迟并不因为脉波数增加而明显减少,因此响应速度提高有限。

    由于 STATCOM 具有较小的开环时间常数,其闭环调节的带宽也比 SVC 好得多,有利于设计响应更快、性能更好的闭环控制系统。通常,STATCOM 的闭环装置级响应时间常数能达到毫秒级甚至更小;而对于 SVC,由于闭环控制对传输迟延没有影响,因此闭环装置级响应时间常数仍然在 10ms 以上,多为 20～30ms。

    总的来说,SVC 和 STATCOM 装置响应速度都很快,但 STATCOM 的动态响应比SVC 要更快一些。STATCOM 极快的动态响应特性不仅有利于其在电力系统机电乃至电磁暂态过程中发挥作用以改善电网运行特性,而且有助于在非常宽的频带内设计系统级闭环控制,使得 STATCOM 比 SVC 对系统阻抗变化等具有更好的适应性和鲁棒性。

5.2.3 损耗特性比较

图 5-3 描述了 3 种常见 SVC 和 STATCOM 的损耗-输出无功功率关系。可见,TCR+FC 型 SVC 在 0 无功输出时损耗较大,损耗随感性无功的增加而平滑增加,随容性无功的增加而平滑减少,见图 5-3(a);TSC(TSR)在 0 无功输出时损耗较小,损耗随容性(感性)无功的增加而阶梯式增加,见图 5-3(b);TCR+TSC 型 SVC 在 0 无功输出时损耗较小,损耗随感性无功的增加而平滑增加,随容性无功的增加而阶梯式增加,见图 5-3(c);而 STATCOM 在 0 无功输出时损耗较小,损耗随感性/容性无功的增加而平滑增加,见图 5-3(d)。从已有的大量应用工程来看,同容量水平上,STATCOM 与 SVC 的损耗大体相当。两种 FACTS 控制器在零或接近零无功输出时,损耗很低(约 0.1%~0.2%),且一般情况下,损耗都随着无功输出的增加而增加,并在额定输出时损耗率达到 1.0%~2.0% 左右。这种损耗-输出特性对于 STATCOM 和 SVC 应用于输电系统是有利的,因为输电系统正常运行时的无功需求通常不大,只有在偶发事故、动态扰动以及可能的全地区无功协调时才需要进行补偿。

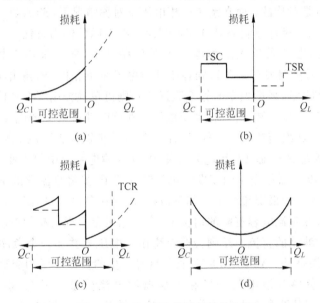

图 5-3　常见 SVG 的损耗特性比较

(a) 1.0 p.u. TCR+1.0 p.u. FC; (b) 2×0.5 p.u. TSC/TSR;
(c) 2×0.5 p.u. TSC+0.5 p.u. TCR; (d) 1.0 p.u. STATCOM

在电力电力器件及其相关部件对整个装置损耗的贡献方面,STATCOM 要比 SVC 高,这是因为目前使用的具有可关断能力的电力电子器件(如 GTO)的导通损耗比传统器件(如晶闸管,机械开关,电感/电容器)要大,而且强迫电流关断的开关损耗比自然关断要大。但是,随着半导体技术的快速发展,在不久的将来,器件损耗降低是可能实现的,而传统电力电子元件的损耗,不会改变很多。因此,随着新型器件的出现,结合大功率变换器中多脉波、多电平和 PWM 技术的发展,有望在不远的将来大大降低 STATCOM 的损耗,使 STATCOM 比 SVC 具有更低的损耗率。

5.2.4   有功功率调节能力

STATCOM 的直流侧通常采用电容或电感作为电压源或电流源支撑,由于电容和电感存储的能量有限,因而不能与系统交换大量的有功功率,只能进行无功功率补偿而不能进行有功补偿。但是,STATCOM 的直流侧可以接入大容量的储能系统,如电池组、超导储能装置、超级电容器等,从而构成静止同步发生器(SSG),对交流系统进行有功功率补偿。也就是说,STATCOM 可以方便地升级为 SSG,从而具有可控地与交流系统交换有功和无功功率的能力,而 SVC 不具有这样的特性。

STATCOM 升级为 SSG 后,其有功和无功功率输出可以独立控制,对电网具有更好的动态调节能力,从而有利于提高电网的稳定性和运行效率。关于 SSG 进一步的介绍可参考第 6 章。

5.2.5   交流系统不对称时的运行特性

正常情况下,交流系统的三相电压是对称的,此时,STATCOM 和 SVC 的三相控制是对称的,三相输出也是对称的;而在系统三相电压不对称情况下,STATOM 和 SVC 将因其采用的控制方式是三相对称控制还是分相控制而具有不同的输出特性。

对于 SVC 来说,在接入母线三相电压不对称条件下,如果采用三相对称控制(对于 TCR 即三相采用一致的触发延迟角),则各相补偿电流将不相同,即输出不对称;而如果采用分相控制(对于 TCR 即采用独立的触发延迟角),则可单独控制 3 个补偿电纳以使得三相补偿电流对称。采用分相控制,可以在系统电压不对称时获得对称的电流输出;但是,这种情况下每相的 3 的倍数次谐波将不一样,因而大多需要安装通常不必要的 3 次谐波滤波器。因此,SVC 的分相控制只在配电和用电系统使用,而在输电系统中较少使用。

STATCOM 的变换器相当于同步发电机旋转的转子,能将直流侧的励磁电压转换成交流侧的工频交流电压。如果交流电压三相不对称,即存在负序分量,则会在直流侧产生二次交流谐波充电电流,在直流电容有限的情况下,直流电压会出现倍频的波动。当变换器采取对称控制时,该倍频波动的直流电压则会在交流输出电压上叠加一个负序工频分量和一个三次谐波分量。结果是,STATCOM 将吸收与自身产生的负序电压和交流系统电压的负序分量之差成正比的负序基波电流分量和 3 次谐波电流分量。可见,系统不对称将导致 STATCOM 产生负序基波和 3 次谐波分量,前者有利于减小负序电流,而后者没有什么用处。STATCOM 采用对称控制可充分利用其容量,且在正常状况下有利于抑制谐波。但是,在考虑系统不对称存在的特殊应用中,或者需要补偿很大的不对称负荷时,STATCOM 也可采用分相控制方法,独立地控制正序和负序补偿电流,此时,通常需要一个较大的电容(或电感)以降低直流侧 2 次纹波电流。实际应用中,分相不对称控制主要为配电系统中的(D-)STATCOM 所采用,以补偿三相不对称,改善电能质量。

5.2.6   其他方面的比较

1. 阻抗谐振特性

SVC 是阻抗型的,接入电力系统之后有可能改变原电力系统的阻抗特性。因此,如果计划在电力系统中某些节点安装 SVC,除研究 SVC 投入后对提高系统稳定性的作用外,还必须详细研究系统在 SVC 接入前后阻抗特性的变化,防止 SVC 接入改变系统阻抗特性导致出现谐振现象。在 SVC 的工程实践过程中,曾经出现安装 SVC 后系统出现谐振的例子。电力系统安装多台 SVC 后更容易出现谐振问题,因此必须予以考虑。STATCOM 装置由于可等效为可控的电流源,接入系统后不会改变系统的阻抗特性,因而不存在谐振问题。

2. 谐波特性

当 TCR 不采用一定的谐波抑制措施(如多脉波、连续控制等)时,输出的谐波含量比较丰富,需要安装滤波器;而 STATCOM 装置变换器输出的电压谐波含量相对较低,一般情况不需要安装滤波器。

3. 装置成本

SVC 装置采用一般的晶闸管,而 STATCOM 装置采用门极可关断晶闸管或其他可关断器件,而可关断器件的价格比较贵,因此到目前为止同容量 STATCOM 装置的成本比 SVC 装置的成本高。这是目前 SVC 装置普遍应用而 STATCOM 装置只在某些要求较高的场合应用的一个重要原因。

4. 占地和安装

由于 STATCOM 中使用的电容或电感只是作为电压或电流支撑器件,其容量远远小于 SVC 中的电容和/或电感,从而使得 STATCOM 占地面积小,约为 SVC 的 $60\% \sim 70\%$;而且安装的工作量和成本也低于 SVC。因此,STATCOM 更适用于土地费用高或需要迁移的情况。

5.3 SVG 的系统控制

根据第 3 章的阐述,在电力系统中,并联无功补偿的主要作用是通过控制和调节注入电网的无功功率来改善电网运行特性,达到提高系统稳定性、传输能力和电能质量等目的。由于并联无功补偿不能发出或吸收有功功率(忽略 SVC 相对较低的内部损耗,并假设 STATCOM 无储能装置),它只是通过变化输出无功功率(感性或容性)来控制电网节点电压,进而影响系统的运行性能。也就是说,从系统侧来看,所有并联无功补偿设备的输出都是以维持或控制电网的特定参量为目标而变化,这就意味着决定无功补偿器功能行为的基本外部控制结构和所需的参考输入在本质上是相同的,不依赖于无功补偿发生器的形式而改变,这是它们之间共性的地方。基于这一点,本章将 SVC 和 STATCOM(统称为 SVG)的系统控制作为一个整体来研究,探讨为实现各种不同控制目的的一般性控制方法及其控制效果的差别。

5.3.1 SVG 的一般控制策略

为了满足电力系统的一般性补偿要求,需要控制 SVG 的无功输出来保持或变化其与输电系统连接点的电压。

图 5-4 给出了一个较通用的控制策略。在 SVG 的接入点,将电力系统等效成一台发电机,其中 P_M, U, δ 分别代表其机械功率、内电压和功角;机组内阻抗为 $Z(\omega, t)$,包括发电机和传输线的阻抗,为角频率 ω 和时间 t 的函数(阻抗随时间变化是因为故障、线路切换等扰动);电力系统的端电压 u_T 可以由一个变化的幅值 U_T 和角频率 ω 来描述。SVG 由

STATCOM 或/和 SVC 构成,等效为可控的无功电流源,其从系统吸收的无功电流 i_o 跟随电流参考值 $I_{q,ref}$ 变化。$I_{q,ref}$ 则由控制规律产生,在如图 5-4 所示的控制策略中,$I_{q,ref}$ 是直接控制输入和 AVR 输出之和。这里的 AVR 可采用发电机励磁控制器中的 AVR 控制规律,如常见的 PI 和 PID 控制,AVR 的输入为校正后的参考电压 U_{ref}^* 与端电压之差,即 $\Delta U_T = U_{ref}^* - U_T$,而 $U_{ref}^* = U_{ref} + U_{rc}$,其中 U_{ref},U_{rc} 分别为校正前的参考电压和附加控制量,后者是为了达到特定控制目标(如阻尼控制)而设定的附加控制输入。由于附加控制量是经过AVR 起作用的,即受 AVR 性能的影响,有时为了获得更快速的控制响应,或者更好地协调多个控制目标,可将某些控制信号接入直接控制输入端,绕过 AVR,直接参与构成 $I_{q,ref}$。

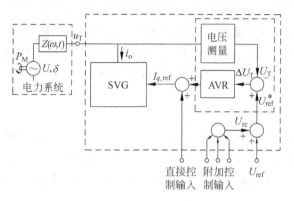

图 5-4　SVG 的一个通用控制策略

在这种较通用的 SVG 控制策略中,关键是设计适当的 AVR,并根据电力系统需求,提供能达到特定控制目标的附加控制信号,并协调好它们之间的关系。

5.3.2　电压控制策略及其闭环动态模型

如果在图 5-4 所示的控制策略中,AVR 采用经典的 PI 控制规律,并且只考虑电压控制目标,即忽略直接控制输入和附加控制,则

$$I_{q,ref} = k_P \Delta U_T + k_I \int \Delta U_T \mathrm{d}t \tag{5-1}$$

式中,k_P,k_I 分别为 AVR 的比例增益和积分增益。易知,如果 SVG 工作在线性区,当系统进入稳态时,$\Delta U_T = U_{ref} - U_T = 0$,即端电压等于参考值,达到无差调节的效果,此时 SVG 输出的无功功率决定于 ΔU_T 的演变过程。

然而在实际应用中,SVG 不用作理想的端电压校正器,而是允许端电压按照补偿电流的比例变化,即采用有差的斜率调节方式,这样做的好处是:

(1) 扩展 SVG 的线性工作范围,这是因为对于给定最大容性和感性容量的 SVG,采用有差的斜率调节方式可使得投入最大容性补偿时,端电压允许比无载时的额定值低;相反,在投入最大感性补偿时,允许比额定值高。

(2) 系统稳定性好,如果系统等效阻抗在特定频率范围内表现为低阻抗甚至零阻抗,则采用无差调节会导致运行点难以确定,易引发振荡。

(3) 可实现在不同并联无功补偿设备以及其他电压调节设备之间自动和可控的负载分配。

为实现有差的斜率电压调节方式,可采用如图 5-5 所示的控制策略,在 PI 型 AVR 的参考电压上叠加一个辅助控制量,即

$$U_{ref}^* = U_{ref} + \kappa I_q \tag{5-2}$$

进入稳态时,SVG 接入点的端电压由下式决定:

$$U_T = U_{ref}^* = U_{ref} + \kappa I_q \tag{5-3}$$

其中 κ 为调节斜率,满足下式:

$$\kappa = \frac{\Delta U_{Cmax}}{I_{Cmax}} = \frac{\Delta U_{Lmax}}{I_{Lmax}} \tag{5-4}$$

式中,ΔU_{Cmax} 是在最大容性输出电流($I_{qmax} = I_{Cmax}$)时,端电压与额定值之间的偏差(减量);ΔU_{Lmax} 是在最大感性输出电流($I_{qmax} = I_{Lmax}$)时,端电压与额定值之间的偏差(增量)。

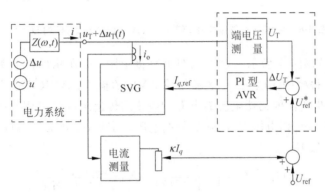

图 5-5 SVG 的有差斜率式电压调节

式(5-2)表明,校正后的端电压参考值 U_{ref}^* 随着容性补偿电流的增加自额定值(无补偿)线性减小,而随着感性补偿电流的增加而线性增加,直至到达最大的容性或感性补偿电流,减少或增加的比例决定于调节斜率 κ。控制的结果使得端电压 U_T 在 SVG 可控区域内沿着线性倾斜变化,见式(5-3)。而在可控区域之外时,SVG 的输出由其使用的并联补偿装置的基本 U-I 特性决定。如对于 STATCOM,补偿电流将停留在最大容性或感性值;而对于 SVC,输出将以固定电容或电感的形式变化。

图 5-6 所示为采用上述有差斜率电压调节方式 SVG 的典型 U-I 特性曲线,在可控区域内表现为一条向右上倾斜的线段,其斜率由调节系数 κ 决定;而负载的 U-I 特性通常是向右下倾斜的直线,两者的交点即为 SVG 的工作点,它决定了 SVG 在该运行情况下的端电压和输出电流值。如负载线 1 与 SVG U-I 特性曲线的交点对应校正前的电压参考值,相应的输出电流为零;负载线 2 由于系统电压的下降而处在负载线 1 之下,其与 SVG U-I 曲线的交点对应容性补偿电流 I_{C2};负载线 3 由于系统电压的增加而处在负载线 1 之上,其与 SVG U-I 曲线的交点对应感性补偿电流 I_{L3}。负载线与纵(电压)轴的交点即为没有 SVG 补偿作用情况下的端电压值。可见,在线性工作区域内,当系统运行状态缓慢变化时,SVG 采用有差斜率电压调节方式可使端电压的变化完全由调节斜率 κ 决定,与无功补偿设备的具体形式无关;而在可控线性工作区域以外,SVG 的运行特性由设备的 U-I 特性曲线决定。图 5-5 也表明,在线性可控区以外,STATCOM 和 SVC 具有不同的调节特性。

图 5-6 的 U-I 特性曲线只描述了 SVG 的稳态特性,其动态行为在线性工作范围内可由

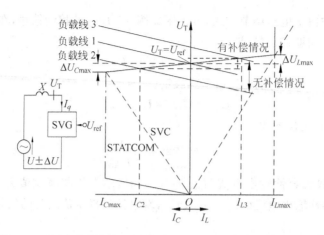

图 5-6 采用有差斜率电压调节时 STATCOM 与 SVC 的 U-I 特性

传递函数来描述,如图 5-7 所示。这一框图可直接由图 5-5 所示的控制策略得到。其中参考电压 U_{ref}^* 和测量得到的端电压 U_{T} 的差构成 AVR 的输入;AVR 用传递函数 G_1 表示,其输出控制 SVG 产生所需的无功电流输出 I_q;SVG 用传递函数 G_2 和限幅环节表示;I_q 与系统电抗的乘积加上系统内电压即为 SVG 的端电压。于是,端电压 U_{T} 可由系统内电压 U 和参考电压 U_{ref}^* 表示如下:

$$U_{\text{T}} = U\,\frac{1}{1 + G_1 G_2 HX} - U_{\text{ref}}^*\,\frac{G_1 G_2 X}{1 + G_1 G_2 HX} \tag{5-5}$$

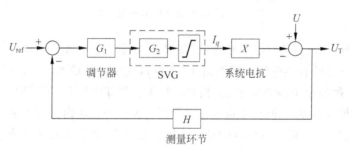

图 5-7 SVG 的传递函数框图

当只考虑端电压与系统电压之间的关系时,可令参考电压 U_{ref}^* 恒定不变,采用小范围线性化方法,得到端电压的幅值偏差 ΔU_{T} 与系统电压的幅值偏差 ΔU 之间的关系如下:

$$\frac{\Delta U_{\text{T}}}{\Delta U} = \frac{1}{1 + G_1 G_2 HX} = \frac{1}{1 + GHX} \tag{5-6}$$

式中,X 为系统内电阻抗;调节器的线性化近似传递函数为

$$G_1 = \frac{1/\kappa}{1 + T_1 s} \tag{5-7}$$

式中,T_1 为调节器的主时间常数(对于 PI 控制,典型值为 $10\sim50\text{ms}$);κ 为调整斜率,一般为 $1\%\sim5\%$。SVG 的小范围线性化传递函数用一个纯延迟环节来表示,即

$$G_2 = \mathrm{e}^{-T_d s} \tag{5-8}$$

对于 SVC,T_d 为 $20\sim40\text{ms}$;对于 STATCOM,T_d 为 $10\sim30\text{ms}$。

整个前向开环传递函数为

$$G = G_1 G_2 = \frac{1/\kappa}{1 + T_1 s} e^{-T_d s} \qquad (5\text{-}9)$$

测量回路用一阶惯性环节来表示,即

$$H = \frac{1}{1 + T_2 s} \qquad (5\text{-}10)$$

式中,T_2 为测量回路的时间常数,跟测量所使用的方法有关。用较快的瞬时值算法,其值为几毫秒,而采用常规的周期算法,则约为半个到 1 个周波。

需要指出,实际的 SVG 控制器经常在信号处理过程中采用滤波或相位校正方法(数字算法或模拟电路),这将在传递函数中引入附加延时,即增大时间常数。

在稳态下($s \rightarrow 0$),式(5-6)变为

$$\frac{\Delta U_T}{\Delta U} = \frac{1}{1 + X/\kappa} \qquad (5\text{-}11)$$

上式表明,调整斜率 κ 越小,端电压受系统电压变化的影响越大;反之影响越小。极端情况下,当 $\kappa \rightarrow 0$,端电压维持不变,不依赖于系统电压的变化而变化,即 $\Delta U_T/\Delta U \rightarrow 0$;而当斜率非常大时($\kappa \gg X$),端电压的可调特性将很差($\Delta U_T/\Delta U \rightarrow 1$)。

从式(5-6)可知,闭环控制后 SVG 的动态特性(包括响应时间和稳定性)受系统阻抗的影响,而且随着系统阻抗的减小,闭环控制系统的响应时间将加长。对于同样的系统电抗,STATCOM 由于时间常数 T_d 小于 SVC,闭环系统的稳定性和响应特性要好。

在设计 SVG 控制器时,需要考虑系统阻抗变化(如实际中的线路投切、发电机损耗等)带来的影响。如采用常规的 PI 控制器,比例和积分增益应该适当选择,以保证闭环系统在最坏(X 最小)和最好(X 最大)情况下都能稳定运行,且具有所需的调节特性。更进一步,可以考虑自适应控制方法,使得控制器参数能根据 X 的改变而自动调整,达到优化控制目标。

5.3.3 STATCOM 和 SVC 提高电压稳定性的比较

作为并联无功补偿设备,SVC 和 STATCOM 都能提高系统的电压稳定性,且基本原理一致,但由于二者具有不同的输出($U\text{-}I$ 和 $U\text{-}Q$)特性,STATCOM 比 SVC 具有更好的电压稳定控制效果。

从 STATCOM 和 SVC 的 $U\text{-}I$ 特性曲线(图 5-1)可见,在线性工作区,SVC 和 STATCOM 都能在系统级控制的作用下向电网提供所需的无功补偿,但当进入非线性工作区(容量极限)时,SVC 表现为电纳特性,输出电流与接入点电压成正比,输出无功功率与电压的平方成正比;而 STATCOM 表现为恒流源特性,输出电流基本恒定,输出无功功率与电压成正比。这样,当电压水平较低(如 0.7 p. u.)时,STATCOM 的无功补偿电流和功率仍可保持较高水平(100% 的额定电流和 70% 的额定无功功率);而 SVC 的无功补偿电流和功率则下降较多(70% 的额定电流和 49% 的额定无功功率)。并且,STATCOM 可从感性到容性全范围内连续调节,不但能发出无功功率对电网进行无功补偿,还能作为一个无功负荷,吸收系统多余的感性无功功率。因此,在大扰动下,STATCOM 可提供更强大的无功支持,调节和支撑节点电压的能力要强于 SVC,能更有效地提高系统的电压稳定性。

文献[6]通过时域仿真比较了 STATCOM 和 SVC 对提高短时(暂态)电压稳定性的效果。仿真系统如图 5-8 所示,主电网通过两回 230kV/113km 线路和一个带载调压变压器向

600MW(50％的电动机和50％的阻抗)负载供电,变压器高低压侧都有固定电容补偿,同时在高压侧接入 SVC/STATCOM。在某一条线路中点施加三相短路故障,80ms 后切除故障线路。SVC 和 STATCOM 补偿得到电压恢复曲线以及电动机转速的变化动态分别如图 5-9 和图 5-10 所示。可见,采用 STATCOM 补偿能使系统电压和电动机负载转速的恢复速度加快,具有更好的暂态电压稳定性。

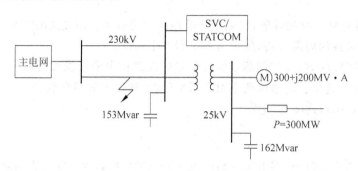

图 5-8   比较 SVC 和 STACOM 提高暂态电压稳定性的仿真系统

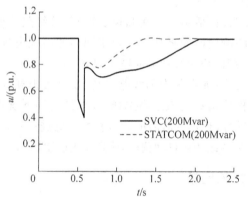

图 5-9   SVC 和 STATCOM 补偿得到电压恢复曲线

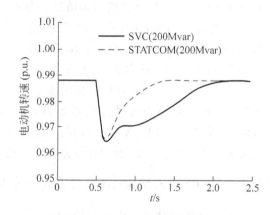

图 5-10   电动机转速的变化动态

5.3.4   恒电压控制模式下 STATCOM 和 SVC 对提高传输容量的比较

以一个简单的两机系统为例,如图 5-11 所示,SVG(STATCOM 或 SVC)接在联络线的电气中点,设送端电压相量 $\dot{U}_s = U\angle\delta/2$,受端电压相量 $\dot{U}_r = U\angle-\delta/2$。

当没有并联补偿设备时,该互联系统的区间传输功率与两端母线电压的关系为

$$P_0 = \frac{U^2}{X}\sin\delta \qquad (5-12)$$

最大传输功率为

$$P_{0max} = \frac{U^2}{X} \qquad (5-13)$$

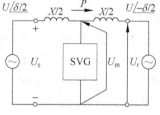

图 5-11   中点带 SVG(SVC 或 STATCOM)的两机系统

引入 SVG 后,在其允许范围之内(即线性工作区),通过适当控制可维持联络线中点电压恒定,且与两端母线电压幅值相等时,联络线上传输的功率为

$$P_c = 2\frac{U^2}{X}\sin\frac{\delta}{2} \tag{5-14}$$

但是一旦 SVC 和 STATCOM 的输出分别达到其极值(最大电纳和最大电流)时,联络线上传输的功率将不再由式(5-14)决定。

对于 SVC,当其输出达到极值时,表现为一个固定的电纳值(B_{Cmax}),通过潮流关系可计算出 SVC 接入母线处的电压相量

$$\dot{U}_m = \frac{\dot{U}_s + \dot{U}_r}{2 - XB_{Cmax}/2} \tag{5-15}$$

进而得到对应的功角关系如下:

$$P_{SVC} = \frac{U^2/X}{1 - XB_{Cmax}/4}\sin\delta \tag{5-16}$$

对于 STATCOM,当其输出达到极值时,表现为一个幅度固定、相位滞后接入母线电压 $\pi/2$ 的注入电流源(I_{omax}),同样可以计算出 STATCOM 接入母线处的电压相量为

$$\dot{U}_m = \frac{\left[1 + \dfrac{I_{omax}X}{2|\dot{U}_s + \dot{U}_r|}\right](\dot{U}_s + \dot{U}_r)}{2} \tag{5-17}$$

对应的功角关系为

$$P_{STATCOM} = \frac{U^2}{X}\sin\delta + \frac{UI_{omax}}{2}\sin\frac{\delta}{2} \tag{5-18}$$

对于如图 5-11 所示的简单互联系统,随着联络线上传输功率的增大,送端电压和受端电压之间的相角差也将增大,SVC 和 STATCOM 为了维持接入点母线电压,将逐步增加输出,直至达到其容量极限,设此时联络线两端电压相角差为 δ_{cr},则根据式(5-15)和式(5-17)可分别求出对应的 SVC 和 STATCOM 极限电纳值和容性电流值为

$$B_{Cmax} = \frac{4\left(1 - \cos\dfrac{\delta_{cr}}{2}\right)}{X} \tag{5-19}$$

$$I_{omax} = \frac{4\left(1 - \cos\dfrac{\delta_{cr}}{2}\right)U}{X} \tag{5-20}$$

从而,式(5-16)和式(5-18)在达到容量极限以后变成如下形式:

$$P_{SVC} = \frac{U^2}{X\cos\dfrac{\delta_{cr}}{2}}\sin\delta, \quad \delta > \delta_{cr} \tag{5-21}$$

$$P_{STATCOM} = \frac{1 + \cos\dfrac{\delta}{2} - \cos\dfrac{\delta_{cr}}{2}}{\cos\dfrac{\delta}{2}}\frac{U^2}{X}\sin\delta, \quad \delta > \delta_{cr} \tag{5-22}$$

考虑到 $\delta > \delta_{cr}$ 时有 $0 \leqslant \cos\dfrac{\delta}{2} < \cos\dfrac{\delta_{cr}}{2} < 1$,易得到

$$P_{SVC} < P_{STATCOM} < P_c, \quad \delta > \delta_{cr} \tag{5-23}$$

图 5-12(a)和(b)所示分别为采用 SVC 和 STATCOM 补偿且考虑其容量有限时的功角曲线。

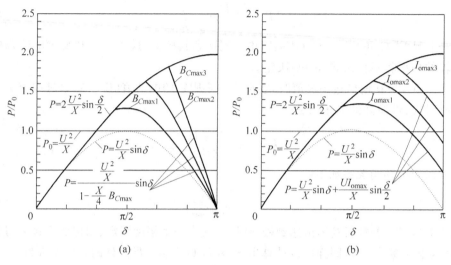

图 5-12 中点带 SVC 和 STATCOM 的两机系统在不同补偿容量下的功角曲线
(a) SVC；(b) STATCOM

通过以上分析可知,采用 SVC 和 STATCOM 对联络线进行补偿时,如果二者的容量一样,则在输出达到其容量限值以前,通过适当的控制可使二者补偿的联络线获得相同的传输能力。当输出达到容量极限时,SVC 表现为一个固定的电纳,STATCOM 表现为幅值恒定的电流源。在送端-受端电压相角差一致的情况下,STATCOM 能使联络线上传输更多的功率,但二者均小于理想(无容量限制)补偿时的传输能力。更为特别的是,STATCOM 可使联络线功角曲线的功率在功角大于 π 的一定范围内仍为正,这是 SVC 无法做到的。

5.3.5 暂态稳定控制

如前所述,由于 SVG 能调节接入母线的电压,在故障清除后,可以通过维持输电电压而增加暂态稳定性。而且,通过临时在机组的第一个加速周期内使电压高于参考值来进一步提升输出电功率、减少功率差并增强机组的制动能力,从而增强暂态稳定性。仍然采用图 5-11 所示的两机系统来说明。当在传输线中点不采用任何并联无功补偿时,系统的传输特性为 $P=\dfrac{U^2}{X}\sin\delta$,由图 5-13 中下部的虚线表示。如果在中点设置 SVG 补偿,则 SVG 的运行特性和调节方式将决定系统的 $P\text{-}\delta$ 特性曲线。假设 SVG 采用维持端电压恒定的控制方式,且中点电压 $U_m=U$,则理想情况下,系统的功角特性为 $P=2\dfrac{U^2}{X}\sin\dfrac{\delta}{2}$,对应图中 $U_m=U$ 代表的实线。但实际上,SVG 的容量是有限的,当其容量不足以在所有工况下维持中点电压不变时,得到的实际 $P\text{-}\delta$ 特性将与理想情况存在差距。图中标注 SVC 和 STATCOM 的曲线表示:它们的无功容量不足以在 δ 的全部范围$[0,\pi]$内维持中点电压不变,因而其 $P\text{-}\delta$ 曲线在一个指定的功角 $\delta=\delta_1$ 之前等同于理想补偿情况(假设控制响应速度足够快),而在区间$[\delta_1,\pi]$内,分别蜕化为对应中点固定电容/电感(SVC)和恒定无功电流源(STATCOM)补偿情况时的 $P\text{-}\delta$ 曲线。而转折点 δ_1 决定于 SVC 和 STATCOM 的容量。

另一方面,在$[0,\delta_1]$区间内 SVC 和 STATCOM 的控制也可以采用"过"补偿方式,即使得中点电压 $U_m > U$,如图中 SVC 和 STATCOM 在$[0,\delta_1]$区间内的延长线所示,即用 $U_m > U$ 标注的两条线段,它们代表 SVC 按最大容纳和 STATCOM 按最大容性电流输出工作时双机系统的 P-δ 特性。当功角差 $\delta < \delta_1$ 时,SVG 采用过补偿方式,使得输电线中点电压不是维持 U 不变而是高于 U,这种过补偿方式可以增加故障清除后线路传输的电磁功率,使加速面积 A_1 与减速面积 A_2 在一个较小角度 δ_{cr} 相匹配,如图所示,其中 ΔA_2 即为采用过补偿方式获得的附加减速面积,有利于提高系统的暂态稳定性。但应注意,通过过补偿控制方式来提高暂态稳定性的做法,受 SVG 容量和允许电压升高等因素的限制。

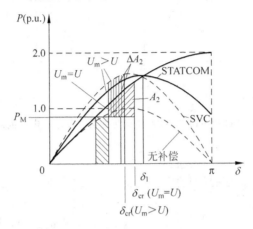

图 5-13 联络线中点采用 SVG 补偿以提高系统暂态稳定性

STATCOM 和 SVC 都能增强系统的暂态稳定性,但在同等容量情况下,STATCOM 效果更佳,主要表现在以下几个方面:①STATCOM 在低压时具有保持其全额输出补偿电流的能力,有利于调节接入点电压,从而能更好地控制系统潮流;②在线性工作区,STATCOM 比 SVC 具有更强的过补偿能力,从而能提供更大的减速面积;③当输出达到容量极限时,采用 STATCOM 补偿比采用 SVC 补偿能使联络线传输更大的容量,有利于平衡送-受端功率差额;④STATCOM 比 SVC 具有更快的响应的速度,也有助于提高暂态稳定性。为了说明其中的第③点,将图 5-13 所示的功角曲线重新绘制成图 5-14。设相同的补偿功率极限下,SVC 的极限电纳为 B_{Cmax},STATCOM 的极限电流为 I_{0max},联络线上的初始功率为 P_1。考虑两机系统发生瞬间三相短路故障的情况,故障期间联络线功率为 0,故障消失后,联络线功率按照各自的功角关系变化,则可根据等面积法则,判断系统的暂态稳定裕度。从图 5-14 中可见,当在补偿容限范围以内时,SVC 和 STATCOM 提供的减速面积是一样的(不考虑过补偿),而达到容限时,STATCOM 补偿对应的功角曲线较 SVC 高,能提供更大的减速面积,从而使得稳定裕度增加,有利于提高系统的暂态稳定性。

在基本的电压控制策略中加入暂态稳定增强机制,如图 5-15 所示,只需简单地在原来电压参考值 U_{ref} 中引入一个附加控制信号 ΔU_{tr} 即可。ΔU_{tr} 为表征受扰机组角度变化的量,可通过传输功率的变化率、线电流或系统频率等测量量推导得到。当系统发生大扰动(如短路故障)时,在机组第一摆过程中,附加控制信号 ΔU_{tr} 迅速变化,引起 AVR 输入电压参考值变化,进而调节 SVG 输出无功功率和端电压,使得机组输出的电磁功率发生变化,减小不平衡功率,达到提高暂态稳定性的目的。

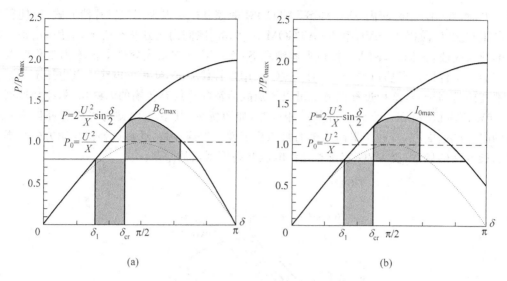

图 5-14   SVC 和 STATCOM 提高两机系统暂态稳定性的对比分析

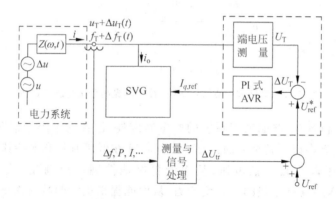

图 5-15   SVG 通过附加控制提高系统暂态稳定性的控制策略

5.3.6   阻尼控制

抑制功率振荡通常需要 SVG 改变其输出使得端电压的变化与机组的功角、角速度差或传输功率的变化率成一定的比例和相位关系。由于功角和角度差的测量成本较高,实际应用中,通常采用传输线有功和/或系统频率的变化作为反馈量,控制 SVG 的无功输出以产生期望的端电压变化。

在一般性电压控制基础上实现具有抑制功率振荡功能的 SVG 控制策略如图 5-16 所示。在这里,通过加入辅助控制信号改变固定的电压参考值以控制端电压变化的思想再次被采用。与功角暂态稳定控制不同的是,辅助控制信号是对应于有功功率和/或系统频率变化的测量量,它(们)与 U_{ref} 相加作为控制器的有效参考值,进而使得 SVG 的输出电流能围绕工作点波动,导致端电压按照期望的方式变化,达到增加系统阻尼的目标。简单地说,当机组机械功率大于电磁功率使得机组加速,即其频率偏差 $\Delta f \approx \mathrm{d}(\Delta\delta)/\mathrm{d}t$ 为正时,应增大 SVG 端电压,从而增加传输功率和机组电磁功率输出以阻止发电机加速;反之,当 Δf 为负时,应减小端电压,从而减小传输功率和机组电磁功率输出以阻止发电机减速,达到平息功率振荡的目的。

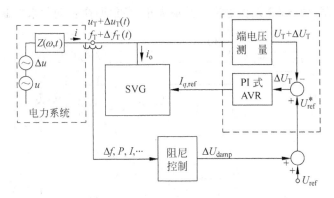

图 5-16 SVG 通过附加控制信号实现阻尼功率振荡的控制策略

上述控制策略的基本原理也可通过人工阻尼的概念来阐明。在系统特定运行方式下,假设机组的原动机功率不变,则机组摇摆方程小范围线性化为

$$\left. \begin{aligned} \Delta \dot{\delta} &= \Delta \omega \\ M\Delta \dot{\omega} &= -D_0 \Delta \dot{\omega} - \Delta P_E \end{aligned} \right\} \tag{5-24}$$

式中,$\Delta \delta$ 为机组的功角偏差;$\Delta \omega$ 为角速度偏差;ΔP_E 为电磁输出功率;M 为机组惯性常数;D_0 为不考虑附加阻尼控制时机组的阻尼系数。引入附加式阻尼控制后,机组输出的电磁功率将受到附加控制信号 ΔU_{damp} 的影响,即后者是前者的一个因变量

$$P_E = f(\Delta U_{damp}, \cdots) \tag{5-25}$$

小范围线性化为

$$\Delta P_E = c_1 \Delta U_{damp} + \cdots \tag{5-26}$$

$$c_1 = \left[\frac{\partial P_E}{\partial \Delta U_{damp}} \right]_{P_E = P_{E0}} \tag{5-27}$$

图 5-15 中的阻尼控制环节负责产生适当的附加控制信号 ΔU_{damp}。采用不同的输入信号($\Delta f, P, I$)和不同的控制设计方法,将得到不同的阻尼控制策略。以简单的比例控制来说明,设输入量为机组频率的偏差量(可以通过测量端电压频率来近似获得),则

$$\Delta U_{damp} = k\Delta \omega \tag{5-28}$$

从而

$$\Delta P_E = c_1 k\Delta \omega + \cdots \tag{5-29}$$

将式(5-29)代入式(5-24),则有

$$\left. \begin{aligned} \Delta \dot{\delta} &= \Delta \omega \\ M\Delta \dot{\omega} &= -(D_0 + c_1 k)\Delta \omega - \cdots \end{aligned} \right\} \tag{5-30}$$

只要适当选择比例反馈系数 k,使得 $D' = c_1 k > 0$,则相当于机组的阻尼系数增加了人工阻尼 D',从而有利于提高系统的小干扰稳定性。

抑制功率振荡也可通过另一种控制策略来实现,如图 5-17 所示。在这种控制策略中,用以抑制功率振荡的控制信号直接输入作为 SVG 参考电流的一部分。这样可以避开与端

电压调节环相关联的时间常数,提高了阻尼控制的总响应时间。当 SVG 的主要功能为阻尼功率振荡时,可简化控制系统。由于响应速度快,这种直接输入的阻尼控制特别适合于"bang-bang"式控制,使 SVG 无功输出在其最大正/负值间交替变化来抑制功率振荡。

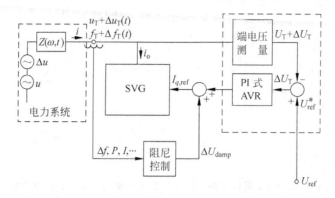

图 5-17　SVG 通过直接控制信号实现阻尼功率振荡的控制策略

STATCOM 和 SVC 阻尼功率振荡的效果主要取决于设备容量及所采用的反馈量和控制规律,在同等条件下,由于 STATCOM 的响应速度更快,且可在短时间内与系统交换有功功率,因而更有利于阻尼功率振荡和提高系统的小干扰稳定性。

图 5-16 和图 5-17 所示的控制策略还可用于抑制电网的次同步振荡。次同步振荡的频率主要决定于系统的串联补偿度,通常比功率振荡的频率高很多。在抑制次同步振荡时,对应的(辅助)控制信号可取机组的角速度,它可利用发电机的测速器,如位于转子大轴上的齿轮磁式传感器直接测量得到。

5.3.7　无功储备控制

SVG 在其可调范围内,可看作一个快速可控的无功源,通过适当的控制,不但可对接入点电压进行稳态调整,还可抵消由于系统扰动导致的快速和偶然的电压波动,改善系统的动态性能,如提高暂态稳定性和抑制功率振荡。但是,达到这些目标的基本前提条件是在动态波动发生后,SVG 还有足够的无功容量可供调节。换言之,为了使 SVG 能最大地发挥动态控制能力,应让其在稳态情况下保留足够的动态可控无功储备。这通常是由调整 SVG 的工作点来维持预定无功储备的自动控制策略,即所谓的无功储备控制(var reserve control)或工作点控制(operating point control)来实现的。

无功储备控制的目标是将 SVG 的稳态无功输出调整到给定的参考值。基本思想是:允许 SVG 快速改变其输出以应付可能的暂态扰动,提高系统动态性能;但是,当扰动导致系统进入新的稳定工作点时,无功储备控制应有效地改变电压参考值以使无功输出缓慢地回到参考值,即表现为一个缓慢的无功源,而让其他无功电源,如发电机励磁系统,承担 SVG 卸下的无功负荷。这样,就使 SVG 的动态可控无功容量得以储备起来,以应付新的扰动。可见,无功储备控制是一个缓慢调节过程,为了不干扰快速电压调整或其他快速辅助控制功能,它的响应时间应该较长。

典型的无功储备控制策略如图 5-18 所示。SVG 的输出电流幅值被检测并与参考电流 I_q^* 相比较。误差信号 ΔI_q 通过大时间常数的积分环节后,加到固定电压参考值 U_{ref} 上,从

而驱动电压调节器的输入信号变化,直至 SVG 的实际输出电流与恒定输出电流参考值 I_q^*
相等为止。

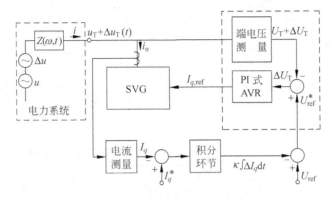

图 5-18   SVG 的无功储备控制策略

      上述无功储备控制的过程也可用图 5-19 来描述。假设初始稳态条件下,SVG 工作在
$U\text{-}I$ 曲线的点 1,对应的无功输出为 $I_q = I_{C1} = I_q^*$。当端电压发生幅值为 ΔU_T 的瞬时跌落扰
动时,快速的电压调节(AVR)首先反应,使运行点
沿着有差斜率调节方式下的 $U\text{-}I$ 曲线移动,达到工
作点 2(工作点 1 和 2 分别为扰动前后系统负载线
与 SVG 的 $U\text{-}I$ 特性线的交点),对应的 SVG 输出
电流从 I_q^* 增加到 I_{C2}。由于 $I_{C2} > I_q^*$,误差信号 ΔI_q
通过无功储备控制环的慢积分器,不断改变电压调
整器的参考信号,使 SVG 的输出电流缓慢减小,直
至 SVG 达一个新的稳定运行点 3,即扰动后的负载
线与直线 $I_C = I_q^*$ 的交点,从而使 SVG 的输出无功
电流重新回到参考值 I_q^*。在这一调节过程中,快速
的电压控制(AVR)起了对抗端电压迅速跌落的作

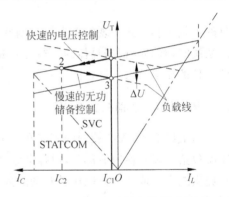

图 5-19   SVG 无功储备控制示意图

用,有利于改善系统的动态特性,而无功储备控制使 SVG 的稳态无功输出维持在一个较小
的恒定值,储备了较多的动态可控无功功率,以备下一次扰动的到来。

5.3.8   多目标控制策略

      以上介绍了 SVG 应用于电力系统以改善稳定性的各种控制策略。可见,SVG 在适当
的控制方式下可以达到提高系统电压调节精度,增强电压稳定性和暂态稳定性以及阻尼功
率振荡等目标。这些控制目标对于实际的电力系统来说是同时存在的,也就是说,SVG 的
控制设计是多目标的,因而,可以将前述的各种控制策略综合起来,得到如图 5-20 所示的
SVG 多目标控制结构。

      值得注意的是,上述多目标控制策略中除了过电压控制和次同步振荡阻尼控制是通过
直接控制输入来实现外,其他控制目标都是在 AVR 基础上,将不同控制信号进行加权求和
之后作为电压调节环的参考输入来实现的。由于实际电力系统中,上述控制目标在运行的
特定阶段存在一定的矛盾性,如大扰动后高精度电压调节与暂稳控制是矛盾的,因此这种简

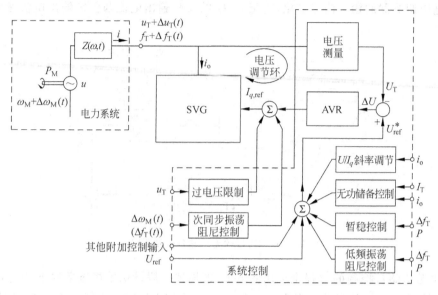

图 5-20 SVG 的多目标控制策略

单的加权求和方式实现的多目标控制并不一定总是有效和最优的。在设计实际的多目标控制系统时,有必要根据具体的运行方式和最关键的控制目标,自适应地调节控制器参数,达到最佳的控制效果。

5.3.9 SVG 控制系统构成

以上讨论了 SVG 控制的策略和功能,在具体应用上,除了中心功能部件以外,控制系统还需包括许多其他组成部分,以保证设备正确、安全的工作并具有较高的可靠性和实用性,且提供能与本地和远方操作员互动的人机界面。图 5-21 所示为 SVG 控制系统的一般构成框图,它主要包括:

(1) 电路(脉冲)控制接口

它的一侧是变换器、TCR/TSC 等由高压大功率阀体等构成的 SVG 主电路,另一侧是 SVG 的实时控制器。该控制接口一般通过光纤将脉冲指令从实时控制器传递到主电路阀体,并将主电路阀体的状态信息传回实时控制器。

(2) 实时控制器

它包括 SVG 的内环和系统控制器,实现 SVG 的内部(脉冲和装置级)和系统级控制策略。在具体实现上,它是由大量模拟和/或数字电路构成的复杂信号处理系统。

(3) 信号检测与处理电路

它对电网系统变量(如端电压、补偿器输出等)和装置内部变量(如电容电压或电感电流、阀体电压和电流等)进行测量和信号处理,向实时控制、保护电路和操作显示提供必需的输入量,并实时跟踪和监测设备操作。

(4) 控制管理与状态监测

它是补偿设备所有的核心与辅助部件的公共监控模块,除了与电力电子主电路、实时控制器等主要部件接口外,还与冷却系统、电源、断路器、开关等支持子系统以及外部 SCADA

系统之间进行通信;从系统各部分收集状态信息,进行组织和解释以决定补偿器的操作完整性,提供可能异常和错误的诊断信息,同时执行补偿器的启动和停运逻辑以及其他操作规程,并为本地及远方操作员提供合适的通信接口。

(5) 人机界面

通常运行在独立的计算机上,具备图形化的友好界面和大量的后台支持软件,用户通过常规的操作(鼠标、键盘、显示器、打印机等),完成对补偿器的控制、管理和操作,并监视和诊断系统整体和各组成部件的运行状况。

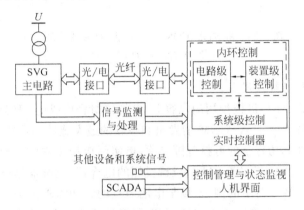

图 5-21 SVG 控制系统的一般构成

5.4 综合并联无功补偿

IEEE 定义了两个专门的术语,即 SVG 和 SVS 来表述综合的并联无功补偿技术。简单地说,SVG 可看作无功功率电源,它通过适当的控制来适应特定或多目标的无功补偿要求,SVC 和 STATCOM 都属于 SVG。本章前两节详细比较了 SVC 和 STATCOM。正是由于它们之间的诸多差别,在某些应用场合,如在满足特定补偿要求下,为降低整体成本,可将 STATCOM 与 SVC 组合起来构成综合 SVG。如图 5-22 所示为 STATCOM 与 TSC 及 TCR 结合构成的 SVG,图(a)为其结构示意,图(b)是 U-I 运行区域,其中 $U_{\max}$ 为电压限值,$I_{C\max}$,$I_{L\max}$ 分别为接入点电压等于 $U_{\max}$ 时对应的最大容性电流和感性电流。综合 SVG 的运行特性曲线相当于在横坐标(无功电流)方向将 STATCOM 和 TSC-TCR 型 SVC 的无功输出电流相加,而纵坐标(电压)维持不变。

从外特性上看,SVG 可以视为一个可控的无功电流(功率)源,在其线性控制区内,具有一致的动态模型,只是响应时间常数会因内部构成和内环控制方式的不同而有所差别。但是,在其边界上则表现出很大的差异,如在容量限值上运行时,STATCOM 表现为一个达到顶值的无功电流源,输出的无功功率跟接入点母线电压成正比;而 SVC 表现为一个达到顶值的阻抗,输出的无功功率跟接入点母线电压的平方成正比。

SVS 的范围更广,不但包括了具有良好可控性的 SVG,还包括了机械开关切换的电容器和电抗器。因此,SVS 不是一个有严格定义的补偿方式,没有统一的 U-I 特性,其运行特性由其包括的子补偿设备的综合特性而决定,而整体响应时间很大程度上依赖于其中响应

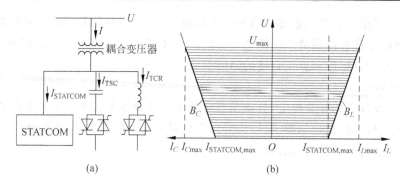

图 5-22　由 STATCOM 与 TSC 及 TCR 构成的 SVG

(a) 原理结构；(b)U-I 运行区域

较慢的(如机械投切式)补偿设备。

　　下面以 STATCOM 与机械投切的电容器/电抗器组合构成的 SVS 为例,说明综合并联补偿的输出和损耗特性。STATCOM 能发出和吸收的最大感性无功功率是大致相等的,或者说它的容性和感性无功容量的可控范围对称,但实际应用中常常对感性和容性无功容量的需求是不同的,此时将 STATCOM 与机械投切的电容器/电抗器结合起来构成综合 SVS可以解决这个问题。举个简单的例子,设某电网节点的无功需求范围为$[-Q_{C\max},Q_{L\max}]$,其中 $Q_{C\max}$,$Q_{L\max}$ 分别表示所需的最大容性无功和感性无功,且它们不相等。如果 $Q_{C\max}>Q_{L\max}$,则可采用容量为$(Q_{C\max}+Q_{L\max})/2$ 的 STATCOM 与容量为$(Q_{C\max}-Q_{L\max})/2$ 的机械投切(固定)或晶闸管投切电容器来满足要求;而如果 $Q_{C\max}<Q_{L\max}$,则可采用容量为$(Q_{C\max}+Q_{L\max})/2$ 的 STATCOM 与容量为$(Q_{L\max}-Q_{C\max})/2$ 的机械投切(固定)或晶闸管投切电抗器来满足要求。

　　图 5-23 所示为 STATCOM 与固定电容器(FC)相结合构成的 SVS,其中 $U_{\max}$ 为电压限值,$I_{C\max}$,$I_{L\max}$ 分别为接入点电压等于 $U_{\max}$ 时对应的最大容性电流和感性电流。与前面分别介绍过的 STATCOM 和 FC 运行特性进行对照,很容易地看出,综合补偿设备的运行特性曲线相当于在横坐标(无功电流)方向将 STATCOM 和 FC 的无功输出电流相加、而纵坐标(电压)维持不变。

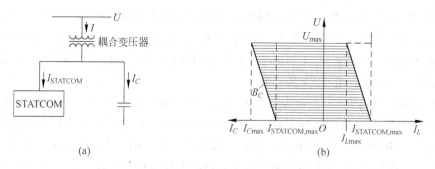

图 5-23　由 STATCOM 与 FC 构成的 SVS

(a) 原理结构；(b) U-I 运行区域

　　图 5-24 所示为 STATCOM 与并联电抗器(SR)相结合构成的 SVS,其中 $U_{\max}$ 为电压限值,$I_{C\max}$,$I_{L\max}$ 分别为接入点电压等于 $U_{\max}$ 时对应的最大容性电流和感性电流。综合补偿设

备的运行特性曲线相当于在横坐标(无功电流)方向将 STATCOM 和 SR 的无功输出电流相加而纵坐标(电压)维持不变。

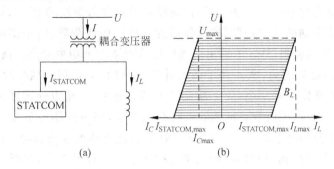

图 5-24　由 STATCOM 与 SR 构成的 SVS
(a) 原理结构；(b) U-I 运行区域

在实际电网的并联补偿中,将 STATCOM、SVC 和机械投切式无功补偿设备中两种或多种组合起来应用,可获得一系列的好处,包括:

(1) 能满足不同的无功补偿需求

实际系统对无功补偿的容量和特性各不相同,当单一补偿设备不能满足要求时,可将多种并联补偿装置组合起来实现目的。

(2) 降低成本

目前,SVC 的成本较 STATCOM 低,但后者的动态性能更好,在某些应用场合,可在满足所需动态性能的前提下,将部分容量的 STATCOM 用 SVC 取代,从而在整体上降低成本。

(3) 减少损耗

不同的并联无功补偿设备的损耗特性不同,特别是在 0 输出时,有些(如 TCR)具有较大的损耗,而另一些(如 TSC)损耗较小,将它们组合起来应用,既可以满足补偿性能要求,又能减少整体损耗。

(4) 提高运行灵活性

特别值得一提的是,对于已得到广泛应用的 TCR+TSC(MSC)型 SVC,如果将其中 TCR 用 STATCOM 来代替,可望在运行和性能上获得重大的优越性,如:

① 快得多的动态响应速度。因为 STATCOM 能在 TSC(MSC)投运前快速提供容性输出。

② 大大降低谐波含量且可能省去滤波器。因为 TCR 采用相控技术会产生大量谐波,而 STATCOM 可通过适当设计和控制使得输出谐波很小。

③ 优化控制、降低损耗。因为 STATCOM 能连续控制输出,通过与 TSC(MSC)配合,产生和吸收感性无功,实现最优化运行,降低整体损耗。如系统需要很小的容性补偿时,如果采用 TCR+TSC(MSC)型 SVC,则还得至少投运一台 TSC(MSC),并使 TCR 吸收大量过剩容性无功,从而导致大量的内部损耗;而如果采用 STATCOM,则可以不投运 TSC(MSC),大大降低损耗。

SVS 强调的是协调性,主要目的是使具有精确 U-I 特性和快速响应的静止补偿器(如 TCR 或/和 STATCOM)能对补偿中的动态部分作出及时反应,而采用其他慢速或手动补偿设备(如 MSC)来应对补偿中的稳态无功需求。协调性的另一个目的是最小化补偿系统和电网的静态损耗。

　　SVS无功输出的协调控制可采用不同的策略,简单的如5.3节所述的无功储备控制:
当系统的无功需求瞬间发生重大变化时,自动控制首先启动快速的SVG,进行补偿,然后逐
渐投入其他慢速或手动的无功补偿设备(包括发电机电压调节器、同步调相机、机械投切电
容/电感器组等),最终使得SVS的输出回到精确或可调的无功参考值。该控制策略协调了
快速和慢速补偿的控制能力,既达到了动态补偿的目的,又有利于减少快速静止补偿的容
量,降低了SVS的整体成本。当然,无功储备控制策略中,也可以让调度员参与协调,当系
统无功需求发生变化时,先由静止补偿器进行自动补偿,同时向调度员发出警报信号,由调
度员决定是由静止补偿器继续提供补偿,还是适时投运其他可能的无功补偿设备。

　　实际系统中,SVS的构成和协调控制策略往往取决于补偿需求,并要考虑周围电源(如
发电机组)的无功支持能力,设计时要尽量做到既减少投资、降低损耗,又能满足补偿要求的
目的。

参 考 文 献

[1]　HINGORANI N G, LASZIO G. Understanding FACTS: concept and technology of flexible AC transmission systems[M]. New York: The Institute of Electrical and Electronics Engineers, Inc. ,1999.

[2]　CANIZARES C A. Power flow and transient stability models of FACTS controllers for voltage and angle stability studies[C]//2000 IEEE Power Engineering Society Winter Meeting, 23-27 Jan. 2000 (2): 1447-1454.

[3]　MITHULANANTHAN N, CANIZARES C A, REEVE J, et al. Comparison of PSS, SVC, and STATCOM controllers for damping power system oscillations[J]. IEEE Transactions on Power Systems, 2003, 18(2): 786-792.

[4]　WILKOSZ K, SOBIERAJSKI M, KWASNICKI W. The analysis of harmonic generation of SVC and STATCOM by EMTDC/PSCAD simulations[C]//8th International Conference on Harmonics and Quality of Power. 14-16 Oct. 1998(2): 853-858.

[5]　孙元章,王志芳,卢强. 静止无功补偿器对电压稳定性的影响[J]. 中国电机工程学报,1997, 17 (6): 373-376.

[6]　NOROOZIAN M, PETERSSON A N, THORVALDSON B, et al. Benefits of SVC and STATCOM for electric utility application[C]//2003 IEEE/PES Transmission and Distribution Conference and Exposition, 7-12 Sep. 2003(3): 1192-1199.

[7]　WANG H F, LI H, CHEN H. Coordinated secondary voltage control to eliminate voltage violations in power system contingencies[J]. IEEE trans. Power Systems, 2003, 18(2): 588-595.

[8]　XIE X R, YAN G G, CUI W J. STATCOM and generator excitation: Coordinated and optimal control for improving dynamic performance and transfer capability of interconnected power systems [C]//2002 IEEE/PES Transmission and Distribution Conference and Exhibition: Asia Pacific, 6-10 Oct. 2002(1): 190-194.

[9]　RAO P, CROW M L, YANG Z. STATCOM control for power system voltage control applications [J]. IEEE Transactions on Power Delivery, 2000, 15(4): 1311-1317.

[10]　XIE X R, LI J, XIAO J Y, et al. Inter-area damping control of STATCOM using wide-area measurements [C]//2004 IEEE International Conference on Electric Utility Deregulation, Restructuring and Power Technologies (DRPT 2004), 5-8 April 2004, 1: 222-227.

第6章

并联储能系统

6.1 概　　述

迄今为止,由于电力系统缺乏有效的大容量存储手段,发电、输电、配电与用电必须同时完成,这就要求系统始终要处于动态的平衡状态中,瞬时的不平衡就可能导致安全稳定问题。为了达到上述目的,电网必须具有足够的备用容量来应对每年仅为数小时甚至更短时间的峰值负荷,大大增加了设备的安装和运行费用,降低了系统的经济性,因此如何解决储能问题就成为 21 世纪电力系统所面临的关键课题之一。大功率变换器技术的发展为储能电源和各种可再生能源和交流电网之间提供了一个理想的接口。从长远的角度看,由各种类型的电源(包括太阳能等清洁能源)和变换器组成的储能系统可以直接连接在配电网中用户负荷附近,构成分布式电力系统,通过其快速响应特性,迅速吸收用户负荷的变化,从而有利于解决电力系统的控制问题。

目前得到应用和在研的主要电力储能方式及其特征如表 6-1 所示。

表 6-1　主要电力储能方式及其特征

储能方式 项目	压缩空气/ 气体储能	抽水储能	电池储能	飞轮储能	小型超导 储能	超导储能
储能形态	压力能(空气/ 气体)	位能(水)	电化学能 (电池)	动能(旋转体)	电场能(超导 线圈)	电场能(超导 线圈)
效率/%	<50	约 60	约 70	约 90	约 90	约 90
储能容量	高	高	中/高	中	低	高
电厂规模/MW	50~350	1000~2000	0.5~1000	0.1~10	0.1~1	1~2000
循环寿命	几千次	几千次	几百至千次	很长	很长	很长
充电时间	小时级	小时级	小时级	分钟级	分钟级	小时级
模块性	否	否	是	是	是	否
事故后果	中	高	中	低	低	高
地点可用性	受地理限制	受地理限制	高	高	高	低
建设时间	长	很长	短	短	短	较长
环境影响	极大	极大	大	良好	良好	好
可用性	已有应用(美、德、 日本、芬兰等)	应用较广	应用较广	示范应用	少量应用	示范应用

除了以上电力储能方式以外，还有一些小规模和分布式储能技术，如冰储能空调系统、相变储能和高能电容等。

为了更好地发挥储能设备的效果，往往将其与电网连接起来，对电网进行调节，以提高电网运行性能和效率。其作用概括起来有如下几点：

（1）发挥"削峰填谷"作用，改善了电力系统的日负荷率，使发电设备的利用率大大提高，火电机组的煤耗大大降低，足以补偿能量转换过程中的损失，从而提高电网整体的运行效率。

（2）电能储存系统的发电成本普遍低于峰荷电源（如燃气发电），而且具有不消耗一次能源、厂用电率低、管理人员少等优点，能代替峰荷电源。

（3）电能储存系统可作为电网应急备用电源迅速投入运行，从而提高供电可靠性。

（4）适当控制的电能储存系统可以抑制电压的异常上升，并可减少系统调频设备，提高供电质量。

（5）将储能设备与先进的电能转换和控制技术相结合（如 SMES），可以实现对电网的快速控制，改善电网的静态和动态特性。

总之，电能储存技术的开发和利用将给电力系统带来技术、经济和性能上的很大效益。可以预言，随着各种电能储存技术的实用化，电能储存应用将成为 21 世纪电力系统发展的重要方向。

大多数储能设备（如超导储能、电池储能等）与电网连接时，需要借助大容量电力电子技术来实现电力变换和灵活控制，以发挥储能设备的最大效益。因此，储能设备在 FACTS 中的应用成为很自然的事情。在前面介绍的 STATCOM 中，直流侧的储能元件是电感或电容，由于它们不能存储大量的电能，因此需要通过控制，维持其上的能量基本不变，即它们主要起电流或电压支撑作用，不能持续吸收/发出有功功率。因此，STATCOM 只能作为一种无功功率补偿器，调节其与电网的无功交换，从而达到改善电网运行特性的目的。而如果将储能设备与 STATCOM 结合起来，即可得到一种同时补偿有功和无功的并联补偿器和 FACTS 控制器 SSG。本章主要介绍两种常见的 SSG 设备——BESS 和 SMES。

6.2　电池储能系统

6.2.1　技术特点

基于 VSC 的 STATCOM，其直流侧是电容，储存的能量非常有限，而 STATCOM 仅吸收很小的有功功率（约为装置额定容量的 1%～2%）以抵消装置本身的有功损耗，并通过控制维持直流电压在一定的范围之内，电容主要起着电压支撑作用。因此，STATCOM 只能在两个象限内运行，即发出无功功率和吸收无功功率，而不能与系统交换大量的有功功率。而如果直流侧采用电池，如蓄电池组，太阳能电池等作为储能元件，STATCOM 就能够运行在四个象限，可以发出或吸收有功或无功功率，即构成所谓的电池储能系统（BESS）。

迄今为止，BESS 是使用历史最长和范围最广的储能系统，与其他种类的能量存储设备相比，BESS 具有以下优点：

（1）模块性好，安装灵活，可作为分布式能量存储装置安装在城市或者郊区。

（2）安装迅速，能快速适应负载的增长。

（3）使用历史长，技术比较成熟，成本相对较低。

（4）提高输配电装置的可用性，延缓安装新的输配电装置。

（5）实用于可移动和分散用电，如电动汽车。

BESS 能安置在分布式网络中靠近城市用户的地方，填补由于城市发电站的退出而造成的空缺。城市发电厂的逐步退出对传输系统的作用已经影响到了整个电力系统的安全等级。急剧变化的负荷使得电力系统更加容易受到扰动的影响。一旦电能传输中断，大量的用户就会受到长时间的影响，造成重大损失。设置足够数量的 BESS 不仅能为必需的城市服务提供备用电源，还能够加快电力系统恢复的时间。

BESS 既可作为旋转备用，也可作为调峰和调频电源，或直接安装给重要用户，作为大型的不间断电源（UPS）。同时，BESS 具有无功调节的功能，还能对电力系统提供一些其他的贡献，诸如进行有功谐波治理以满足电能质量要求、阻尼振荡、提高电力系统稳定性，有效快速地控制长距离输电线路上的潮流。BESS 为提高电力系统可控性提供了很大的空间。

1987 年，德国在 Bewag 投运了首台应用于电力系统的商用大型 BESS，其存储容量为 17MW/14MW·h，起调节电压和控制负载频率等作用。至今，已有若干 BESS 安装在电力系统中运行。BESS 技术已经商业化，但其潜能还没有完全的被发掘和利用，有待于进一步推广。

6.2.2 基本原理与模型

BESS 的基本原理如图 6-1 所示。可见，在主电路结构上，BESS 就是将蓄电池并联于 STATCOM 的直流电容上。同时需要对 STATCOM 的控制系统进行改造，能实现有功和无功功率的动态控制。当对电池组进行放电时，变换器作为变换器使用；充电时则作为整流器使用。

传统的 STATCOM 只有两种稳定的运行状态，即感性无功状态与容性无功状态。尽管输出电压的相角与幅值可以控制，但是由于没有有功容量，在稳态时相角与幅值不能各自独立地进行调整。所以，不可能同时改变有功功率与无功功率。对于 BESS，稳态运行模式则扩展到全部的四个象限。这些模式分别为：感性直流充电、感性直流放电、容性直流充电、容性直流放电。由于能量存储系统的本质制约，BESS 不可能无限地工作于这四种模式中的任一种，所以这些模式代表了其准稳态运行方式。

在大多数情况下，BESS 可等效为一个在等效阻抗后面的电压源（见图 6-2），Z 代表了变压器电抗、耦合变压器电抗、损耗等构成的等效阻抗。在变换器电流允许的范围内，BESS 的输出电压是完全可控的，因而能够提供与系统电压相量呈任意相角的交流电流（见图 6-3），这就使得 BESS 能在四个象限中发出/吸收有功功率与无功功率，且有功功率与无功功率的控制是独立的。BESS 的容量仅受到变换器的热容量以及可用的电池电压限制。

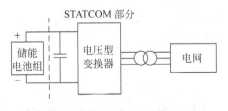

图 6-1 BESS 的基本原理

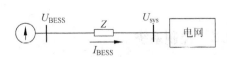

图 6-2 BESS 的简化等效电路

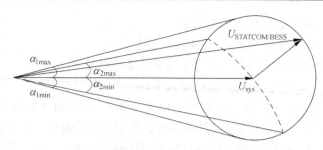

图 6-3　STATCOM/BESS 的电压相量

图 6-3 表示了 STATCOM/BESS 的稳态输出特性,应注意到:STATCOM 的输出电压仅在虚线上取值,是一维的;而 BESS 的输出电压则可以在圈内任意取值,提高了自由度与性能。STATCOM 的虚线将 STATCOM/BESS 的操作区域分为两部分:右上部分代表 BESS 的放电区域,左下部分代表 BESS 的充电区域。角度 α_{1max},α_{1min} 是 BESS 电压输出角度的最大值、最小值;角度 α_{2max},α_{2min} 是 STATCOM 电压输出角度的最大值、最小值。这些角度与系统电压、等效阻抗和 STATCOM/BESS 的最大限流值有关。

BESS 向系统注入的有功、无功功率主要决定于接入母线电压和向电网注入的电流大小及相位,而后者又取决于变换器输出电压的大小与相位,以及等效电路参数。BESS 的典型输出特性可用图 6-4 表示。其中 I_P 为输出有功功率,I_Q 为输出无功功率。图 6-4(a)表示在系统电压为某定值的情况下,BESS 输出有功/无功功率的范围。由于受电力电子器件载流能力的限制,其中内圆里面(包括内圆圈)的部分对应正常运行时 BESS 的输出功率,内圆的半径主要由 BESS 的正常载流能力决定;内外圆之间的阴影部分对应暂态过载运行时可输出的功率,它由电力电子器件和变换器的暂态过载能力决定;同时还受储能部分放电和充电功率的限制;下标 N 和 T 分别表示额定(稳态)和暂态极限值。图 6-4(b)表示输出无功功率为 0 时,BESS 与系统交换的有功功率与接入母线电压之间的关系,在这种情况下 BESS 只是作为并联有功补偿设备运行。图 6-4(c)表示输出有功功率为 0 时,BESS 的 U-I 特性,这种情况下 BESS 只是作为并联无功补偿设备运行,即相当于 STATCOM。

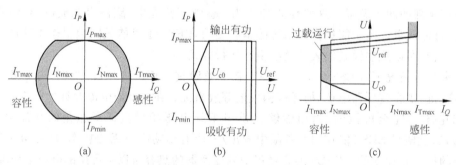

图 6-4　BESS 的典型输出特性

(a) 接入母线电压恒定时的输出功率特性;(b) 输出无功功率为 0 时的有功-电压特性;

(c) 输出有功功率为 0 时的 U-I 特性

6.2.3　控制系统

与 STATCOM 的控制系统类似,BESS 的控制系统也可分为内环控制和外环控制。但由于 BESS 多了一个自由度——有功功率(或电流),因此,外环控制应根据系统调节要求为内环控制提供有功和无功功率(或电流)的参考值,而内环控制则需要控制内部电力电子主电路使得装置输出快速跟踪参考值。图 6-5 所示为 BESS 内环控制的原理框图。与 STATCOM 的内环控制相比,它增加了一个参考输入,即有功功率 $I_{p,\text{ref}}$,通过装置级控制规律计算出变换器输出电压的大小(或调制比)和相位,脉冲发生器据此产生能驱动变换器的脉冲信号。图 6-6 所示是文献[4]提出的装置级 $P\text{-}Q$ 解耦控制规律的原理框图,它将有功和无功参考值变换为 PWM 变换器的调制比 k 和相位角 α,进而可独立调节 BESS 向电网注入的有功和无功功率。

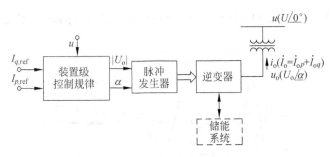

图 6-5   BESS 内环控制系统原理示意图

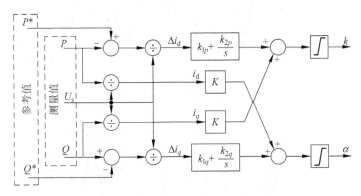

图 6-6   BESS 的 $P\text{-}Q$ 解耦控制规律

由于 BESS 能实现四象限运行,因而比 STATCOM 提供了更好的系统控制能力。从所参与的动态过程的时间尺度来看,BESS 的外环控制可以分为以下几个层次:

(1) 从数十毫秒到秒级的动态控制,包括改善系统暂态稳定控制、阻尼振荡控制和电压稳定控制等。BESS 通过快速控制输出有功和无功功率,增强系统在大/小扰动情况下的稳定性。如文献[4]在一个简单的两区、三机无穷大系统(见图 6-7)中比较了 STATCOM 和 BESS 在系统电压控制和抑制功率振荡两方面的效果。图 6-8 和图 6-9 所示为系统中五回并联联络线之一故障跳闸后,线路一端母线电压和联络线功率的动态过程。可见,采用 BESS 补偿可比 STATCOM 获得更好的控制效果。

(2) 从数秒到分钟级的动态控制,主要是平衡短时间内系统机组出力与负荷之间的功率差额的控制。它可使低速反应电动机顺利跟踪负荷变化,以降低负荷变化率;在发电机突然停机时,能马上补充电力以等待备用发电机的切入。在用户端,还可与柴油发电机混合

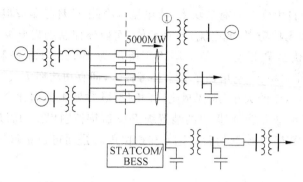

图 6-7　比较 BESS 和 STATCOM 稳定控制效果的示范电力系统

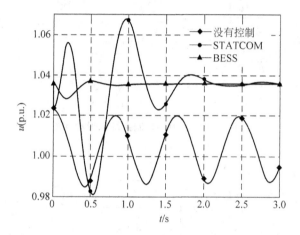

图 6-8　母线①的电压动态过程

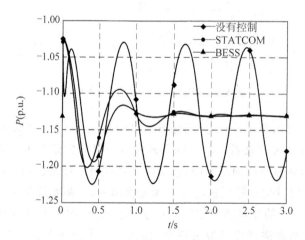

图 6-9　区间联络线功率的动态过程

使用,在发电厂突然停电时,先迅速以电池供电,并在极短的时间内使紧急备用发电机启动,以保证电力用户不断电。而且,在紧急备用发电机运转中,由于其转动惯量小而引起的频率不稳定,也可借助 BESS 进行调节。

(3) 从数分钟到小时级的控制,主要是较长时间内针对负荷"峰谷差"的调节控制,如在系统峰荷时输出电力,起"削峰"作用;在系统谷荷时,吸收功率对电池充电,起"填谷"作用,从而提高系统整体的负荷率。

除了实现以上控制功能外,BESS还可通过设计适当的控制规律,完成其他对电网和/或负荷的补偿和调节作用,如平衡三相不对称负荷及有源滤波等。

6.2.4 应用情况

世界上较早研究和较广应用 BESS 的国家包括德国、美国和日本等。

德国在1979研制生产了储能测试设备,1981年完成了大规模铅酸蓄电池组,并由此构成总容量为 17MW/14MW·h 的 BESS,配备有两组 8.5MW 电力电子变换器。该系统于 1987 年 1 月在德国的 Bewag 投入商业运行,用于电力系统尖峰负荷转移、旋转备用、电压调节和负荷-频率控制。这是世界上第一台成功应用于电力系统的大容量、商业化 BESS 装置。

美国于1988年在南加州爱迪生(Southern California Edison)电网的 Chino 变电站建成 10MW/40MW·h 容量的 BESS,用于平衡峰荷、提高负载率和验证利用 BESS 抑制功率振荡的可行性。1994 年 11 月,在波多黎各电力局(Puerto Rican Electric Power Authority)投运了 21MW/10MW·h 的 BESS,主要用于失去发电机后的频率控制。1995 年在南加州 Vermon 市的 GNB 电池回收厂投运了 5MV·A/2.5MW·h 的 BESS,用于向关键负荷提供电力和改善电能质量。2004 年,为提高电网抵御停电事故的能力,美国 Alaska 电网安装了一台可提供峰值达 26.7MW 的 BESS,这是目前容量最大的 BESS。该装置由 ABB 公司和 Saft 公司联合研制,Saft 公司制造镍镉蓄电池,ABB 公司提供换流器和整个系统的安装调试服务,项目共耗资 3 千万美元。该 BESS 由 4 组蓄电池构成,包括 13760 个充电电池,将来可扩容至 6 组,总容量达到 40MW,可持续供电 6~7min;供电 27MW 时,可持续 15min;供电 46MW 时,可持续 5min。最终还可扩充到 8 组,使用寿命可延长到 20 年。安装 BESS 后,可灵活调节输出功率,使系统的大停电可能性减小 60% 以上。

日本于1988年就建成了 1MW/4MW·h 级的 BESS,为在 21 世纪实现商业化的目标做准备。

近年,我国在 BESS 的研究和应用方面进展很快,投运了多个大型 BESS 示范应用项目,如 2012 年投运的张北风光储输示范工程包含了 14MW 的锂电池蓄能系统。

尽管 BESS 技术理论上已经成熟,而且已经投入商业化运行,但是应用仍然不够广泛。目前国际上对于电池储能系统的经济效益虽尚无一致结论,但其发展前景广阔已成为共识。BESS 在电力系统中大规模应用的技术关键是提高蓄电池的储能密度、降低价格以及延长寿命。

6.3 SMES

6.3.1 技术特点

超导储能(SMES)是超导技术在电力系统中非常有前景的一种应用。它是将超导磁体与电力电子变换装置(即 STATCOM)相结合构成的一种 FACTS 控制器。其基本原理是:

用超导线材绕制电感值很大的储能磁体,并在超导状态下通过很大的直流电流,相应的超导磁体就能储存一定的能量,在需要时再将储存的能量送回电网或作它用。当超导磁体通过电力电子变换器与交流电网相连接时,就可以改变其输出电流的大小和相位,从而得到一个大小方向均可调的有功、无功源。由于超导磁体的电阻几乎为 0,在通过电流时没有热损耗,因此,它可通过的平均电流密度比常规线圈高出几个数量级,可达到很高的储能密度(约 $10^8 \mathrm{J/m^3}$)。

最早(1969 年)提出应用 SMES 来"削平"电力系统尖峰负荷概念的是法国的 Ferrier。1970 年,美国 Wisconsin 大学应用超导中心的 H. Peterson 和 R. Boom 发明了一个超导电感线圈和三相 AC/DC 格里茨(Graetz)桥路组成的电能储存系统,获得了美国专利,并由此开始了超导储能电力应用的研究和发展阶段。近 30 年来,超导储能的研究一直是电力系统应用超导技术的热点。特别是 1986 年以来,高温超导材料(临界温度达到 160K 以上)研究取得了实质性进展,大大促进了超导储能的研究。

作为 FACTS 控制器的一员,SMES 因为具有如下的优良特性而受到重视。

(1) 转换效率高

超导储能装置所存储的是电磁能,不经过其他形式的能量转换,其损耗主要在于变换器损耗和制冷损耗,转换效率很高。大型低温超导储能装置的充电/放电效率约为 90%～93%。高温超导储能装置的效率则高达 94% 甚至更高。而其他形式的储能装置都有电能的转化过程,如抽水蓄能将电能转化为机械能,蓄电池将电能转化为化学能,飞轮储能将电能转化为动能等,转化效率相对要低许多。

(2) 响应速度快

SMES 通过电力电子变化器与电网相连,其反应时间仅决定于变换器及其控制系统,因而响应速度非常快,从最大充电功率到最大放电功率的转换只需几十毫秒。由于响应速度快,SMES 不仅能参与电网的稳态控制、削峰填谷、提高负载率,也能参与动态和暂态控制,提高系统稳定性、电能质量和供电可靠性。

(3) 运行灵活

采用 SMES 可调节电网的电压、频率、有功和无功,且有功和无功能同时独立调节,并且调节范围随着 SMES 容量的增长可以达到很大。

(4) 其他优点

如超导储能系统中除了真空和制冷系统外,没有转动部件,因此系统寿命很长;超导储能的建造不受地点限制,维护方便,无污染等。

6.3.2　基本结构

SMES 的基本结构如图 6-10 所示,主要由超导线圈及其保护系统、冷却系统,变换器和控制器等组成。以下分别简单介绍各部分的原理和功能。

1. 超导线圈

置于真空绝热冷却容器中的超导线圈是 SMES 的储能元件和核心部件。根据冷却温度的高低分为高温和低温超导。

超导线圈的形状通常是环形和螺管形。环形线圈漏磁场小,占用面积小,适合于小型及数十兆瓦时的中型 SMES;螺管形线圈漏磁场较大,但结构简单,适用于大型 SMES 及需要

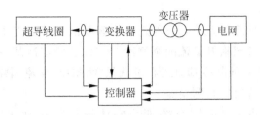

图 6-10　SMES 的原理结构

现场绕制的 SMES。目前,绕制超导磁体线圈的材料主要是 NbTi 和金属化合物 Nb₃Sn。
NbTi 的机械加工性能好,而 Nb₃Sn 的临界电流、临界磁场、临界温度都优于 NbTi,只是机
械加工较难。这两种导体均为低温超导线材,需在液氦温区(4K)工作。

对于超导磁体,失超时可能出现过热、高压放电和应力过载三种情况。后两种情况发生
时,在一定范围内是可以自动修复的;而对于过热,其后果常常是致命的(对磁体而言)。
因此,更多的磁体保护是针对过热。防止过热,也就是要在失超时将超导磁体中的电流转移
至外部消化,防止热能释放在超导线上。根据不同的磁体结构,可有分段电阻保护、并联电
阻保护、谐振电路保护和变压器保护等方法。这些方法各有其优缺点。

虽然低温超导线材已基本达到了可以在小型 SMES 上使用的水平,但必须在液氦温区
下才能维持超导状态,这使超导的经济优越性受到了限制。在高温超导线材方面,美国、日本
等发达国家已制造出 50m~1km 的 Bi 系超导线材,并具有制造临界电流密度 $J_c > 20\text{kA/cm}^2$、
交流损耗小于 3W/(kA·m)、线长大于 1km 的 Bi 系超导线材的能力。目前,高温超导线材
虽已接近或达到可用于超导电力装置的水平,但与低温超导线材相比仍有一段差距,尤其是
在交流损耗上差距更大。为此,各国均在致力于开发交流高温超导线材,以使高温超导线材
达到实际应用水平。

2. 变换器

SMES 使用的变换器可以是 VSC 或 CSC。由于超导体实际上是闭合的电感线圈,是电
流源,采用 CSC 非常自然。而如果采用 VSC,需通过变换(通常是斩波)将电流源转化为电
压源形式,同时还需考虑这两次变换的协调控制,使得电路和控制变得复杂,但 VSC 比 CSC
在技术上更成熟。

采用 VSC 的 SMES 也称为 VSMES。图 6-11 所示为 VSMES 典型的主电路结构示意,
包括超导磁体、直流斩波器和 VSC 等主要组成部
分,通过变压器与电网相连。其中,超导线圈可看
成一个无阻电感,用来存储电磁能,它与斩波器和
直流电容一起构成变换器直流侧稳压源。变换器
的作用是进行 DC/AC 变换,通过调节变换器的输
出电压幅值和相位,控制 SMES 与系统间的电流,
达到控制其与系统之间交换有功和无功功率的目

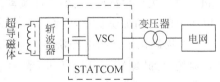

图 6-11　基于 VSC 的 SMES(VSMES)
简化主电路结构图

的。可见,VSMES 在主电路结构上相当于将 STATCOM 与直流斩波器和超导储能装置组
合而成的。由于直流电容电压的相对恒定直接影响 SMES 输出功率的质量和整个装置的
稳定运行,因此,有效地实现变换器与斩波器之间的动态匹配是十分重要的。

3. 冷却系统

超导线圈通常有两种冷却方式：一种是将线圈浸泡在液氦之中的浸泡冷却方式,另一种是在导体内部强制通过超临界氦流的强制冷却方式。浸泡冷却方式下超导稳定性好,但交流损耗大,耐压水平低；强制冷却方式在机械强度、耐压、交流损耗等方面都具有优点,但提高超导热稳定性是应解决的问题。

低温冷却系统通常由不锈钢制冷器、低温液体分配器、氦液化器等几个部分组成。目前,提高冷却装置的每年使用时间,是使 SMES 满足电力运行需要的重要任务。

4. 控制系统

SMES 最大的优越性在于其能快速地与系统进行无功和有功交换,而且有功、无功的交换可四象限独立进行。因此,控制器和控制策略的设计非常关键,它是决定 SMES 装置能否与电网良好地匹配,并根据不同的控制目标最大限度地改善电力系统性能的主要因素。SMES 可采用各种不同的控制策略,如经典 PID、线性最优控制、各种非线性控制以及一些智能化控制方式(包括模糊控制、人工神经网络控制、遗传算法等)。

6.3.3   运行特性与控制简述

SMES 的运行特性与 BESS 类似：在其可控范围内,可以等效为通过一定阻抗连接到系统的可控电压源,等效电路和电压相量关系分别如图 6-2 与图 6-3 所示,其输出特性同样可以用图 6-4 来表示。

与 BESS 类似,SMES 控制也包括内环控制和系统级(外环)控制两部分。外环控制用于提供内环控制所需要的有功功率和无功功率参考值,是由 SMES 本身特性和系统要求决定的；内环控制则是根据外环控制提供的参考值产生变换器的触发信号。目前,SMES 在高压电网中的应用研究主要集中在提高系统稳定性方面,所以 FACTS 装置用于系统稳定控制的理论和方法均适用于 SMES。

6.3.4   在电力系统中的应用

由于 SMES 具有多方面的优点,它在电力、军事等领域有较广泛的应用(前景)。在电力系统中,它的主要作用包括以下几个方面：

(1) 提供有功和无功功率备用,可作为能快速响应的"旋转"备用,及时对系统的发电出力和负荷变化作出反应,减小负荷波动对系统频率的影响,保证重要用户的不间断供电,为发电机组的启动提供功率,有利于加快故障后电网的恢复过程。

(2) 提高系统运行的经济性,包括对负荷起着"削峰填谷"作用,提高负载率；作为高效和快速响应的"旋转"备用,有利于降低备用成本；可以作为负荷侧的有功和无功电源,有利于优化潮流、减小网损。

(3) 改善系统的稳态运行特性,即通过控制其输出功率,改变电网的潮流方式,对电压进行调整,获得更好的稳态运行指标(电压特性、网损等)。

(4) 提高系统的稳定性和传输能力,可通过减小故障情况下发电和用电之间的功率不平衡程度,提高系统的暂态稳定性；引入适当的阻尼控制策略可抑制系统的低频功率振荡,同时对提高电压稳定性、频率稳定性具有良好的效果。

(5) 改善电能质量和供电可靠性,包括改善功率因数、抑制负荷侧电压波动、减少冲击性负荷对电网的不利影响、保证重要负荷的不间断供电等。由于应用于负荷侧时,对 SMES 的容量要求下降,因此中小型(储能小于 100MJ)、特别是微型 SMES(Micro SMES)具有很好的应用前景。

SMES 还用于一些较特殊的电力环境,如:

(1) 海岛供电系统。因为海岛与大陆联网的造价高,一般用燃气轮机独立发电并联成网,SMES 可用来进行负载调节等。

(2) 风力和太阳能发电系统的储能。由于太阳能、风能等新型能源具有时间特异性,发电机组出力极不稳定,若将它们直接与系统相连,会造成系统运行不稳定,并引入大量谐波。SMES 可用作太阳能和风能发电的中间能量储备环节,使其发电系统的输出平滑,以满足电网要求。

(3) 由于 SMES 具有储能效率高、储能密度大、释放能量快速、易于控制等优点,特别适合于给脉冲负荷(如军事工业所需的脉冲电源)供电,并可应用于舰船等独立电力系统以提高其稳定性和可靠性。

电力系统中 SMES 规模与主要用途之间的关系如表 6-2 所示。

表 6-2 不同规模 SMES 的应用情况

项目	规模等级	安 装 地 点	应用目的和作用
小型	0.1MW·h	负荷端、长距离输电线的电源端、小容量电厂、光伏发电、风力发电系统	改善稳定性、小波动负载调平、电压波动调节、校正功率因数、间断性电源调平输出
中型	10MW·h	配电站、中型发电厂	大波动负载调平、电压波动调节、减少无功调节和频率调节及瞬时备用功率装置、改善电源可靠性
大型	1GW·h	大型发电厂及适于 SMES 的一切其他地点	负载调平后减少峰值功率电源装置、减少传输容量和电站建设、减少传输损失、改善发电设备的热效率、减少无功调节和频率调节及瞬时备用功率装置、改善电源可靠性

6.3.5 国内外研究与应用状况

自 20 世纪 70 年代以来,SMES 一直是发达国家科研的热点之一,美、日、俄、德等国家均展开了广泛的研究。以下是部分发达国家和我国的研究与应用状况。

(1) 美国

1970 年左右,Wisconsin 大学应用超导中心的 H. Peterson 和 R. Boom 发明了一个由超导电感线圈和三相 AC/DC 格里茨(Graetz)桥路组成的电能储存系统,并对格里茨桥在能量储存单元与电力系统相互影响中的作用进行了详细分析和研究,发现装置的快速响应特性对于抑制电力系统振荡非常有效,从而开创了超导储能在电力系统应用的先河。

1972 年,洛斯阿拉莫斯实验室(Los Alamos Naitional Iaboratory,LASL)开始就 SMES 的经济可行性展开研究。研究结果显示,SMES 在经济性、有效性、可靠性、易建设性和环境保护上都是优越的。1974 年,第 1 台并网运行的 SMES 在 LASL 进行测试。

在 1976—1981 年,为了解决博纳维尔电力管理局(Bonneville Power Administration,BPA)电网中从太平洋西北地区到南加州 1500km 的双回交流 500kV 输电线上的低频振荡问题,提高传输容量,LASL 和 BPA 合作研制了一台 30MJ/10MW 的 SMES,并成功安装于 Tacoma-Washington 变电站。由于后来系统的整体分析表明,上述低频振荡问题可以由平行的直流输电系统进行控制解决,而在 SMES 安装完成时,直流控制系统业已投运,因此, SMES 并网运行不到一年就被取消了。但它是世界第一个在实际电网中运行的 SMES,为后来开发类似应用提供了重要的参考和经验。

20 世纪 80 年代初,美国先后在 5GW·h 和 1GW·h 容量级的 SMES 开展了可行性分析和设计。1988 年起,SDI(strategic defense initiative)启动了 SMES-ETM(engineering test model)计划,开展了大容量(20MW·h 及以上)SMES 的方案论证、工程设计和器件的研制,目的是为自由电子激光(free electron laser,FEL)项目提供电源和为电网提供储能调峰的调节手段。到 1990 年该计划第一阶段完成时,形成了两种迥异的设计和实现方案,由于分歧太大,加上 FEL 项目终止,SMES-ETM 项目"胎死腹中"。自此,美国在大容量 SMES 开发方面的投入大大减少。

在 SMES-ETM 开始的同时,由于电力市场、分散供电以及电能质量等新问题的出现,美国在小容量 SMES 研究和应用方面开展了大量和卓有成效的工作。1988 年,SI (Superconductivity Inc.)公司成立,专注于中小容量(1~3MW/1~10MJ)和可移动 SMES 的开发和商业化,以解决供电网和特殊工业用户的电能质量问题。SI 公司后来被 ASC (American Superconductor Corporation)公司收购。据统计,在 1990—2004 年间,SI/ASC 公司先后有约 20 多台 SMES 投入运行,并发展了将 SMES 与 BESS 结合的混合储能系统和分布式 SMES(distributed SMES,D-SMES)等概念,涉及的应用包括:改善配电网的电能质量,为对电能质量敏感的工业生产基地提供高质量不间断电源,以及后期发展的提高供电网电压稳定性。

(2) 日本

1985 年,九州(Kyushu)大学设计了一台 100kJ 的 SMES,用于研究电网中 SMES 的应用和系统稳定,这是日本第一个 SMES 装置。1986 年,日本成立了超导储能研究协会,任务是实现超导储能的实际应用,为日本超导储能技术的独立发展作出贡献。

九州电力公司于 1991 年将一台 30kJ 的超导储能系统连接到一台 60kW 的水力发电机上,进行改善发电机稳定性的现场试验,并取得了较好的实验结果。在此基础上,九州电力公司与九州大学合作,从 1991 年开始,开展 36MJ 的 SMES 试验,并设计建造一台 360MJ/ 20MW 的 SMES,并网后进行示范运行,然后将研制一台 1260MJ/500MW 的多功能 SMES。

20 世纪 90 年代,神户制钢所、东芝(Toshiba)公司、日立(Hitachi)公司、富士(Fuji)电力公司、中部(Chubu)电力公司等也都进行了 SMES 的相关设计和试验。东京电力公司与 Hitachi 公司合作,中部电力公司与电力研究发展中心合作,分别开展了含 1MJ SMES 电力系统的动模实验,内容包括调平尖峰负荷、平衡负荷波动、负荷频率控制、改善动态和暂态稳定性等。

(3) 俄罗斯(苏联)

1988 年建成的超导托卡马克 T-15 超导磁体,储能达 370~760MJ。20 世纪 90 年代以来,俄罗斯国家实验室建成了 12MJ 的 SMES,并进行了储能 100MJ/电感 8H/电流 5kA/最强磁场 514T 的 SMES 设计。1993 年前后,俄罗斯(苏联)的科学院高温研究所(The High Temperatures Institute of the USSR Academy of Science)研制了容量为 100MJ/20MW 的 SMES。

(4) 德国

德国在 1997 年完成了一个容量为 4MJ/500MW 的实验用脉冲功率电源的设计,在其中成功地引入 SMES 作为储能单元。在 1999 年 9 月,又研制了一个用作不间断电源的 2MJ 的低温 SMES。目前,德国正进一步研究 SMES 在高功率 UPS 方面的应用。

(5) 中国

我国在 SMES 研究方面则起步较晚,目前主要是大学和科研院所开展一些探索性的研究和开发工作。在自然科学基金的支持下,中国科学院电工研究所于 1997 年成功研制出我国第一台 25kJ/5kW/300A/220V SMES 试验样机;2005 年和 2006 年前后,中国科学院电工研究所与清华大学合作,先后研制了 100kJ/200kV·A 和 0.3MJ/150kV·A 的 SMES 样机。同时,华中科技大学、浙江大学、东北电力大学、东南大学和国网南京自动化研究院等也在 SMES 研制和应用方面开展了大量的工作。

6.3.6 应用前景展望

大型 SMES 项目由于投资昂贵等原因发展比较缓慢,中小型和微型 SMES 已经在电力系统、特别是配电系统中得到成功应用,尤其是美国、日本等发达国家在 SMES 的研究、应用方面取得了很大的进展,其中美国 ASC 公司在 1MJ 量级 SMES 上已可成套商业供货。虽然大量的研究表明,SMES 能在电力系统发挥很大的作用,但由于受超导材料的研究进展、超导部件的制造水平、性能价格比、运行维护等因素的制约,目前还未能在电力系统中大范围应用。为了突破上述制约条件,需进一步在以下方面加强研究:

(1) 加强超导线材、特别是高温超导线材的研究,提高超导线的临界电流和临界温度,从而可以降低制冷费用和提高设备的效率,这是超导技术实用化的一个重要方面。

(2) 改进超导线圈设计。环形多级结构是目前较为理想的线圈结构。应进一步研究减小线圈各部分应力,减少支承材料造价,减小漏磁场对周围环境的影响。

(3) 改进超导线圈的失超保护措施,开发出更可靠、灵活和低耗的直流断路器和永久电流开关,以提高 SMES 的安全性和效率。

(4) 降低制冷成本和复杂度。

(5) 研究满足 SMES 需要的高效和可靠的功率变换技术。

(6) SMES 应用于电力系统的控制策略研究。根据系统容量、SMES 参数和控制目的等多项指标,特别是从电力系统运行特性的角度选择和设计出优良的控制策略,是一个重要课题。

(7) 减轻系统特别是制冷子系统运行维护的工作量。

(8) 减少对环境的不利影响。

目前,SMES 在工程应用中的最大障碍在于造价昂贵,通过技术改进,并结合经济性研究,进一步提高 SMES 的性价比,是推动 SMES 在电力系统广泛应用的重点。

参 考 文 献

[1] 唐晓军.压缩空气储能技术现状[J].能源研究与利用,1995(3):25-27.

[2] 金能强,夏平畴.飞轮电力储能系统[J].电工技术杂志,1997(1):37-40.

[3] 张仁元,柯秀芳,秦红.相变储能技术在电力调峰中的工程应用[J].中国电力,2002,35(9):21-24.

[4] YANG Z,SHEN C,ZHANG L,et al. Integration of a STATCOM and battery energy system storage [J]. IEEE Transactions Power System,2001,16(2):254-260.

[5] CHANG S J,HUANG S C,LO C M. Three-phase multifunctional battery energy storage system[J]. IEE Proceedings-Electric Power Applications,1995,142(4):275-284.

[6] BHARGAVA B,DISHAW G. Application of an energy source power system stabilizer on the 10 MW battery energy storage system at Chino Substation[J]. IEEE Transactions Power System,1998,13(1):145-151.

[7] MILLER N W,ZREBIEC R S,DELMIRICO R W,et al. Design and commissioning of a 5 MV・A, 2.5 MW・h battery energy storage system [C]//1996 IEEE Transmission and Distribution Conference,15-20 Sept. 1996:339-345.

[8] NICHOLAS W M,ROBERT S Z,ROBERT W D,et al. A VRLA battery energy storage system for Metlakatla,Alaska[C]//1996 Eleventh Annual Battery Conference on Applications and Advances,9-12 Jan. 1996:241-248.

[9] LACHS W R,SUTANTO D. Battery storage plant within large load centres[J]. IEEE Transactions on Power Systems,1992,7(2):762-767.

[10] SAUPE R. The power conditioning system for the ±8.5/17 MW-energy storage plant of BEWAG [C]//Third International Conference on Power Electronics and Variable-Speed Drives,13-15 July 1988,218-220.

[11] SUTANTO D. Energy storage system to improve power quality and system reliability[C]//2002 Student Conference on Research and Development. Shah Alam,Malaysia,16-17 July 2002:8-11.

[12] ARABI S,KUNDUR P. Stability modelling of storage devices in FACTS applications[C]//2001 IEEE Power Engineering Society Summer Meeting,15-19 July 2001(2):767-771.

[13] 韩羽中,李艳,许江,等.超导电力磁储能系统研究进展(一)——超导储能装置.电力系统自动化, 2001(12):63-71

[14] BAUMANNE P D. Energy conservation and environmental benefits that may be realized from superconducting magnetic energy storage[J]. IEEE Transactions on Energy Conversion,1992,7(2):253-259.

[15] 唐跃进,李敬东,段献忠,等.超导电力科学技术——发展中的新学科和新技术[J].科技导报, 2000(4):27-30.

[16] 唐跃进,李敬东,叶妙元,等.未来电力系统中的超导技术[J].电力系统自动化,2001,25(2):70-75.

[17] KAMINOSONO H,TANAKA T,ISHIKAWA T,et al. Characteristics of superconducting magnetic energy storage(SMES)energized by a high-voltage SCR converter[J]. IEEE Transactions on Magnetics,1983,19(3):1063-1066.

[18] IGLESIAS I J,BAUTISTA A,VISIERS M. Experimental and simulated results of a SMES fed by a current source inverter[J]. IEEE Transactions on Applied Superconductivity,1997,7(2):861-864.

[19] IGLESIAS I J,ACERO J,BAUTISTA A. Comparative study and simulation of optimal converter topologies for SMES systems[J]. IEEE Transactions on Applied Superconductivity,1995,5(2):254-257.

[20] BUCKLES W E,HASSENZAHL W V. Superconducting magnetic energy storage[J]. IEEE Power

Engineering Review,2000,20(5):16-20.

[21] El-AMIN I M, HUSSAIN M M. Application of a superconducting coil for transient stability enhancement[J]. Electric Power Systems Research,1998(17):219-228.

[22] JOHN D R,ROBERT I,SCHERMER B L,et al. 30-MJ superconducting magnetic energy storage system for electric utility transmission stabilization[J]. Proceedings of the IEEE,1983,71(9): 1099-1109.

[23] SADEGHZADEH S M,EHSAN M,SAID N,et al. Improvement of transient stability limit in power system transmission lines using fuzzy control of FACTS devices[J]. IEEE Transactions on Power Systems,1998,13(3):917-922.

[24] HSU C T. Enhancement of transient stability of an industrial cogeneration system with superconducting magnetic energy storage unit[J]. IEEE Transactions on Energy Conversion,2002, 17(4):445-452.

[25] KUSTOM R,SKILES J,WANG J,et al. Power conversion system for diurnal load leveling with superconductive magnetic energy storage[J]. IEEE Transactions on Magnetics, 1987, 23(5): 3278-3280.

[26] SKILES J J,KUSTOM R L,KA-PUI K,et al. Performance of a power conversion system for superconducting magnetic energy storage (SMES)[J]. IEEE Transactions on Power System,1996, 11(4):1718-1723.

[27] 陈利军,马维新,冯之鑫. 超导储能装置改善电力系统动态性能的研究[J]. 清华大学学报(自然科学版),1999,39(3):14-18.

[28] KUNSTOM R L, SKILES J J, WANG J, et al. Research on power conditioning systems for superconductive magnetic energy storage(SMES)[J]. IEEE Transactions on Magnetics,1991,27(2): 2320-2323.

[29] LASSETER R H,JALALI S G. Dynamic response of power conditioning system for superconductive magnetic energy storage[J]. IEEE Transactions on Energy Conversion,1991,6(3):388-393.

[30] 余运佳,惠东. 大中型超导储能装置的研制与应用[J]. 中国电力,1997,30(3):57-59.

[31] BAUTISTA A,ESTEBAN P,GARCIA-TABARES L,et al. Design,manufacturing and cold test of a superconducting coil and its cryostat for SMES application[J]. IEEE Transactions on Applied Superconductivity,1997,7(2):853-856.

[32] HSU C S,LEE W J. Superconducting magnetic energy storage for power system applications[J]. IEEE Transactions on Industry Applications,1993,29(5):990-996.

[33] ROGERS J D,BOENIG H J,SCHERMER R I,et al. Operation of the 30 MJ SMES system in the bonneville power administration electrical grid[J]. IEEE Transactions on Magnetics,1985,21(2): 752-755.

[34] LOYD R J,WALSH T E,KIMMY E R. Key design selections for the 20. 4 MW·h SMES/ETM [J]. IEEE Transactions on Magnetics,1991,27(2):1712-1715.

[35] LOYD R,SCHOENUNG S,NAKAMURA T,et al. Design advances in superconducting magnetic energy storage for electric utility load leveling[J]. IEEE Transactions on Magnetics,1987,23(2): 1323-1330.

[36] HASSAN I D,BUCCI R M,SWE K T. 400 MW SMES power conditioning system development and simulation[J]. IEEE Transactions on Power Electronics,1993,8(3):237-249.

[37] BUCKLES W, HASSENZHAL W V. Superconducting magnetic energy storage[J]. IEEE Power Engineering Review,2000,20(5):16-20.

[38] HAYASHI H,KIMURA H,HATABE Y,et al. Fabrication and test of a 4 kJ Bi-2223 pulse coil for SMES[J]. IEEE Transactions on Applied Superconductivity,2003,13(2):1867-1870.

[39] NAGAYA S, HIRANO N, SHIKIMACHI K, et al. Development of MJ-class HTS SMES for bridging instantaneous voltage dips [J]. IEEE Transactions on Applied Superconductivity, 2004, 14(2): 770-773.

[40] HOSNY W M, DODDS S J. Applied superconductivity developments in Japan[J]. Power Engineering Journal [see also Power Engineer], 1993, 7(4): 170-176.

[41] MATSUKAWA T, NAKAMURA, H, NOMURA S, et al. Conceptual Design of SMES system equipped for IPP plant[J]. IEEE Transactions on Applied Superconductivity, 2000, 10(1): 788-791.

[42] IRIE F, TAKEO M, SATO S, et al. A field experiment on power line stabilization by a SMES System [J]. IEEE Transactions on Magnetics, 1992, 28(1): 426-429.

[43] IMAYOSHI T, KANETAKA H, HAYASH H, et al. Development of a 1 kW·h-class module-type SMES-design study[J]. IEEE Transactions on Applied Superconductivity, 1997, 7(2): 844.

[44] AKOPYAN D G, BATAKOV Y P, DEDJURIN A M, et al. Conceptual design of a 100 MJ superconducting magnetic energy storage [J]. IEEE Transactions on Magnetics, 1992, 28(1): 398-401.

[45] SALBERT H, KRISCHL D, HOBL A, et al. 2 MJ SMES for an uninterruptible power supply[J]. IEEE Transactions on Applied Superconductivity, 2000, 10(1): 777-779.

[46] WECK W, EHRHART P, MULLER A, et al. Superconducting inductive pulsed power supply for electromagnetic launchers: Design aspects and experimental investigation of laboratory set-up[J]. IEEE Transactions on Magnetics, 1997, 33(1): 524-527.

[47] 戴陶珍, 范则阳, 李敬东, 等. 舰船电力系统用 1 MJ 高温超导储能磁体设计研究[J]. 中国工程科学, 2004, 6(1): 53-56.

[48] 蒋晓华, 褚旭, 吴学智, 等. 20kJ/15kW 可控超导储能实验装置[J]. 电力系统自动化, 2004, 28(4): 88-91.

[49] JIANG X H, CHU X, YANG J, et al. Development of a solenoidal HTS coil cooled by liquid or gas Helium[J]. IEEE Transactions on Applied Superconductivity, 2003, 13(2): 1871-1874.

[50] 陆广香, 沈国荣, 郑玉平, 等. 高温超导储能试验装置研究[J]. 电力系统自动化, 2004, 28(11): 87-89.

[51] LUONGO C A. Superconducting storage systems: An overview[J]. IEEE Transactions on Magnetics, 1996, 32(4): 2214-2222.

[52] GAMBLE B B, SNITCHIER G L, SCHWALL R E. Prospects for HTS[J]. IEEE transactions on Applications Magnetics, 1996, 32(4): 2714-2719.

第 7 章

变阻抗型串联补偿器

7.1 电力系统串联补偿概述

7.1.1 基本概念

电力系统串联补偿的基本思想是通过在传输线上串接入一定的设备,改变线路的静态和动态特性,从而达到改善电网运行性能的目的。广义的串联补偿包括变压器、断路器等电网设备,它们能改变线路的电压等级及其投运与退出状态,从而对电网结构和拓扑状态作出调整。狭义上的串联补偿是指在固定串联电容(FSC)和电感基础发展起来的补偿设备,目前主要是串联无功补偿,少数具有小范围的有功补偿作用。它们通常不改变线路的电压等级和基本拓扑结构,只是在等效意义上调整线路的阻抗和压降,从而达到改善电网运行特性的目的。本书所指的串联补偿仅限于狭义上的。

串联补偿与并联补偿的不同之处在于:

(1)并联补偿只需要电网提供一个节点,另一端为大地或悬空的中性点;而串联补偿需要电网提供两个接入点。相对而言,串联补偿装置比并联补偿装置的系统接入成本要高一点。

(2)并联补偿装置通常只改变节点导纳矩阵的对角线元素,或者等效为注入电力系统的电流源;而串联补偿装置会改变导纳矩阵的非对角线元素,或者等效为注入的电压源。

(3)并联补偿装置与所接入点的短路容量相比通常较小,主要通过注入或吸收电流来调节系统电压,进而改变电流的分布。由于正常运行时,系统电压允许变化的范围不大,实际传输的有功功率最终由线路的串联阻抗和线路两端电压的相位差决定。因此,并联补偿对节点电压和潮流的控制能力通常较弱。串联补偿能直接改变线路的等效阻抗或通过插入电压源来改变传输线的电压自然分布特性,从而调节电流分布,对电压和潮流的控制能力强。

(4)并联补偿只能控制接入点的电流,而电流进入电力系统后如何分布由系统本身确定,因此并联补偿产生补偿效果后通常可以使节点附近的区域受益,适合于电力部门采用;而串联补偿可以针对特定的用户,实现潮流和电压调节,因而适合于对特定用户和特定输电走廊的补偿。

(5)并联补偿装置需要承受全部的节点电压,其输出电流或是由所承受的电压决定(如

SVC),或是可以控制的(如 STATCOM);串联补偿装置需要承受全部的线路电流,其输出
电压或是由所承载的电流决定(如 TSSC,GCSC,TCSC),或是可以控制的(如 SSSC)。

7.1.2 串联补偿的工作原理

采用一个简单的双机电力系统模型来说明串联补偿的工作原理,如图 7-1 所示,两台发

电机通过一条经串联补偿的线路联网。设机端电压
有效值分别为 U_s 和 U_r,未补偿前的线路电抗为 X,
串联补偿设备的等效容抗为 X_C,补偿后线路的等效
电抗为 $X_{eff}=X-X_C$,其中忽略了线路电阻。定义线
路的补偿度为

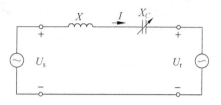

$$k = X_C/X, \quad 0 \leqslant k < 1 \qquad (7\text{-}1)$$

图 7-1 两机组通过串联补偿线路互联

从而有

$$X_{eff} = (1-k)X \qquad (7\text{-}2)$$

易知,联络线上传输的有功功率为

$$P = \frac{U_s U_r}{(1-k)X}\sin\delta \qquad (7\text{-}3)$$

而串联补偿装置提供的无功功率为

$$Q_C = \frac{k}{(1-k)^2}\frac{U_s^2 + U_r^2 - 2U_s U_r\cos\delta}{X} \qquad (7\text{-}4)$$

式中,δ 为机组端电压之间的相角差。

图 7-2 所示为在不同补偿度 k 值下,有功潮流 P 和串联补偿装置提供的无功功率 Q_C 与
端电压相角差 δ 的关系曲线。可见,随着补偿度的增加,线路的传输能力增大,串联补偿提
供的无功功率也迅速增加。

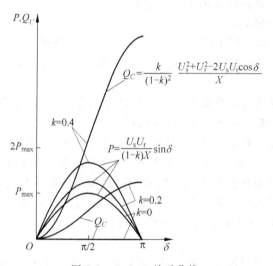

图 7-2 $P, Q_C\text{-}\delta$ 关系曲线

式(7-3)表明,串联补偿能有效提高线路的传输容量,可以解释为:串联容抗抵消了一
部分线路电感的作用,相当于减少了线路的等效电感,使线路的电气距离缩短,因而能传输

的功率增加。其中的物理机理是：为了增加实际线路中串联阻抗中的电流以增加线路传输功率，必须增大加在该阻抗上的电压；在线路两端电压的幅值和相位不变的条件下，采用串联补偿装置，例如串联电容，能产生与线路电感压降反向的电压，相当于提供了一个正向的补偿电压源，因而能增大线路中的电流，即提高传输容量。因此，串联补偿设备可以看作串接在线路上的补偿电压源，这是理解各种串联补偿设备，特别是 SSSC 工作原理的基础。

7.2 串联补偿的作用

串联补偿可以改变传输线的等效阻抗或在线路中串入补偿电压，因此通过串联补偿可以方便地调节系统的有功和无功潮流，从而能有效地控制电力系统的电压水平和功率平衡。总体来说，串联补偿对电力系统具有如下作用：

(1) 改变系统的阻抗特性；

(2) 进行潮流控制，优化潮流分布，减少网损；

(3) 提高电力系统的静态稳定性；

(4) 改善电力系统的动态特性；

(5) 加强电网互联，提高电网的传输能力；

(6) 控制节点电压和改善无功平衡条件；

(7) 调整并联线路的潮流分配，使之更合理；

(8) 通过控制潮流变化，阻尼系统振荡；

(9) 快速可控的串联补偿可以提高电力系统的暂态稳定性；

(10) 可控串补能提高线路补偿度，抑制次同步振荡；

(11) 可控串补（TCSC 等）通过在短路瞬间串入电感减小短路电流；

(12) 在配电网中，采用串联容性补偿可以解决一系列的电能质量问题，如部分抵消线路压降以提高末端电压，提高负载功率因数，可控补偿可以抑制由于负荷变化引起的电压波动等；而且串联容性补偿会增大馈线的短路电流，使保护可靠和快速地动作。

串联补偿在输电网和配电网中都得到了广泛应用。在输电网中，其主要功能是进行潮流控制、提高系统稳定性和传输能力；在配电网中，其主要功能是提高电能质量和减小负荷对电网的不利影响（如不对称性、谐波等）。对比串联补偿和并联补偿能可见，它们在功能上具有很大的相似性，也就是说，有一些功能通过串联补偿或并联补偿都能实现，但在实现的原理上有一定的区别。以下通过简单的分析，说明串联补偿一些主要功能的基本原理。

7.2.1 串联补偿与潮流控制

串联补偿相当于在线路上串入一个可变阻抗或可控电压源。根据 7.1.2 节的分析，当可变阻抗的值为 X_c，对应的补偿度为 k 时，传输线上传输的有功功率可用式（7-3）来描述；而如果串联补偿等效为一个无功电压源（如 SSSC），设为 $\dot{U}_c$，即将图 7-1 中的可变阻抗换作一个有效值为 U_c、相位与线路基波电流差 $\pi/2$ 的可控电压源，或者表示为

$$\dot{U}_c = \alpha(\dot{U}_s - \dot{U}_r) \tag{7-5}$$

式中，$\dot{U}_s, \dot{U}_r$ 分别为线路首端和末端电压相量；α 称为电压补偿系数，为可控的实数值，可正

可负,且有界,即 $\alpha_{\min} \leqslant \alpha \leqslant \alpha_{\max}$。经过简单的计算,可得到补偿后线路上传输的有功功率变为

$$P = \frac{U_s U_r}{X/(1+\alpha)}\sin\delta \qquad (7\text{-}6)$$

相当于将线路的电抗改变为原来的 $1/(1+\alpha)$。

因此,通过调节线路的补偿度或可控电压源的补偿系数可以实现控制线路上潮流的目的。在复杂的电网中,各节点注入功率一定的条件下,网络上的潮流分布主要决定于节点导纳矩阵,特别是节点间的互导纳。而串联补偿能够等效改变节点间的互导纳,从而能调节复杂电网中潮流的分布,而且这种调节不像传统的机械式控制,它可以是动态的、快速的,为提高系统稳定性和改善电网动态性能提供了强有力的手段。

7.2.2　串联补偿提高系统电压稳定性

采用图 7-3 所示的简单系统来分析串联补偿提高静态电压稳定性的基本原理。与图 3-5 相比,只是将并联无功补偿设备换成了串联无功补偿,设补偿前线路的电抗为 X,串联补偿度为 k,即补偿后线路的等效电抗为 $X_{\text{eff}} = (1-k)X$,负载为纯阻抗 $\dot{Z}$,设 $\dot{Z} = Z_L \underline{/\varphi}$,则负荷吸收的有功功率及负荷节点的电压分别为

$$P_L = \frac{E^2 Z_L \cos\varphi}{(1-k)^2 X^2 + Z_L^2 + 2(1-k)X Z_L \sin\varphi} \qquad (7\text{-}7)$$

$$U = \frac{E Z_L}{\sqrt{(1-k)^2 X^2 + Z_L^2 + 2(1-k)X Z_L \sin\varphi}} \qquad (7\text{-}8)$$

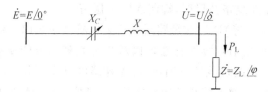

图 7-3　串联补偿的辐射型纯阻抗负载单线系统

当 $Z_L = (1-k)X$ 时,负荷吸收的有功功率最大,为

$$P_{L\max} = \frac{E^2}{2(1-k)X} \qquad (7\text{-}9)$$

假定负荷为纯电阻,即 $\cos\varphi = 1$,则负荷吸收的有功功率和负荷节点电压满足以下关系式:

$$\left.\begin{aligned} \frac{P_L}{P_{L\max}} &= \frac{2Z_L(1-k)X}{(1-k)^2 X^2 + Z_L^2} \\ \frac{U}{E} &= \frac{Z_L}{\sqrt{(1-k)^2 X^2 + Z_L^2}} \end{aligned}\right\} \qquad (7\text{-}10)$$

相应的电压-传输有功功率($U\text{-}P$)曲线如图 7-4 所示,其中分别绘出了无补偿、补偿度为 0.5 和 0.75 时的曲线,每条曲线的最右边顶点代表电压稳定的临界点。可见,与并联补偿一样,串联补偿也能明显地提高传输功率和电压稳定限制,但两

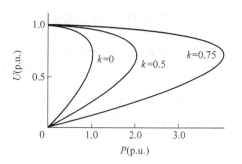

图 7-4　$U\text{-}P$ 特性曲线

者的机理有区别。并联补偿是通过提供负荷需要的无功功率和调节终端电压来实现这一点；而串联补偿是抵消一部分线路电感，在效果上相当于为负载提供一个电压特性很"硬"的电压源，从而实现提高传输无功功率限制的目的。对于提高架空线的传输功率和电压稳定限制，同样容量的串联补偿设备比并联补偿设备更有效。

7.2.3 串联补偿提高输电系统暂态稳定性

由第 3 章分析可知，在受扰发电机加速摆动时，通过可控并联补偿增加传输线路的电压，可以增加线路的传输能力，从而改善系统暂态稳定性。串联线路补偿强大的潮流控制能力使其能更有效地增大机组电磁输出功率、抑制机组加速，从而提高暂态稳定性。以下同样采用等面积法则分析串联补偿改善暂稳稳定性的基本原理。

仍然采用图 7-1 所示的简单电力系统来分析，并假设：受端机组容量和惯性足够大，不受扰动的影响，送端发电机在有和没有串联补偿时向受端传输相同的功率 P_m，系统受到相同的故障（三相金属性瞬间短路）和故障作用时间的影响，且系统在故障前和故障后保持一致，则送端机组的功角特性在没有和有串联补偿情况下可分别用图 7-5(a)，图 7-5(b) 来表示。可见，故障前传输相同的功率 P_m 在没有补偿和有补偿时分别对应功角 δ_1 和 δ_{s1}，且 $\delta_{s1} < \delta_1$。发生故障时，传输的电功率变为零，而输入发电机的机械功率保持不变。因此，送电端的发电机将加速，故障恢复后，功角从稳定时的 δ_1 和 δ_{s1} 分别变为 δ_2 和 δ_{s2}，加速能量分别由图中面积 A_1 和 A_{s1} 表示。故障恢复后，传输电功率超过了输入机械功率，于是送端发电机开始减速，但是功角仍然继续增加，直到送端发电机转速回到初始的同步速度时，功角分别到达最大摆动值 δ_3 和 δ_{s3}，减速能力分别由图中面积 A_2 和 A_{s2} 表示。根据等面积法则，系统暂态稳定时，加速面积等于减速面积，即 $A_1 = A_2$，$A_{s1} = A_{s2}$。A_{margin} 和 $A_{smargin}$ 分别表示没有和有串联补偿时，减速面积的裕度。裕度越大，暂态稳定性越好。对比图 7-5(a) 与图 7-5(b) 很容易看出，由于串联补偿提高了功角曲线的幅值，增大了减速面积裕度，从而增强了暂态稳定性。而且，补偿度越大，暂态稳定性的增强幅度越大。理论上，当补偿度为 100% 时，暂态稳定性裕度可以无限提高。但是考虑到负荷平衡、故障大电流以及潮流控制等问题，实际上补偿度一般不超过 75%；当涉及次同步谐振问题时，固定串补的补偿度常被限制在 30% 以内。

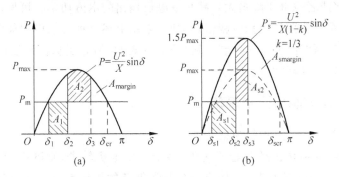

图 7-5 用等面积法则说明串联补偿提高系统的暂态稳定性
(a) 无补偿；(b) 有串联补偿

需要强调的是，实际电网中发生故障时，故障前和故障后的系统一般是不同的。系统的暂态稳定性跟故障前/后的运行方式以及故障方式密切相关。从暂态稳定性和整个系统安全的角度来看,故障后的系统更为重要。对处理动态扰动和增强故障后系统的传输能力,串联补偿具有强大能力,特别是可控串联补偿具有足够快的控制速度,从而更有利于提高暂态稳定性。

7.2.4　串联补偿提高输电系统振荡稳定性

根据第 3 章的分析,为了抑制机组的低频振荡,需要动态调整机组的电功率,即

(1) 当 $\omega>1$,即 $\dfrac{\mathrm{d}\delta}{\mathrm{d}t}>0$ 时,应增加发电机输出的电磁功率,使 $\dfrac{\mathrm{d}\omega}{\mathrm{d}t}<0$,减小 ω,促使其回到额定角速度;

(2) 当 $\omega<1$,即 $\dfrac{\mathrm{d}\delta}{\mathrm{d}t}<0$ 时,应减少发电机输出的电磁功率,使 $\dfrac{\mathrm{d}\omega}{\mathrm{d}t}>0$,增大 ω,促使其回到额定角速度。

由于发电机输出的电磁功率反比于传输线等效阻抗,因此如果能控制传输线等效阻抗即可阻尼振荡。可控串联补偿恰好能做到这一点。图 7-6(a),(b)所示为没有和有串联补偿时,机组受到一定扰动后,功角和功率的动态过程。没有串联补偿时,功角和功率都呈欠阻尼振荡,动态特性差。采用可控串联补偿后,按照图 7-6(c)所示调节串联补偿度 k,当 $\omega>1$ 即 $\dfrac{\mathrm{d}\delta}{\mathrm{d}t}>0$ 时,k 取最大值,传输线路的等效电感最小(或者说电压降最小),增加发电机输出的电磁功率;当 $\omega<1$ 即 $\dfrac{\mathrm{d}\delta}{\mathrm{d}t}<0$ 时,k 取 0 值,传输线

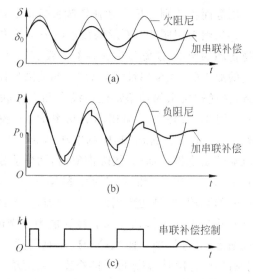

图 7-6　串联补偿抑制功率振荡的原理
(a) 机组功角动态;(b) 机组功率动态;
(c)串联补偿度动态

的等效电感最大(或者说电压降最大),减小发电机输出的电磁功率。可见,采用可控串联补偿能有效地阻尼系统振荡。当振荡幅值较大时,采用上述这种补偿度在最大值和最小值(0)之间切换的方法(也称为"bang-bang"控制)是很有效的,但是当振荡幅度较小时,连续调节补偿度会取得更好的动态性能。

7.2.5　串联补偿抑制次同步振荡

1. 次同步振荡和次同步谐振的概念

汽轮发电机组的轴系包括汽轮机转子(多个)、发电机转子、励磁机转子及其间的耦合体,并通过有限刚度的轴连接起来,构成一个非常复杂的机械系统。当受到扰动时,会在轴系的不同质量体之间产生扭荡(torsional oscillation)。在次同步频率(10～50Hz/60Hz)范围内的扭振称为次同步振荡(subsynchronous oscillation,SSO)。SSO 在特定条件下会与系统的电气振荡互相作用而放大,导致不良后果。造成 SSO 不稳定的常见因素包括以下几种。

（1）励磁控制

励磁控制器的 PSS 在阻尼低频同步振荡（0.2～2Hz）时或高增益 AVR 在实现机端电压限制时，可能对特定扭振频率形成了负的阻尼力矩分量而引起不稳定，其中 PSS 引起扭振不稳定的情况在加拿大安大略省 Lambton 电厂的一台火电机组上曾出现过。

（2）调速器控制

调速器在反馈控制中采用轴转速而引入次同步振荡信号，由于补偿和/或线性变换电路对于特定扭振频率形成负阻尼力矩分量而引起不稳定，这种现象曾在 1983 年出现于 Ontario Hydro 公司的一台 635MV·A 的核电机组上。

（3）HVDC

HVDC 引起 SSO 不稳定的原因在于直流控制器的作用。其简单机理是：当汽轮发电机组与 HVDC 整流站距离很近而与交流电网联系薄弱，且二者的功率在同一个数量级上时，发电机转子上微小的机械扰动，将引起 HVDC 的换相电压（尤其是其相位）的变化。在等间隔触发控制的 HVDC 系统中，换相电压相位的偏移，会引起触发角发生等量的偏移，从而使直流电压、电流及功率偏离正常工作点。而 HVDC 闭环控制会对这种偏离做出响应而影响到直流输送功率，并最终反馈到机组轴系，造成发电机电磁转矩的摄动。如果在特定的次同步频率上，发电机电磁转矩摄动量与发电机转速变化量之间的相位差超过 90°，就会出现负阻尼；如果超过相应的机械阻尼，就会出现 SSO 不稳定。1977 年在美国北达科他州的 Square Butte HVDC 工程调试时首次出现过这种现象。

（4）线路的串联电容补偿

当传输线采用串联电容补偿时，会引入一个次同步频率的电气谐振，在一定条件下，它将与机组扭振之间相互作用而导致电气振荡与机械振荡相互促进增强的现象，即出现所谓的次同步谐振（subsynchronous resonance，SSR）。1970 年和 1971 年，美国 Mohave 电厂先后发生了两次 SSR 导致汽轮机轴承断裂事故，促使人们对该问题重视起来。以下对 SSR 的原理进行简单叙述。

对于串联电容补偿的传输线，串联的电容与传输线上的总电感（包括发电机和变压器的漏感）会构成串联谐振电路，其自然频率为

$$\omega_n = 1/\sqrt{LC} = \sqrt{X_C/X_L}\,\omega = \sqrt{k}\,\omega \quad (\text{rad/s}) \tag{7-11}$$

其中，ω 为系统工频；X_C，X_L 分别为工频下串联电容和总电感的阻抗值；$k = X_C/X_L$ 为补偿度。

因为补偿度 k 一般在 25%～75%，所以自然频率 ω_n 低于系统工频，即在次同步频率范围内。如果由于电网干扰在电气部分引起了振荡，那么线路电流中将含有次同步频率分量，它将在电机气隙中产生相应次同步频率的磁势，且落后于主磁势旋转（因为 $\omega_n < \omega$），从而在转子上产生了一个频率为 $\omega - \omega_n$ 的转矩。如果频差 $\omega - \omega_n$ 与机组的某个扭振频率一致，就会激发机械扭振，反过来又将进一步促进电气谐振，从而在耦合的电气-机械系统中产生不断增强的振荡，即导致所谓的 SSR。当然，上述引发 SSR 的过程也可能是相反的，即先由某个扰动引起机组的机械振荡，在次同步谐振的条件下，激发电气振荡并相互作用而得到加强。因此 SSR 发生的必要条件为

$$\omega - \omega_n \approx \omega_t$$

即系统工频 ω 与串联补偿线路的自然频率 ω_n 之差接近于机组某扭振频率 ω_t。在满足这一

必要条件时,如果对应次同步频率振荡的阻尼太小,甚至为 0 或负阻尼,将在一定扰动下将出现 SSR。

大型汽轮-发电机组由于有多级蒸汽涡轮,有多个次同步频率的扭振频率,因此容易与传输线串联电容补偿相互作用而导致次同步谐振。

串联电容补偿除了与轴系扭振相互作用引起 SSR 之外,还可能由于汽轮机组的感应发电机效应而引起自励磁现象(self-excitation),这是一种纯电气现象。

SSO 和 SSR 对发电机的安全运行具有很大的威胁,轻则使得机组大轴疲劳积累、寿命减短,重则导致大轴断裂损坏,危及电网的正常运行。因此,在采用串联电容补偿,特别是高补偿度的情况下,需要仔细分析产生 SSR 的可能性,必要时采取针对性的抑制措施。

2. NGH SSR 阻尼器抑制 SSR 的基本原理

为了进一步分析串联补偿与 SSR 的关系,在此先简单介绍 NGH SSR 阻尼器(damper)抑制 SSR 的基本原理。

NGH SSR 阻尼器由 N. G. Hingorani 博士于 1981 年提出,是一种基于晶闸管控制的次同步振荡阻尼器,其基本的单相电路结构如图 7-7 所示,它由晶闸管开关阀与阻抗串联构成,且并联于串联补偿电容器两侧。阻抗可以是电阻或电抗,但大多是二者的组合体,且阻抗值都很小。

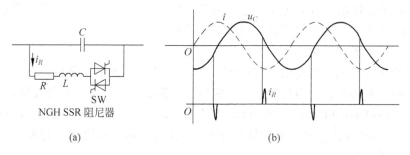

图 7-7　NGH SSR 阻尼器的基本电路结构及其工作原理

NGH SSR 阻尼器的一种基本工作方式是:检测电容电压的过零点,对随后的半个周期进行计时,一旦在与系统同步频率(即工频)对应的半个周期末电容电压未能再次过零,立即导通晶闸管阀对电容放电,迫使电容电压归零。由于晶闸管阀支路的阻抗小,放电时间非常短,电容电压很快下降为零,晶闸管支路也会很快由于电流过零而自然关断。电容电压归零后重新启动计时器,对随后的半个周期继续进行控制。如此一来,NGH SSR 阻尼器通过使电容电压不能自然地响应线路电流的次同步频率分量,干扰了 SSR 的自然建立过程。可以通过图 7-8 来进一步说明 NGH SSR 阻尼器是如何影响线路电流的次同步频率分量在串联电容上产生电压的。为便于理解,又不失一般性,设次同步频率为工频的 1/5,即 NGH SSR 阻尼器以 10 倍工频的频率来操作,在每半工作周期末对串联电容进行放电。i_s 为线路电流的次同步频率分量,如果没有 NGH SSR 阻尼器,则电容电压将包含对应的次同步频率分量 u_{sC_0},一旦机械-电气组合系统在该频率上的阻尼不够,将导致 SSR。引入 NGH SSR 阻尼器后,由于电容电压在每半个工频周期被强制归零,使得与 i_s 对应的电容电压波形如图 7-8 中 u_{sC} 所示,其基波(对应于次同步频率)分量为 $u_{sC,F}$。可见,$u_{sC,F}$ 与 i_s 同相,也就是说,NGH SSR 阻尼器使得电容电压的次同步频率分量不再滞后于线路电流的次同步频率分量 90°(即电容特性),而是使它们相位一致,即表现为电阻特性。因此,能有效抑制次同步频率的振荡。虽然上述说明仅仅是在一个简单概念下的原理性解释,缺乏精确的建模和推导,但深入研究和实际测量已经证明了其正确性。这一分析方法将在考察本章各种串联补偿与 SSR 的关系中继续应用。

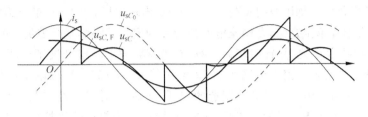

图 7-8 NGH SSR 阻尼器的抑制次同步振荡的原理性波形

3. 串联补偿的 SSR 特性概述

从上面的分析可见,固定串联补偿,特别是当补偿度较高时,容易引起 SSR,因此,如果不采用特殊的 SSR 抑制措施(如 NGH SSR 阻尼器),固定串联补偿的补偿度一般不高,通常在 30% 以内。而可控串联补偿,由于能在一定范围内动态调节补偿度,并且能像 NGH SSR 阻尼器那样,在每半个工频周波末对补偿电压进行归零操作,因此借助适当的控制,在一定的运行条件下,能有效抑制 SSR。各种不同的串联补偿设备具有不同的 SSR 特性和抑制 SSR 控制方法,这将在介绍具体的串联补偿设备时进行详细说明。

7.3 电力系统串联补偿技术的历史与现状

串联补偿在电力系统中的应用历史非常悠久,最早可以追溯到 1928 年前后,纽约电网 33kV 系统曾采用串联电容补偿来实现潮流均衡。1950 年,在瑞典的一个 230kV 电网中,首次应用串联补偿装置来提高输电系统的传输能力。此后,串联电容补偿成为远距离输电中增大传输容量和提高稳定性的重要手段而得到大力的发展和广泛的应用。据不完全统计,目前世界上已安装的串联补偿电容总容量已超过 90Gvar。20 世纪 90 年代后,随着电力电子技术的发展,在常规串联电容补偿技术的基础上又发展出可控串补技术。1992 年,西门子公司为美国西部电力局制造世界上第一个具有可控串补(TCSC)功能的串联补偿装置,并在亚利桑那州东北的 230kV Kayenta 变电站成功投入商业运行。1993 年,GE 公司、EPRI 和 BPA 三方合作研制了首台多模块式 TCSC 装置,并在俄勒冈州的 500kV Slatt 变电站投运。1997 年,Laszlo Gyugyi 等首次提出了基于变换器的串联补偿装置,即 SSSC 的概念。1998 年,美国 AEP 公司、GE 公司和 EPRI 合作研制并投运了世界上第一台 SSSC 装置,它安装在 AEP 电网的伊内斯地区 138kV 电网中,作为 UPFC 的串联部分运行,容量为 160Mvar。

我国在 1966 年和 1972 年先后于华东电网和西北电网投入了第一套 220kV 和 330kV 串联电容补偿装置,后来,随着电网结构的加强和电网运行方式的改变,加上装置本身的一些质量问题,这些串联补偿装置相继退出运行。此后在长达 20 多年的时间里,我国在高压串联补偿应用方面出现了空白。2000 年 11 月,我国在阳城—三堡 500kV 输电系统投运了两套由西门子公司制造的固定串联补偿装置,串联电容容量为 500Mvar,串联补偿度为

40％。此后,在 2001 年 6 月和 2003 年 6 月,华北电网分别在大房 500kV 输电工程和丰万顺 500kV 输电工程中投运了 ABB 和 NOKIAN 公司制造的固定串补装置,线路补偿度均约 35％。2003 年 11 月,南方电网在其贵州青岩与广西河池 500kV 双回联络线河池变电站侧上投运了我国迄今为止容量最大的固定串补装置(每回线路补偿容量 762Mvar,补偿度为 50％,主要设备供货商是德国西门子公司)。TCSC 出现以后,从 1996 年开始中国电力科学研究院与清华大学等单位合作,在国家电网公司和国家自然科学基金委员会的支持下,进行了 TCSC 的关键技术攻关,并针对伊敏—冯屯 500kV 输电系统开展了广泛的工程应用研究,研制了物理模拟装置。南方电网在 2003 年在其天—广 500kV 输电工程的天平双回线平果变电站投运了由德国西门子公司制造的包括 TCSC 的串联补偿装置,其中每回线路串联 35％的固定电容补偿和 5％的 TCSC。这是我国第一个投运的可控串补工程。2007 年,由中国电力科学研究院主研的伊敏—冯屯 500kV 串补工程(30％FSC＋15％TCSC)投运。随着串联补偿在国内运行经验的不断积累,其优越性逐渐得到认可,今后可望得到更广泛的应用。

7.4 可控串联补偿的方法和串联补偿器的种类

如第 3 章所述,有两种以电力电子为基础的先进并联补偿方式:一是利用晶闸管控制/投切的电容或电感来获得可变的电纳;另一种方法是基于开关功率变换器来实现可控的同步电压/电流源。串联补偿与并联补偿是"对偶的":并联补偿相当于一个可控的电纳或电流源并联在传输线上,以实现电压控制;而串联补偿器相当于一个可控的阻抗或电压源串联在传输线上,以实现电流控制。这种对偶关系表明可变导纳和电压/电流源型的并联补偿设备具有对偶的串联补偿设备。正是由于串联补偿与并联补偿的这种对偶性,使得许多针对并联补偿的概念、电路以及控制手段可通过简单的变换而适用于串联补偿。

电力系统串联补偿设备可以按照不同的标准进行分类。

按照所使用的开关器件及其主电路结构的不同,串联补偿设备可分为三类:第一类是机械投切阻抗型串补装置,如传统的断路器投切串补电抗、电容器等。由于这类串补装置采用机械方式控制,响应速度慢,不能动态和频繁操作,故又称作固定串补。第二类是晶闸管投切或控制的阻抗型串补装置,如 TSSC、GCSC、TCSC 等。这类串补装置通过控制电力电子器件的开通和关断能实现动态调节串联阻抗的目的,故又称为变阻抗型静止串联补偿。第三类是基于变换器的可控型有源串补装置,如 SSSC 等。由于采用变换器方式,它能在一定程度独立于线路电流的变化而调节串联补偿电压。后两类串联补偿设备属于 FACTS 控制器的范畴。

按照装置输出功率的性质的不同,串联补偿装置可以分为有功和无功功率串联补偿装置,TSSC、GCSC、TCSC、SSSC 等都属于无功功率串联补偿装置,如在 SSSC 的直流侧加上一定的储能系统(超导储能、电池储能、飞轮储能等)便可得到有功功率串联补偿装置。

按照串联补偿装置所在的系统不同,串联补偿设备可以分为输电系统串联补偿设备和配电系统串联补偿设备。前者的主要目的是增大线路的输送能力、提高系统的稳定性,以及优化潮流、降低线损、支撑电网枢纽点电压等;而后者主要目的是维持末端电压,改善电压质量,保证为用户提供高质量的电能等。

此外,还可以按照串联补偿装置的响应速度分为慢速型、中速型以及快速型装置;按照串补装置的电压等级分为低压串补装置、中压串补装置与高压串补装置等。

本书主要介绍基于电力电子器件的静止型串联补偿设备,即 FACTS 控制器和用户电力控制器。变阻抗型静止串联补偿设备包括 GCSC,TSSC 和 TCSC,基于变换器的静止串联补偿设备主要介绍 SSSC。串联型用户电力控制器将在第 12 章介绍。

7.5　GTO 控制串联电容器

GTO 控制串联电容器(GTO thyristor controlled capacitor,GCSC)最早是在 1993 年前后由 G. G. Karady 等在文献[12]中提出的。图 7-9 所示为一个基本 GCSC 的单相结构,它由一个固定电容器 C 和一组 GTO 开关阀(图中用 SW 表示)并联构成的,通过控制 GTO 阀的开通和关断,实现将电容器旁路和串接入所在的传输线。

图 7-9　GCSC 的单相结构

以下简单分析 GCSC 工作原理。设电路电流是理想的正弦波形,即

$$i = I\cos\omega t \qquad (7\text{-}12)$$

其中 I 为线路电流幅值。

参见图 7-10 所示的电流正、负半周波形,GTO 在电容电压过零时处于导通状态,在每个半波里,GTO 的关断时机是通过关断延迟角 γ 来控制的。γ 定义为 GTO 关断时刻滞后于线路电流极值(峰值或谷值)点的电角度,正常运行时 $0 \leqslant \gamma \leqslant \pi/2$。GTO 关断后,线路电流对电容进行充电,其电压按照以下规律变化:

$$u_C(\omega t) = \frac{1}{C}\int_{\gamma}^{\omega t} i(\omega\tau)\mathrm{d}\omega\tau = \frac{I}{\omega C}(\sin\omega t - \sin\gamma), \quad \omega t \in [\gamma, \pi - 2\gamma], 0 \leqslant \gamma \leqslant \pi/2$$

$$(7\text{-}13)$$

在 $\omega t = \pi - \gamma$ 时刻,电容电压下降到 0,GTO 开通,将电容电压箝位为 0,直至线路电流达到谷值,再延迟 γ 角时,GTO 关断,对电容进行反向充电,其过程与正向充电类似。当 γ 从 0 到 $\pi/2$ 之间变化时,则对电容充电的时间所对应的电角度 $\zeta = \pi - 2\gamma$(简称导通角)在 π 到 0 之间变化。

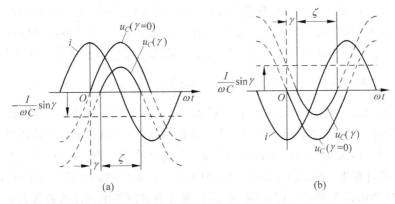

图 7-10　GCSC 关断延迟控制的电流电压波形

易知,电容电压可以通过改变关断延迟角 γ 来连续控制,且在 $\gamma=0$ 达到最大值,在 $\gamma=\pi/2$ 达到最小值 0。图 7-11 所示即为在不同 γ 下的电容电压 u_C 及其基波分量 u_{CF} 的波形图。同 TCR 一样,GCSC 在每半个周期只能进行一次控制。

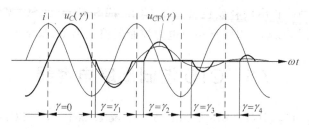

图 7-11 GCSC 通过关断延迟控制实现连续可变的串联补偿

对比图 7-10 和图 3-13,容易看出 TCR 和 GCSC 的对偶关系:TCR 是可控串联电抗器,GCSC 是可控并联电容器;TCR 通过一个电压源(接入母线)提供电感充电电压,GCSC 通过一个电流源(线路电流)提供电容充电电流;TCR 在电流过零时导通,GCSC 在电压过零时关断;TCR 以电压峰(谷)值点为同步点经一定开通延迟角后控制晶闸管开通,GCSC 以电流峰(谷)值点为同步点经一定关断延迟角后控制 GTO 关断;TCR 通过固定的电感和电压源控制电流实现变导纳特性,GCSC 通过固定电容和电流源来控制电压实现变阻抗特性。上述的对偶关系使得第 3 章中关于 TCR 的电路结构、工作原理和控制方法的分析可以对称地应用于 GCSC。

GCSC 的电容电压基波幅值为

$$U_{CF}(\gamma) = \frac{I}{\omega C}\left(1 - \frac{2}{\pi}\gamma - \frac{1}{\pi}\sin 2\gamma\right), \quad 0 \leqslant \gamma \leqslant \pi/2 \tag{7-14}$$

等效基波容抗为

$$X_C(\gamma) = \frac{1}{\omega C}\left(1 - \frac{2}{\pi}\gamma - \frac{1}{\pi}\sin 2\gamma\right), \quad 0 \leqslant \gamma \leqslant \pi/2 \tag{7-15}$$

或写成导通角形式

$$X_C(\zeta) = \frac{1}{\omega C}\left(\frac{\zeta}{\pi} - \frac{1}{\pi}\sin\zeta\right), \quad 0 \leqslant \zeta \leqslant \pi \tag{7-16}$$

当 $\gamma=0$ 时,$\zeta=\pi$,$X_C(\gamma)=X_{C\max}=1/(\omega C)$;当 $\gamma=\pi/2$ 时,$\zeta=0$,$X_C(\gamma)=X_{C\min}=0$。

实际应用中,GCSC 有两种控制模式,即以补偿线路电压为目标的电压控制模式和以补偿线路阻抗为目标的容抗控制模式。在电压补偿的模式下,GCSC 根据线路电流的大小调节关断延迟角 γ 以维持电容基波电压恒定为某目标值,如 U_{Cref},则对应 γ 由下式决定:

$$X_C(\gamma) = \frac{1}{\omega C}\left(1 - \frac{2}{\pi}\gamma - \frac{1}{\pi}\sin 2\gamma\right) = \frac{U_{Cref}}{I}, \quad 0 \leqslant \gamma \leqslant \pi/2$$

易知,在线路电流最大时($I=I_{\max}$),关断延迟角最大,对应的容抗最小。随着线路电流的逐渐减小,关断延迟角 γ 也逐渐减小以增加电容器的投入,从而维持补偿电压不变。当线路电流太小时($I=I_{\min}$),关断延迟角 γ 达到最小值 0°,此后将不能再变小,GCSC 表现为恒容抗特性,不能维持补偿电压恒定了,如图 7-12(a)所示。在电压控制模式下,GCSC 的损耗相对于线路电流的变化关系如图 7-12(c)所示,其边界分别对应零电压注入和最大电压注入的情况。可见注入电压越小,GTO 导通时间越长,损耗越大;而在特定注入电压下,损耗随着线路电流的增加而单调增加。在容抗控制模式下,GCSC根据线路电流的大小调节关断延迟角 γ 以维持"串入"容抗为某目标值,如 X_{Cref},则对应 γ 由下式决定:

$$X_C(\gamma) = \frac{1}{\omega C}\left(1 - \frac{2}{\pi}\gamma - \frac{1}{\pi}\sin 2\gamma\right) = X_{Cref}, \quad 0 \leqslant \gamma \leqslant \pi/2$$

可见,γ 与线路电流的变化无关,而 X_{Cref} 介于最大容抗 $X_C(\gamma=0) = X_{Cmax} = \frac{1}{\omega C}$ 和最小容抗 $X_C(\gamma=\pi/2) = X_{Cmin} = 0$ 之间。容抗控制模式下,GCSC 的 U-I 特性如图 7-12(b)所示,对应的损耗-线路电流关系曲线如图 7-12(d)所示,其边界分别对应零串入容抗($X_{CF}=0$)和最大串入容抗($X_{CF}=\max$)的情况。可见串入容抗越小,GTO 导通时间越长,损耗越大;而在特定串入容抗下,损耗随着线路电流的增加而单调增加。

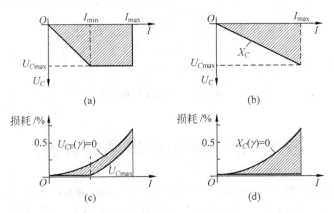

图 7-12 GCSC 在电压控制和容抗控制模式下的 U-I 运行区域以及对应的损耗特性

当然,GCSC 的电压控制模式和容抗控制模式在实际应用中是可以根据系统需要而进行互相转换的。工程实践中还应注意 GCSC 中开关器件(GTO)和电容的电压和电流额定值的选择。因为当线路发生较大扰动(如短路故障)时,其电流会在短时间内高于正常负载电流数倍甚至 10 倍以上,因此在容量设计时,通常要求串联补偿器和 GTO 具有一定的裕度,能短时间内承载非常大的扰动电流。同时还应采取一定的保护措施,如在 GCSC 两端并联接入电压 MOV 捕获器或其他电压限制器或适当的旁路切换装置等。这样,一旦线路出现过大的故障电流,就能防止 GCSC 出现过电压或过电流损坏设备的现象。实际上,不单是 GCSC,在各种串联型补偿器中,包括传统的固定串联电容补偿和以下讲到的各种可控串联补偿中,都需要设置类似的保护措施。

GCSC 中的关断延迟相角控制就好像 TCR 中的开通延迟相角控制一样会产生谐波。由于正负半周期采用对称控制,因此只有奇次谐波。各次谐波的幅值与 γ 的函数表达式为

$$U_{Cn}(\gamma) = \frac{I}{\omega C}\frac{4}{\pi}\left\{\frac{\sin\gamma\cos(n\gamma) - n\cos\gamma\sin(n\gamma)}{n(n^2-1)}\right\}, \quad n = 2k+1, \quad k \in \mathbb{N} \quad (7\text{-}17)$$

可见,与 TCR 的谐波电流表达式(3-25)具有对偶关系。

在 TCR 中,可以采用变压器耦合的多脉波电路结构来消除输出中的某些谐波分量,如 3 的倍数次谐波。然而对于 GCSC,由于它一般是直接串联接入传输线路中的,不加任何磁性耦合,即没有耦合变压器,因此一般不采用传统的多脉波方法来消除谐波分量。但另一方

面,由于 GCSC 是串联在输电线上的,谐波阻抗通常较基波电抗大得多,使得谐波的效果会相对减小。当然,如果需要,也可以通过与 TCR 对偶的顺序控制方法来降低谐波效应。图 7-13 所示为采用单组容量为 0.5p. u. 的 GCSC(曲线 1)和 5 组容量为 0.1p. u. 的 GCSC(曲线 2)辅以顺序控制的总谐波畸变率(THD)与补偿度关系对比曲线。可见,采用多组小容量 GCSC 进行顺序控制时,可大大降低畸变率。但应注意的是,采用多组 GCSC 进行顺序控制由于 GTO 的个数增加,其损耗会有一定程度的增加。

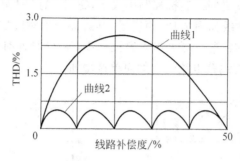

图 7-13 谐波畸变率与线路补偿度的关系

7.6 晶闸管投切串联电容器

晶闸管投切串联电容器(thyristor swithed series capacitor, TSSC)是由一系列的电容器串联组成的,每个电容都并联一个适当容量的晶闸管阀旁路,后者包括一组反并联的晶闸管。TSSC 的基本电路如图 7-14 所示,其中每个晶闸管符号可以是由多个晶闸管串联构成的,以达到所需的电压耐量。

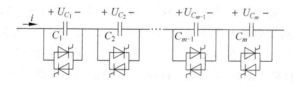

图 7-14 TSSC 的单相电路结构

在电路结构上,它很像顺序控制的 GCSC,但由于采用半控器件——普通晶闸管,它的操作原理与 GCSC 有一定的差别:它是采用离散的阶梯方式来增加或减少串入的电容来控制串联补偿容抗的。如果在线路电流每次过零(同时电压接近 0)时,触发正偏置的晶闸管,使两个晶闸管总有一个处在导通状态,则电容器被旁路,不对传输线路进行补偿;反之,如果在某次线路电流过零时导通的晶闸管自动关断后,不再触发晶闸管导通,则电容被串入传输线,起着串联补偿的作用。设电容在线路电流由正变负的过零时刻被串入,则其电流、电压波形如图 7-15 所示。在串入的首个半波内,电容被负向电流充电,电压达到负的极值,此后半波内电容反向放电,电压从负向极值逐渐回归 0 值。因此,电容电压含有直流分量,且其大小与交流分量幅值相等。一旦电容被串入,则其退出(即被晶闸管旁路)的时机受到限制。这是因为,虽然在任何时候,反并联的晶闸管有一个处于正偏置状态,即满足可触发导通的条件,但如果在电容电压较大时开通晶闸管,则会在电容和晶闸管构成的回路产生巨大的放电电流,很容易损耗电容或晶闸管。基于这一点,同时为获得一个平稳过渡过程,晶闸管只在电容电压过零时才开通。因此,控制 TSSC 从投入到退出的响应时间最长可能达到一个周波。

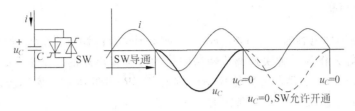

图 7-15 TSSC 的投入过程

通过上面的分析可知,TSSC 是通过投入或旁路串联电容器来改变串联补偿度的,但它仍然具有常规串联电容补偿的特性,即 TSSC 的补偿度过高同样会引起次同步振荡。原则上,TSSC 可以通过适当的投切控制来避免次同步振荡。可是,考虑到 TSSC 过长(达到一个周波)的响应时间,除非针对非常低和频带非常窄的次同步频率,这种控制往往难以奏效。因此,在高串联补偿度和存在次同步振荡危险的应用中,通常不采用单独的 TSSC 补偿。当然,对于一般的潮流控制和功率振荡抑制,由于对响应时间的要求不高,TSSC 还是很有效的。

一个包含 4 个串联电容的 TSSC 的 $U\text{-}I$ 特性和损耗特性曲线如 7-16 所示,其中图 7-16(a)及图 7-16(b)对应电压控制模式,图(c)及图(d)对应容抗控制模式。与 GCSC 不同的是,它是离散的而非连续的:在电压控制模式下,通过选择适当的串入电容组数来逼近所需的补偿电压;而在容抗控制模式下,只能在 $0, X_C, 2X_C, 3X_C$ 和 $4X_C$ 五个值中选择其一,其中 X_C 是单组串联电容的容抗值,损耗曲线可作类似分析。

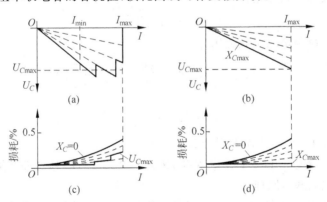

图 7-16 TSSC 在电压控制和容抗控制模式下的 $U\text{-}I$ 运行区域及对应的损耗特性

为了防止线路出现过大故障电流时产生过电压或过电流损坏设备,TSSC 也需要设置同 GCSC 一样的限压保护措施。此外,考虑到晶闸管开通时的一些特殊限制条件,如 $\mathrm{d}i/\mathrm{d}t$ 和浪涌电流等,有时候需要在晶闸管回路串入限流电抗器,以保证开关阀正常工作。然而,在 TSSC 的晶闸管阀支路中串入限流电抗器将产生一种新的可控串联补偿电路结构,对此将在 7.7 节作详细介绍。

7.7 晶闸管控制串联电容器

7.7.1 基本原理

晶闸管控制串联电容器(thyristor controlled series capacitor,TCSC)最早是在 1986 年由 Virhayathil 等人作为一种快速调节网络阻抗的方法提出来的。基本 TCSC 的单相结构如图 7-17 所示,它由电容器与晶闸管控制电抗器(TCR)并联组成。实际应用中,需要将多个 TCSC 单元串联起来构成一个所需容量的 TCSC 装置,图中晶闸管阀用 SW 表示。7.6 节提到,在 TSSC 电路结构中,在晶闸管支路中加入限流电抗器即得到 TCSC 电路。也就是说,如果 TCSC 中的感抗 X_L 远小于容抗 X_C,则它也能像 TSSC 一样工作于投切串联电容模式。然而,TCSC 的基本思路是用 TCR 去部分抵消串联电容的容抗值以获得连续可控的感性和容性阻抗。

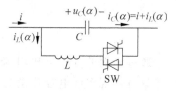

图 7-17 TCSC 的单相电路结构

由第 3 章的分析可知,TCR 的基波电抗值是触发延迟角 α 的连续函数,因此 TCSC 的稳态基波阻抗可看作是由一个不变的容性阻抗 X_C 和一个可变的感性阻抗 $X_L(\alpha)$ 并联组成的,即 TCSC 的基波阻抗为(感性为正)

$$X_{\mathrm{TCSC}}(\alpha) = \frac{U_{\mathrm{TCSC1}}}{I} = (-X_C)//X_L(\alpha) = \frac{X_C X_L(\alpha)}{X_C - X_L(\alpha)}, \quad \alpha \in \left[0, \frac{\pi}{2}\right] \qquad (7\text{-}18)$$

式中,U_{TCSC1} 为 TCSC 承受电压的基波分量有效值;I 为线路电流(假设为纯正弦波)的有效值;$X_C = 1/(\omega C)$,$X_L(0) = X_L = \omega L$ 分别为电容和电感的阻抗值,一般 $X_L/X_C = 0.1 \sim 0.3$。

定义 TCSC 支路的自然角频率

$$\omega_0 = 1/\sqrt{LC} \qquad (7\text{-}19)$$

则 TCSC 自然角频率与电网工频之比为

$$k = \frac{\omega_0}{\omega} \qquad (7\text{-}20)$$

易知

$$k^2 = X_C/X_L \qquad (7\text{-}21)$$

考虑到 $X_L/X_C = 0.1 \sim 0.3$,从而得 $k^2 = 3.3 \sim 10$。

以下借用第 3 章关于 TCR 的分析结论,来简单介绍 TCSC 通过控制触发延迟角 α 达到调节串联补偿阻抗的基本原理。

TCR 支路的阻抗值由触发延迟角 α 决定,控制 α 的改变,$X_L(\alpha)$ 值发生变化,从而调节 TCSC 的阻抗 $X_{\mathrm{TCSC}}(\alpha)$。当 $\alpha = 0$ 时,TCR 的阻抗取得最小值 X_L,由于 $X_L < X_C$,TCSC 的阻抗呈感性,且感性阻抗为

$$X_{\mathrm{TCSC}}(0) = \frac{X_C X_L}{X_C - X_L} \qquad (7\text{-}22)$$

当 α 从 0 逐渐增大,在达到并联谐振点之前,$X_L(\alpha)$ 逐渐增大,从而使得 TCSC 的感性阻抗逐渐增大。

并联谐振点对应于方程 $X_C - X_L(\alpha) = 0$ 在 $\alpha \in [0, \pi/2]$ 区间的解(设为 α_r),对应TCSC

的阻抗为∞；为防止 TCSC 产生并联谐振，在感性控制区要求 α 不得超过某一值 $\alpha_{L\lim}$，即 $\alpha \leqslant \alpha_{L\lim} < \alpha_r$，或者说感性控制区的触发延迟角 $\alpha \in [0, \alpha_{L\lim}]$。

当 $\alpha = \pi/2$ 时，TCR 的阻抗取得最大值 ∞，相当于 TCR 支路断开，TCSC 的阻抗仅为串联容性产生的阻抗，其值为 $-X_C$（容性）。

当 α 从 $\pi/2$ 逐渐减小，在达到并联谐振点之前，$X_L(\alpha)$ 逐渐减小，从而使得 TCSC 容性阻抗（即 $-X_{TCSC}(\alpha)$）逐渐增大。为防止 TCSC 产生谐振，在容性控制区要求 α 不得小于某一值 $\alpha_{C\lim}$，即 $\alpha_r < \alpha_{L\lim} < \alpha$，或者说容性控制区的触发延迟角 $\alpha \in [\alpha_{C\lim}, \pi/2]$。

$X_{TCSC}(\alpha)$ 随着 α 而变化的过程可用图 7-18 来描述。可见，TCSC 通过适当控制 TCR 支路的触发延迟角 α，可以获得一个可变的串联阻抗，且感性阻抗的可控范围为 $[X_{TCSC}(0), X_{TCSC}(\alpha_{L\lim})]$，容性阻抗的可控范围为 $[-X_{TCSC}(\alpha_{C\lim}), -X_C]$。

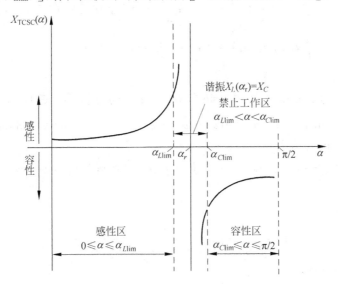

图 7-18　TCSC 的阻抗与触发延迟角 α 的关系

7.7.2　TCSC 的电路分析

上述分析中，TCR 支路的阻抗分析引用了第 3 章的结论，但应该注意到，作为 SVC 的 TCR 与 TCSC 中的 TCR 其工作环境是不同的：分析作为 SVC 的 TCR 时，假设其接入母线的电压为理想的恒幅正弦波形，但是 TCSC 中的 TCR 两端电压并不满足这一条件，故 TCSC 中 TCR 支路的电纳并不能用式(3-23)来描述。以上简单分析对于理解 TCSC 的功能是有用的，但需进一步研究电容器和 TCR 之间的动态交互作用，才能准确地理解 TCSC 的内在机理和行为动态。

以下详细分析 TCSC 在一个工频周期内的电路工作过程。假设晶闸管为理想的无损开关，且线路电流为理想的纯正弦波，即

$$i = I_m \sin\omega t \tag{7-23}$$

如果没有 TCR 支路，则电容上电压的变化规律为

$$u_{C0} = -X_C I_m \cos \omega t = X_C I_m \sin(\omega t - \pi/2) \tag{7-24}$$

即幅值为 $X_C I_m$，相位滞后线路电流 $\pi/2$ 的正弦波。

由于 TCR 支路的存在，电容电压波形发生畸变。设 0 时刻电容电压为 $u_C(0) = U_0$，在一个工频周期内，根据 TCSC 的电路状态，分为 5 个阶段，下面依次分析。

(1) $\omega t \in [0, \alpha_1)$，晶闸管关断，只有串联电容支路串入传输线，其电压为

$$u_C(\omega t) = U_0 + I_m X_C (1 - \cos \omega t), \quad \omega t \in [0, \alpha_1) \tag{7-25}$$

而 TCR 支路电流为

$$i_L(\omega t) = 0, \quad \omega t \in [0, \alpha_1) \tag{7-26}$$

(2) $\omega t \in [\alpha_1, \alpha_1 + \sigma_1)$，在 $\omega t = \alpha_1$ 时刻，晶闸管导通，TCR 支路与串联电容并联工作，则电容电压和 TCR 支路电流由以下动态方程决定：

$$\left.\begin{array}{l} \dot{u}_C = \dfrac{1}{C} i_C = \dfrac{1}{C}(i - i_L), \quad u_C(\alpha_1) = U_0 + I_m X_C(1 - \cos \alpha_1) \\[2mm] \dot{i}_L = \dfrac{1}{L} u_C, \quad i_L(\alpha_1) = 0, \quad \omega t \in [\alpha_1, \alpha_1 + \sigma_1) \end{array}\right\} \tag{7-27}$$

解得

$$\left.\begin{array}{ll} u_C(\omega t) = \gamma X_L I_m \cos \omega t + k X_L I_{*1} \sin[k(\omega t - \alpha_1) - \varphi_{*1}], & \omega t \in [\alpha_1, \alpha_1 + \sigma_1] \\[2mm] i_L(\omega t) = \gamma I_m \sin \omega t - I_{*1} \cos[k(\omega t - \alpha_1) - \varphi_{*1}], & \omega t \in [\alpha_1, \alpha_1 + \sigma_1] \end{array}\right\} \tag{7-28}$$

对应地，电容电流的表达式为

$$i_C(\omega t) = i - i_L = (1 - \gamma) I_m \sin \omega t + I_{*1} \cos[k(\omega t - \alpha_1) - \varphi_{*1}], \quad \omega t \in [\alpha_1, \alpha_1 + \sigma_1] \tag{7-29}$$

其中

$$\gamma = \frac{X_C}{X_C - X_L} = \frac{\omega_0^2}{\omega_0^2 - \omega^2} = \frac{1}{1 - 1/k^2} > 1$$

I_{*1}, φ_{*1} 由以下方程决定：

$$\left.\begin{array}{l} I_{*1} \sin \varphi_{*1} = [\gamma X_L I_m \cos \alpha_1 - u_C(\alpha_1)]/(k X_L) \\[2mm] I_{*1} \cos \varphi_{*1} = \gamma I_m \sin \alpha_1 \end{array}\right\} \tag{7-30}$$

可见，TCR 支路电流是两个频率分别为电源频率（工频）ω 和自然频率 $\omega_0 = k\omega$ 的正（余）弦波之和。在 $\omega t = \alpha_1$ 时刻，两正弦波之和为 0，即 $i_L(\alpha_1) = 0$；此后，i_L 与初始电容电压 $u_C(\alpha_1)$ 符号一致，绝对值经历先增大后减小的过程，直至 $\omega t = \alpha_1 + \sigma_1$ 时刻，再次达到 0，使得导通的晶闸管自然关断，TCR 支路退出。σ_1 称为晶闸管的前半波导通角，它由以下方程组决定：

$$\left.\begin{array}{l} u_C(\alpha_1 + \sigma_1) = \gamma X_L I_m \cos(\alpha_1 + \sigma_1) + k X_L I_{*1} \sin[k\sigma_1 - \varphi_{*1}] \\[2mm] i_L(\alpha_1 + \sigma_1) = \gamma I_m \sin(\alpha_1 + \sigma_1) - I_{*1} \cos[k\sigma_1 - \varphi_{*1}] = 0 \end{array}\right\} \tag{7-31}$$

(3) $\omega t \in [\alpha_1 + \sigma_1, \pi + \alpha_2)$，晶闸管关断，TCR 支路退出，只有串联电容支路串入传输线，其电压按照下式变化：

$$\begin{aligned} u_C(\omega t) = &-I_m X_C \cos \omega t + I_m X_C \cos(\alpha_1 + \sigma_1) \\ &+ u_C(\alpha_1 + \sigma_1), \quad \omega t \in [\alpha_1 + \sigma_1, \pi + \alpha_2) \end{aligned} \tag{7-32}$$

而 TCR 支路电流为

$$i_L(\omega t) = 0, \quad \omega t \in [\alpha_1 + \sigma_1, \pi + \alpha_2) \tag{7-33}$$

（4）$\omega t \in [\pi + \alpha_2, \pi + \alpha_2 + \sigma_2)$，在 $\omega t = \pi + \alpha_2$ 时刻，晶闸管第二次导通，TCR 支路与串联电容并联工作，类似对第（2）阶段的分析，可得到这一时间内电容电压、TCR 支路电流和电容电流的表达式如下：

$$\left.\begin{aligned}
u_C(\omega t) &= \gamma X_L I_m \cos \omega t + k X_L I_{*2} \sin [k(\omega t - \pi - \alpha_2) - \varphi_{*2}] \\
i_L(\omega t) &= \gamma I_m \sin \omega t - I_{*2} \cos [k(\omega t - \pi - \alpha_2) - \varphi_{*2}] \\
i_C(\omega t) &= i - i_L = (1 - \gamma) I_m \sin \omega t + I_{*2} \cos [k(\omega t - \pi - \alpha_2) - \varphi_{*2}]
\end{aligned}\right\} \quad (7\text{-}34)$$

其中 I_{*2}, φ_{*2} 由以下方程决定：

$$\left.\begin{aligned}
[\gamma X_L I_m \cos(\pi + \alpha_2) - u_C(\pi + \alpha_2)]/(k X_L) &= I_{*2} \sin \varphi_{*2} \\
\gamma I_m \sin(\pi + \alpha_2) &= I_{*2} \cos \varphi_{*2}
\end{aligned}\right\} \quad (7\text{-}35)$$

$$u_C(\pi + \alpha_2) = - I_m X_C \cos(\pi + \alpha_2) + I_m X_C \cos(\alpha_1 + \sigma_1) + u_C(\alpha_1 + \sigma_1) \quad (7\text{-}36)$$

同理，TCR 支路电流是两个频率分别为电源频率（工频）ω 和自然频率 $\omega_0 = k\omega$ 的正（余）弦波之和。在 $\omega t \in (\pi + \alpha_2, \pi + \alpha_2 + \sigma_2)$ 时，i_L 与电容电压 $u_C(\pi + \alpha_2)$ 符号一致，在 $\omega t = \pi + \alpha_2 + \sigma_2$ 时刻，下降或上升为 0，导通的晶闸管自然关断，TCR 支路退出。σ_2 称为晶闸管的后半波导通角，它由以下方程组决定：

$$\left.\begin{aligned}
u_C(\pi + \alpha_2 + \sigma_2) &= \gamma X_L I_m \cos(\pi + \alpha_2 + \sigma_2) + k X_L I_{*2} \sin [k\sigma_2 - \varphi_{*2}] \\
i_L(\pi + \alpha_2 + \sigma_2) &= \gamma I_m \sin(\pi + \alpha_2 + \sigma_2) - I_{*2} \cos [k\sigma_2 - \varphi_{*2}] = 0
\end{aligned}\right\} \quad (7\text{-}37)$$

（5）$\omega t \in [\pi + \alpha_2 + \sigma_2, 2\pi]$，晶闸管关断，TCR 支路退出，只有串联电容支路串入传输线，其电压按照下式变化：

$$\begin{aligned}
u_C(\omega t) = &- I_m X_C \cos \omega t + I_m X_C \cos(\pi + \alpha_2 + \sigma_2) \\
&+ u_C(\pi + \alpha_2 + \sigma_2), \quad \omega t \in [\pi + \alpha_2 + \sigma_2, 2\pi]
\end{aligned} \quad (7\text{-}38)$$

其中

$$u_C(\pi + \alpha_2 + \sigma_2) = \gamma X_L I_m \cos(\pi + \alpha_2 + \sigma_2) + k U_{*1} \sin [k\sigma_2 - \varphi_{*2}] \quad (7\text{-}39)$$

而 TCR 支路电流为

$$i_L(\omega t) = 0, \quad \omega t \in [\alpha_1 + \sigma_1, \pi + \alpha_2) \quad (7\text{-}40)$$

上述对于一个工频周期 TCSC 的 5 个工作阶段的分析，对于 TCSC 的稳态和暂态过程都适用。

7.7.3 稳态基波阻抗模型

当处于稳态工作时，TCSC 在正负半波采用对称控制，电容电压和 TCR 支路电流为工频周期信号，即 $\alpha_1 = \alpha_2 = \alpha$，且 $u_C(0) = u_C(2\pi)$，进一步计算可得

$$\sigma_1 = \sigma_2 = \sigma = \pi - 2\alpha \quad (7\text{-}41)$$

$$I_{*1} = I_{*2} = \frac{\gamma I_m \sin \alpha}{\cos \varphi_{*1}}, \quad \varphi_{*1} = \varphi_{*2} - \pi = k\sigma/2 \quad (7\text{-}42)$$

$$U_0 = u_C(2\pi) = - I_m X_C (1 - \cos \alpha) + \gamma X_L I_m \cos \alpha - k X_L I_{*1} \sin \varphi_{*1} \quad (7\text{-}43)$$

$$u_C(\alpha) = u_C(\pi + \alpha + \sigma) = \gamma X_L I_m [\cos \alpha - k \sin \alpha \tan k(\pi/2 - \alpha)] \quad (7\text{-}44)$$

$$u_C(\pi + \alpha) = u_C(\alpha + \sigma) = - u_C(\alpha) \quad (7\text{-}45)$$

可将稳态条件下一个工频周期内 TCSC 的电容电压和 TCR 支路电流总结，见表 7-1。

表 7-1　稳态下一个工频周期内 TCSC 的电容电压和 TCR 支路电流

阶段	$u_C(\omega t)$	$i_L(\omega t)$	ωt 区间
1	$U_0 + I_m X_C(1 - \cos \omega t)$	0	$[0, \alpha)$
2	$\gamma X_L I_m \cos \omega t + k X_L I_{*1} \sin [k(\omega t - \pi/2)]$	$\gamma I_m \sin \omega t - I_{*1} \cos [k(\omega t - \pi/2)]$	$[\alpha, \pi - \alpha)$
3	$-U_0 - I_m X_C(1 + \cos \omega t)$	0	$[\pi - \alpha, \pi + \alpha)$
4	$\gamma X_L I_m \cos \omega t - k X_L I_{*2} \sin [k(\omega t - 3\pi/2)]$	$\gamma I_m \sin \omega t + I_{*2} \cos [k(\omega t - 3\pi/2)]$	$[\pi + \alpha, 2\pi - \alpha)$
5	$U_0 + I_m X_C(1 - \cos \omega t)$	0	$[2\pi - \alpha, 2\pi]$

根据式(7-44)和式(7-45)可见,当 α 较小时,$u_C(\alpha) > 0$,则 TCR 前半波导通时,$i_L > 0$;后半波导通时,$i_L < 0$。相应的串联电容和 TCR 支路的电压、电流波形如图 7-19 所示。可见,此时,电容电压基波相位超前线路电流 $\pi/2$,TCSC 表现为电感特性(在感性控制区)。

当 α 较大时,$u_C(\alpha) < 0$,则 TCR 前半波导通时,$i_L < 0$;后半波导通时,$i_L > 0$。相应的串联电容和 TCR 支路的电压、电流波形如图 7-20 所示。可见,此时,电容电压基波相位滞后线路电流 $\pi/2$,TCSC 表现为电容特性。

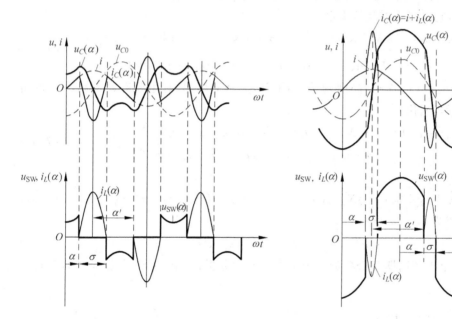

图 7-19　TCSC 工作于感性控制区时的波形　　　图 7-20　TCSC 工作于容性控制区时的波形

采用傅里叶分解,可得到电容电压的基波分量幅值 $u_{C1}(\alpha)$,进而得到 TCSC 的等效基波阻抗为

$$X_{TCSC}(\alpha) = \frac{u_{C1}(\alpha)}{I_m} = \eta(\alpha) X_C, \quad \alpha \in \left[0, \frac{\pi}{2}\right] \tag{7-46}$$

其中

$$\eta(\alpha) = -1 + \gamma \sigma/\pi + \gamma^2 [(k^2 + 1)\sin \sigma - 4k \cos^2 (\sigma/2)\tan (k\sigma/2)]/(k^2 \pi) \tag{7-47}$$

$$\sigma = \pi - 2\alpha \tag{7-48}$$

将 $\alpha = 0$ 代入,易得

$$X_{\mathrm{TCSC}}(0) = \frac{X_L X_C}{X_C - X_L},$$

同理,代入 $d = \dfrac{\pi}{2}$ 得到

$$X_{\mathrm{TCSC}}\left(\frac{\pi}{2}\right) = - X_C$$

这与前面分析的结论是一致的。

TCSC 的并联谐振点对应

$$k\sigma/2 = \pm (2n-1)\frac{\pi}{2}, \quad n \in \mathbb{N} \tag{7-49}$$

即

$$\alpha_r = \left(1 \pm \frac{2n-1}{k}\right)\pi/2, \quad \alpha_r \in \left(0, \frac{\pi}{2}\right), n \in \mathbb{N} \tag{7-50}$$

可见,当 $k > 3$ 时,有多于 1 个的谐振点。当存在多个谐振点时,触发延迟角 α 的有效控制范围大大减小,且给晶闸管脉冲发生带来一定的困难。因此,在实际工程中,通常选取适当的电容、电感值,使得 $k \leqslant 3$,即只存在一个谐振点 α_r。此时,TCSC 的感性控制区为 $\alpha \in [0, \alpha_{L\lim}]$,其中感性控制区最大延迟触发角限制 $\alpha_{L\lim} < \alpha_{r\min}$;TCSC 的容性控制区为 $\alpha \in [\alpha_{C\lim}, \pi/2]$,其中容性控制区最小延迟触发角限制 $\alpha_{r\max} < \alpha_{L\lim} < \pi/2$。TCSC 的阻抗与触发延迟角 α 的关系曲线基本与图 7-18 一致。可见,在电路参数(L、C 等)确定后,TCSC 的稳态基波阻抗仅取决于 TCR 支路的触发延迟角 α,通过动态改变触发延迟角,即可达到调节串联补偿阻抗的目的。

7.7.4 TCSC 的动态特性

以上对于一个工频周期内 TCSC 的电路分析同样适应于暂态过程。TCSC 在一个周期内的工作过程可以简单总结为:①TCR 支路断开,线路电流对串联电容充电;②触发 TCR 支路导通一定时间,对串联电容放电,使其电压反向;③TCR 支路电流过零而自然断开后,线路电流对串联电容反向充电;④TCR 支路再次触发导通一定时间,对串联电容反向放电,使其电压再次反向;⑤TCR 支路电流过零而自然断开后,线路电流对串联电容充电。

在上述工作过程中,TCR 支路导通使得 TCSC 形成一个内部 L-C 谐振电路进而导致电容电压反向,具有关键的作用。TCR 支路导通的时间(对应导通角 σ)取决于 L-C 回路的自然振荡频率、导通时的电容电压、线路电流等诸多因素。在稳态过程中,TCR 每次导通结束时,都能使电容电压变为导通初始时刻的相反值,从而经历一个周期后,电容电压维持不变,即满足式(7-44)和式(7-45)。但在暂态过渡过程中,TCR 支路的导通角将由式(7-31)和式(7-37)的解来决定,不一定满足关系式(7-41),而电容电压和电感电流的变化曲线亦将变得复杂,难以用简单的表达式来描述。

有很多文献对 TCSC 的动态模型进行过研究,提出的方法包括:电路拓扑分析法,时域仿真方法,相量动态模型法,频域分析法,dq 参考系建模法,状态空间建模法等。

当触发延迟角 α 根据控制需要发生变化时,TCSC 的电容电压将经历一段暂态过程从一个稳态过渡到另一个稳态。如图 7-21 所示为触发延迟角从 50°阶跃上升到 67°时电容电

压的暂态过程,图 7-22 所示为触发延迟角从 67°阶跃下降到 50°时电容电压的暂态过程,对应的 TCSC 参数为 $L=10\mathrm{mH}$,$C=247\mu\mathrm{F}$。其中,忽略了晶闸管的开关时间和损耗。可见,TCSC 在不同的暂态过程中,其过渡时间的大小是有不同的。

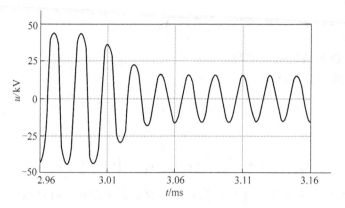

图 7-21　TCSC 的电容电压暂态过程(α: 50°→67°)

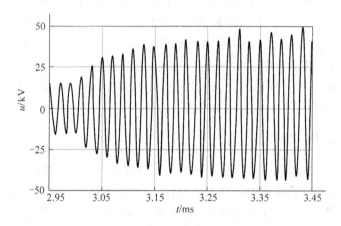

图 7-22　TCSC 的电容电压暂态过程(α: 67°→50°)

7.7.5　*U-I* 工作区与损耗特性

与 GCSC 类似,TCSC 在正常运行中也有两种控制模式,即以补偿线路电压为目标的电压控制模式和以补偿线路阻抗为目标的容抗控制模式。

在电压补偿模式下,TCSC 根据线路电流的大小调节触发延迟角 α 将维持电容基波电压恒定为某目标值,如 U_{Cref};在线路电流最大时($I=I_{\max}$),如果工作在容性区,则触发延迟角 α 最大(90°),对应的容抗最小(X_C);而如果工作在感性区,则触发延迟角 α 最小(0°),对应的感抗最小($X_L // X_C$)。随着线路电流的逐渐减小,如果工作在容性区,触发延迟角 α 逐渐减小以增加容抗,而如果工作在感性区,触发延迟角 α 将逐渐增大以增加感抗,从而维持补偿电压不变。当线路电流达到最小时($I=I_{\min}$),如果工作在容性区,则触发延迟角 α 最小($\alpha_{C\lim}$),对应的容抗最大;而如果工作在感性区,则触发延迟角 α 最大($\alpha_{L\lim}$),对应的感抗最大。而当线路电流不在 $[I_{\min}, I_{\max}]$ 范围之内时,触发延迟角 α 维持为 $0°/\alpha_{L\lim}$(感性工作区)

或 $90°/\alpha_{Clim}$ 不变,此时 TCSC 表现为恒阻抗特性,不能维持补偿电压恒定了,如图 7-23(a)所示。可见,在电压控制模式下,TCSC 能根据线路电流的大小,最大提供 $[0,U_{Lmax}]$ 的感性补偿电压和 $[0,U_{Cmax}]$ 的容性补偿电压,其中 $U_{Lmax}=(X_L/\!/X_C)I_{max}$,$U_{Cmax}=X_{TCSC}(\alpha_{Clim})I_{min}$。TCSC 的损耗主要是由 TCR 支路产生的,包括晶闸管的导通和开关损耗以及电感的杂散电阻损耗。在电压控制模式和容性工作区时,总损耗相对于线路电流的变化关系如图 7-23(c)所示,其边界包括三部分:底线对应最小容抗补偿,即 $\alpha=\pi/2$、TCR 支路断开、$X_{TCSC}(\pi/2)=X_C$,损耗接近 0;左上升线对应最大容抗补偿,即 $\alpha=\alpha_{Clim}$、容抗阻抗维持最大值 $X_{TCSC}(\alpha_{Clim})$,损耗随着线路电流的增大而增加;右下降线对应最大容性电压补偿,即 $U_{CREF}=U_{Cmax}$,触发延迟角随着线路电流的增大而增加,晶闸管导通时间变短,使得损耗逐渐减小,直至线路电流达到最大值 I_{max} 时,$\alpha=\pi/2$,TCR 支路断开,损耗接近于 0。

在阻抗控制模式下,TCSC 根据线路电流的大小调节触发延迟角 α 以维持串入阻抗为某目标值,如 X_{Cref}。稳态下,阻抗与触发延迟角 α 的关系由式(7-46)决定。可见,稳态下 α 与线路电流的变化无关。在容性工作区,X_{Cref} 介于最小容抗 $X_{TCSC}(\pi/2)=X_C$ 和最大容抗 $X_{TCSC}(\alpha_{Clim})$ 之间,感性工作区内 X_{Cref} 介于最小感抗 $X_{TCSC}(0)=X_C/\!/X_L$ 和最大感抗 $X_{TCSC}(\alpha_{Llim})$ 之间,相应的 $U\text{-}I$ 特性如图 7-23(b)所示。容性工作区的损耗-线路电流关系曲线如图 7-23(d)所示。其边界分别对应最小容抗 $X_{TCSC}(\pi/2)=X_C$ 和最大容抗 $X_{TCSC}(\alpha_{Clim})$ 的情况。可见,串入容抗越小,晶闸管导通时间越短,损耗越小;而在特定串入容抗下,损耗随着线路电流的增加而单调增加。

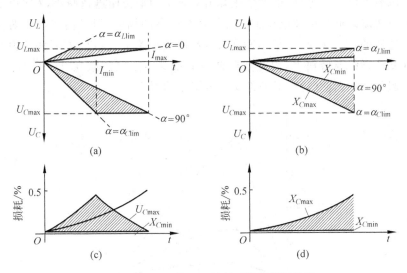

图 7-23 TCSC 的 $U\text{-}I$ 运行区域及损耗特性

TCSC 的电压控制模式和阻抗控制模式是可以根据系统需要而进行互相转换的。例如,图 7-23(a)的 $U\text{-}I$ 工作区可以转换为如图 7-24 所示的阻抗-线路电流关系。从这些特性曲线中可以看出,为达到恒定的补偿电压,必须使补偿电抗不断变化;而为达到恒定的阻抗,会导致补偿电压随着线路电流的改变而变化。同时,由于电路参数和可控变量的限制,各种控制模式都有一定的工作范围。

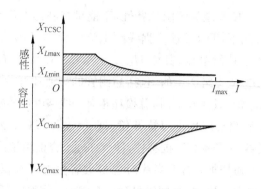

图 7-24　TCSC 在电压控制模式下的阻抗-线路电流关系

7.7.6　谐波特性

　　由于晶闸管的相控特性,TCSC 的 TCR 支路电流包含大量的谐波成分,从而在电容电压中产生谐波分量。该谐波分量的大小,决定于很多因素,如 TCSC 的参数、线路电流、系统参数和工作状态等。假设线路电流为纯正弦波,则稳态情况下,电容电压的谐波分量主要决定于参数 k。如 $k=7.5$ 时,采用电压控制模式,在容性工作区内最主要的谐波分量为 3次、5 次和 7 次。图 7-25 所示为与图 7-23(a)对应的、当维持补偿电压恒定($U_{Cref}=U_{Cmax}$)时,谐波幅值百分比与线路电流的关系曲线,其中百分比计算的基值为额定电流下、TCR 支路断开时的电容器电压。可见,谐波电压幅值随频率的增长而迅速减小,7 次以上的谐波分量基本上可以忽略。低次谐波电压虽然看起来有很高的幅值,但是由于这些谐波分量基本上是电压源性质的,而 TCSC 一般串联在长的高阻值线路上,内部 L-C 回路的阻抗在谐波频率下比外部交流系统要低得多,因此这些谐波分量基本上只局限在 TCSC 自身回路,不会在线路上引起很大的谐波电流,对外部交流电网影响很小。

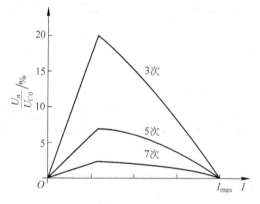

图 7-25　电压谐波分量-线路电流的关系($k=7.5$)

7.7.7　同步信号

　　除上述采用线路电流(的基波分量)作为同步信号来控制 TCSC 的运行外,还可以采用电容电压作为同步信号,亦即以电容电压过零点作为触发延迟角的基准点,如图 7-20 所示。

在稳态和理想电路假设(线路电流为纯正弦,忽略电路损耗)下,它们之间满足关系式 $\alpha = \alpha' - \pi/2$。但在非理想电路情况下,线路电流同步法和电容电压同步法会导致一些区别,包括以下几方面:

(1) 开环控制情况下对 TCSC 阻抗进行调节,采用线路电流作为同步信号时,电容电压和阻抗在过渡过程中不会产生大的超调;而采用电容电压作为同步信号时,由于过渡过程中电容电压本身的波形畸变,易导致较大的超调和振荡现象。

(2) 在系统发生短路故障时,由于线路电流产生畸变,含有很高的直流分量。采用线路电流同步时,会导致晶闸管不能在正负半波对称导通,直流分量增加,进而使得线路电流波形恶化,造成失控;而如果采用经滤波的线路电流基波分量作为同步信号,则可避免失控。采用电容电压作为同步信号时,由于故障时 TCSC 从容性区向感性区跳变,晶闸管开通程度增大,使得直流电容电压的直流分量显著衰减,晶闸管在正负半波能基本对称工作,从而抑制了线路电流中的直流分量。

(3) 根据文献[16]的研究,当考虑 TCR 支路存在一定的电阻时,即电抗器的品质因数不是无穷大而是有限值时,采用线路电流同步方法会产生基频阻抗双解现象,即出现触发角与基频等效阻抗之间的非单值映射关系,而采用电容电压作为同步信号时,不会出现基频阻抗双解现象。

7.7.8　实用的 TCSC 电路结构及其参数选择

图 7-17 给出了 TCSC 的单相电路结构,实用 TCSC 通常采用多组 TCSC 模块串联构成,每个 TCSC 模块除了其基本构件——串联电容和 TCR 支路之外,往往还包括保护用 MOV、旁路隔离开关或断路器,以及阻尼电路,并常与固定串联补偿电容(FSC)结合起来应用。图 7-26、图 7-27 和图 7-28 所示分别为美国 Kayenta 变电站、Slatt 变电站和中国平果变电站的串联电容补偿的主电路结构。

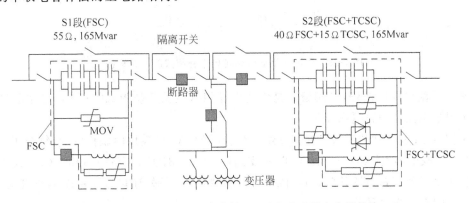

图 7-26　美国 Kayenta 变电站 FSC+TCSC 的主电路结构

美国 Kayenta 变电站的串联电容补偿分为两段:S1 段为安装在 Kayenta—Glen Canyon 230kV 线路上的 FSC,阻抗为 55Ω;S2 段包括 40ΩFSC 和 15ΩTCSC,安装在 Kayenta—Shiprock 230kV 线路上。电容器组是多个电容器通过串并联构成的,容量各为 165Mvar,电容器组两端都并联有防止过电压的 MOV;TCSC 的 TCR 支路电感等分成两

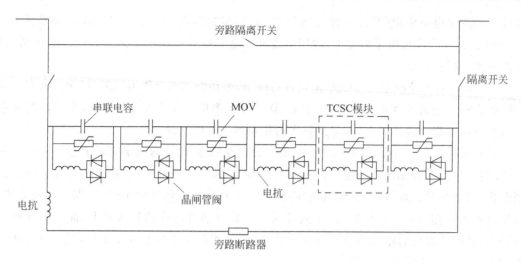

图 7-27 美国 Slatt 变电站 TCSC 的主电路结构

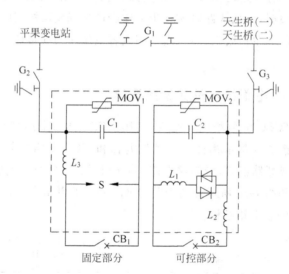

图 7-28 中国平果变电站可控串补装置的单线结构

部分接在晶闸管阀的两侧,晶闸管阀是由两串晶闸管组反并联构成的;两部分串联补偿都配置了阻尼电路和旁路隔离开关。

美国 Slatt 变电站的 TCSC 是由 6 组参数相同的 TCSC 模块串联构成的,每个 TCSC 模块包括:串联电容组($X_C=1.33\Omega$)、TCR 支路($X_L=0.18\Omega$)和 MOV;6 组 TCSC 模块串联后与旁路电感及其短路器并联,再经隔离开关接入线路,另外还设置了一个隔离开关,可以将整个 TCSC 装置旁路。

中国平果变电站串联补偿装置的总容量为 800MV·A,天生桥—平果双回 500kV 交流线路每回线各装设一套相同的串联补偿装置,每套容量为 400MV·A,固定(FSC)和可控(TCSC)部分容量分别为 350MV·A 和 50MV·A,总的串补度为 40%,其中固定及可控部分别为 35% 及 5%。图 7-28 所示为任意一套串联补偿装置的单线原理图。

在设计 TCSC 装置时,需要对大量的电路参数和性能指标进行仔细确认和优化选择,其中一些共同和关键的参数和指标包括：

（1）线路额定电压和电流。它是选择电路结构和器件参数的基础，是确定电容、电感、晶闸管阀等关键器件的电压、电流耐量和结构方式的前提条件。

（2）串联电容的容抗值及其构成方式。根据所要求的线路补偿度，可以将 FSC 和 TCSC 按照一定组合比例得到所需补偿度。图 7-24 表明，TCSC 在低于容性电抗 $X_{C\min}$ 和感性电抗 $X_{L\min}$ 时是不可控的，如果 TCSC 是一个大的单一体，不可控的容抗范围将非常大，从而不利于采用 TCSC 来进行动态稳定控制（因为动态稳定控制可能需要在较小的容抗范围内连续调节）。因此，需将 TCSC 装置分为多个容量较小的模块，通过逐级投入或退出模块来缩小不可控区。此外，也可以考虑将多个 TCSC 模块中的一个用 GCSC 来代替，由于 GCSC 能控制其容抗从 0 到最大值之间连续变化，从而使得组合串联补偿的容抗原则能实现全范围内的连续控制。

（3）对于 TCSC 模块，串联电容容抗值确定后，TCR 回路的基频电抗 X_L 或 k 的大小对 TCSC 的基频等效阻抗和谐振点有直接的影响：较小的 k 值（较大的 L 值）会增大容性区调节角度范围而减少感性区调节角范围，能降低 TCR 支路导通时的冲击电流从而降低对晶闸管的电流、电压耐量要求；较大的 k 值（较小的 L 值）会增大感性区调节角度范围而减少容性区调节角范，有利于抑制系统短路冲击电流，但会导致 TCSC 回路中产生较大的谐波分量；过大的 k 值（过小的 L 值），如 $k>3$，会使 TCSC 在触发延迟角在 $0°\sim90°$ 出现多个谐振点。一般而言，选择 X_L/X_C 在 $0.1\sim0.3$ 较为合适，有利于 TCSC 的控制。

（4）TCSC 控制范围的确定，根据系统需要确定 TCSC 的感性和容性可控区，即 $\alpha_{L\lim}$ 和 $\alpha_{C\lim}$ 的值。

（5）MOV 的选择。主要是根据过电压保护的需要来确定 MOV 的各项参数。

（6）阻尼电路、旁路电感以及其他隔离开关和短路器的选择。是否设置阻尼电路及其参数设计主要是根据串联补偿所在系统的特性和附近机组的情况来确定的；而旁路电感、隔离开关和断路器的设置则与具体工程的操作要求相关。

7.8　GCSC,TSSC 和 TCSC 次同步谐振特性

变阻抗型串联补偿器，包括 GCSC，TSSC 和 TCSC，都不同程度地在线路中串联了电容，因此有必要研究串联补偿后的电气系统与机组扭振的相互作用，即引发次同步谐振的可能性。4.3 节中介绍的 SSR 发生机理以及采用 NGH SSR 阻尼器抑制 SSR 的基本原理，同样可以应用于分析 GCSC，TSSC 和 TCSC。以下先分析 TCSC 的 SSR 特性，进而推广到 TSSC 和 GCSC。

对比 NGH SSR 阻尼器和 TCSC 的电路，考虑到电感的电阻性损耗，可见它们之间有明显的相似性：都是由串联电容器和与之并联的晶闸管控制电感器加电阻器支路构成的，不过前者以晶闸管控制电阻器为主，后者以晶闸管控制电抗器为主。NGH SSR 阻尼器的工作原理是：在每半个周期强迫电容电压归零，使其不能自然地响应线路电流的次同步频率分量，从而干扰了 SSR 的自然建立过程，达到抑制 SSR 的目的。TCSC 的工作过程中，为了

获得期望的阻抗,在每半个周期末附近区域会导通 TCR 支路使得电容电压反向。因此,可以期望这种同步的反向,能够像 NGH SSR 阻尼器中电容器同步放电机制一样,干扰电容器对次同步频率电流分量的自然响应,从而抑制次同步振荡。二者的区别在于:NGH SSR 阻尼器主要是通过电阻放电使得电容电压归零,消耗能量;而 TCSC 是借助于其内部 $L\text{-}C$ 谐振使电容电压反向,并不消耗太多的能量(少量损耗包括为晶闸管开关、通态损耗以及电感的电阻性损耗)。

为理解 TCSC 和 NGH SSR 阻尼器工作原理的相似与不同之处,不妨也采用第 7.2.5 节的波形分析方法。如图 7-29 所示,当频率为 1/5 工频的次同步频率电流分量 i_s 通过 TCSC 时,如果断开 TCR 支路,则电容电压中的次同步频率电压分量 u_{sC0} 将在相位上滞后 i_s $\pi/2$ 的电角度;而 TCR 支路以工频周期进行相控操作时,电容压中次同步频率分量 $u_{sC_{TCSC}}$ 将在每半个工频周期末被强制反向(当 k 为有限值时不是严格的反向,而是 $L\text{-}C$ 谐振使得电容电压经过较短的时间后由正变负或由负变正),亦即在每个次同步频率对应的周期内有 5 次反向过程。进一步可以得出 $u_{sC_{TCSC}}$ 的基频分量 $u_{sC_{TCSC,F}}$ 与 i_s 的相位关系。由图中可见,这种电容电压的工频性强制反向使得其次同步频率分量的基波成分与次同步电流分量的相位关系发生变化,由滞后 $\pi/2$ 变成超前 $\pi/2$。也就是说,TCSC 电路在次同步谐振频率下表现出感抗特性。因此,TCSC 不会导致或参与次同步谐振。

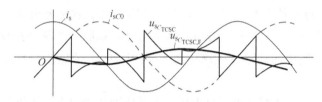

图 7-29 TCSC 次同步振荡特性的原理性波形

对于 TCSC 的 SSR 特性,上述波形分析的结论并没有得到严格的证明。更严谨的做法应该分析 TCSC 在各种 SSR 模式下的阻尼特性,已有的研究方法包括:特征值分析(eigenvalue analysis)法、复转矩系数(complex torque coefficient)分析法、频率扫描(frequency scanning)法、时域仿真以及动模试验法等,这些方法可以综合起来使用,互相校验。以下简单介绍频率扫描法的基本原理。

频率扫描法也称为阻抗-频率特性法,即通过数学分析或仿真计算,研究 TCSC 在各次同步频率下的等效阻抗特性。虽然 TCSC 的次同步频率阻抗难以像其工频基波阻抗那样能表示成电路参数(X_L,X_C 等)、控制产量(α 或 σ 等)和电网变量(线路电流等)的通用数学方程式,但大量的数值分析表明,TCSC 在次同步频率下表现为具有正实部的阻抗。如文献[21]在一定的简化条件下,得到 TCSC($C=40.104\mu F$,$L=25.1mH$)的次同步频率(20Hz)阻抗特性,如图 7-30 所示。根据 TCSC 等效阻抗的变化趋势,将其划分为四个工作区。工作区 I 内,导通角较小,工频基波阻抗为变化很小的容抗,次同步频率的等效阻抗为很小的电阻加上几乎恒定的容抗,TCSC 类似于固定串补。此时,如果 TCSC 的固定电容调谐到某一不稳定模式,即次频谐振工作点落在该区域中,则很难避免 SSR 的发生;但如果 TCSC 的容抗值远离任何模态的调谐值,则系统不会发生 SSR。工作 II 区内,TCSC 表现为快速可调的容抗,次同步频率下的电阻效应显著,能提供很大的正阻尼,有助于破坏 SSR 条件。因此,如果次同步谐振点落在该区域中,则等效电阻能有效抑制 SSR;而如果没有次同步谐振点落在该区域中,则是 SSR 稳定的。工作区Ⅲ内,TCSC 发生工频谐振,而次同步频率下等效电阻仍然很大,而等效电抗开始转变为电感,因此为 SSR 稳定。工作区Ⅳ内,TCSC 工频基波阻抗为感性,次同步频率的等效电阻很小,起作用的是等效电感,因此该区域中 TCSC 能有效抑制 SSR。与工频基波阻抗相比,TCSC 的次同步频率等效电抗也随着导通角的增大而由容性过渡到感性,但前者的电阻为 0,而后者具有大的电阻值;同时 TCSC 在次同步频率下进入感性区更早,其电抗特性不存在以电抗急剧变化为特征的失稳区,在次同步频率容性区内其容抗随导通角增大而减小,这一点与工频特性相反。

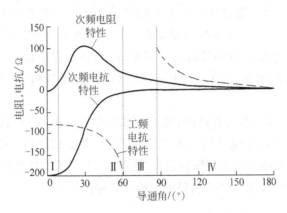

图 7-30　TCSC 的次同步频率阻抗特性

　　综上所述,TCSC 在较小导通角时不能完全抑制 SSR,当导通角较大且在合适的门极脉冲控制下能够对次同步谐振免疫或起抑制作用。

　　以上对于 NGH SSR 阻尼器和 TCSC 的分析可以推广到 TSSC 和 GCSC。从电路结构上看,TSSC 和 GCSC 可视为 TCSC 中 $X_L \gg X_C (k \gg 1)$ 时的极端情况。因此,如果能对晶闸管或 GTO 支路进行适当的门极控制,保持某个一定的导通角,有利于 TSSC 和 GCSC 对 SSR 免疫。对于 TSSC,应在每半个工频走期末、电容电压基波分量接近于 0 时,主动导通晶闸管一段时间,使电容电压反向;而对于 GCSC,应维持 GTO 的关断延迟角 γ 不小于某一最小值 $\gamma_{\min}$。这样做不会导致明显的补偿电压损失,却在一般情况下能避免 SSR 的发生。

7.9　GCSC,TSSC 和 TCSC 的控制

7.9.1　控制系统概述

　　TCSC 等变阻抗型串联补偿器的控制也可分为器件级、装置级和系统级三个层次。器件级层次主要研究电路拓扑结构和脉冲控制方法,对电力电子器件的开通和关断时机进行调节,通常称为脉冲控制。系统级层次从电力系统的潮流与稳定等宏观角度来探讨串联补偿器的运行,将其视为可快速(平滑)控制的无功阻抗或电压源,进而控制规律设计,达到提

高电网运行性能的目标。装置级层次作为前两者间的桥梁,研究从脉冲控制结果到系统需求之间的模型与控制问题,亦即探讨 TCSC 等的输出与脉冲控制角之间的非线性关系,进而设计一定的控制规律使得装置能较好地跟踪输出从系统角度提出的变阻抗或变电压需求。在实际的工业装置中,三个层次的控制可能会有一定程度的交叉和整合,常常将脉冲控制和装置级控制合并称为内环控制(internal control),而将系统级控制称为外环控制(external control)。

内环控制的作用是为晶闸管/GTO 提供适合的门极驱动,从而获得能跟踪参考量变化的补偿电压或者阻抗。从外特性上看,经内环控制的变阻抗类型串联补偿器可视为一个"黑箱式"阻抗/电压放大器,它的输出随着一个低功率参考输入的变化而变化。此外,内环控制还有保护主电路的责任,通过执行电流限制或使用旁路等操作来避免元件和装置的损坏。内环控制的参考量是由外环控制提供的,外环控制的作用是操作受控的无功阻抗/电压以便达到传输线路的特殊补偿目的。因此,外环控制需根据系统目标(如潮流控制、阻尼振荡等),采集线路阻抗、电流、功率、机组功角或其他量测量,为内环控制导出相应的参考量。

在结构上,三种变阻抗类型串联补偿器(GCSC,TSSC,TCSC)的内环控制是相似的,都包括四个核心功能:电压/电流检测与处理、器件开通/关断延迟角计算、信号同步和脉冲触发(门极驱动)。这些功能可采用不同的途径(模拟式、数字式或其综合)实现,且各有其优缺点。下面分别介绍 GCSC 和 TCSC 内环控制的简单原理。

7.9.2 GCSC 的内环控制原理

GCSC 内环控制的基本结构如图 7-31 所示,采用电压控制模式,输入为外环控制提供的补偿电压参考值 U_{Cref}。可见,它与 TCR 的内环控制具有很好的对称性。

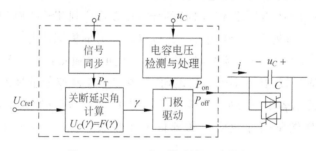

图 7-31 GCSC 内环控制的基本结构

内环控制包括四个功能单元,分别为:

(1) 信号同步单元

信号同步单元基本功能是向脉冲控制提供同步用的基准信号 P_T。P_T 是一个与线路电流频率相同、有固定的相位关系的基准脉冲信号,控制器根据它来产生 GTO 触发脉冲。该功能模块可以采用传统的锁相环或数字信号处理技术来实现。

(2) 补偿电压到 GTO 关断延迟角的计算单元

它根据电压参考值 U_{Cref} 变换得到 GTO 的关断延时角 γ,相当于对式(7-15)或式(7-16)

进行逆运算。类似于 TCR,可采用模拟电路法、数字查表法或微处理器法等实现该功能。

（3）电容电压检测与处理单元

该单元检测电容电压的过零点,确定 GTO 的开通时机;并可通过保证 GTO 在电容电压基波分量过零点附近维持某较短的导通时间,实现 GCSC 对 SSR 免疫的功能。

（4）门极驱动单元

该单元根据功能单元(2)和(3)产生表征 GTO 关断和开通时机的信号,形成触发 GTO 门极的开通脉冲 P_{on} 和关断脉冲 P_{off},使主电路正常工作。

GCSC 内环控制的波形变化如图 7-32 所示。随着补偿电压参考值 U_{Cref} 的逐步减小,关断延迟角递增,使得电容电压(U_C)的基波分量(U_{CF})幅值递减。GCSC 采用阻抗控制模式的原理与电压控制模式类似,只是在功能单元(3)中,根据电抗而不是电压参考值来计算 GTO 的关断延迟角。GCSC 的动态响应和 TCR 相似,最大的传输延迟(transport lag)达到半个工频周期。

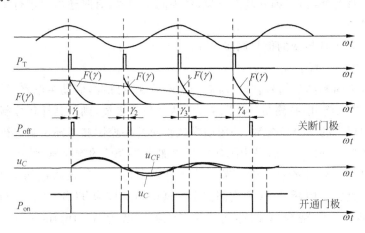

图 7-32　GCSC 内环(电压)控制的波形

7.9.3　TCSC 的内环控制原理

TCSC 在正常运行时的基本控制模式是阻抗控制模式,进一步发展出电压、电流和潮流控制模式,顾名思义,后三者是通过控制 TCSC 的等效基波电抗来达到补偿电压、稳定线路电流和潮流的目的。

图 7-33 所示为 TCSC 阻抗控制模式下的闭环控制原理,它包括以下环节:

（1）阻抗测量

根据电容电压和线路电流,计算 TCSC 当前的基波阻抗 X。

（2）前馈补偿

为提高控制响应速度,根据 TCSC 基波阻抗稳态公式(7-46)的逆函数(也可采用更复杂的暂态公式),预先计算一个触发延迟角的预测值 α_0。

（3）误差放大(PI)控制

根据阻抗参考值 X_{ref} 与实际值 X 之差 ΔX,按照 PI 控制规律生成触发延迟角的修正量 $\Delta\alpha$,它与稳态预测值 α_0 之和经过限幅后构成实际的控制角 α。

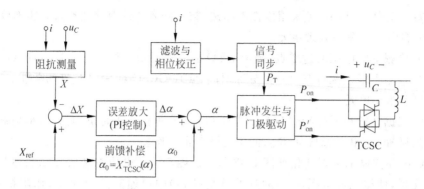

图 7-33   TCSC 阻抗控制模式下的闭环控制原理

（4）滤波与相位校正

对线路电流进行滤波，得到其基波分量，作为同步信号，有时还需要进行相位校正。

（5）信号同步

功能同 GCSC 内环控制的信号同步单元。

（6）脉冲发生与门极驱动

根据触发延迟角和同步信号，产生所需的晶闸管触发脉冲，驱动主电路工作。

图 7-33 中，如果将"阻抗测量"和"PI 控制"两个环节去掉，则得到开环控制的原理框图。针对 7.7.4 节中列出的 TCSC 参数，采用动模试验对开环控制和闭环控制进行研究，得到的试验波形如图 7-34 所示。可见，采用闭环控制能加快 TCSC 的响应速度。

正常运行时，TCSC 工作在容性调节区或感性调节区。一般还将这两个工作区的极端情形，即 TCR 支路完全阻断和 TCR 支路完全导通的情况称为 TCSC 的阻断（block）模式和旁路（bypass）模式，旁路模式也称为晶闸管保护电容器（thyristor protected series capacitor，TPSC）模式。理论上，当晶闸管的触发角延迟角分别为 $\pi/2$ 和 0 时，TCSC 工作于阻断模式与旁路模式。但当系统发生大的扰动或 TCSC 处于暂态过程中时，由于信号相位之间发生剧烈变动，会造成晶闸管工作于不正确的开关状态，导致电容过压或/和晶闸管过流。因此，TCSC 一般还需要设计特殊的阻断和旁路控制逻辑来实现 TCSC 中 TCR 支路的完全阻断或旁路。一种常用的方法是：通过封锁晶闸管的触发脉冲使其在电流过零瞬间自然关断，TCSC 快速、可靠地进入阻断状态；而通过产生连续的高频触发脉冲序列，使晶闸管门极每隔一微小时间间隔便得到触发脉冲，因此只要晶闸管承受正向电压便能导通，使 TCSC 稳定、快速地进入旁路状态。因此，TCSC 有四种工作模式，即容抗调节模式、感抗调节模式、阻断模式和旁路模式。不同工作模式之间的切换是考验 TCSC 内环控制能力的重要指标。其中，容抗调节模式和感抗调节模式之间的切换最为重要，这是因为：在线路发生短路故障时，为减小短路电流，保护电容器，希望 TCSC 提供较大的感抗值，即迅速从容性工作区切换到感性工作区；而一旦故障切除，为提高线路传输能力、增强系统稳定性，希望 TCSC 提供较大和可变的容抗值，即能迅速从感性工作区切换到容性工作区。对模式切换的要求是速度快、超调小。

如图 7-35 所示为常规控制方式，即直接根据阻抗参考值发出对应导通角阶跃变化的触发脉冲时，容抗调节模式与感抗调节模式相互切换的动模实验曲线（注意：图中阻抗为负值

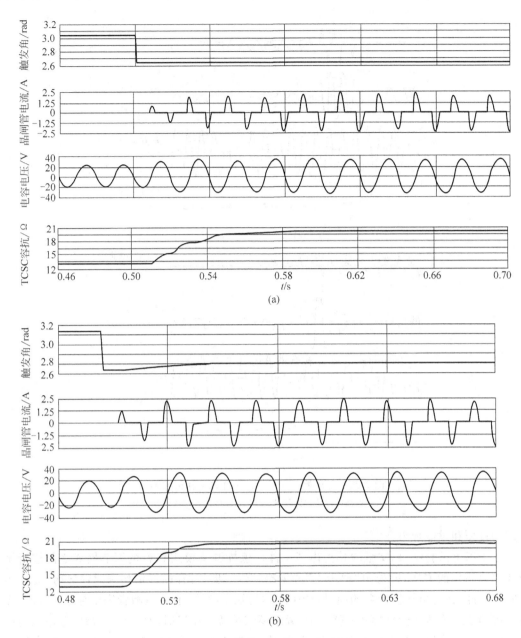

图 7-34　开环控制和闭环控制的响应比较

(a) 开环控制试验波形(阻抗阶跃 1.0~1.8p.u.);

(b) 闭环控制试验波形(阻抗阶跃 1.0~1.8p.u.)

时表示感抗)。由于这种在容性区和感性区之间的大范围切换需要跨越谐振区,导致电容电压达正常时的数倍,晶闸管也会流过很大的电流峰值,对设备的安全运行造成极大威胁。因此,通常不能直接采用常规控制方式来进行容性区和感性区的切换。

图 7-36 所示为 TCSC 在阻断模式与旁路模式之间相互切换的动模实验波形。与图 7-34 和图 7-35 比较可以发现,TCSC 由阻断模式切换到旁路模式的过渡过程迅速(小于 20ms)而平滑,而常规控制方式下却需要多个工频周期才能过渡到新的稳态,其间还会产生

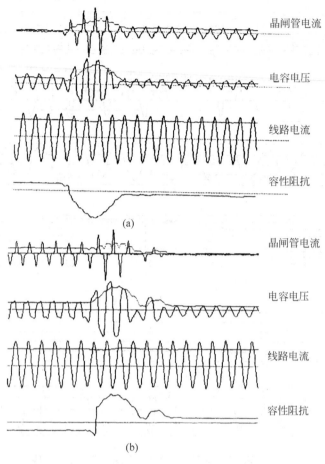

晶闸管电流

电容电压

线路电流

容性阻抗

(a)

晶闸管电流

电容电压

线路电流

容性阻抗

(b)

图 7-35   常规控制方式下的工作区切换的波形
(a) 容性区向感性区切换；(b) 感性区向容性区切换

严重的过压和过流现象。

基于以上试验结果，文献[41]提出了一种在感抗调节模式和容抗调节模式之间进行平滑和快速切换的方法，即采用"两步走"的策略：第一步，由容性区切换到感性区时，先不考虑同步条件，在发出切换指令的同时，产生连续的触发脉冲，迫使晶闸管完全导通，TCSC 先由容抗调节模式转入旁路模式；第二步，旁路模式维持一小段时间(10ms)，待电容电压与线路电流之间形成稳定的滞后 $\pi/2$ 的相位关系时，再按正常方式进行触发控制。反之，由感性区切换到容性区时，先切换到阻断模式，继而再进入正常的容抗调节模式。图 7-37 为采用上述切换策略时获得动模实验波形。可见，此时模式切换的暂态过程较短，过渡平稳。但也应注意到，TCSC 从感性区切换到容性区时，电容器两端产生明显的直流分量，造成等效阻抗有一短暂的超调。

上述关于内环控制的讨论是针对一个 TCSC 模块进行的，实际应用时，往往采用多个 TCSC 模块构成大容量的 TCSC 装置，并与 FSC 等组合使用，需要考虑各个 TCSC 模块，及其与 FSC 之间的协调控制问题。

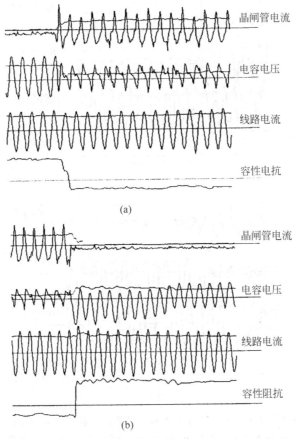

图 7-36　TCSC 在阻断状态与旁路状态之间相互切换的波形
（a）TCSC 由阻断状态切换到旁路状态；（b）TCSC 由旁路状态切换到阻断状态

7.9.4　TCSC 的系统级控制概述

如 7.1 节所述,TCSC 应用于电力系统,在输电网可以调节网络潮流、提高系统的运行性能和稳定性,其中稳定性又包括静态稳定性、暂态稳定性、振荡稳定性、电压稳定性、SSR稳定性等;在配电网可以改善电能质量和供电可靠性。系统级控制的任务正是要通过适当的控制规律,自动调节 TCSC 的补偿阻抗或电压,来达到上述目的。根据所应用电网的区别和具体控制目标的不同,系统级控制方法和实现方式会有所差异,即使对同样电网和目标,也可以采用不同的控制理论,如从传统的 PID 控制到线性最优控制,再到较新的非线性控制和智能控制等,并可以综合运用各种自适应和鲁棒设计方法。关于 TCSC 控制理论和方法的综述可参考文献[36]。

对于经典的 PID 控制方法,可以参考 5.3 节关于 SVG 的控制方法的论述,将 SVG 应用于各种控制目标的控制框图通过适当的类比和改动,使其适用于 TCSC 的系统级控制。相应的改动包括:将装置输出改为补偿阻抗或电压,将系统级控制输入改为补偿阻抗或电压参考,将母线电压自动调节(AVR)环节改为类似的线路电流或潮流自动调节(automatic current or power regulator,ACR or APR)环节,其他各个反馈环节可作相应改变,从而可以得到如图 7-38 所示的 TCSC 的多目标系统级控制策略。

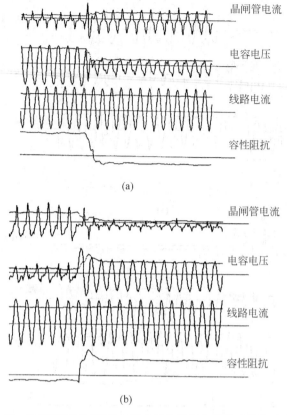

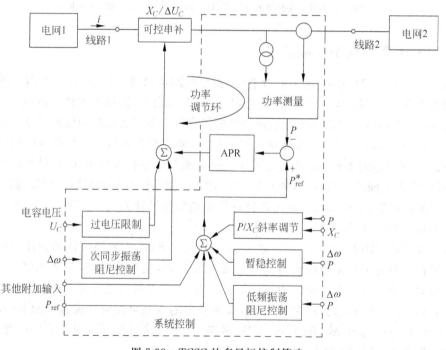

图 7-37　采用"两步走"策略的模式切换控制获得的动模实验波形

(a) 容性区(1.5p.u.)向感性区(−0.4p.u.)切换；(b) 感性区(−0.4p.u.)向容性区(1.5p.u.)切换

图 7-38　TCSC 的多目标控制策略

7.10 TCSC 的应用工程概述及实例

7.10.1 国内外 TCSC 应用工程概述

1992 年，美国西部电力管理局(Western Area Power Administration，WAPA)在亚利桑那州一条长 200 英里 230kV 线路中点的 Kayenta 变电站安装了德国西门子公司制造的部分可控串联电容补偿装置，该装置由 FSC 和 TCSC 组合而成，称为先进串联补偿器(advanced series compensation，ASC)，它是世界上第一个可控串补工程项目。此后的 1993 年，美国 BPA 与 GE 公司合作建造了更大容量的可控串联电容补偿装置，并首次采用 TCSC 的名称，安装在 Oregon 州中北部一条 500kV 输电线(位于 Slatt 变电站)上，1994 年投入商业运行。此外，瑞典、巴西和印度的电网中也投运了部分可控的串联补偿装置。

2003 年 6 月，我国第一个 TCSC 工程在天平线平果变电站侧建成投运，对 500kV 天平线采用 FSC＋TCSC 补偿模式，总补偿度为 40%(35%FSC＋5%TCSC)，总容量为 2× 400Mvar(350Mvar FSC＋50Mvar TCSC)。2005 年，由中国电力科学研究院主研的第一套国产化 TCSC 装置在甘肃省壁口—成县 220kV 电网投运，线路串补度达到 50%。2007 年，国产首套 500kV 可控串补工程伊敏—冯屯(30%FSC＋15TCSC)串补系统投运。

表 7-2 所示为 2012 年年底以前国内外投运的一些重要可控串补工程的情况，其中 TPSC 表示该装置只具有晶闸管保护电容器的功能，不能进行连续阻抗调节。

表 7-2 中串补项目的细节可参阅相关参考文献，如 N. G. Hingorani 的著作(第 1 章文献[1])较详细地介绍了美国 WAPA Kayenta 和 BPA Slatt 两个 TCSC 工程。下一节以我国第一个 500kV TCSC 应用工程——南方电网平果变电站可控串联补偿项目为例说明其主要技术特征与实施方法。

7.10.2 中国南方电网平果变电站 TCSC 工程

1. 背景介绍

南方电网包括云南、贵州、广西和广东四省电网，并与香港和澳门两个特别行政区的电网相连，整个电网呈东西向长条形状(如图 7-39 所示)。由于主要的负荷中心(珠江三角洲)和发电基地(云南、贵州和广西的大量水电)的地理分离，需要进行长距离的"西电东送"。

交流串联补偿和长距离直流输电是我国解决"西电东送"工程的两大技术手段。南方电网继建造天广直流(天生桥—广州北郊)工程后，又相继投运了贵广直流(贵州安顺—广东肇庆)和三广直流(三峡—广东惠州)，直流输电使得南方电网的结构有所改善。但考虑到负荷的快速和长期发展，仍然需要进一步增大南方电网"西电东送"的容量；同时，大量 HVDC 输电线路投运仍未能改变南方电网是一个大容量同步电网的现状，在系统中大量电力通过远距离的交直流线路送往负荷中心。在送端，存在多个电源和多个交直流通道，系统运行方式的变化也比较大。由于远距离大容量输电的存在，使得系统的稳定性问题日益突出。特别是暂态稳定性的降低和区域电网之间的低频振荡现象，危及电网的安全运行。如贵广直流并联系统与天广直流并联系统通过贵州境内安天线(贵州安顺—天生桥)相连，天安线三相永久故障将使天广和贵广两个交直流并联系统解列。大量研究发现，西电东送通道是南

表 7-2　国内外重要的可控串补应用工程列表（截至 2004 年年底）

序号	投运时间	类型	制造商/用户	投运地点	串联电容容量/(MV·A)	电压等级/kV	主要特性参数	控制模式	主要应用效果	冷却方式	参考文献
1	1992	ASC (FSC/TCSC)	德国西门子/美国西部电力局(WAPA)	美国亚利桑那州东北部 Kayenta 变电站	1 段 55ΩFSC, 2 段 40ΩFSC+15ΩTCSC, 2×165Mvar@1000A, 总补偿度约 72%	230	$X_L = 2.56\Omega$; 容性阻抗 X_C=15Ω; 容性阻抗 15~60Ω 可调, 感性阻抗为 3Ω 不可调	开环阻抗控制, 闭环电流控制、晶闸管投切电感控制、普通固定电容补偿	提高传输容量(将 320km 长输电线的传输容量从 300MW 提高到 400MW); 连续调节线路潮流、动态控制潮流, 减少短路电流,抑制 SSR	乙二醇+去离子水混合液体冷却	[42,43]
2	1993	TCSC	GE,EPRI/美国 BPA	美国俄勒冈州北部 Slatt 变电站	6 个 TCSC 模块串联, 共 8Ω,202Mvar@2900A, 总补偿度约 72%	500	$X_L = 0.18\Omega$; 容性 X_C=1.33Ω; 容性阻抗 1.33~4Ω 可调,感性阻抗为 0.2Ω 不可调	阻抗控制、潮流控制,阻尼控制,暂态稳定控制, SSR 抑制	提高暂态稳定性和传输容量,抑制低频振荡和 SSR	乙二醇+去离子水混合液体冷却	[28]
3	1998	FSC/TCSC	瑞典 ABB 公司/瑞典电力系统	瑞典 Stode 变电站	FSC:51.1Ω,344.93Mvar@1500A, 补偿度约 49%; TCSC:21.9Ω,147.83Mvar@1500A,额定补偿度 17.5%,正常补偿 21%(1.2p.u.); 总补偿度约 70%	400	$X_C = 18.25\Omega$, 额定控制模式下维持 21.9Ω(1.2p.u.)运行, 1.35 倍过电流运行 30min, 1.5 倍过电流运行 10min	SSR 抑制	提高传输能力, 抑制 SSR	—	[31]

续表

序号	投运时间	类型	制造商/用户	投运地点	串联电容容量/(MV·A)	电压等级/kV	主要特性参数	控制模式	主要应用效果	冷却方式	参考文献
4	1999	FSC/TCSC	瑞典 ABB、德国西门子/巴西南北联网系统（Imperatriz—Serra da Mesa 联络线）	巴西,TCSC×2: Imperatriz (ABB)、Serra da Mesa（Siemens）；FSC×5: Imperatriz—Serra da Mesa Marabá, Imperatriz, Colinas(×2), Miracema	FSC: 992Mvar@1500A, 补偿度约55%; TCSC@Imperatriz: 107Mvar@1500A, 额定补偿度5%, 正常补偿度6%(1.2p.u.); TCSC@Serra da Mesa, 107.46Mvar@1500A; 额定补偿度5%, 正常补偿度6%(1.2p.u.); 总补偿度约67%	500（最高550）	TCSC@Imperatriz: $X_c=13.3\Omega$, 额定控制模式下维持 15.9Ω运行; TCSC@Serra da Mesa: $X_c=13.27\Omega$, 额定控制模式下维持 15.92Ω运行	阻尼功率振荡控制	能有效抑制巴西南北电网互联引起的区间低频振荡,实现双向传输 1300MW 的目标	—	[29,30]
5	2000	TPSC	德国西门子/美国 Southern California Ediso	美国,加利福尼亚州Vincent变电站	23.23Ω@2400A, 401Mvar	500	$X_c=23.23\Omega$, $L=2\text{mH}$	动态稳定潮流控制	提高了传输容量	无	[32,33]
6	2003	FSC/TCSC	德国西门子/中国南方电网	中国广西省,平果变电站,平果—天生桥双回线	每回线路 FSC: 350Mvar @ 2000A, 补偿度约35%; TCSC: 55Mvar@2000A, 补偿度约5.5%; 总补偿度40.5%	500	$X_L=0.66\Omega$, $X_c=4.15\Omega$, 控制模式下保持 4.57Ω运行, 容性阻抗 4.15~12.45Ω可调	阻抗控制、潮流控制、阻尼控制、暂态稳定控制、SSR抑制	抑制低频振荡和 SSR, 提高暂态稳定性和传输容量	去离子水冷系统	[44,50]
7	2007	FSC/TCSC	中国电科院、东北电网等	中国黑龙江省冯屯电站,伊敏—冯屯线	每回线路 FSC: 544Mvar@2330A, 补偿度30%; TCSC: 326Mvar@2330A, 补偿度15%	500	$X_c=16.71\Omega$, $L=9.1\text{mH}$	阻抗控制、阻尼控制、暂态稳定控制	提高暂态、稳定性和传输容量; 抑制低频振荡	去离子水冷系统	[34,35]

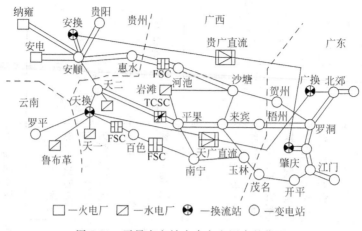

图 7-39　平果变电站在南方电网中的位置

方电网区域间低频振荡的主要振荡路径。2003 年 6 月云南联络罗马线（云南罗平—天生桥换流站）曾多次振荡跳闸。

　　南方电网为了解决联网输电的上述问题，获得更好的控制性能，并在我国验证 TCSC的实际效果，在 2002 年开始规划在其 500kV 输电网中采用 TCSC 技术。并最终将安装地点确定在其主要"西电东送"走廊，即天生桥—平果双回 500kV 输电线的平果变电站侧。根据大量的分析研究，安装在该处最有利于抑制区间低频振荡、提高系统稳定和传输容量。

　　南方电网 TCSC 工程的主要供货商为德国西门子公司，于 2003 年 6 月建成并完成调试试验，11 月投运。这是我国第一个 TCSC 工程，它的建成投产有望为南方电网"西电东送"增加了约 300MW 的输电容量，并将改善系统的暂态和动态稳定性。更重要的是其运行经验将为我国电网进一步采用 TCSC 技术提供有益的借鉴。

　　2. 系统结构与参数

　　平果变电站串联补偿装置的总容量为 800MV·A，天生桥—平果双回交流线路每回线各装设一套串联补偿装置，每套容量为 400MV·A，固定（FSC）和可控（TCSC）部分容量分别为 350MV·A 和 50MV·A；总的串补度为 40%，其中固定及可控部分别为 35% 及 5%。其固定和可控部分布置在一个平台上，两部分通过平台上的母线串联。固定和可控部分各设有旁路断路器，可同时运行，也可相对独立运行。为满足该装置在故障时退出检修，保证线路的连续供电，在每相装置两端接入线路处设有两个隔离开关及一个旁路隔离开关。

　　平果变电站可控串补装置的单线结构如图 7-28 所示。图中，C_1，C_2 为串联电容器，V为晶闸管阀，L_1 为电抗器，L_2，L_3 为限流和阻尼元件，MOV_1，MOV_2 为金属氧化物避雷器，S 为火花放电间隙，CB_1，CB_2 为旁路断路器，G_1，G_2，G_3 为隔离开关。

　　各组成部件的参数情况和功能概述如下。

　　（1）串联电容器 C_1 和 C_2

　　它是串补装置的基本组成元件，由多台电容器通过串并联方式形成电容器组。电容器的制造厂商是 Vishay，型号为 EX-7Li。

　　固定部分串联电容器主要的技术参数为：每相电容值为 $108\mu F$，额定阻抗 29.17Ω，额定电压 58.4kV，额定电流 2000A，三相额定无功功率 350.4MV·A，暂态过载电流为 10min

达到 3000A,过电压保护水平 2.3p.u.,绝对电压等级为 190kV。串联电容器被分为四组,呈 H 型连接,三相所安装的电容器组总数为 528,都是户外带内熔丝型。

可控部分串联电容器主要的技术参数为:每相电容的额定阻抗 4.15Ω(晶闸管完全关断时),额定电压 9.13kV,额定电流 2200A,三相额定无功功率 50MV·A,过电压保护水平2.4p.u.。

电容器组不受单个电容器故障的影响,采用内部熔断器保护,电容器单元电压等于最大保护动作电压时,故障的电容器单元从回路中切除,而电容器箱的绝缘不击穿。用不平衡电流 CT 检测电容器单元内部单个电容器故障,可控部分电流为 1.35A 时报警,1.50A 时保护动作,内部熔断器熔断。

电容器元件采用聚丙烯薄膜,介质无毒性,全密封无渗漏不锈钢外壳。20℃时,电容器的 $\tan\delta \leqslant 0.02\%$。每台电容器采用内部放电电阻器,10min 内残压不超过 75V。串联电容器每相阻抗偏差不超过 $\pm 2.5\%$,相间不超过 $\pm 1\%$;每个电容器单元阻抗偏差不超过 $\pm 5\%$。电容器单元重量一般不超过 100kg,以方便运行维护。

(2) 晶闸管阀 V 和电抗器 D_1

晶闸管阀的制造厂商是德国西门子公司,技术参数为:额定电压为 16.4kV,峰值电压为 31kV,由 11 级晶闸管单元串联组成,采用直流光触发方式(light-triggered thyristor,LTT)。电抗器的制造厂商是 Trench Ltd,技术参数为:电抗值为 2.1mH,75℃下的损耗为17.5kW,重量为 2170kg。

晶闸管阀和电抗器串联,在正常运行情况下,通过触发延迟角控制,控制 TCSC 的补偿阻抗;在输电线路发生故障的情况下,连续触发晶闸管,对电容器组进行旁路,防止电容器过电压。

(3) 金属氧化物避雷器 MOV_1 和 MOV_2

它们是电容器组的主保护元件,并联在电容器组两端,在线路故障或不正常运行情况下,防止过电压直接作用在电容器组上,以保护电容器。制造厂商是德国西门子公司,技术参数为:固定部分(FSC)在过电压保护水平 2.3p.u. 下,MOV 吸收能量为 37MJ/相,每相由 14 个 MOV 单元组成,其中 2 个 MOV 单元为备用。每个 MOV 单元吸收能量为2640kJ,重量约为 255kg。可控部分(TCSC)在过电压保护水平 2.4p.u. 下,MOV 吸收能量为 6MJ/相,每相由 14 个 MOV 单元组成,其中 2 个 MOV 单元为备用。每个 MOV 单元吸收能量为 429kJ,重量约为 85kg。

(4) 火花放电间隙 S

制造厂商是 Nokian Capacitor Ltd.,型号为 XLSK-30PL,主要技术参数为:承受电流的能力为 40kA(1s)。间隙为强制触发间隙,每个间隙配置两套完全独立的间隙触发回路。由保护信号使火花放电间隙触发,将金属氧化物避雷器旁路,以降低金属氧化物避雷器吸收能量的要求。火花放电间隙在最大故障下,以 100ms 间隔动作 10 次或最大系统故障电流时至少持续 500ms 动作 1 次或间隙动作 25 次(动作期间不进行维护)而无需检修。为满足不同的保护整定值和故障情况,间隙的距离可调。

(5) 旁路断路器 CB_1 和 CB_2

制造厂商是德国西门子公司,型号为 3AQ2E1。用于投入和退出电容器组。旁路断路器合闸,可将火花放电间隙短接,使其熄灭,防止火花放电间隙燃弧时间过长。

（6）隔离开关 G_1，G_2 和 G_3

用于旁路和隔离串补装置，以实现串补装置在检修和故障时的退出，同时保证线路的连续供电。旁路隔离开关的触头在分闸过程中应能承受 500V 端电压所产生的转移电流。主刀和地刀均采用电动操作机构。线路侧接地开关带自动灭弧装置，以保证在操作旁路隔离开关时，当线路上的感应过电压加在地刀两侧时能迅速灭弧。隔离开关的制造厂商为 EGIC，主要技术参数为：额定电压 550kV，额定电流 3150A，动稳定水平 125kA。

（7）限流和阻尼电路 D_2，D_3

发生内部故障时，经过电容器的电压如达到保护程度，阻尼电路的设计会将电容器放电，并用于限制电容器组放电电流的幅值和频率，使其很快衰减。为了限制电容器放电的峰值电流，固定串联补偿部分的限流和阻尼电路采用 $400\mu H$ 的电抗器（放电频率为 762Hz）和一个 3Ω 的电阻并联，保证合适的阻尼值，同时在电阻支路上串联了一个小型火花间隙，用以防止静态电流损耗（电压·旦超过电容器的过载值，间隙被启动）。TCSC 部分的限流和阻尼电路与固定部分类似，但电抗器和电阻的取值分别为 $200\mu H$ 和 1Ω。

（8）其他构件

其他构件包括各类断路器和隔离开关测量用的 PT、CT 等。

可控串补装置电气设备的布置见图 7-40。每回线路设 3 个串补平台（每相各一个），每个串补平台长 19.5m、宽 8m。FSC 部分布置在平台左侧，TCSC 部分布置在平台右侧。沿各平台的外缘或地板的开口处设有栏杆，以提供充分的人身保护，栏杆及检修通道与带电设备外廓间保持足够的电气安全净距。在平台四周距平台各边 3m 处设有围栏。旁路断路器放置在围栏外侧，落地安装。

图 7-40　南方电网平果变电站串联电容补偿装置的外观

3. 运行特性

在额定电流 2kA 时，FSC 段的补偿阻抗为 29.17Ω，三相额定容量是 350Mvar，提供约 35% 补偿度。在正常控制模式中，TCSC 保持在 4.57Ω（1.1p.u.）下长期运行，三相补偿容

量为 55Mvar,提供约 5.5% 补偿度。在低启动角度下,TCSC 能将电容阻抗提高至 12.45Ω
(3p. u.)。在 4.15～12.45Ω,TCSC 根据线路电流不断调整阻抗。

按照设计,整组电容器组是可以在 2.2kA 的电流情况下长期运行的,最大电流可以达
到 3.96kA,允许通流 10s,用于抑制系统功率振荡。除了容抗补偿模式外,TCSC 还能在线
路电流暂态过载情况下通过持续开通晶闸管阀来实现感抗补偿运行(相当于 TPSC)。
TCSC 的运行范围可以用图 7-41 表示,其中阻抗为正时表示容性,阻抗为负时表示感性。

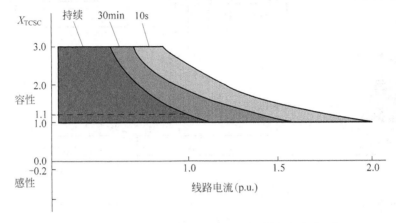

图 7-41 TCSC 的阻抗运行范围

4. 控制系统

平果变电站的 TCSC/FSC 的控制系统采用标准硬件模块(如电源、电子电路、接口设备
等),基于西门子公司的 SIMADYN-D 控制系统、阀基电子设备(VBE)和 WinCC(Windows
control center)监控软件等组成。可以在多个地点进行控制,具备完善的人机界面(human-
machine interface,HMI),能由操作员进行远程/本地操作,并包含多个闭环控制功能。

(1) 多地点控制

TCSC/FSC 可以在多个控制地点进行控制,如图 7-42 所示,包括现场(field)、本地
(local)、远方(remote)和空闲(spare)等控制地点,通过开关键(keyswitch)进行切换。其中
远方控制既可以采用 Web 服务器(sever)/客户端(client)方式由操作员进行人工控制,也可
经 RTU 实现自动控制,两者之间的切换是由远方人机界面(RHMI)内置的软件切换功能
来实现的。如果选择 RTU 自动控制方式,那么其他的控制地点都不允许进行操作。变电
站监控 HMI 屏幕上的状态显示将通过 RTU 接口实时跟踪串补设备的任何状态变化。任
何 RTU 接口发给串补控制系统的指令都将记录在警报系统中。虽然可以在多个地点进行
控制,但控制系统能保证在同一时间只有唯一控制地点起作用,以避免同时出现多重指令。

(2) TCSC 控制模式

根据不同的系统运行要求,TCSC 有四种运行模式,即固定串补模式、等待模式、阻抗控
制模式和晶体管投切电抗器模式。

在固定串补(FSC)模式中,TCSC 像常规电容器组一样运行。晶闸管阀闭锁,TCSC 仅
提供容性阻抗。不过晶闸管阀监控功能仍在工作,监视晶闸管阀的状态。晶闸管阀是
TCSC 保护的一部分,在必要时保护系统触发阀体导通,计入 TPSC 模式运行。

等待模式是一个备用模式,TCSC 用作固定串补以固定的触发角运行。在某些特定情

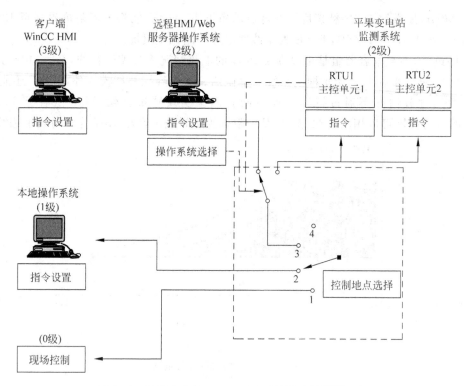

图 7-42 平果变电站 TCSC 通过开关键选择控制地点

况下,触发晶闸管阀来进行动态阻抗控制,如抑制功率振荡(POD 模式)。与 TPSC 模式一样,在等待模式下阀监控功能也处于工作状态。

阻抗控制模式是 TCSC 的标准模式。可控串补阻抗可以通过 HMI 操作系统在 4.15~12.45Ω 之间设定。阻抗控制是一种直接的控制,根据所需阻抗参考值,通过阻抗-触发延迟角(Z/α)关系和触发角精确控制环来计算晶闸管的触发角。前者提供快速的响应,而后者保证了控制的精度要求。触发角精确控制可以在一个有限的校正角范围内(如±1°)通过 PI 控制来校正 TCSC 等效阻抗与参考值间的细微偏差。

晶闸管投切电抗器(TSR)模式中,晶闸管阀连续导通,使得 TCSC 等效为电容器和电抗器的串联,对外提供感性阻抗。为了使启动电抗器对系统的影响降到最小,TSR 操作须从电容器电压过零点开始,这时相应的触发角为 0。

(3)功率振荡阻尼控制

功率振荡阻尼(power oscillation damping,POD)控制是一个系统级控制功能,它采用有功功率作为反馈量,通过调节 TCSC 的阻抗来抑制电网中发生功率振荡。该控制功能实时监控线路输送功率的动态,一旦检测到功率振荡,POD 控制将自动起作用,阻抗调制信号将被加到其他控制模式上以获得所需的变化阻抗值,达到拟制功率振荡的目标。POD 控制最多工作 60s。60s 之后,如果功率振荡低于阈值时,POD 功能退出,阻抗回到控制系统预先设定的定值上。

5. 保护系统

分别针对 FSC 和 TCSC 串补段设计了相应的保护子系统。

(1) FSC 段的保护设计

电容器组由使用瓷外套的 MOV 保护,避免承受过电压。每相 MOV 的容量为 37MJ。此外,还用到双室火花间隙保护方案,在出现线路区内故障时,这个火花间隙会在 1ms 之内被保护系统触发,它可以承受高达 40kA 的短路电流,持续时间为 1s。在外部的线路保护发出触发指令时,间隙也可以按要求在 1ms 内完成选相触发,并发出临时旁路串补的操作指令。为了确保间隙安全可靠地触发,有一个分压器来测量电容器上的电压,一旦间隙两端的电压足够大(间隙电压监控),则发出触发间隙的信号,使间隙导通。用快速测量电压方法(166μs 采样速率),可以保证间隙承受电压在 1.8p.u. 到保护水平之间时,间隙能够在 1ms 之内被触发。

电容不平衡保护根据电容器的电流来工作。在电容器负载电流高于额定电流的 25% 时,根据实际电容器电流按对应斜率来计算不平衡电流的报警值和将串补旁路的低定值。串补旁路的高整定值,电容器负载电流低于额定电流的 25% 时的不平衡电流报警值和串补旁路的低定值,均为固定设定值,与电容器的实际电流无关。这样有利于在很低的负载电流情况下也可以检测到损坏的电容器单元。

FSC 保护采用三个硬件功能模块来实现各种保护功能,即线路电流保护模块(line current unit,LCU)、MOV 保护模块和电容器保护模块(CAP)。

线路电流保护模块(line current unit,LCU)主要针对以下情况进行保护:

① 间隙延长导通,如果一段时间后,间隙电流超过预设值,视为间隙延长导通;

② 间隙拒绝触发,接收到一个触发指令之后,间隙无法导通;

③ 间隙延迟触发,接收到一个触发指令之后,流过间隙的电流滞后;

④ 间隙自触发,在没有触发指令的情况下,间隙导通;

⑤ 平台故障,包括大电流时的瞬时过电流保护和低电流时的延时保护;

⑥ 三相不一致,通过监视 FSC 旁路断路器的辅助接点实现;

⑦ 允许/防止重新投入,为重新投入 FSC 部分,线路电流必须控制在一定范围之内。

MOV 保护模块主要针对以下情况进行保护:

① MOV 过热,根据测量到的 MOV 电流,能用一个温度模型来连续地计算出整个 MOV 的温度。

② MOV 温度梯度,监视温度的上升率。当能量在 60s 之内累计使温度上升,当温差达到 45℃时,MOV 需要 60s 来耗散吸收到的能量。这个保护功能需要根据 MOV 电流和用温度模型计算出来的温度作判断。

③ MOV 过电流,用来瞬时发出触发放电间隙的信号,使间隙导通(不大于 1ms),以减少在严重内部故障时 MOV 的能量吸收,是否触发火花间隙和合上旁路断路器仅根据流经 MOV 电流的大小作判断。

④ MOV 不平衡保护,通过检测各 MOV 分支电流的差值来判别,如果 MOV 柱中有阀片故障会产生电流差值。

⑤ 外部间隙触发,接收来自于线路保护系统的外部间隙触发指令。

电容器保护模块(CAP),包括:

① CAP 不平衡报警,如果不平衡电流超过低定值 2s 后(默认值)会有报警。

② CAP 不平衡旁路(低定值),若不平衡电流大于低定值 7200s 之后(默认值)将串补永

久性旁路。

　　③ CAP 不平衡旁路（高定值），若不平衡电流大于高定值，在 20ms 后将串补永久性旁路。

　　④ 电容器过负荷保护，避免电容器承受高于限压设备如 MOV 的保护电压，串补电容上的允许承受的过电压是一个反时限的电压有效值。

　　⑤ 断路器失灵监控，在一个旁路指令（永久性的或暂时性的）发出之后，电容器电流必须降到设定值以下而旁路断路器电流则要升到设定值以上；否则，旁路断路器将被视为失灵，这种情况下，将跳开线路断路器；一旦主旁路开关 MBS 反馈显示已确定合闸或平台已隔离，线路跳闸命令就会失效。

　　(2) TCSC 段的保护设计

　　除了具备典型串补应有的保护功能以外，TCSC 保护还设置了专门的晶闸管触发和监控功能。过电压保护除了每相容量 6MJ 的标准 MOV 过电压保护外，还有一个起保护作用的是晶闸管阀保护装置（运行在 TPSC 模式），而不是采用火花间隙保护方案。

　　TPSC 模式是在出现线路区内故障后 1ms 之内，晶闸管阀触发导通将电容器快速旁路承受故障电流，直至旁路断路器合上为止。这种情况下，闸晶管阀能承载 40kA 的短路电流。该模式下，为了确保在任何相位时闸流管阀都能可靠导通，触发脉冲以 10μs 宽的信号发出，间歇 30μs 后发出下一次脉冲信号。这个脉冲将在故障排除后持续至少 250ms。故障清除之后，TCSC 段自动重新投入并以故障前的控制模式运行。

　　像 FSC 段的触发间隙能接受外部触发命令一样，TCSC 保护系统也能接收来自于外部线路保护的触发指令，按要求选相触发晶闸管阀将 TCSC 段电容器旁路。

　　同固定串补保护相似，TCSC 保护也包括三个功能模块，即线路电流保护模块、MOV 保护模块和 CAP 保护模块，各模块的功能简单叙述如下。

　　线路电流保护模块（LCU）对以下情况进行保护：

　　① 阀过流，出现故障时，如果由于旁路断路器出现内部故障无法合上，则故障电流将持续通过阀；为了保护阀不至于过热，保护系统将发出线路跳闸命令。

　　② 阀拒绝触发，在阀触发命令发出之后，阀电流必须在一定时间之内超过预设电流值，否则阀被视为拒绝触发。

　　③ 不同步触发，TCSC 系统中晶闸管为双向反并联连接以保证电流双向导通；通过测量比较阀导通期间正半周和负半周中电流平均值来判别是否发生不同步触发，如果发生阀不同步触发，旁路断路器将被锁定在合闸状态。

　　④ 平台故障，功能同 FSC 平台故障保护。

　　⑤ 三相不一致，三相不一致保护通过监视 TCSC 旁路断路器的辅助接点判别。

　　⑥ 允许/防止重新投入，为重新投入 TCSC 段串补装置，线路电流应控制在一定范围之内。

　　MOV 保护模块包括以下功能：

　　① MOV 过热，功能同 FSC 段保护；

　　② MOV 温度梯度，功能同 FSC 段保护；

　　③ MOV 过电流，MOV 过电流保护的目的是向 VBE（阀基电子设备）发出一个快速（不大于 1ms）触发阀的信号将阀触发导通，以减少在严重内部故障时 MOV 吸收的能量；

阀导通触发信号和旁路断路器的闭合命令仅根据流过 MOV 的瞬时电流值作判别。

④ 来自外部的阀触发命令,接收来于线路保护系统的外部阀触发命令。

CAP 保护模块,提供以下保护功能:

① CAP 不平衡告警,功能同 FSC 段保护。

② CAP 不平衡旁路(低定值),功能同 FSC 段保护。

③ CAP 不平衡旁路(高定值),功能同 FSC 段保护。

④ CAP 过载保护,功能同 FSC 段保护。

⑤ 阻抗限制,该功能是通过减少 TCSC 阻抗来把通过电容器承受的电压降低至 1p. u. ,它由电容过负荷保护激活,由阀的闭环控制系统通过增大阀触发角度来调节;如果过负荷持续存在,控制系统将发出一个临时导通信号进行阻抗限制;在过负荷情况严重时,限制阻抗功能将被取消,并且经一个短延时,合上旁路断路器将串补旁路。

⑥ 断路器失灵监控,功能同 FSC 段保护。

6. TCSC 的 SSR 特性

南方电网在规划和设计河池和平果串补工程时,对系统是否会存在 SSR 问题进行了研究。文献[44,45]采用频率扫描方法分析了各种次同步频率下的阻抗-频率特性,结果表明:距离河池及平果串补站较近的汽轮发电机组(如安顺电厂、盘南电厂、合山电厂和钦州电厂的大型机组),其次同步频率等效电抗没有过零点,即不存在电气串联谐振点。据此可以判断不会因安装串联补偿设备而引发 SSR 问题。

7. 工程效果

平果可控串补站工程是我国第一个基于晶闸管控制的串补工程,也是南方电网第一个FACTS 技术应用工程。它的建成运行将在抑制南方电网低频振荡方面起着较好的作用,从而提高电网稳定水平和西电东送能力(分析表明,能提高天生桥至平果段输电能力约220MW),也将为今后可控串补技术在全国应用起到良好的示范作用。

参 考 文 献

[1] 徐政.可控串联补偿装置的稳态特性分析[J].电力电子技术,1998(2):32-35.

[2] 张东霞,童陆园,尹忠东,王仲鸿.描述可控串补装置暂态特性的数学模型[J].中国电机工程学报,1999,19(5):30-34.

[3] 余江,段献忠,刘敏,何仰赞.晶闸管控制串联补偿电容动态全时域仿真分析[J].华中理工大学学报,1998,26(6):50-52.

[4] 耿俊成,葛俊,童陆园,韩光.基于线电流同步方式的 TCSC 暂态特性分析[J].电力系统自动化,2001:11-15.

[5] 葛俊,童陆园,耿俊成.基于电容电压同步下 TCSC 暂态特性的数学描述[J].中国电机工程学报,2001,21(3):1-5.

[6] MATTAVELLI P,VERGHESE G C,STANKOVIC A M. Phasor dynamics of thyristor controlled series capacitor systems[J]. IEEE Transactions on Power Systems,1997,12(3):1259-1267.

[7] DAVALOS R J,RAMIREZ J M. A review of a quasi-static and a dynamic TCSC model[J]. IEEE Power Engineering Review,2000,20(11):63-65.

[8] DANESHPOOY A,GOLE M. Frequency response of the thyristor controlled series capacitor[J]. IEEE Transactions on Power Delivery,2001,16(1):53-58.

［9］   PERKINS B K,IRAVANI M R. Dynamic modeling of a TCSC with application to SSR analysis[J].
         IEEE Transactions on Power Systems,1997,12(4)：1619-1625.

［10］   HAN H G,PARK J K,LEE B H. Analysis of thyristor controlled series compensator dynamics using
         the state variable approach of a periodic system model[J]. IEEE Transactions on Power Delivery,
         1997,12(4)：1744-1750.

［11］   De SOUZA L F W,WATANABE E H,AREDES M. GTO controlled series capacitors：Multi-module
         and multi-pulse arrangements[J]. IEEE Transactions on Power Delivery,2000,15(2)：725-731

［12］   KARADY G G,ORTMEYER T H,PILVELAIT B R,et al. Continuously regulated series capacitor
         [J]. IEEE Transactions on Power Delivery,1993,8(3)：1348-1354.

［13］   WATSON W,COULTES M E. Static exciter stability signal on large generators-mechanical problems
         [J]. IEEE Transactions on PAS,1973,92(1)：205-212.

［14］   LEE D C,BEAULIEU R E,ROGERS G J. Effects of governor characteristics on turbo-generator
         shaft torsionals[J]. IEEE Transactions on PAS,1985,104(6)：1255-1261.

［15］   BAHRMAN M,LARSEN E V,PIWKO R J,et al. Experience with HVDC-turbine generator
         torsional interaction at square butter[J]. IEEE Transactions on PAS,1980,99(3)：966-975.

［16］   闫冬,赵建国,武守远.考虑电抗器支路电阻影响时的 TCSC 稳定运行区域内的双解现象[J]. 中国
         电机工程学报,2004,24(5)：67-72.

［17］   OTHMAN H A,ANGQUIST L. Analytical modeling of thyristor-controlled series capacitors for
         SSR studies[J]. IEEE Transactions on Power System,1996,11(1)：119-127.

［18］   MATTAVELLI P,STANOVIC A M,VERHESE G C. SSR analysis with dynamic phasor model of
         thyristor-controlled series capacitor[J]. IEEE Transactions on Power System,1999,14(1)：200-208.

［19］   TAE K O,MAO Z Z. Analysis on thyristor controlled series capacitor for subsynchronous resonance
         Mitigation[C]//2001 IEEE International Symposium on Industrial Electronics(ISIE 2001),Pusan
         Korea,12-16 June 2001(2)：1319-1323.

［20］   吕世荣,刘晓鹏,郭强,等. TCSC 对抑制次同步谐振的积累分析[J]. 电力系统自动化,1999,23(6)：
         14-18.

［21］   高俊,丁洪发. TCSC 的次频阻抗特性[J]. 电力系统自动化,2001,25(June)：24-28.

［22］   韩光,童陆园,葛俊,等. TCSC 抑制次同步谐振的机理分析[J]. 电力系统自动化,2002,26(1)：
         18-21.

［23］   葛俊,童陆园,耿俊成,等. TCSC 抑制次同步谐振的机理研究及其参数设计[J]. 中国电机工程学报,
         2002,22(6)：25-29.

［24］   RAJARAMAN R,DOBSON I. Damping estimates of subsynchronous and power swing oscillations
         over systems with thyristor switching devices[J]. IEEE Transactions on Power System,1996,11(4)：
         1926-1930.

［25］   江振华,程时杰,傅予力,等.含有可控串联补偿电容的电力系统次同步谐振研究[J]. 中国电机工程
         学报,2000,20(6)：47-52.

［26］   李亚健,周孝信,武守远,等.以可控串补抑制次同步谐振的物理模拟试验研究[J]. 中国电机工程学
         报,2001,21(6)：1-4.

［27］   周孝信,郭剑波,胡学浩,汤涌.提高交流 500kV 线路输电能力的实用化技术和措施[J]. 电网技术,
         2001,25(3)：1-6.

［28］   PIWKO R J,WEGNER C A,KINNEY S J,et al. Subsynchronous resonance performance tests of the
         slatt thyristor-controlled series capacitor[J]. IEEE Transactions on Power Delivery,1996,11(2)：
         1112-1119.

［29］   GAMA C,TENORIO R. Improvements for power systems performance：Modeling,analysis and
         benefits of TCSCs[C]//2000 IEEE Power Engineering Society Winter Meeting,23-27 Jan. 2000
         (2)：1462-1467.

[30] ABB Power Systems AB. North-south 500kV AC power interconnection：Transmission stability improvement by means of TCSC and SC[N]. Application Note A02-0171 E, http：//www. Abb. Com/FACTS.

[31] FACTS Technology for Open Access. Cigre JWG 14/37/38/39-24. Final Draft Report[R]. August 2000.

[32] KIRSCHNER L, THUMM G H. Design and experience with thyristor controlled and thyristor protected series capacitors[C]//2002 International Conference on Power System Technology (Powercon 2002),13-17 Oct. 2002(3)：1493-1497.

[33] KIRSCHNER L, BOHN J, SADEK K. Thyristor protected series capacitor：Design aspects[C]// Seventh International Conference on AC-DC Power Transmission,28-30 Nov. 2001,Conf. Publication No. 485：138-144.

[34] 林集明,郑健超,刘长义,等.伊冯可控串联补偿阻抗控制暂态特性的数字仿真[J].电网技术,1997, 21(7)：1-6.

[35] 郑文斌,胡国文,王仲鸿.伊敏—冯屯输电线 TCSC 动态模拟实验装置的特性研究[J].清华大学学报(自然科学版),1997,37(7)：59-62.

[36] ZHOU X, LIANG J. Overview of control schemes for TCSC to enhance the stability of power systems[J]. IEE Proceedings-Generation,Transmission and Distribution,1999,146(2)：125-130.

[37] GAMA C. Brazilian north-south interconnection control-application and operating experience with a TCSC[C]//1999 IEEE Power Engineering Society Summer Meeting,18-22 July 1999,2：1103-1108.

[38] 尹忠东,童陆园,郭春林,等.基于暂态稳定控制的 TCSC 装置特性研究[J].电力系统自动化,1999, 23(6)：19-25.

[39] 郭春林,童陆园,尹忠东,等.暂态功率的积分用于 TCSC 的稳定控制[J].电力系统自动化,1999, 23(12)：12-15.

[40] 周孝信,李亚健,武守远,等.可控串补晶闸管阀触发控制的电容电压增量控制算法[J].中国电机工程学报,2001,21(5)：1-4.

[41] 张东霞.可控串补(TCSC)提高电力系统暂态稳定的分析和综合[D].北京：清华大学,1999.

[42] PRAMOD P, GEORGE G K. Characterization of a thyristor controlled reactor[J]. Electric Power Systems Research 1997(41)：141-149.

[43] PEREIRA M, RENZ K, UNTERLASS F. Digital protection schemes of advanced series compensators [C]//IEE 2nd International Conference on Advances in Power System Control, Operation and Management,Hong Kong,December 1993：592-600.

[44] 方晓松,余文奇,康义,郭强.天广可控硅控制串联补偿暂态稳定及次同步谐振初步研究[J].中国电力,2003,38(5)：51-55.

[45] 钟胜.与超高压输电线路加装串补装置有关的系统问题及其解决方案[J].电网技术,2004,28(6)：26-30.

[46] 曹继丰.平果可控串补工程及其在南方电网中的作用[J].电网技术,2004,28(14)：6-9.

[47] 曹华珍,黄庆宜.田广交直流输电系统对广东电网影响研究[J].广东电力,2002,15(3)：1-4.

[48] 权白露.天广交流双回输电线路加装串联补偿装置的研究[J].广西电力工程,1997,(3)：41-48.

[49] BRAUN K,THUMM G,KIRSCHNER L,等.亚洲首个 500kV 可控串补(TCSC)工程——天广交流输变电平果站可控串补一次系统设计方案[J].国际电力,2004,8(4)：49-54.

[50] BRAUN K,SPACHTHOLZ H,BECK M,等.亚洲首个 500kV 可控串补(TCSC)工程——天广交流输变电平果变电站可控串补控制与保护系统设计方案[J].国际电力,2004,8(6)：46-51.

第 8 章

静止同步串联补偿器

8.1 工 作 原 理

从前面的介绍可以看出,TCSC 与 SVC 电路结构类似,TCSC 是将晶闸管控制的电抗器串联在线路中间,而 SVC 是将晶闸管控制的电抗器并联在母线上。同样,基于 VSC 的 STATCOM 装置如果串联在线路中也是可行的,这就是静止同步串联补偿器(static synchronous series compensator,SSSC 或 S³C)。图 8-1 即为静止同步串联补偿器的示意图。

对于输电系统,由于电压等级比较高,因此 SSSC 装置通常是通过串联变压器接入到系统中,图 8-1 所示的 SSSC 装置可以等效为一个可控的电压源,如图 8-2 所示。SSSC 装置的直流侧通常采用一般的电容器组作为支撑电压的元件,因此 SSSC 装置除本身损耗外,一般与系统之间不存在有功功率的交换,所以 SSSC 装置产生的补偿电压相量与线路电流相量相差 90°,即

$$\dot{U}_q = -\mathrm{j}K\dot{I} \tag{8-1}$$

式中,K 为可以控制的可正可负的实数,K 的最大值与最小值由 SSSC 装置本身的补偿能力决定。

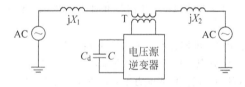

图 8-1　静止同步串联补偿器的示意图

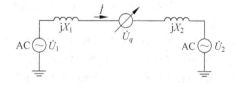

图 8-2　静止同步串联补偿器的等效图

8.2　SSSC 装置对系统功角特性的影响

下面利用 SSSC 装置可以用可控电压源等效的特点,推导 SSSC 串联接入系统后系统的功角特性。对于如图 8-2 所示的系统,可以用图 8-3 所示的等效电路来表示,图中还给出了整

个系统的相量图。下面基于图 8-3 的等效电路研究 SSSC 装置对系统功角特性的影响。

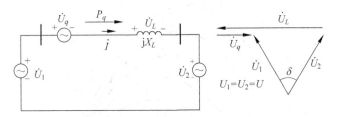

图 8-3　中间串联接入 SSSC 装置的双端（发端与受端）

系统的等效电路及相量图

由根据图 8-3 所示的参考方向，可以将 SSSC 装置等效为可控的电压源，即

$$\dot{U}_q = -jK\dot{I} \tag{8-2}$$

根据式（8-2），可以将 SSSC 装置等效为一个可控的电抗，K 为正时 SSSC 装置相当于负的电抗即相当于电容，K 为负时 SSSC 装置相当于正的电抗即相当于电感。而线路电抗上的压降为

$$\dot{U}_L = jX_L\dot{I} \tag{8-3}$$

而

$$\dot{U}_1 = \dot{U}_2 + \dot{U}_L + \dot{U}_q$$

令

$$\dot{U}_2 = U\underline{/0}, \quad \dot{U}_1 = U\underline{/\delta} \tag{8-4}$$

利用图 8-3 的相量图，并假定图中 $\dot{U}_q$ 与正方向一致时记 U_q 为正，否则记 U_q 为负，可以求出

$$U_L = U_q + 2U\sin\frac{\delta}{2} \tag{8-5}$$

于是可以得到线路输送的有功功率为

$$P_q = \frac{U^2}{X_L - K}\sin\delta = \frac{U^2}{X_L - \dfrac{U_q}{I}}\sin\delta = \frac{U^2}{X_L\left(1 - \dfrac{U_q}{U_L}\right)}\sin\delta$$

$$= \frac{U^2}{X_L}\sin\delta + \frac{U}{X_L}U_q\cos\frac{\delta}{2} \tag{8-6}$$

取 $U_q = 0$ 时，系统侧电压有效值为电压基值，系统由送端输送到受端的有功功率最大值为功率基值，即

$$S_B = P_B = \frac{U^2}{X_L}$$

则由式（8-6）可以绘出串联接入 SSSC 装置的双端系统在补偿电压 U_q 取不同标幺值时的功角特性曲线，如图 8-4 所示。

由图 8-4 可以看到，当 $U_q > 0$ 时，功角特性比没有 SSSC 装置时的功角特性上升了，只有 180°点功角特性没有变化，这说明通过 SSSC 装置的正向调节可以提高线路输送有功功率的能力。当 $U_q < 0$ 时，功角特性比没有 SSSC 装置时的功角特性下降了，只有 180°点功角

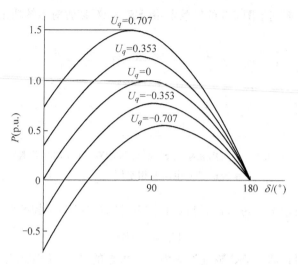

图 8-4 接 SSSC 装置的双端系统的功角特性曲线

特性没有变化,这说明通过 SSSC 装置的反向调节可以降低线路输送有功功率的能力。同时在 δ 角较小时,功角特性为负,即线路反送有功功率。可见,SSSC 装置不仅可以改变线路的功率输送能力,而且可以通过 SSSC 装置的控制改变线路有功功率的流向。对比 SSSC 装置的功角特性与 TCSC 装置的功角特性可以看到,虽然 TCSC 装置也可以有效地改变输电系统的功角特性,但是一般情况下 TCSC 不能改变潮流的流向(除非使整个线路的总阻抗为负即为容性,但是这可能会引起振荡等其他问题,因此实际中线路的总补偿度不会超过100%),而且 TCSC 装置不会改变功角特性的正弦特性,所以在功角小时改变功率特性的能力较差,而 SSSC 装置则可以在功角小时较大地改变系统的功角特性。由于电力系统在实际运行中功角都较小,因此 SSSC 装置具有更强的调节线路潮流的能力。

图 8-5 为采用瞬态网络分析器(transient network analyzer,TNA)对 SSSC 装置进行模拟试验得到的录波图。从录波图中可以看到,SSSC 装置可以控制线路有功潮流的流向,即正向补偿时正向潮流增大,而反向补偿时潮流反向流动,而且 SSSC 装置控制潮流的响应速度非常快,仅为 1 个周波的时间。

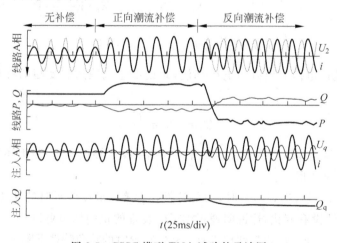

图 8-5 SSSC 模型 TNA 试验的录波图

8.3 SSSC 装置的主电路

与 STATCOM 装置类似,SSSC 装置电压源变换器的主电路结构也是多种多样的,可以采用三相桥结构,如图 8-6 所示,也可以采用三单相桥结构,如图 8-7 所示。三相桥结构的 SSSC 装置只能补偿正序电压或负序电压而不能补偿零序电压,因此在输电线三相电压出现零序电压情况时,不能很好地补偿电压的不对称。对于高压输电系统,SSSC 通常用于调节输电线路的潮流,因此一般是工作在三相电压对称的情况下,可以采用三相桥结构。而三单相桥结构可以独立控制三相的补偿电压,即使输电线上电压出现不对称,SSSC 装置也可以进行补偿,因此更加灵活,不过电路的结构会更加复杂,其采用的变压器也需要将绕组的首端与尾端抽头全部引出,使成本更高。

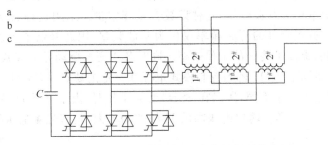

图 8-6　三相桥结构的静止同步串联补偿器结构图

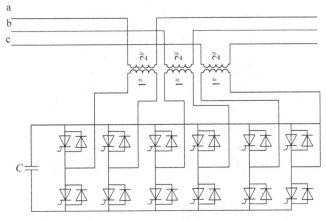

图 8-7　三单相桥结构的静止同步串联补偿器结构图

图 8-6 与图 8-7 所示的结构只是示意图,在实际应用中由于 SSSC 装置一般安装在输电系统中,因此容量很大,由于受到电力电子开关器件如 IGBT,IGCT,GTO 等工作电压、电流与工作频率的限制,采用上述图示的简单结构很难满足电力系统大容量的要求。因此在高压大容量的场合,主电路通常采用多电平、多重化、单相桥的串并联等来实现。在容量较小的场合采用 IGBT 器件,由于其具有较高的开关频率,因此采用图 8-6 与图 8-7 所示的结构,对三相桥或单相桥采用消除谐波的脉冲控制方法即使 SSSC 装置输出电压波形具有良好的基波正弦性,所以可以直接应用于电力系统中。而在大容量的场合,采用上述简单的结构一方面构成装置的容量太小,另一方面因为 IGCT、GTO 等开关频率较低,因此采用简单

的单相桥结构不能很好地消除输出电压中的谐波,所以必须采用多重化结构消除输出电压的谐波。在 STATCOM 装置中用于消除谐波的多电平结构、多重化结构以及链式结构都可以在 SSSC 装置主电路中应用。本节主要介绍基于链式结构的 SSSC 装置的主电路结构。

图 8-8 为基于链式结构的 SSSC 装置的主电路结构。该 SSSC 装置每一相均采用了 5 个 H 桥变换器串联,变换器采用高压大电流的开关器件 IGCT 或 GTO。由于其开关频率低,一般不超过 500Hz,为了能消除 SSSC 装置输出电压中的谐波,变换器的驱动脉冲可以采用至少两种控制方式。图 8-9 给出了低开关频率的控制方式时,a 相各串联 H 桥变换器输出电压的波形及 a 相总输出电压的波形。由图 8-9 可以看到,a 相各 H 桥变换器脉冲驱动不一样,其中逆变桥 1 输出的电压基波大,开关器件的导通角大,而变换器 2、变换器 3、变换器 4、变换器 5 的输出的基本电压依次减小,开关器件的导通角度也依次减小。通过对各 H 桥变换器驱动脉冲的合理安排,使 a 相总的输出电压波形呈接近基波正弦的阶梯波,从而使 a 相总的输出电压为基波电压,各种谐波含量非常少。采用这种驱动脉冲控制方式的优点是各逆变桥中开关器件的开关频率仅仅为基波频率,因此降低了 SSSC 装置工作时整个装置的开关损耗,提高了装置的工作效率。同时各逆变桥驱动脉冲模式固定,控制器实现起来简单。图 8-9 所示的各 H 桥的控制模式也存在一定的缺点,即各 H 桥工作时导通角不一样,输出的基波电压大小不同,所以在 SSSC 装置工作时,由于串联 H 桥流过的电流相同,所以各 H 桥的功率不一样。输出电压高的 H 桥的功率大,其直流侧电压的波动也大;而输

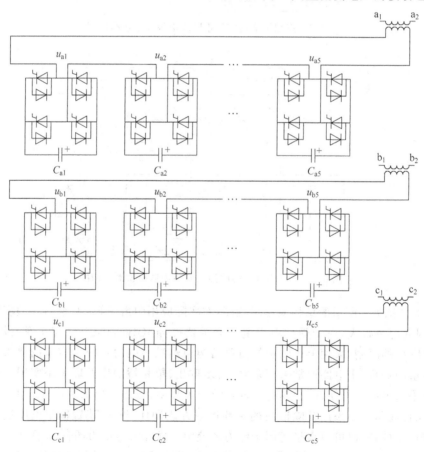

图 8-8   基于链式结构的 SSSC 装置的主电路

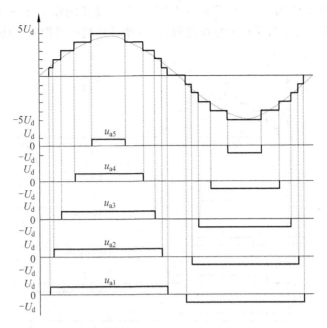

图 8-9　基于链式结构的 SSSC 装置 a 相各逆变桥的输出电压及 a 相总的输出电压

出电压低的 H 桥的功率小,其直流侧电压的波动也小。同样,输出电压高的逆变桥的开关器件的利用率高,而输出电压低的逆变桥开关器件的利用率低。实际中为了防止各 H 桥工作时输出电压的不均衡,通常采用轮换控制各 H 桥驱动脉冲的方式,即在周期 1 内按图 8-9 的方式控制逆变桥 1,2,3,4,5,而在第 2 周期将逆变桥的控制轮换为 2,3,4,5,1,即使各逆变桥的输出电压如图 8-10 所示。第 3 个周期将各逆变桥的控制换为 3,4,5,1,2,即各逆变

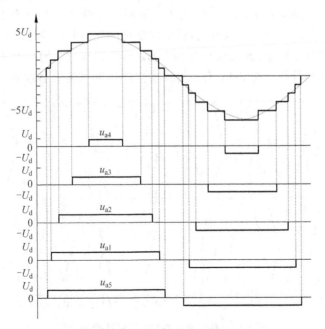

图 8-10　第 2 周期 a 相各逆变桥的输出电压

桥的输出电压如图 8-11 所示，……经过 5 个周期，各逆变桥的输出脉冲及输出电压轮换一遍。这样就可以使各逆变桥工作的情况类似，从而使器件利用率相同，直流侧电压的波动也类似。

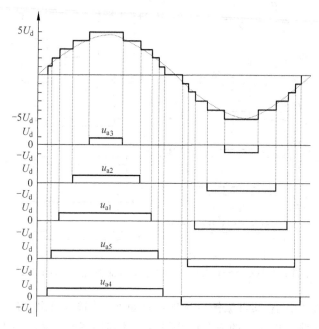

图 8-11　第 3 周期 a 相各逆变桥的输出电压

　　另一种采用较多的脉冲控制方法为载波移相 PWM 控制，图 8-12 给出了 5 个 H 桥串联的载波移相 PWM 控制，逆变桥 1,2,3,4,5 的调制波均为基波正弦，而 5 个逆变桥的三角载波均为 250Hz 的三角波，相位依次相差 $2\pi/5$。图 8-13 示出了 a 相每个 H 桥的输出电压以及 a 相总的输出电压。由图中可以看到，每个逆变桥中开关器件的开关频率仅为 250Hz，而总输出电压可以实现 6 电平，开关频率为 1250Hz，可以大大减小输出电压中的谐波分量，输出电压中主要为基波分量。图 8-14 为 a 相总输出电压的基波及各次谐波含量的情况。从

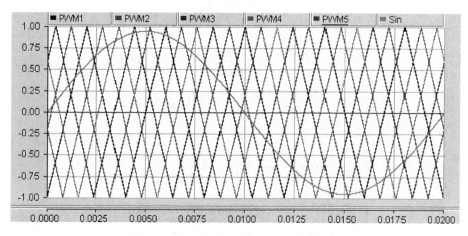

图 8-12　基于载波移相的 PWM 控制方法

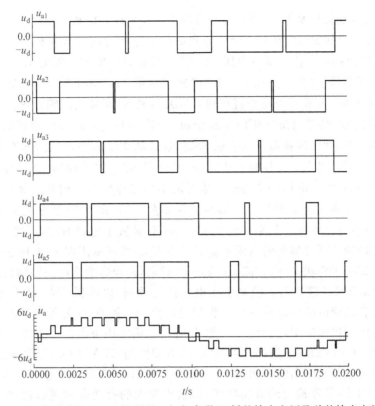

图 8-13　基于载波移相 PWM 控制的 a 相各串联 H 桥的输出电压及总的输出电压波形

图 8-14 中可以看到,通过 H 桥的串联,可以有效地消除 SSSC 装置输出电压中的谐波含量。采用载波移相控制的好处是各个串联逆变桥工作状况类似,输出的基波正弦电压相同,因此每个逆变桥输出的功率也相同,所以直流侧电容电压容波动相同,容易维持各串联逆变桥直流侧电容电压的平衡。

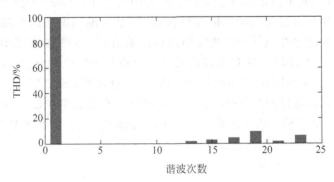

图 8-14　载波移相 PWM 控制 a 相总输出电压的基波及谐波含量

8.4　SSSC 装置的控制

　　SSSC 装置对输电系统进行控制的原理是向线路注入一个与线路电流相差 90° 的可控电压,以快速控制线路的有效阻抗,从而进行有效的系统控制。如何充分发挥 SSSC 装置的作用,选择好的控制方法是关键,下面简单介绍 SSSC 装置的控制。

图 8-15 为只控制输出电压的 SSSC 装置的控制系统的内环控制框图。此时将系统所需 SSSC 装置输出的电压作为参考电压,而将 SSSC 装置输出的实际电压与参考电压比较,其误差经放大环节(可以为比例积分环节)得到控制角 $\Delta\alpha$。为了使 SSSC 装置输出的电压与线路电流相差 90°,从而可以防止直流侧电压大的波动,需要利用锁相环测量线路电流的相角从而得到 SSSC 装置输出电压的基准相角 θ。将控制角与基准相角相加得到 SSSC 装置输出电压的相角,利用该相角可以生成 SSSC 装置的驱动脉冲,控制 SSSC 装置使其输出电压跟踪参考电压。采用上述控制方法时,只控制 SSSC 装置的输出电压,而对直流侧电容电压不控制,因此直流侧电压随着 SSSC 装置的不同工作状态而变化。如果构成 SSSC 装置主电路的器件特别是开关器件有足够的电压裕量,采用图 8-15 所示的控制方法即可使 SSSC 装置具有良好的性能。但是在实际设计 SSSC 装置主电路时,为了降低装置的成本,主电路的器件特别是开关器件的电压裕量不可能太大,此时采用图 8-15 所示的控制方法就可能会出现在某些工作状态下,直流侧电容电压过高,从而影响主电路特别是开关器件的安全。为此需要对 SSSC 装置的直流侧电容电压进行控制,以确保 SSSC 装置在各种工况下每个逆变桥的直流侧电压在器件安全工作的范围之内。图 8-16 为既控制输出电压又控制直流侧电压的内环控制框图,此时 SSSC 装置的直流侧电压可以维持为参考电压而不发生波动。通过对 STATCOM 装置的学习可知,只需要控制 STATCOM 装置输出电压与系统电压的夹角即可控制其输出的无功功率,而如果要控制 STATCOM 装置直流侧的电压,则必须对 STATCOM 装置输出的有功功率,即输出电流的有功分量进行控制。作为主电路结构与 STATCOM 装置相同的 SSSC 装置,由于控制的是装置的输出电压,而其电流为系统电流是不能直接进行控制的,因此要控制 SSSC 装置的直流侧电压同样需要控制其输出的有功功率,而由于 SSSC 装置可以控制的为输出电压,因此控制输出电压的有功分量即可有效地控制 SSSC 装置的有功功率,从而可以有效地控制 SSSC 装置直流侧的电压。正是基于上述原理,所以在图 8-16 中,为了控制直流侧电容电压将 SSSC 装置的输出电压以电流为基准分解为电压的无功分量与电压的有功分量(即与电流同相的电压分量为有功分量,与电流相差 90°的电压分量为无功分量),控制 SSSC 装置输出电压的无功分量控制其输出补偿电压的大小,而通过控制 SSSC 装置输出电压的有功分量控制其直流侧电容的电压。由于 SSSC 装置损耗小,因此 SSSC 装置输出电压中的有功分量很小,其输出电压主要由电压的无功分量决定。采用图 8-16 中的控制方法,即通过控制 SSSC 装置输出电压的无功分量控制其输出电压,而通过控制 SSSC 装置输出电压的有功分量控制其直流侧电容电压的方法,可以使 SSSC 装置输出电压的控制与直流侧电容电压的控制实现静态解耦,从而适当提高控制的响应速度并缩短过渡过程的时间。

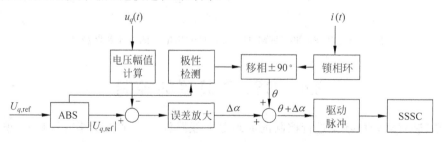

图 8-15   只控制输出电压的内环控制

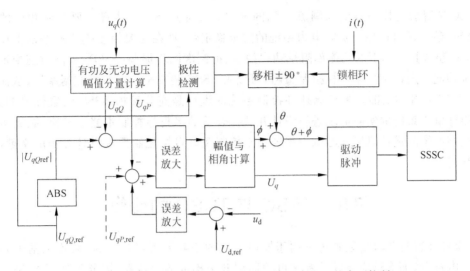

图 8-16　既控制输出电压又控制直流侧电容电压的内环控制

图 8-15 与图 8-16 所示的内环控制系统可以使 SSSC 装置的输出电压很好地跟踪其参考电压 $U_{q,\mathrm{ref}}$。SSSC 装置的参考电压又是如何确定的呢? SSSC 装置的输出电压 U_q 参考值的确定是由 SSSC 装置的外环控制部分给出。图 8-17 为 SSSC 装置的外环控制部分的框图。由图中可见,外环控制具有多种控制模式可供选择,如可以选择 SSSC 装置工作在电抗模式,此时可以控制 SSSC 装置的输出电压使整个 SSSC 装置的等效电抗等于参考电抗值 $X_{q,\mathrm{ref}}$,即 SSSC 装置相当于串联在输电线线上的一个电抗。还可以选择 SSSC 装置工作在补偿电压模式,此时可以控制 SSSC 装置的输出电压 U_q 为参考电压 $U_{q,\mathrm{ref}}$。同样还可选择 SSSC 装置工作在电流 I 或有功功率 P 控制模式,此时通过控制 SSSC 装置可以确保输电线上的电流为设定的电流参考值 I_{ref} 或使输电线输送的有功功率为给定的参考值 P_{ref}。从而

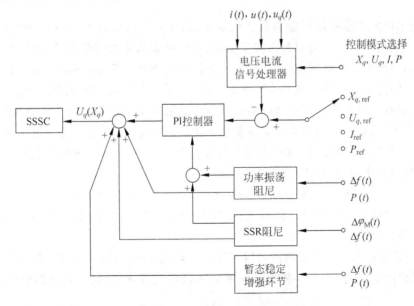

图 8-17　SSSC 装置的多目标外环控制

使 SSSC 装置成为控制输电线潮流分配的装置。在完成 SSSC 装置主要控制功能的基础上，SSSC 装置还可以用于提高电力系统的安全稳定性，如在主要控制模式的基础上还可以使 SSSC 装置具有如下的功能如阻尼功率振荡、抑制次同步振荡（SSO）、提高暂态稳定极限等多种功能。所以利用多目标控制策略，可以为 SSSC 装置设计多目标控制系统，从而充分发挥 SSSC 装置的功能。多目标外环控制系统的设计是充分发挥 SSSC 装置性能的关键，应该根据电力系统的实际需求进行设计并选择合适的多目标控制策略。SSSC 装置多目标外环控制系统的设计可以参考电力系统稳定控制及多目标控制系统设计方面的文献，此处不再赘述。

8.5　SSSC 与 TCSC 的比较

SSSC 装置与 TCSC 装置都是用于输电系统的串联装置，但 TCSC 装置是基于晶闸管控制的电抗器，而 SSSC 装置是基于可关断型开关构成的变流器，因此类似于 STATCOM 装置与 SVC 装置，SSSC 装置与 TCSC 装置相比具有如下优点：

（1）不需要任何交流电容器或电抗器即可以在线路中产生或吸收无功功率。

（2）可在电容性和电感性范围内，与线路电流大小无关地产生连续可控的串联补偿电压。

基于变流器的 SSSC 装置可以对其输出电压进行平滑连续的调节，SSSC 装置的输出电压可以在其允许输出的最大电压范围内从领先线路电流 90° 相角到落后线路电流 90° 相角的范围内平滑连续变化，同时 SSSC 装置的输出电压可以不依赖于线路电流而独立控制。这一点与基于可控电抗的 TCSC 装置有本质的差别，对于 TCSC 来说，其输出的电压与线路电流成正比，因此如果线路电流小则 TCSC 装置的控制能力会大大减弱。

（3）与 TCSC 装置相比，SSSC 装置对次同步振荡及其他振荡现象具有固有的抗干扰能力。

输电线串联电容器补偿可能引起次同步振荡，采用 TCSC 之后，可以控制内部电容器及电抗的频率特性，因此不会引起次同步振荡，甚至可能消除次同步振荡。SSSC 装置是电压源变换器，只产生基波电压，对其他频率分量的阻抗理论上为零，不会影响系统其他频率分量的特性，因此不会改变系统其他频率的特性，也不会引起次同步振荡。但实际中，由于存在变压器漏抗，虽然很小，但也会影响系统的非基波频率特性。而且一旦系统出现振荡，SSSC 装置直流电压波动，会与系统振荡相互作用。为了使 SSSC 装置在系统次同步或超同步振荡时不受影响，可以控制 SSSC 装置的输出电压空间矢量与线路电流空间矢量时刻垂直，从而使瞬时功率（忽略损耗）

$$p_{\text{sssc}} = u_a(t)i_a(t) + u_b(t)i_b(t) + u_c(t)i_c(t) = 0 \tag{8-7}$$

可以保证直流侧电容电压恒定。SSSC 装置与 SSO 完全互不影响，因此称 SSSC 装置为次同步振荡的中性点。

（4）SSSC 装置在一定的范围内可以控制线路潮流反向流动，而 TCSC 装置在一般情况下不能使线路潮流反向。SSSC 装置直流侧如果接入储能元件，还可对线路进行有功功率补偿。

图 8-18 为输电线路上安装 SSSC 装置和 TCSC 装置后系统功角特性的曲线。由图中

可见,在 δ 角较小的情况下,SSSC 装置可以使线路的有功潮流反向,而 TCSC 装置不会改变线路有功潮流的方向。如果 SSSC 装置直流侧接入储能元件如蓄电池组、燃料电池或超导储能装置,则 SSSC 装置还可以在系统有功功率不足时给系统提供有功功率,成为串联在线路中的静止发电机。当系统有功功率过剩时,SSSC 装置也可以吸收有功功率,将电能储存在直流侧的储能元件中。所以如果 SSSC 装置直流侧接入储能元件,SSSC 装置不仅可以用于调节系统的电压,还能够具有一定的调节系统频率的作用。

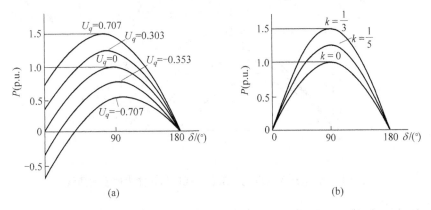

图 8-18　安装 SSSC 装置和 TCSC 装置后系统功角特性变化曲线

(5) 与 TCSC 装置相比,SSSC 装置接入直流电源后,可补偿线路电阻(或电抗),不依赖于线路串联补偿度就可以方便地维持线路电抗与电阻之比 X_L/R 为较大的值,从而提高线路的输送能力。

在高电压的输电线中,通常只考虑线路的电抗而忽略线路的电阻,这是因为在高压输电线上线路电抗与电阻的比值 X_L/R 较大。但当线路中接入 FC 或 TCSC 装置显著地减小整个线路总电抗 X_L 后,输电线路总电抗与电阻的比值就大大减小。假定输电线两端电压恒定为 U,相角差为 δ,线路存在电阻时传输功率的公式为

$$\left.\begin{array}{l} P = \dfrac{U^2}{X_L^2 + R^2}\big[X_L\sin\delta - R(1-\cos\delta)\big] \\[3mm] Q = \dfrac{V^2}{X_L^2 + R^2}\big[R\sin\delta + X_L(1-\cos\delta)\big] \end{array}\right\} \tag{8-8}$$

根据式(8-8)可以画出线路的电抗电阻比(X_L/R)对线路传输能力影响的曲线,如图 8-19 所示。由图可见,X_L/R 越大线路传输能力越强,X_L/R 小时线路传输能力也会较弱,所以如果仅仅采用 FC 或 TCSC 装置减小线路总电抗会导致 X_L/R 变小,线路的传输能力最终仍然会受到限制。而直流侧采用储能元件的 SSSC 装置不仅能够补偿线路电抗,还可以补偿线路电阻,因此可以控制 SSSC 使线路 X_L/R 尽量大,从而大大提高线路的传输能力。

(6) SSSC 装置能比 TCSC 装置更快速或瞬时地响应控制指令。

TCSC 装置是通过晶闸管控制电抗器的导通和断开从而控制线路的电抗,由于只能控制晶闸管的开通而必须等到电流过零时晶闸管才能自然关断,因此改变 TCSC 晶闸管的导通角在最坏的情况存在半个周期(如 50Hz 的系统为 10ms)的延时。因此在对控制速度要求非常高的场合,如要阻尼系统出现的超频振荡,TCSC 装置的控制速度就可能影响其性

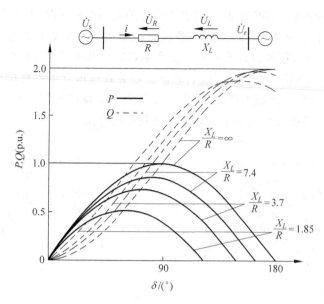

图 8-19   输电线路的电抗电阻比对线路输送能力的影响曲线

能。而 SSSC 装置是基于变换器的,其响应速度可以达到几毫秒,而且连续可控,因此比 TCSC 装置具有更快的响应速度。

(7) 具有适应单相重合闸时非全相运行状态的能力。

SSSC 装置可以三相独立控制,因而在系统非全相运行时仍然能够安全地工作。

8.6   混合静止同步串联补偿器

SSSC 装置是由基于可关断器件的变流器构成的,因此与 TCSC 装置相比单位容量的造价高一些,为了能够充分发挥 SSSC 装置的优良控制性能又能降低工程的造价,可以采用混合型 SSSC 装置,即采用电容器补偿与 SSSC 装置串联的混合型 SSSC 装置,可以称为 HSSSC (hybrid SSSC)。图 8-20 为混合型 SSSC 装置的原理图。图中采用 50% 的固定电容补偿与 50% 的 SSSC 装置,形成 HSSSC 装置。由于固定串联补偿的造价低,而 SSSC 装置的容量也大大减小,因此 HSSSC 装置的单位容量的造价可以大大降低。

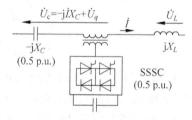

图 8-20   混合型 SSSC 装置的原理图

参 考 文 献

[1]   HINGORANI N G, GYUGYI L. Understanding FACTS: Concept and technology of flexible AC transmission systems [M]. The Institute of Electrical and Electronics Engineers, Inc., New York, 1999.

[2]   GYUGYI L, SCHAUDER C D, SEN K K. Static synchronous series compensator: a solid-state approach to the series compensation of transmission lines[J]. IEEE Transactions on Power Delivery,

1997,12(1): 406-417.

[3] HAN B, BAEK S, KIM H, KARADY G. Dynamic characteristic analysis of SSSC based on multibridge inverter[J]. IEEE Transactions on Power Delivery, 2002, 17(2): 623-629.

[4] ACHILLES R A. SSR countermeasure impact on system induction-generation effect[J]. IEEE Transactions on Power Systems, 1998, 3(2): 383-391.

[5] LEI X, BUCHHOLZ B, LERCH E, et al. A comprehensive simulation program for subsynchronous resonance analysis[J]. IEEE Power Engineering Society Summer Meeting, 2000(2): 695-700.

[6] SUGIMOTO H, GOTO M, WU K, et al. Comparative studies of subsynchronous resonance damping schemes[C]//International Conference on Power System Technology, 2002(3): 1472-1476.

[7] WANG L, LEE C H. Damping subsynchronous resonance using modal-control NGH SSR damping scheme. II. Two-machine common-mode study[C]//TENCON'93. IEEE Region 10 Conference on Computer, Communication, Control and Power Engineering. 19-21 Oct. 1993(1): 115-118.

[8] GUPTA S K, GUPTA A K, KUMAR N. Damping subsynchronous resonance in power systems[J]. IEE Proceedings-Generation, Transmission and Distribution, 2002, 149(6): 679-688.

[9] NOROUZI A H, SHARAF A M. Two control schemes to enhance the dynamic performance of the STATCOM and SSSC[J]. IEEE Transactions on Power Delivery, 2005, 20(1): 435-442.

[10] PILLAI G N, GHOSH A, JOSHI A. Torsional interaction studies on a power system compensated by SSSC and fixed capacitor[J]. IEEE Transactions on Power Delivery, 2003, 18(3): 988-993.

[11] SEN K K. SSSC-static synchronous series compensator: theory, modeling, and application[J]. IEEE Transactions on Power Delivery, 1998, 13(1): 241-246.

[12] PILLAI G N, GHOSH A, JOSHI A. Torsional interaction studies on a series compensator based on solid-state synchronous voltage source[C]//Proceedings of IEEE International Conference on Industrial Technology 2000, 19-22 Jan. 2000(1): 179-184.

[13] KUMAR L S, GHOSH A. Modeling and control design of a static synchronous series compensator. IEEE Transactions on Power Delivery, 1999, 14(4): 1448-1453.

第 9 章

静止电压/相角调节器

9.1 电压/相角调节的作用

对于输电系统而言,线路输送的功率由下式表示:

$$P = \frac{U_1 U_2}{X_{12}} \sin(\delta_1 - \delta_2) \tag{9-1}$$

前面已经介绍,STATCOM 装置与 SVC 装置可以通过并联补偿无功功率调节节点的电压,而 SSSC 装置与 TCSC 装置可以调节线路的电抗,从而控制线路有功潮流的流动。是否存在装置可以控制电压的相角呢? 回答是肯定的。多年来,机械式的移相器作为调节电压相角的装置已经在电力系统中获得了广泛的应用。下面先介绍相角调节对输电系统功角特性的影响,接下来介绍电压/相角的调节方法及各种相角调节装置原理。

图 9-1(a)为相角调节器接入系统后的原理图,而图 9-1(b)为相角调节器的工作相量图。

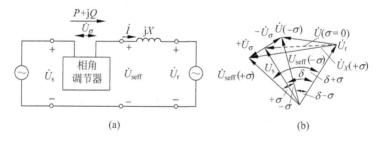

(a)   (b)

图 9-1 相角调节器接入系统后的原理图

假定图 9-1 中的相角调节器只改变系统电压相量的相角而不改变电压的大小,且受端系统与发端系统的电压相量大小相等,即

$$\dot{U}_{\text{seff}} = \dot{U}_{\text{s}} + \dot{U}_{\sigma} \tag{9-2}$$

且

$$U_{\text{seff}} = U_{\text{s}} = U_{\text{r}} = U$$

因此可以得到图 9-1 所示系统的功角特性为

$$P = \frac{U^2}{X}\sin(\delta-\sigma) \left.\begin{array}{l} \\ \\ \end{array}\right\}$$
$$Q = \frac{U^2}{X}[1-\cos(\delta-\sigma)]$$

(9-3)

根据式(9-3)可以得到移相器的功角特性曲线,如图 9-2 所示。

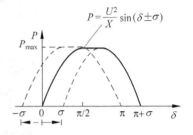

$$P = \frac{U^2}{X}\sin(\delta\pm\sigma)$$

图 9-2 移相器的功角特性曲线

可见,系统中安装移相器后,其功角特性具有如下特点:

(1)系统安装移相器后不会改变最大传输有功功率的数值;

(2)系统安装移相器后其最大传输功率对应的功率角可在一定的范围之内变化,即

$$\delta \in \begin{cases} \left(\dfrac{\pi}{2}, \dfrac{\pi}{2}+\sigma\right), & \sigma > 0 \\[2mm] \left(\dfrac{\pi}{2}-\sigma, \dfrac{\pi}{2}\right), & \sigma < 0 \end{cases}$$

(9-4)

由于移相器具有图 9-2 所示的功角特性,因此在系统故障时可以用于提高系统的暂态稳定极限、阻尼系统振荡、控制输电线上潮流的流向等。下面简单介绍移相器对提高系统暂态稳定性的作用及阻尼系统振荡的作用。

图 9-3 所示为单机无穷大系统串联安装移相器,若 K 点发生三相短路故障,功角为 δ_{a2} 时切除故障,根据电力系统暂态稳定分析的等面积定则,为了保证发电机能稳定运行,必须满足

$$A_{a2max}(最大减速面积) \geqslant A_{a1}(加速面积)$$

(9-5)

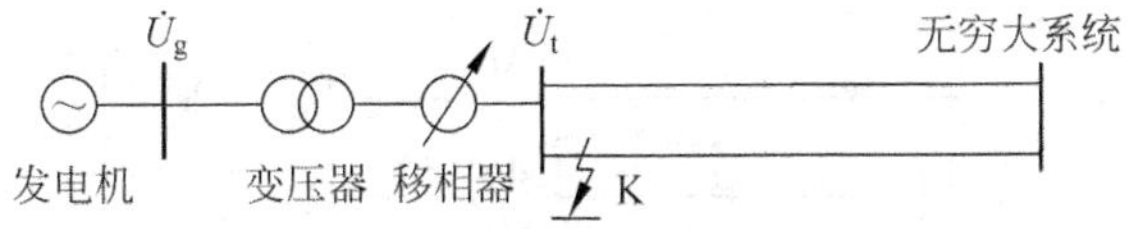

~ 发电机 变压器 移相器 无穷大系统 $\dot{U}_g$ $\dot{U}_t$ K

图 9-3 接入移相器的单机无穷大系统图

如图 9-4 所示,移相器接入后,如果调节相角为 σ_{max},则可以使故障切除后发电机的最大减速面积 A_{a2max} 比没有安装移相器之前的最大减速面积 A_{2max} 大得多,即

$$A_{a2max} \gg A_{2max}$$

(9-6)

可见移相器的合理调节可以大大提高系统的暂态稳定极限。

移相器也可以通过合理的控制增强系统阻尼,抑制系统的振荡,图 9-5 为利用移相器阻尼系统振荡的曲线。由图可见,如果根据发电机功角变化率的符号改变移相器的相角,则可以有效地提供阻尼,快速平息系统振荡。

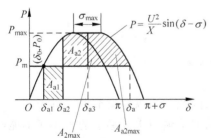

图 9-4 移相器对提高暂态稳定极限的原理图

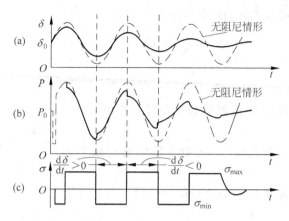

图 9-5　利用移相器阻尼系统振荡的原理

9.2　电压/相角调节的方法

电压/相角调节器统称为移相器(phase shifting transformer,PST),也称为相角调节器(phase angle regulator,PAR),主要有三种,分别称为纵向调节器、横向调节器和斜向调节器。下面分别介绍这三种调节器的结构,同时介绍电压/相角调节的方法。图 9-6 所示为纵向调节器的原理图。由图 9-6 可以看出,纵向调节器由两个变压器组成,以 a 相为例,由变压器的接法及各绕组上的电压可以看到串联部分产生的补偿电压

$$\Delta \dot{U}_{\mathrm{a}} = k \dot{U}_{\mathrm{a}} \tag{9-7}$$

其中 k 为可以调节的比例系数。因此经调节后的系统 a 相电压为

$$\dot{U}_{\mathrm{areg}} = \dot{U}_{\mathrm{a}} + \Delta \dot{U}_{\mathrm{a}} = \dot{U}_{\mathrm{a}} + k \dot{U}_{\mathrm{a}} = (1 + k) \dot{U}_{\mathrm{a}} \tag{9-8}$$

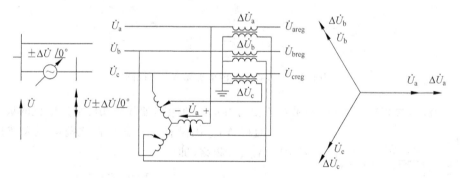

图 9-6　纵向调节器的原理图

由于补偿电压 $\Delta \dot{U}_{\mathrm{a}} = k \dot{U}_{\mathrm{a}}$ 与 $\dot{U}_{\mathrm{a}}$ 相位相同或相反,因此称为纵向调节器。对于 b,c 相原理相同。由纵向调节器的原理可以看到,纵向调节器只能调节电压幅值的大小而不能改变电压的相位,而在许多场合人们需要改变电压的相位,因此人们又设计出了横向调节器。图 9-7 为横向调节器的原理图。仍然以 a 相为例,由图 9-7 可以看到,a 相的补偿电压 $\Delta \dot{U}_{\mathrm{a}}$ 与 b,c 相的线电压成比例,即

$$\Delta \dot{U}_a = k\dot{U}_{cb} = k(\dot{U}_c - \dot{U}_b) \tag{9-9}$$

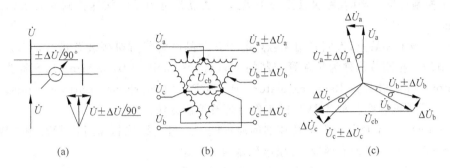

图 9-7 横向调节器的原理图

由于通常情况下系统三相电压为正序电压,即 $\dot{U}_b = \dot{U}_a e^{-j2\pi/3}$,$\dot{U}_c = \dot{U}_a e^{j2\pi/3}$,所以

$$\Delta \dot{U}_a = k(\dot{U}_c - \dot{U}_b) = k\dot{U}_a(e^{j2\pi/3} - e^{-j2\pi/3}) = k\dot{U}_a j\sqrt{3} = k_a(j\dot{U}_a) \tag{9-10}$$

其中 k_a 为可变的比例系数,为实数。由式(9-10)可以看到,a 相的补偿电压 $\Delta \dot{U}_a$ 始终与 $\dot{U}_a$ 垂直,所以这种电压调节器称为横向调节器。横向调节器既可以调节电压的大小也可以调节电压的相位,但与纵向调节器一样,其补偿电压只有一个自由度,在某些情况下调节起来也不够灵活。例如,如果只需要改变电压的相位而不希望改变电压的大小,横向调节器就难以做到。为此人们在综合了纵向调节器与横向调节器的基础上进一步提出了斜向调节器,斜向调节器的特点是可以灵活地调节电压的大小和相位,做到对电压的灵活控制。如图 9-8 所示为斜向调节器的原理。

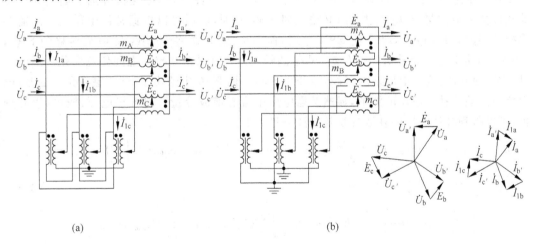

图 9-8 斜向调节器的原理图

9.3 TCVR/TCPAR 的工作原理、控制方法

前面介绍了三种移相器,即横向调节器、纵向调节器和斜向调节器,它们调节电压与相位都是通过机械调节装置实现的。机械调节装置主要有如下两个缺点:

(1) 触点容易因摩擦产生电火花而损坏；

(2) 控制速度太慢(在秒级甚至分钟级)，无法满足电力系统快速控制的要求(几 ms 至几百 ms)。

为了克服上述缺点，人们采用无触点电子开关晶闸管代替机械装置进行调节。采用晶闸管调节的移相调节器称为晶闸管控制的 PST(phase shifter transformer)，又称为 TCVR(thyristor controlled voltage regulator) 或 TCPAR(thyristor controlled phase angle regulator)。下面介绍各种 TCVR 的工作原理及控制方法。

图 9-9 所示为晶闸管控制的移相器的原理图。通过连续控制晶闸管 SW_1 和 SW_2 的触发角，使 SW_1 和 SW_2 轮流导通，补偿电压基波分量幅值可以在 U_1 和 U_2 之间连续变化。由于普通晶闸管只能在电流过零时关断，因此工作时不能随意控制 SW_1 和 SW_2 轮流导通，必须根据负载的情况合理控制晶闸管的导通和关断。下面分别就移相器带纯电阻性负载、纯电感性负载和纯电容性负载三种情况详细介绍晶闸管移相器的控制方法，对于一般性的负载如电感性负载情况可以按照类似的原理进行控制，读者可以自己进行分析。

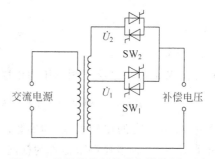

图 9-9 晶闸管控制的移相器的原理图

图 9-10 所示为晶闸管控制的移相器带纯电阻负载时的控制原理及工作波形图。对于纯电阻负载，电流与补偿电压同相，电压过零时 SW_1 开通，α 角时 SW_2 可以开通，SW_1 电流转移到 SW_2，SW_1 随电流过零自然关断，α 可以连续控制，输出基波电压在 U_1 与 U_2 之间连续变化。反之，电压过零时，SW_2 开通，则在电压为正或负时，SW_1 无法开通。因此为了使移相器能平滑控制，在电压过零时必须先使 SW_1 开通，随后可以根据补偿电压大小的需要选择适当的 α 角，触发 SW_2，使 SW_2 导通，而 SW_2 的导通将使 SW_1 的电流转移到 SW_2，SW_2 随着电流过零自然关断。显然，SW_2 的触发角 α 可以在 0 与 π 之间任意变化。当然一旦 SW_2 导通，在这个半周期内，就不能开通 SW_1。图 9-10 中给出了 SW_2 触发角为 α 时，电阻负载两端的补偿电压的波形，显然补偿电压中含有谐波分量。对补偿电压进行傅里叶分析，可以得到补偿电压的基波分量及谐波分量如下：

$$a_1 = \frac{1}{\pi}\left(\int_0^\alpha U_{1m}\sin t\cos t\,dt + \int_\alpha^\pi U_{2m}\sin t\cos t\,dt + \int_\pi^{\pi+\alpha} U_{1m}\sin t\cos t\,dt + \int_{\pi+\alpha}^{2\pi} U_{2m}\sin t\cos t\,dt\right)$$

$$= \left(\frac{U_{2m}-U_{1m}}{2\pi}\right)(\cos 2\alpha - 1) \tag{9-11}$$

$$b_1 = \frac{1}{\pi}\left[\int_0^\alpha U_{1m}\sin^2 t\,dt + \int_\alpha^\pi U_{2m}\sin^2 t\,dt + \int_\pi^{\pi+\alpha} U_{1m}\sin^2 t\,dt + \int_{\pi+\alpha}^{2\pi} U_{2m}\sin^2 t\,dt\right]$$

$$= U_{1m} + \left(\frac{U_{2m}-U_{1m}}{\pi}\right)\left(\pi - \alpha + \frac{\sin 2\alpha}{2}\right) \tag{9-12}$$

$$a_n = \frac{1}{\pi}\left[\int_0^\alpha U_{1m}\sin t\cos nt\,dt + \int_\alpha^\pi U_{2m}\sin t\cos nt\,dt\right.$$

$$\left. + \int_\pi^{\pi+\alpha} U_{1m}\sin t\cos nt\,dt + \int_{\pi+\alpha}^{2\pi} U_{2m}\sin t\cos nt\,dt\right]$$

$$= \left(\frac{U_{2m}-U_{1m}}{\pi}\right)\left[\frac{1}{n-1} - \frac{1}{n+1} + \frac{\cos(n+1)\alpha}{n+1} - \frac{\cos(n-1)\alpha}{n-1}\right] \tag{9-13}$$

$$b_n = \frac{1}{\pi}\left[\int_0^\alpha U_{1m}\sin t\sin nt\,\mathrm{d}t + \int_\alpha^\pi U_{2m}\sin t\sin nt\,\mathrm{d}t\right.$$
$$\left. + \int_\pi^{\pi+\alpha} U_{1m}\sin t\sin nt\,\mathrm{d}t + \int_{\pi+\alpha}^{2\pi} U_{2m}\sin t\sin nt\,\mathrm{d}t\right]$$
$$= \left(\frac{U_{2m}-U_{1m}}{\pi}\right)\left[\frac{\sin(n+1)\alpha}{n+1} - \frac{\sin(n-1)\alpha}{n-1}\right] \tag{9-14}$$

补偿电压基波分量的有效值为

$$U_{of} = \sqrt{(a_1^2 + b_1^2)/2} \tag{9-15}$$

基波分量的相角为

$$\psi_{of} = \arctan(a_1/b_1) \tag{9-16}$$

补偿电压基波分量为

$$\dot{U}_{of} = U_{of}\ \underline{/\psi_{of}} \tag{9-17}$$

当 α 角连续变化时，补偿电压基波分量的有效值与相角的变化如图 9-11 的曲线所示。由图可以看出，移相器输出电压随 α 角的变化可以在 U_1 和 U_2 之间连续变化（图中取 $U_2 = 1.1\mathrm{p.u.}$，$U_1 = 0.9\mathrm{p.u.}$）。

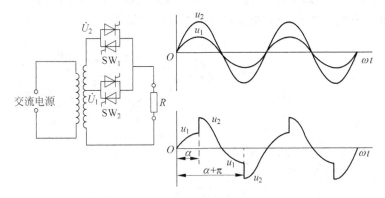

图 9-10 带纯电阻负载的移相器的控制

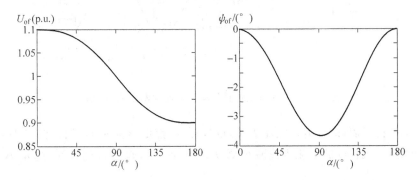

图 9-11 移相器输出的补偿电压基波分量有效值与相角随 α 角变化的情况

当 α 角连续变化时，补偿电压各次谐波分量有效值与基波电压有效值的平均值 $U_0 = (U_1 + U_2)/2$ 的百分比的变化如图 9-12 的曲线所示。由图中可以看到，当 α 角在 $120°$ 附近时，补偿电压中含有较大的 3 次、5 次及 7 次谐波分量。在实际中谐波电压的存在可能对负荷有一定的影响，应该采取措施消除谐波的影响。

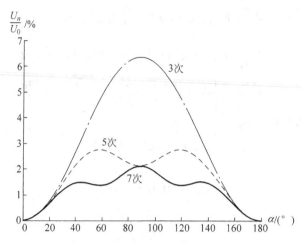

图 9-12   补偿电压谐波分量百分比随控制角 α 的变化曲线

图 9-13 所示为晶闸管控制的移相器带纯电感负载时的控制原理及工作波形图。对于纯电感负载,按照图中所示的电流和电压正方向,负载电流落后于电压 90°,如图中所示。根据电压和电流的相位关系,可以确定移相器的控制步骤如下:

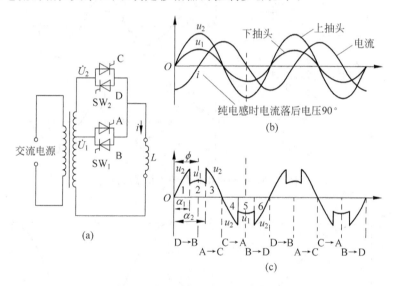

图 9-13   带纯电感负载的移相器的控制及输出波形

(1) u_1,u_2 正半周($u_2 > u_1$),电流为负,D 导通,O 点电压为 u_2,此时晶闸管 B 正向偏置;

(2) 触发 B 导通,D 的电流迅速减小至零关断,B 电流过零自然关断,触发 A 导通电流为正;

(3) O 点电压为 u_1,晶闸管 C 正向偏置,触发 C 导通,A 的电流迅速减小至零关断,电流一直为正;

(4) u_1,u_2 负半周,O 点电压为 u_2($< u_1$),A 正向偏置;

(5) 触发 A 导通,C 的电流迅速减小至零关断,A 电流过零自然关断,触发 B 导通电流为负;

（6）O 点电压为 $u_1(>u_2)$，D 正向偏置，触发 D 导通，B 电流迅速至零关断，电流一直为负到 u_1，u_2 正半周。

连续控制 $\alpha_1(0<\alpha_1<\pi/2)$ 及 $\alpha_2(\pi/2<\alpha_2<\pi)$ 可以控制输出基波电压在 u_1 与 u_2 之间连续变化。利用傅里叶分析可以分析不同 α_1，α_2 时输出电压的基波及谐波如下：

$$a_1 = \frac{1}{\pi}\left[\int_0^{\alpha_1} U_{2m}\sin t\cos t\,\mathrm{d}t + \int_{\alpha_1}^{\alpha_2} U_{1m}\sin t\cos t\,\mathrm{d}t + \int_{\alpha_2}^{\pi+\alpha_1} U_{2m}\sin t\cos t\,\mathrm{d}t\right.$$

$$\left. + \int_{\pi+\alpha_1}^{\pi+\alpha_2} U_{1m}\sin t\cos t\,\mathrm{d}t + \int_{\pi+\alpha_2}^{2\pi} U_{2m}\sin t\cos t\,\mathrm{d}t\right]$$

$$= \frac{1}{2\pi}(U_{2m}-U_{1m})(\cos 2\alpha_2 - \cos 2\alpha_1) \tag{9-18}$$

$$b_1 = \frac{1}{\pi}\left[\int_0^{\alpha_1} U_{2m}\sin t\sin t\,\mathrm{d}t + \int_{\alpha_1}^{\alpha_2} U_{1m}\sin t\sin t\,\mathrm{d}t + \int_{\alpha_2}^{\pi+\alpha_1} U_{2m}\sin t\sin t\,\mathrm{d}t + \int_{\pi+\alpha_1}^{\pi+\alpha_2} U_{1m}\sin t\sin t\,\mathrm{d}t\right.$$

$$\left. + \int_{\pi+\alpha_2}^{2\pi} U_{2m}\sin t\sin t\,\mathrm{d}t\right]$$

$$= U_{2m} + \frac{1}{2\pi}(U_{2m}-U_{1m})\left[(2\alpha_1 - 2\alpha_2) + (\sin 2\alpha_2 - \sin 2\alpha_1)\right] \tag{9-19}$$

$$a_n = \frac{1}{\pi}\left[\int_0^{\alpha_1} U_{2m}\sin t\cos nt\,\mathrm{d}t + \int_{\alpha_1}^{\alpha_2} U_{1m}\sin t\cos nt\,\mathrm{d}t + \int_{\alpha_2}^{\pi+\alpha_1} U_{2m}\sin t\cos nt\,\mathrm{d}t\right.$$

$$\left. + \int_{\pi+\alpha_1}^{\pi+\alpha_2} U_{1m}\sin t\cos nt\,\mathrm{d}t + \int_{\pi+\alpha_2}^{2\pi} U_{2m}\sin t\cos nt\,\mathrm{d}t\right]$$

$$= \frac{1-(-1)^n}{2\pi}(U_{2m}-U_{1m})\left[\frac{\cos (n-1)\alpha_1 - \cos (n-1)\alpha_2}{n-1}\right.$$

$$\left. - \frac{\cos (n+1)\alpha_1 - \cos (n+1)\alpha_2}{n+1}\right], \quad n>1 \tag{9-20}$$

$$b_n = \frac{1}{\pi}\left[\int_0^{\alpha_1} U_{2m}\sin t\sin nt\,\mathrm{d}t + \int_{\alpha_1}^{\alpha_2} U_{1m}\sin t\sin nt\,\mathrm{d}t + \int_{\alpha_2}^{\pi+\alpha_1} U_{2m}\sin t\sin nt\,\mathrm{d}t\right.$$

$$\left. + \int_{\pi+\alpha_1}^{\pi+\alpha_2} U_{1m}\sin t\sin nt\,\mathrm{d}t + \int_{\pi+\alpha_2}^{2\pi} U_{2m}\sin t\sin nt\,\mathrm{d}t\right]$$

$$= \frac{1-(-1)^n}{2\pi}(U_{2m}-U_{1m})\left[\frac{\sin (n-1)\alpha_1 - \sin (n-1)\alpha_2}{n-1}\right.$$

$$\left. - \frac{\sin (n+1)\alpha_1 - \sin (n+1)\alpha_2}{n+1}\right], \quad n>1 \tag{9-21}$$

补偿电压基波分量的有效值为

$$U_{of} = \sqrt{(a_1^2 + b_1^2)/2} \tag{9-22}$$

基波分量的相角为

$$\psi_{of} = \arctan(a_1/b_1) \tag{9-23}$$

补偿电压基波分量为

$$\dot{U}_{of} = U_{of}\underline{/\psi_{of}} \tag{9-24}$$

补偿电压 n 次谐波分量的有效值为

$$U_n = \sqrt{(a_n^2 + b_n^2)/2} \tag{9-25}$$

很明显，移相器的补偿电压中存在奇次谐波分量，可以根据式（9-20）、式（9-21）及式（9-25）

计算得到。

图 9-14 所示为晶闸管控制的移相器带纯电容负载时的控制原理及工作波形图。对于纯电容负载,按照图 9-14 中所示的电流和电压正方向,负载电流领先于电压 90°,如图中所示。根据电压和电流的相位关系,可以确定移相器的控制步骤如下:

(1) u_1、u_2 正半周($u_2 > u_1$),电流为正 A 导通,O 点电压为 u_1,此时晶闸管 C 正向偏置;

(2) 触发 C 导通,A 的电流迅速减小至零关断,C 电流过零自然关断,触发 D 导通电流为负;

(3) O 点电压为 u_2,晶闸管 B 正向偏置,触发 B 导通,D 的电流迅速减小至零关断,电流一直为负;

(4) u_1、u_2 负半周,O 点电压为 u_1($>u_2$),D 正向偏置;

(5) 触发 D 导通,B 的电流迅速减小至零关断,D 电流过零自然关断,触发 C 导通电流为正;

(6) O 点电压为 u_2($<u_1$),A 正向偏置,触发 A 导通,C 电流迅速至零关断,电流一直为正到 u_1,u_2 正半周。

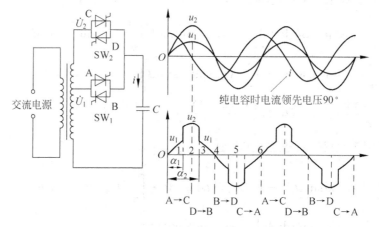

图 9-14 带纯电容负载的移相器的控制及输出波形

连续控制 α_1($0 < \alpha_1 < \pi/2$)及 α_2($\pi/2 < \alpha_2 < \pi$)可以控制输出基波电压在 u_1 与 u_2 之间连续变化。利用傅里叶分析可以分析不同 α_1,α_2 时输出电压的基波及谐波如下:

$$a_1 = \frac{1}{2\pi}(U_{1m} - U_{2m})(\cos 2\alpha_2 - \cos 2\alpha_1) \tag{9-26}$$

$$b_1 = U_{1m} + \frac{1}{2\pi}(U_{1m} - U_{2m})[(2\alpha_1 - 2\alpha_2) + (\sin 2\alpha_2 - \sin 2\alpha_1)] \tag{9-27}$$

$$a_n = \frac{1 - (-1)^n}{2\pi}(U_{1m} - U_{2m})\left[\frac{\cos(n-1)\alpha_1 - \cos(n-1)\alpha_2}{n-1}\right.$$
$$\left. - \frac{\cos(n+1)\alpha_1 - \cos(n+1)\alpha_2}{n+1}\right], \quad n > 1 \tag{9-28}$$

$$b_n = \frac{1 - (-1)^n}{2\pi}(U_{1m} - U_{2m})\left[\frac{\sin(n-1)\alpha_1 - \sin(n-1)\alpha_2}{n-1}\right.$$
$$\left. - \frac{\sin(n+1)\alpha_1 - \sin(n+1)\alpha_2}{n+1}\right], \quad n > 1 \tag{9-29}$$

补偿电压基波分量的有效值为

$$U_{\text{of}} = \sqrt{(a_1^2 + b_1^2)/2} \tag{9-30}$$

基波分量的相角为

$$\psi_{\text{of}} = \arctan(a_1/b_1) \tag{9-31}$$

补偿电压基波分量为

$$\dot{U}_{\text{of}} = U_{\text{of}} \underline{/\psi_{\text{of}}} \tag{9-32}$$

补偿电压 n 次谐波分量的有效值为

$$U_n = \sqrt{(a_n^2 + b_n^2)/2} \tag{9-33}$$

很明显,移相器的补偿电压中存在奇次谐波分量,可以根据式(9-28)、式(9-29)及式(9-33)计算得到。

电力系统中实际的负载不可能是纯电阻、纯电感或纯电容性负载,因此晶闸管控制的移相器的控制步骤与上面介绍的三种情况有些不同,而应该根据负荷的特性即负荷的电流与电压的相位关系,确定晶闸管 SW_1 与 SW_2 触发控制脉冲的控制角和控制顺序。此处不再作更多的介绍。

图 9-15 所示为晶闸管控制的移相器的控制框图。由图 9-15 可以看到,晶闸管控制的移相器采用比例积分(PI)控制,而控制角 α_1 与 α_2 要根据对负荷电压及电流的相位关系确定,负荷电压电流的相位关系通过图 9-15 中的负荷电压电流过零检测环节获得。根据比例积分控制的结果,通过延时角发生器确定控制角 α_1 与 α_2,脉冲发生器根据控制角 α_1 与 α_2 产生相应的触发脉冲驱动晶闸管 SW_1 与 SW_2,使移相器输出的电压跟踪参考电压 U_{ref}。晶闸管控制的移相器具有控制速度快(响应速度在 $10\sim20\text{ms}$ 之内)、输出电压可以连续调节的优点。但是晶闸管控制的移相器输出的电压含有较大的谐波,如前面介绍的三种情况,输出电压均存在畸变,而含谐波的电压会在负荷中产生谐波电流并造成其他问题,如谐波会造成电动机发热,缩短电动机的使用寿命。

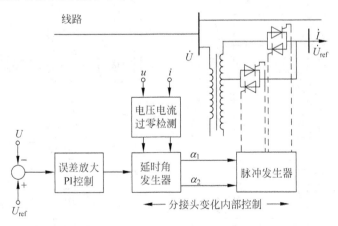

图 9-15 晶闸管控制的移相器的控制框图

晶闸管控制的移相器产生的补偿电压中含有谐波是因为晶闸管工作在斩波状态。要克服移相器产生的补偿电压中的谐波,晶闸管只能工作在开关状态,即移相器在稳态工作时,晶闸管要么工作在开通状态,要么工作在关断状态。这就是晶闸管投切的移相器(thyristor switched voltage angle regulator, TSVAR 或 thyristor switched phase transformer,

TSPST)。图 9-16 所示为晶闸管投切的移相器的原理图。其中反并联的晶闸管可以等效为双向开关,控制四个开关,可以使移相器的输出电压分别为$-\dot{E}, 0, \dot{E}$。开关 1,4 导通,开关 2,3 断开时,输出电压 $\dot{U}=\dot{E}$;开关 2,3 导通,开关 1,4 断开时,输出电压 $\dot{U}=-\dot{E}$;开关 1,3 或开关 2,4 导通时,输出电压 $\dot{U}=0$。很明显,在稳态时,晶闸管投切的移相器不会产生谐波。但是晶闸管投切的移相器也存在一定的缺点,即其补偿电压是离散的。如图 9-16 所示的移相器,只能输出三种不同的电压,输出电压不能连续调节,如果级差较大,则在很多对补偿电压精度要求较高的场合就不适

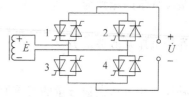

图 9-16   晶闸管投切的移相器的原理图

用。为此人们又设计了更加复杂的晶闸管投切的移相器,即尽量减小级差,使晶闸管投切的移相器输出电压调节范围广且具有一定的精细程度。如图 9-17 所示为获得较多的输出电压等级,减小级差及投切过程中的冲击,采用多级晶闸管投切移相器串联的方式,实现了具有 $-n\dot{E}, -(n-1)\dot{E}, \cdots, 0, \cdots, (n-1)\dot{E}, n\dot{E}$ 共 $2n+1$ 级移相器。这种移相器不仅具有级差小,调节范围宽的优点,而且稳态工作时没有谐波,因而具有优良的性能。这种晶闸管投切的移相器惟一的缺点是所用晶闸管数量较多,因而成本较高。为了适当降低成本,人们又设计出了图 9-18 所示的晶闸管投切的移相器。为充分利用投切产生的电压等级数,各

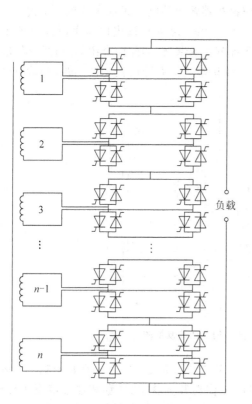

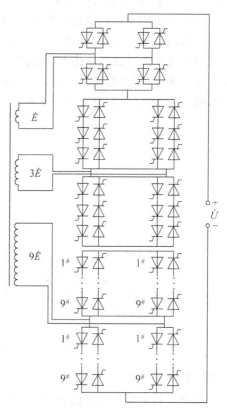

图 9-17 n 级串联的晶闸管投切的移相器   图 9-18   采用 3^n 形式配置电压补偿绕组的
                                                    晶闸管投切的移相器的原理图

串联电压采取 3^n 的型式配置,这样仅用三个绕组,就可以产生 $-13\dot{E}$,$-12\dot{E}$,$-11\dot{E}$,$-10\dot{E}$,$-9\dot{E}$,$-8\dot{E}$,$-7\dot{E}$,$-6\dot{E}$,$-5\dot{E}$,$-4\dot{E}$,$-3\dot{E}$,$-2\dot{E}$,$-\dot{E}$,0,$\dot{E}$,$2\dot{E}$,$3\dot{E}$,$4\dot{E}$,$5\dot{E}$,$6\dot{E}$,$7\dot{E}$,$8\dot{E}$,$9\dot{E}$,$10\dot{E}$,$11\dot{E}$,$12\dot{E}$,$13\dot{E}$ 共 27 种输出电压。按这种方式配置,E 可以选择较小,获得级差小的多级控制,增加了补偿的精度,减小了投切过程中的冲击,同时所需要的变压器绕组个数少,因而成本可以大幅度降低。图 9-19 为纵向多级晶闸管投切的移相器的电路图,而图 9-20 为横向多级晶闸管投切的移相器的电路图。

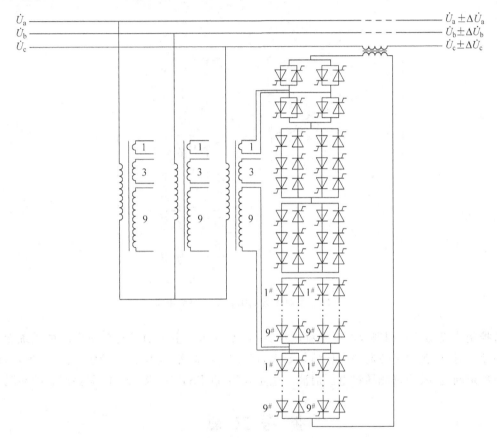

图 9-19 纵向多级晶闸管投切的移相器

晶闸管投切的移相器与晶闸管控制的移相器相比具有如下的优点:

(1) 分级投切,速度快(10~20ms);

(2) 工作时不会产生谐波;

(3) 控制简单,只控制投切,无需控制导通角。

但是晶闸管投切的移相器也有以下缺点:

(1) 补偿非连续调节,易造成冲击;

(2) 级差小时,晶闸管数目大大增加,增加了成本;

(3) 变压器的抽头多,增加了制造成本。

晶闸管控制或投切的移相器响应速度快,特别是 TSPST 控制简单,与基于变流器的装置相比成本低,可靠性高,应用前景广阔。但与基于变流器的并联或串联补偿装置相比,晶

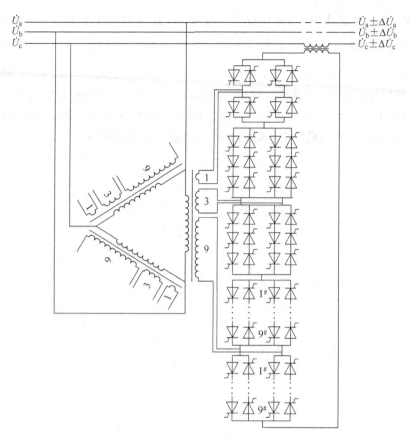

图 9-20　横向多级晶闸管投切的移相器

闸管控制或投切的移相器只改变系统潮流分布,本身不产生无功或有功功率。在系统无功功率缺乏时,因其控制使局部电压满足要求,但导致全系统无功功率分配严重不合理,引起电压稳定问题,甚至可能导致电压崩溃。这是采用 TCPST 和 TSPST 时需要注意的问题。

参 考 文 献

[1]　HINGORANI N G, GYUGYI L. Understanding FACTS: Concept and technology of flexible AC transmission systems [R]. The Institute of Electrical and Electronics Engineers, Inc. , New York, 1999.

[2]　IRAVANI M R, MARATUKULAM D. Review of semiconductor-controlled (static) phase shifters for power systems applications[J]. IEEE Transactions on Power Systems, 1994, 9(4): 1833-1839.

[3]　NYATI S, EITZMANN M, KAPPENMAN J, et al. Design issues for a single core transformer thyristor controlled phase-angle regulator[J]. IEEE Transactions on Power Delivery, 1995, 10(4): 2013-2019.

[4]　JIANG F, CHOI S S, SHRESTHA G. Power system stability enhancement using static phase shifter [J]. IEEE Transactions on Power Systems, 1997, 12(1): 207-214.

[5]　HILLOOWALA R M, SHARAF A M. Bus voltage regulation of interconnected power system using static phase shifter[C]//Power Symposium, 1989. Proceedings of the Twenty-First Annual North-

American, 9-10 Oct. 1989, 192-200.

[6] IRAVANI M R, DANDENO P L, NGUYEN K H, et al. Applications of static phase shifters in power systems[J]. IEEE Transactions on Power Delivery, 1994, 9(3): 1600-1608.

[7] NGAN H W. Modelling static phase shifters in multi-machine power systems[C]//APSCOM-97. Fourth International Conference on Advances in Power System Control, Operation and Management (Conf. Publ. No. 450), 11-14 Nov. 1997(2): 785-790.

[8] WANG L, HUANG M Y, LEE C H. Suppression of subsynchronous resonance using phase shifter controller [C]//TENCON'93. Proceedings. 1993 IEEE Region 10 Conference on Computer, Communication, Control and Power Engineering, 19-21 Oct. 1993(5): 123-126.

第 10 章

统一潮流控制器及其他复合补偿器

10.1 概　　述

前面介绍了基于变流器的并联型补偿器,如 STATCOM 装置,它可以有效地产生无功电流,补偿系统的无功功率,维持节点电压。而基于变流器的串联型补偿器,如 SSSC 装置,则可以有效地补偿输电系统线路的电压,控制线路的潮流。虽然 STATCOM 装置与 SSSC 装置都具有很强的功能,但是 STATCOM 装置对于线路电压的补偿能力较弱,而 SSSC 装置对于无功电流的补偿能力不强。能否将这两种装置综合成一种补偿装置,使该装置兼具上述两种装置的功能呢? 答案是肯定的,这就是所谓的统一潮流控制器(unified power flow controller,UPFC)。图 10-1 所示为各种 FACTS 装置对改变输电系统三大参数的示意图,而

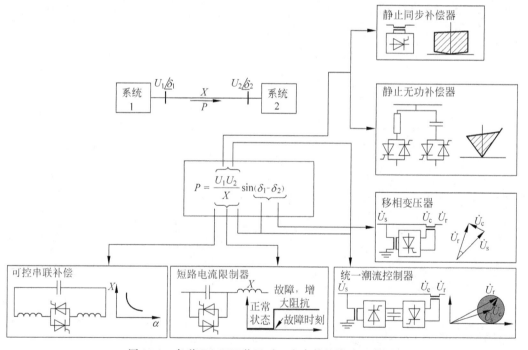

图 10-1　各种 FACTS 装置对三大参数的影响示意图

表 1-4 为各种 FACTS 装置功能强弱的对比图。由图 10-1 及表 1-4 可见,UPFC 可以方便地控制输电系统的三大参数即电压大小、线路阻抗以及相角,因而功能最全面。下面将重点介绍 UPFC 及 IPFC。

10.2 统一潮流控制器

10.2.1 工作原理

图 10-2 为统一潮流控制器的原理图。由图可以看出,UPFC 装置可以看作是一台 STATCOM 装置与一台 SSSC 装置的直流侧并联构成的,如图 10-3 所示。将 STATCOM 装置的直流侧与 SSSC 装置的直流侧连接起来构成的 UPFC 装置,不仅同时具有 STATCOM 装置与 SSSC 装置的优点,即既有很强的补偿线路电压的能力,又有很强的补偿无功功率的能力。而且 UPFC 装置具有了 STATCOM 装置与 SSSC 装置都不具有的功能,如可以在四个象限运行即串联部分既可以吸收、发出无功功率,也可以吸收、发出有功功率,而并联部分可以为串联部分的有功功率提供通道,即 UPFC 装置具有吞吐有功功率的能力,因此具有非常强的控制线路潮流的能力。图 10-4 为带有控制系统的 UPFC 装置的结构及工作相量图,其中串联变换器实现 UPFC 的主要功能:控制补偿电压 $\dot{U}_c$ 的大小 U_c 与相角 ρ,相当于可控的同步电压源;并联部分提供或吸收有功功率,为串联部分提供能量支持以及进行无功补偿。由图 10-4 可以看到,UPFC 输出的补偿电压相量除受最大幅值的限制外,可以在以 $\dot{U}_o$ 端点为圆心,最大幅值为半径的圆内任意变化,因此 UPFC 可以非常灵活地补偿电压,与线路的电流没有关系,而不像 SSSC 装置补偿电压时由于必须与线路电流垂直而受限制。下面介绍 UPFC 装置的各种控制功能。

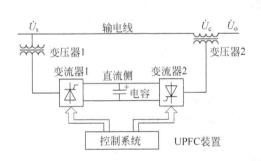

图 10-2 统一潮流控制器的原理图

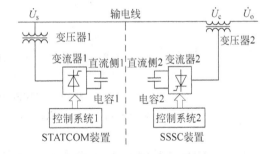

图 10-3 分立的 STATCOM 装置与 SSSC 装置

图 10-5 为 UPFC 的各种控制功能。其中图 10-5(a)为电压调节功能,即 UPFC 串联补偿电压 $\Delta \dot{U}_c$ 与 $\dot{U}_o$ 的方向相同或相反,即只调节电压的大小,不改变电压的相位。由于 UPFC 可以灵活地控制串联输出电压,因而可以很容易地实现电压调节功能。图 10-5(b)为 UPFC 的串联补偿示意图,为了与一般的串联补偿相同,即串联部分与输电线没有有功功率的交换,即有功功率为零,必须使补偿电压 $\dot{U}_c$ 与线路电流 $\dot{I}$ 垂直,即控制 $\dot{U}_c$ 在图中与 $\dot{I}$ 垂直的线上即可。图 10-5(c)为相角补偿,即不改变电压的大小,只改变电压的相角,此时 UPFC 产生的补偿电压在图中所示的弧线上,UPFC 相当于移相器。图 10-5(d)为多功能

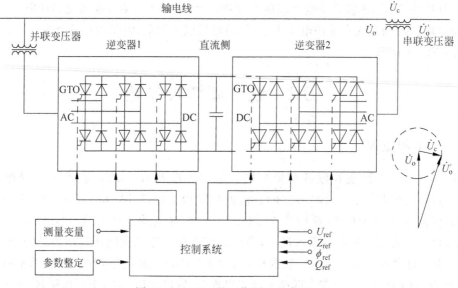

图 10-4   UPFC 的工作原理示意图

潮流控制图,此时 UPFC 是前面三种功能的综合,即根据系统运行的需要同时改变电压的大小与相位。

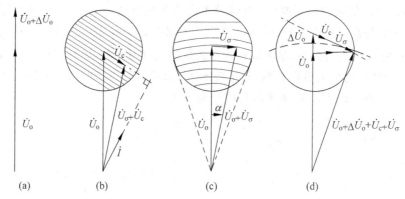

图 10-5   UPFC 的各种控制功能

(a) 电压调节;(b) 串联补偿;(c) 相角调节;(d) 多功能潮流控制

10.2.2   UPFC 对输电系统功率特性的影响

图 10-6 为接入 UPFC 的输电系统示意图,其中 UPFC 串联部分的补偿功能用电压相量 $\dot{U}_c$ 代表,由于前面的介绍 UPFC 产生的补偿电压可以在以 $\dot{U}_s$ 端点为圆心的圆盘内任意运行,如图 10-5 所示。由图可以得到系统的受端功率为

$$P - jQ_r = \dot{U}_r \left(\frac{\dot{U}_s + \dot{U}_c - \dot{U}_r}{jX} \right)^* = \dot{U}_r \left(\frac{\dot{U}_s - \dot{U}_r}{jX} \right)^* + \frac{\dot{U}_r \dot{U}_c^*}{-jX} \tag{10-1}$$

而没有补偿时,受端功率为

$$P_0 - jQ_{0r} = \dot{U}_r \left(\frac{\dot{U}_s - \dot{U}_r}{jX} \right)^* \tag{10-2}$$

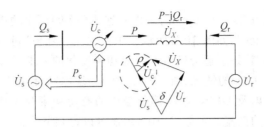

图 10-6　接入 UPFC 装置的输电系统及其相量图

假设输电系统发端与受端电压及 UPFC 的补偿电压分别为

$$\left.\begin{aligned}
\dot{U}_s &= U\mathrm{e}^{\mathrm{j}\delta/2} = U\left(\cos\frac{\delta}{2} + \mathrm{j}\sin\frac{\delta}{2}\right) \\
\dot{U}_r &= U\mathrm{e}^{-\mathrm{j}\delta/2} = U\left(\cos\frac{\delta}{2} - \mathrm{j}\sin\frac{\delta}{2}\right) \\
\dot{U}_c &= U_c\mathrm{e}^{\mathrm{j}(\delta/2+\rho)} = U_c\left[\cos\left(\frac{\delta}{2}+\rho\right) + \mathrm{j}\sin\left(\frac{\delta}{2}+\rho\right)\right]
\end{aligned}\right\} \tag{10-3}$$

代入式(10-1),得到安装 UPFC 装置的输电系统受端的功率为

$$\left.\begin{aligned}
P &= \frac{U^2}{X}\sin\delta + \frac{UU_c}{X}\sin(\delta+\rho) = P(\delta,\rho) \\
Q_r &= \frac{U^2}{X}(1-\cos\delta) - \frac{UU_c}{X}\cos(\delta+\rho) = Q_r(\delta,\rho)
\end{aligned}\right\} \tag{10-4}$$

而没有补偿时,受端功率为

$$\left.\begin{aligned}
P_0 &= \frac{U^2}{X}\sin\delta = P_0(\delta) \\
Q_{0r} &= \frac{U^2}{X}(1-\cos\delta) = Q_0(\delta)
\end{aligned}\right\} \tag{10-5}$$

因此可以将安装有 UPFC 装置补偿的输电系统的受端功率表示为

$$\left.\begin{aligned}
P(\delta,\rho) &= P_0(\delta) + P_c(\rho) \\
Q_r(\delta,\rho) &= Q_{0r}(\delta) + Q_c(\rho)
\end{aligned}\right\} \tag{10-6}$$

其中

$$\left.\begin{aligned}
P_c(\rho) &= \frac{UU_c}{X}\sin(\delta+\rho) \\
Q_c(\rho) &= -\frac{UU_c}{X}\cos(\delta+\rho)
\end{aligned}\right\} \tag{10-7}$$

表示由于 UPFC 装置补偿使受端功率产生的变化量。假设 UPFC 串联部分能产生的补偿电压最大值为 U_{cmax},则受端功率增量满足下式的约束:

$$\left.\begin{aligned}
|P_c(\rho)| &\leqslant \frac{UU_c}{X} \\
|Q_c(\rho)| &\leqslant \frac{UU_c}{X}
\end{aligned}\right\} \tag{10-8}$$

因此受端功率满足下式的约束:

$$\left.\begin{aligned}
P_0(\delta) - \frac{UU_{cmax}}{X} &\leqslant P(\delta,\rho) \leqslant P_0(\delta) + \frac{UU_{cmax}}{X} \\
Q_{0r}(\delta) - \frac{UU_{cmax}}{X} &\leqslant Q_r(\delta,\rho) \leqslant Q_{0r}(\delta) + \frac{UU_{cmax}}{X}
\end{aligned}\right\} \tag{10-9}$$

假设 $U_{cmax}=0.25$p. u. , $X=0.5$p. u. ,可以根据式(10-9)画出输电系统在 UPFC 装置的控制下受端功率的变化范围,如图 10-7 所示。由图可见,UPFC 可以控制线路功率在较大的范围内变化,因此能够较好地适应输电系统对功率变化的需求。针对 $\delta=30°$, $U_r=U_s=1.0$, $X=0.5$, $U_{cmax}=0.25$ 的情况,图 10-8 给出了 UPFC 补偿电压相角 ρ 变化时,输电系统受端功率变化的曲线以及 UPFC 串联部分输出的有功功率与无功功率。因而 UPFC 可以较好地控制输电系统的潮流。根据式(10-4),还可以得到下式:

$$\{P(\delta,\rho)-P_0(\delta)\}^2+\{Q_r(\delta,\rho)-Q_{0r}(\delta)\}^2\leqslant\left(\frac{UU_{cmax}}{X}\right)^2 \qquad (10\text{-}10)$$

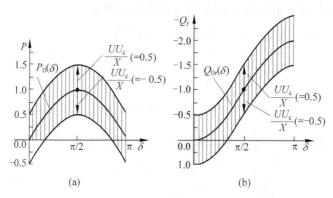

图 10-7 UPFC 控制下输电系统受端功率的变化范围

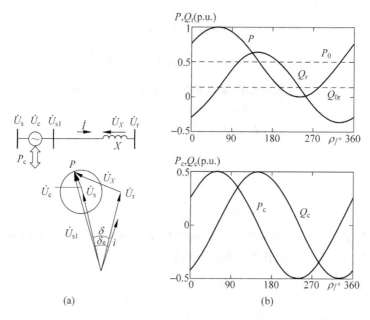

图 10-8 UPFC 补偿电压相角对输电系统受端功率变化的影响

即输电系统功角一定的条件下的 P-Q 运行范围图。图 10-9 为无 UPFC 补偿时输电系统的 P-Q 运行图。图 10-10 为有 UPFC 补偿时输电系统的 P-Q 运行图,其中图 10-9(a)、图 10-9(b)、图 10-9(c)、图 10-9(d)分别对应 $\delta=0°$, $30°$, $60°$, $90°$时的 P-Q 运行图。对比图 10-10 与图 10-9 可以看出,UPFC 大大扩展了输电系统的运行范围,特别是在 $\delta=90°$时,

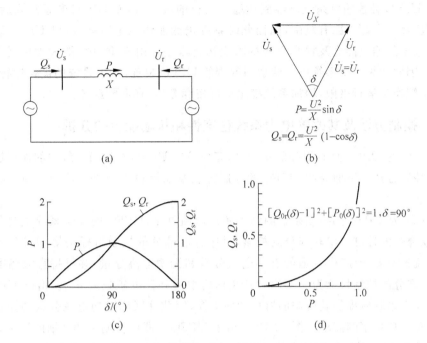

图 10-9 无补偿时输电系统的 *P-Q* 运行图

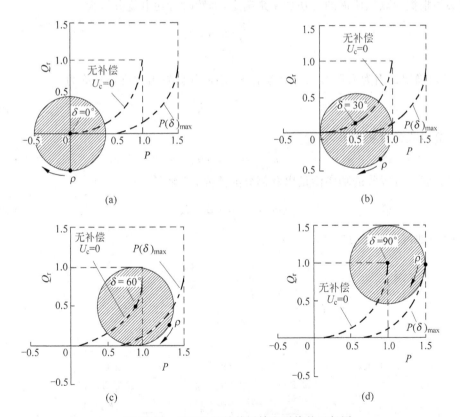

图 10-10 UPFC 的补偿后输电系统的运行图

(a) $\delta=0°$; (b) $\delta=30°$; (c) $\delta=60°$; (d) $\delta=90°$

如果没有 UPFC 补偿输电系统已经到达稳定运行的极限点,而 UPFC 装置加入后,系统的运行范围已经大大超出原有范围,因而此时系统仍然能够稳定运行,所以 UPFC 装置可以大大提高系统的输电能力及提高系统的稳定运行水平。由于 UPFC 能大大扩展系统 *P-Q* 运行范围,因而如果一个系统中安装适当数量的 UPFC 装置,对于系统的优化运行(优化潮流,提高系统稳定运行极限,增加系统稳定运行裕度等)具有重要意义。

10.2.3　控制方法及其改善电力系统稳定性和传输能力的分析

前面介绍的 UPFC 具有很强的功能,但充分发挥 UPFC 在电力系统中的作用还需要设计良好的控制方法。下面介绍 UPFC 的控制方法及如何利用 UPFC 改善电力系统的稳定性和传输能力。

图 10-11 为 UPFC 的控制系统的结构图。由图可见,UPFC 的控制系统主要分为两部分,即并联部分的控制与串联部分的控制,其中并联部分的控制目标是使 UPFC 产生适当的补偿电流矢量 $\boldsymbol{i}_{\mathrm{c}}$(即产生合适的有功电流分量和无功电流分量)并维持直流侧电压的稳定,而串联部分的控制目标为使 UPFC 产生所需要的补偿电压矢量 $\boldsymbol{u}_{\mathrm{cref}}$。由于 UPFC 装置并联侧需要为串联侧提供其所需的有功功率支撑,因此并联侧有功电流分量的控制必须满足串联侧对无功功率的需求。图 10-12 给出了 UPFC 并联侧控制更加详细的控制方法。由图 10-12 可以看到,并联侧无功电流分量主要根据维持系统电压的需要来确定,而有功电流分量则必须根据串联侧所需的有功功率来确定,即瞬时有功电流分量为

$$\boldsymbol{i}_p = \frac{-\dfrac{3}{2}(\boldsymbol{u}_{\mathrm{c}} \cdot \boldsymbol{i}_{\mathrm{o}})\boldsymbol{u}_{\mathrm{i}}}{\|\boldsymbol{u}_{\mathrm{i}}\|^2} \tag{10-11}$$

由式(10-11)确定是因为 UPFC 装置在运行时,串联部分发出的有功功率为

$$p_{\mathrm{c}} = \frac{3}{2}\boldsymbol{u}_{\mathrm{c}} \cdot \boldsymbol{i}_{\mathrm{o}} \tag{10-12}$$

而并联部分吸收的有功功率为

$$p_{\text{并联}} = -\boldsymbol{u}_{\mathrm{i}} \cdot \boldsymbol{i}_p \tag{10-13}$$

为了确保并联部分吸收的功率满足串联部分的需要,必须有

$$\frac{3}{2}\boldsymbol{u}_{\mathrm{c}} \cdot \boldsymbol{i}_{\mathrm{o}} = -\boldsymbol{u}_{\mathrm{i}} \cdot \boldsymbol{i}_p \tag{10-14}$$

由式(10-14)即可得到式(10-11)。

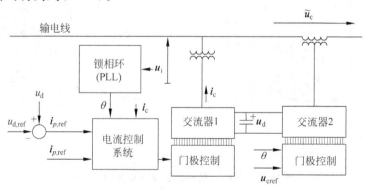

图 10-11　UPFC 控制系统的结构图

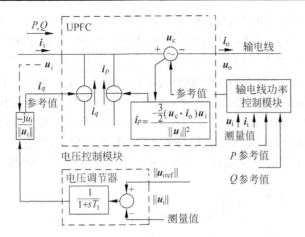

图 10-12 UPFC 装置并联侧无功电流分量及有功电流分量的控制

下面分别介绍串联部分变流器及并联部分变流器的控制方法。

图 10-13 所示为串联部分的控制框图。通过给定串联部分输出的有功功率和无功功率的参考值及系统的电压,可以计算出串联部分输出的有功电流分量与无功电流分量的参考值(i_p^*,i_q^*);将 UPFC 装置串联部分实际输出的有功电流分量(i_p,i_q)和无功电流分量与参考值进行比较,产生的误差通过放大(通常为比例积分环节)计算出串联部分补偿电压的大小和相位;根据锁相环获得的系统电压相角,计算出串联变流器实际补偿电压的大小和相位,变流器的脉冲驱动部分根据补偿电压的大小和相位产生相应的驱动脉冲去控制串联变流器开关器件(通常为 GTO/IGCT 或 IGBT 等)的开关,使串联部分产生的有功功率和无功功率跟踪参考值。为了防止串联部分出现超限值补偿,控制中对补偿电压的大小加了幅值限制,这样可以保证串联部分工作在安全范围之内。

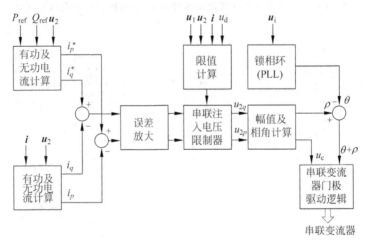

图 10-13 UPFC 装置串联变流器的控制框图

并联部分的控制可以分为两类,一类是控制直流侧电压使之保持恒定的控制;另一类是不维持直流侧电压恒定的控制。图 10-14 为控制直流侧电压的控制框图,而图 10-15 为不控制直流侧电压的控制框图。由图 10-14 可以看到,此时并联部分除能维持系统电压为给定的参考值外,还能使 UPFC 装置直流侧的电压保持恒定。由于维持系统电压为给定值主要靠无功功率补偿来实现,而维持直流侧电压的恒定主要靠调节 UPFC 装置与系统的有功功率平衡来实现,因此控制框图中维持系统电压的控制是通过控制 UPFC 并联部分的无功电流来实现的,而维持直流侧电容电压的恒定则是通过控制有功电流分量来实现。同样,为了防止并联部分无功功率补偿出现越限,并联部分的控制中也加入了无功电流限制器。UPFC 装置并联部分的控制系统根据无功电流及有功电流分量的跟踪误差,并利用锁相环及脉冲驱动环节产生合适的驱动脉冲去控制并联变流器中开关器件的开关,使之产生与系统电压同步且有一定相差的电压,从而使并联部分补偿适当的无功功率维持系统电压稳定,吸收适当的有功功率维持直流侧电容电压恒定。图 10-15 除没有直流侧电压控制环外,与图 10-14 基本相同。

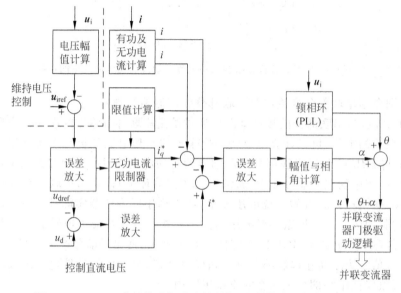

图 10-14　UPFC 装置并联部分的控制框图(维持直流侧电压恒定)

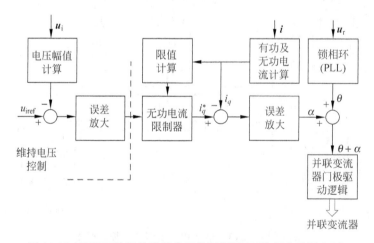

图 10-15　UPFC 装置并联部分的控制框图(不控制直流侧电压)

　　比较以上两种控制方法可见,不控制直流侧电压控制系统更加简单,因而实现起来容易。但是如果串联部分需要较大的有功功率支撑,并联部分不对直流侧电压进行控制容易导致直流电压波动大,有时可能危及 UPFC 装置的安全,因此只有串联部分对有功功率的需求不大时才采用图 10-15 所示的控制方法。

如果在 UPFC 装置的并联部分和串联部分分别采用上述的控制方法后，UPFC 装置就可以用来控制输电线的潮流，阻尼系统振荡。下面给出 UPFC 装置控制输电系统潮流及阻尼系统振荡的仿真结果。图 10-16 为安装 UPFC 装置的输电系统，其中 UPFC 装置安装在左侧的送电端，并联部分在左边而串联部分在右边，图中还给出了系统电压及线路的参数。图 10-17 为控制 UPFC 装置调节线路潮流的仿真图，由图可见，UPFC 装置可以灵活地控制线路的潮流大小，且 UPFC 装置控制潮流的速度非常快，即在不到半个周波的时间即可完成对线路潮流的控制。可见现代柔性输电技术已经将电力系统的控制由过去的秒级提高到现在的毫秒级，因此电力系统的可控性与灵活性大大提高，从而使稳定性也大大提高。图 10-18 为美国 Mead-Phoenix UPFC 工程所在 500kV 系统的接线图。图 10-19 及图 10-20 比较了安装 UPFC 装置与不安装 UPFC 装置，在 Palo Verde 附近三相短路故障切除一回线，故障后 Mead 附近的电压及 Westwing—Mead 线路上功率振荡的仿真曲线。可见 UPFC 装置可以有效地阻尼故障后节点电压及线路功率的振荡，所以美国 Mead-Phoenix UPFC 工程对提高美国 500kV 电力系统的安全稳定具有重要的作用。

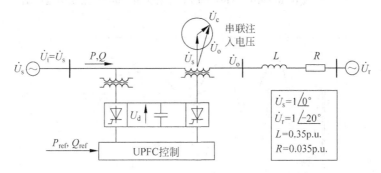

图 10-16 安装 UPFC 装置的仿真系统

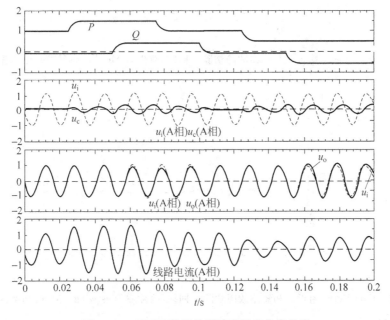

图 10-17 UPFC 装置控制线路潮流仿真曲线

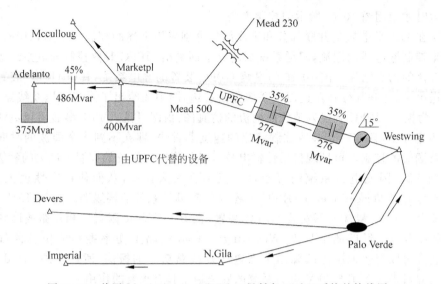

图 10-18   美国 Mead-Phoenix UPFC 工程所在 500kV 系统的接线图

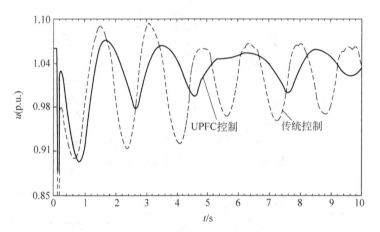

图 10-19   Palo Verde 附近三相短路故障切除一回线，故障后 Mead 500kV 节点电压振荡曲线

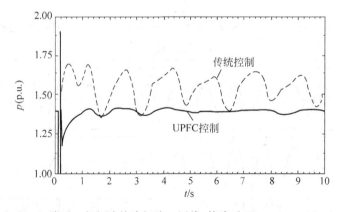

图 10-20   Palo Verde 附近三相短路故障切除一回线，故障后 Westwing—Mead 功率振荡曲线

10.2.4 示范工程

Inez 地区位于 AEP 系统(American Electric Power System)南部的中部,因为非常需要增加系统的功率传输容量并提供电压支撑,所以被选为 UPFC 的应用点。该地区功率需求约 2000MW,有 138kV 长距离输电线送电,其周边地区有发电厂和 EHV/138kV 变电站。系统电压由 20 世纪 80 年代早期安装在 Beaver Creek 的 SVC 及几个 138kV 和更低电压等级的输变电站的投切并联电容器组(大量)支撑。在正常运行条件下,138kV 长输电线上的潮流已经超过冲击阻抗负荷,所以对系统紧急事故只有很小的裕度。尽管该地区有大量的电容器组,供电端与用电端电压差 7%~8%,但单一的事故也将影响 138kV 系统。在某些情况下,1s 的意外事故也无法忍受。Inez UPFC 工程是 AEP 输电系统升级工程的一部分。

工程的第一阶段包括在 Inez 地区安装 ±160MV・A 的 STATCOM 装置,并与该地区的电容器组协调控制,以提供电压支撑。在 Baker/Big Sandy 变电站还安装了一台 345/138kV,600MV・A 的变压器组以及串联电抗器以限制负荷在热稳定极限以内。工程的第二阶段在 Big Sandy 和 Inez 变电站之间建一条新的 32 英里大容量的双回线,该线路的热容量约 950MV・A。在 Inez 还安装了电容器组。通过在新的 Big Sandy—Inez 线路上安装另一个串联的变换器,与原来的并联变换器构成了 UPFC 装置。当系统出现意外事故的时候,该变换器可以优化新的大容量线路。该 UPFC 装置二期工程已经于 1998 年投入试运行,整个 UPFC 装置现已运行多年,运行情况良好。

图 10-21 为 UPFC 装置的结构及接线图,由两个相同的基于 GTO 的变换器组成,每个变换器的额定功率为 ±160MV・A。图 10-22 为布局图,图 10-23 为结构图,图 10-24 为 UPFC 装置控制系统的总结构。

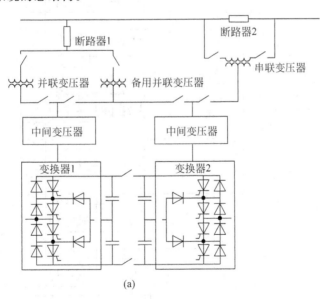

(a)

图 10-21　Inez 地区 UPFC 装置的结构及接线图

(a) UPFC 总结构及接线；(b) UPFC 内部结构及接线

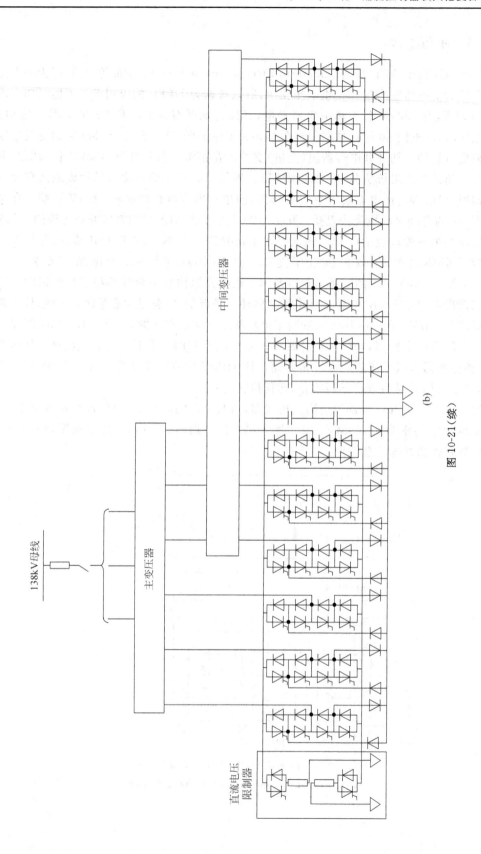

图 10-21（续）

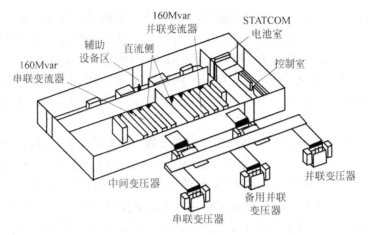

图 10-22 UPFC 装置的布局图

图 10-23 UPFC 装置的主电路结构图

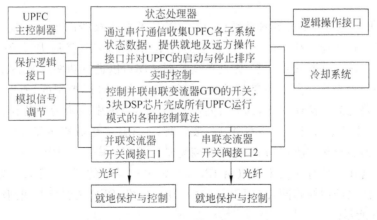

图 10-24 UPFC 装置的控制系统结构

为了使所安装的 UPFC 装置功能尽可能多,采用两台相同的并联变压器和一台串联变压器并安装几个手工操作的切换开关,如图 10-21 所示。通过改变切换开关可以使整个装置的工作更加灵活。如变流器 1 可以与两台并联变压器中的任一台连接起来作为 STATCOM 装置运行,而变流器 2 作为 SSSC 装置运行。同样变流器 2 也可以与备用变压器连接作为 STATCOM 装置运行,此时 UPFC 装置变成两台 STATCOM 装置,总的无功功率为 $\pm 320 MV \cdot A$。

在正常情况下,变流器 1 作为并联装置而变流器 2 作为串联装置,且其直流侧连接在一起,作为 UPFC 装置运行。当然其中变流器也可以独立运行。作为 UPFC 运行时,两变流器之间最大的有功功率交换为 80MW(虽然设计上可以交换更大的功率)。每个变流器由多个 GTO 模块构成,通过中间变压器接到并联或串联变压器上。变流器输出的电压为三相电压,正弦特性很好。变流器侧主变压器的线电压为 37kV(串联变压器和并联变压器均为此数)。并联变压器在 138kV 侧为△接法,而串联变压器高压侧三相绕组是分开的,额定电压为相电压的 16%。

该 UPFC 装置的另一个特点是变换器采用三电平结构,减小了整个装置的体积。该装置直流侧标称最大工作电压 24kV,其中的阀体开关频率为 60Hz,采用了 4500V/4000A 的 GTO 器件。GTO 及其反并联二极管与缓冲电路、散热器一起构成了 GTO 模块,若干个 GTO 模块串联起来构成一个阀。在三电平结构中,考虑到与直流侧连接的阀和内部的阀耐压方面存在一定的差别,因此与直流侧连接的两个阀(即最上面和最下面的阀)由 8 个 GTO 模块串联组成,而里面两个阀则各由 9 个 GTO 模块串联组成。每个阀中都有一个 GTO 模块是冗余的,即使串联 GTO 模块中有一个损坏,整个阀仍能正常工作。四个阀水平安装在横梁上构成一个三电平的桥臂。

10.3　线间潮流控制器

UPFC 装置只能直接控制串联部分所安装的输电线上的潮流,如果要控制不同线路之间的潮流,通常采用线间潮流控制器(interline power flow controller,IPFC)。下面分别介绍 IPFC 的基本原理、控制系统的结构、IPFC 的计算机仿真及一般化和多功能的 FACTS 控制器。

图 10-25 所示为 IPFC 的原理接线图。由 IPFC 的原理接线图可以看到,IPFC 装置实际上是将串联接在各输电线上的 SSSC 装置的直流侧连接起来,然后进行统一的控制。由于各变流器的直流侧并联接在一起,因此各变流器之间可以进行功率交换,从而实现所连接线路间的有功功率交换。由于各变流器的无功功率本来是可以控制的,所以 IPFC 装置实现了所连接线路之间的潮流交换,称为线间潮流控制器。图中所示为安装在 n 回高压输电线之间的 IPFC 装置。由于没有安装 IPFC 装置时,各线路的潮流流向及大小是由线路参数及两端电压的大小与相位决定的,因此线路潮流难以控制。安装了 IPFC 装置后,线路间的潮流特别是线路输送的有功功率可以由 IPFC 装置进行灵活的调节,可以实现线间潮流的合理分配。下面以两回线路间安装 IPFC 装置为例,介绍 IPFC 装置控制线间潮流分配的原理,如图 10-26 所示。

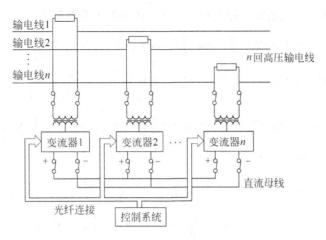

图 10-25 IPFC 的原理接线图

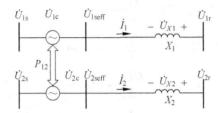

图 10-26 安装在双回线间的 IPFC 的工作原理图

假设:

$$\left.\begin{array}{l} U_{1s} = U_{1r} = U_{2s} = U_{2r} = 1.0 \text{p. u.} \\ \delta_1 = \delta_2 = 30° \\ U_{1cmax} = U_{2cmax}, \quad X_1 = X_2 = 0.5 \text{p. u.} \end{array}\right\} \qquad (10\text{-}15)$$

式中,δ_1 为 $\dot{U}_{1s}$ 与 $\dot{U}_{1r}$ 的相角差;δ_2 为 $\dot{U}_{2s}$ 与 $\dot{U}_{2r}$ 的相角差。

安装 IPFC 装置后,线路 1 上各电量的相量关系如图 10-27 所示。其中串联补偿部分的补偿电压的大小和相位是可以控制的,其控制范围为

$$0 \leqslant U_{1c} \leqslant U_{1cmax}, \quad 0 \leqslant \rho_{1c} \leqslant 360° \qquad (10\text{-}16)$$

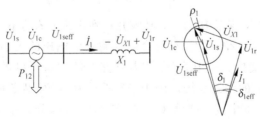

图 10-27 安装 IPFC 后线路 1 上电流电压的相量关系

因此,线路 1 受端的功率为

$$P_{1r} - jQ_{1r} = \dot{U}_{1r} \left(\frac{\dot{U}_{1s} + \dot{U}_{1c} - \dot{U}_{1r}}{jX_1} \right)^* = \dot{U}_{1r} \left(\frac{\dot{U}_{1s} - \dot{U}_{1r}}{jX_1} \right)^* + \frac{\dot{U}_{1r} \dot{U}_{1c}^*}{-jX_1} \qquad (10\text{-}17)$$

现在假设受端与发端的电压相量以及 IPFC 产生的串联补偿电压为

$$
\left.
\begin{aligned}
\dot{U}_{1s} &= U e^{j\delta_1/2} = U\left(\cos\frac{\delta_1}{2} + j\sin\frac{\delta_1}{2}\right) \\[2mm]
\dot{U}_{1r} &= U e^{-j\delta_1/2} = U\left(\cos\frac{\delta_1}{2} - j\sin\frac{\delta_1}{2}\right) \\[2mm]
\dot{U}_{1c} &= U_{1c} e^{j(\delta_1/2+\rho_1)} = U_{1c}\left[\cos\left(\frac{\delta_1}{2} + \rho_1\right) + j\sin\left(\frac{\delta_1}{2} + \rho_1\right)\right]
\end{aligned}
\right\}
\tag{10-18}
$$

将式(10-18)代入式(10-17),可以得到

$$
\left.
\begin{aligned}
P_{1r}(\delta,\rho) &= P_{10r}(\delta) + P_{1c}(\rho) = \frac{U^2}{X_1}\sin\delta_1 + \frac{UU_{1c}}{X_1}\sin(\delta_1+\rho_1) \\[2mm]
Q_{1r}(\delta,\rho) &= Q_{10r}(\delta) + Q_{1c}(\rho) = \frac{U^2}{X_1}(1-\cos\delta_1) - \frac{UU_{1c}}{X_1}\cos(\delta_1+\rho_1)
\end{aligned}
\right\}
\tag{10-19}
$$

其中

$$
\left.
\begin{aligned}
P_{10r}(\delta) &= \frac{U^2}{X_1}\sin\delta_1 \\[2mm]
Q_{10r}(\delta) &= \frac{U^2}{X_1}(1-\cos\delta_1)
\end{aligned}
\right\}
\tag{10-20}
$$

$$
\left.
\begin{aligned}
P_{1c}(\rho) &= \frac{UU_{1c}}{X_1}\sin(\delta_1+\rho_1) \\[2mm]
Q_{1c}(\rho) &= -\frac{UU_{1c}}{X_1}\cos(\delta_1+\rho_1)
\end{aligned}
\right\}
\tag{10-21}
$$

由式(10-21)可以得到

$$
P_{1c}^2(\rho) + Q_{1c}^2(\rho) = \left(\frac{UU_{1c}}{X_1}\right)^2 \leqslant \left(\frac{UU_{1cmax}}{X_1}\right)^2
\tag{10-22}
$$

所以当 ρ 与 U_{1c} 变化时,$(P_{1r}(\rho), Q_{1r}(\rho))$ 始终在以 $(P_{10r}(\delta), Q_{10r}(\delta))$ 为圆心,U_{1cmax} 为半径的圆盘之内。δ 取不同值时,当 ρ 与 U_{1c} 任意变化时,$(P_{1r}(\rho), Q_{1r}(\rho))$ 轨迹构成的区域与 UPFC 的特性是一致的,如图 10-10 所示。而 IPFC 装置输送到线路 1 上的有功功率为

$$
\begin{aligned}
P_{12} &= \frac{UU_{1c}}{X_1}\left[\sin(\delta_1+\rho_1) - \sin\rho_1\right] \\[2mm]
&= \frac{2UU_{1c}}{X_1}\sin\frac{\delta_1}{2}\cos\left(\frac{\delta_1}{2} + \rho_1\right)
\end{aligned}
\tag{10-23}
$$

上述有功功率是 IPFC 装置从线路 2 吸收并送到线路 1 的功率,即线路 1 与线路 2 之间交换的有功功率。由式(10-23)可见,只要合理控制补偿电压的大小 U_{1c} 及相角 ρ 即可控制线路 1 与 2 之间的功率交换。对 IPFC 装置与线路 2 的关系可以做类似分析,此处不再赘述。下面介绍 IPFC 装置的控制系统。图 10-28 所示为 IPFC 装置的控制系统框图。该控制系统采用主从式结构,其中接在线路 1 上的 IPFC 装置部分为主,接在线路 2 上的 IPFC 装置部分为从。从控制框图中可以看到,IPFC 装置主要保证线路 1 受端的有功功率与无功功率为给定的参考值,这是通过控制器主要部分来完成的,而从部分即接在线路 2 上的 IPFC 装置则保证直流侧电压恒定以及维持线路 2 上电压的恒定。对比图 10-29 与 UPFC 装置的控制框图可以看到,这两种装置的控制器结构比较类似。同样 IPFC 装置的控制器也具有串联补偿电压限制环节,防止 IPFC 装置出现功率越限。

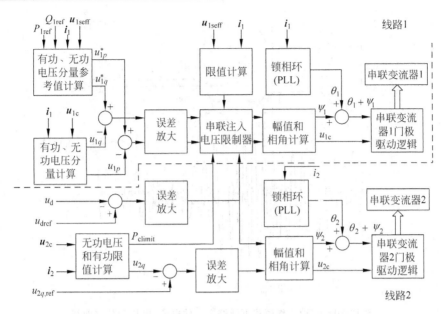

图 10-28 安装在双回线之间的 IPFC 装置的控制系统框图

图 10-29 给出了 IPFC 装置的主控制部分(即接在线路 1 部分)的三种工作模式,即电阻性模式、电容性模式和电感性模式的电压电流相量图。由图中可以看到,当 $\rho = -30°$,$U_{1c} = 0.13$p. u. 时,IPFC 装置注入的电压与流过的电流同相,IPFC 装置类似于一个电阻;当 $\rho = 45°$,$U_{1c} = 0.26$p. u. 时,IPFC 装置注入的电压领先于流过的电流约 $90°$,IPFC 装置类似于一个电容;当 $\rho = -75°$,$U_{1c} = 0.26$p. u. 时,IPFC 装置注入的电压落后于流过的电流约 $90°$,IPFC 装置类似于一个电感。图 10-30 给出了计算机仿真得出的这三种工作模式时线路 1 上对应的电压、电流及功率的波形。图 10-31 给出了线路 2 此时的电压、电流及功率的波形。当 IPFC 控制线路 1 的有功功率,最终使受端功率因数为 1,同时保持线路 2 的有功功率不变时的功率变化曲线如图 10-32 所示。

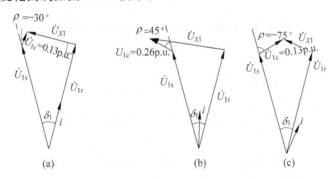

图 10-29 IPFC 装置在线路 1 上三种工作模式的相量图
(a) 电阻性模式;(b) 电容性模式;(c) 电感性模式

图 10-33 为用于综合功率传输控制和管理的、n 回输电线的通用 IPFC 装置的原理接线图,其工作原理与前面用于双回输电线的 IPFC 装置类似,此处不再赘述,有兴趣的读者可以参考有关文献。

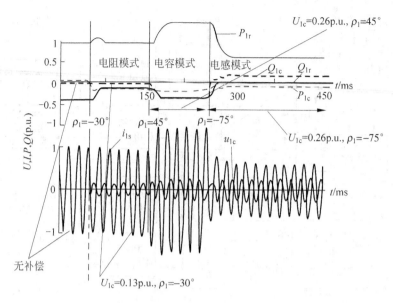

图 10-30   三种工作模式下线路 1 上的电流、电压和功率曲线

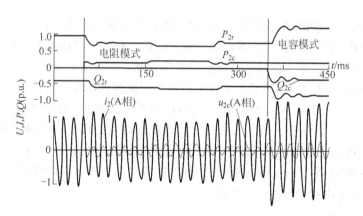

图 10-31   线路 2 上对应的电流、电压和功率曲线

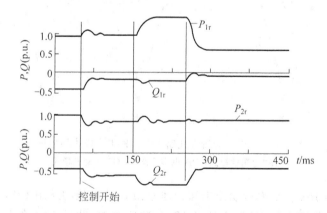

图 10-32   IPFC 控制线路 1 的有功功率并保持线路 2 有功功率不变时的功率曲线

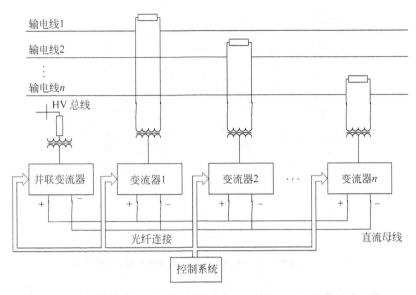

图 10-33　安装在 n 回线路间的 IPFC 装置的原理接线图

10.4　通用型多功能 FACTS 控制器

根据前面的介绍可知,合理地将变流器连接起来可以完成多种功能。如美国 Inez 地区安装的 UPFC 装置,通过改变连接可以构成多种功能的控制器,从而可以充分发挥变流器的作用。下面要简单地介绍通用的多功能 FACTS 控制器,其本质就是多个变流器通过不同的连接构成功能多种多样的控制装置。

在目前电力系统中 FACTS 装置较少的情况下,多功能的 FACTS 控制器应用的情况还不多。如果将来 FACTS 装置在电力系统中较为普及,可以将各种已有的、基于变流器的 FACTS 装置通过适当的方式连接起来,构成多功能的 FACTS 装置,以充分发挥 FACTS 装置的协同控制的作用。通用多功能 FACTS 控制器应该说是将来 FACTS 技术的发展方向。图 10-34 所示为两电压源型变流器组成的多功能控制器的原理图。由图可见,通过投切开关该多功能控制器既可以作为两台并联的 STATCOM 运行,也可以作为 UPFC 装置运行,还可以作为两台 SSSC 装置运行或作为 IPFC 装置运行。所以这种多功能控制器可以根据系统的要求进行灵活的配置,充分发挥变流器对系统的控制与补偿作用。图 10-35 所示为三个电压源型变流器构成的多功能控制器的原理图。由图可以看到,如果三个电压源型变流器的直流侧完全断开,则多功能控制器为独立的三个装置即为一台 STATCOM 装置和两台 SSSC 装置。如果将直流侧进行适当的连接,则可以构成 UPFC 装置和 SSSC 装置以及复合 UPFC 装置。图中还给出了功角特性,由功角特性可以看到,这种配置可以较好地控制线路上的潮流分配。

输电系统是不断发展的系统,其对控制的要求也随着系统的发展、发电部分及负荷的变化而变化,因此安装 FACTS 控制装置时,如果要安装两个以上的变流器,可以考虑设计成多功能 FACTS 控制器,这样一方面可以充分利用变流器的补偿作用,同时也可以具有一定

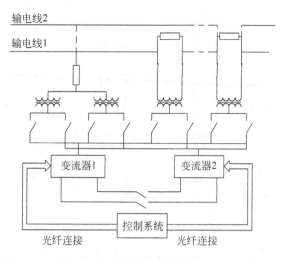

图 10-34　两电压型变流器构成的多功能 FACTS 控制器

的前瞻性,即系统需求发生变化时可以通过改变切换开关的连接方式改变多功能 FACTS
控制器的功能以适应系统的要求。如上一节介绍的安装在美国 Inez 地区的 UPFC 装置,实
际上就是一种多功能 FACTS 控制器。

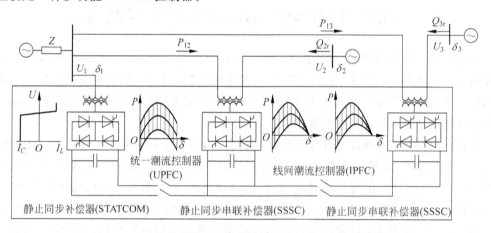

图 10-35　三个电压源型变流器构成的多功能 FACTS 控制器

参 考 文 献

[1]　GYUGYI L, SCHAUDER C D, WILLIAMS S L, et al. The unified power flow controller: a new
approach to power transmission control[J]. IEEE Transactions on Power Delivery, 1995, 10(2):
1085-1097.

[2]　STEFANOV P C, STANKOVIC A M. Modeling of UPFC operation under unbalanced conditions
with dynamic phasors[J]. IEEE Transactions on Power Systems, 2002, 17(2): 395-403.

[3]　SEDRAOUI K, AL-HADDAD K, OLIVIER G. A new approach for the dynamic control of unified
power flow controller(UPFC)[C]//IEEE Power Engineering Society Summer Meeting, 15-19, July,
2001(2): 955-960.

[4]　HINGORANI N G, GYUGYI L. Understanding FACTS: Concept and technology of flexible AC transmission systems [M]. The Institute of Electrical and Electronics Engineers, Inc., New York, 1999.

[5]　RENZ B A, KERI A, MEHRABAN A S, SCHAUDER C, et al. AEP unified power flow controller performance[J]. IEEE Transactions on Power Delivery, 1999, 14(4): 1374-1381.

[6]　SCHAUDER C, STACEY E, LUND M, GYUGYI L, et al. AEP UPFC project: installation, commissioning and operation of the ±160 MVA STATCOM(phase I)[J]. IEEE Transactions on Power Delivery, 1998, 13(4): 1530-1535.

[7]　RAHMAN M, AHMED M, GUTMAN R, et al. UPFC application on the AEP system: planning considerations[J]. IEEE Transactions on Power Systems, 1997, 12(4): 1695-1701.

[8]　MEHRABAN B, KOVALSKY L. Unified power flow controller on the AEP system: commissioning and operation[C]//IEEE Power Engineering Society 1999 Winter Meeting, 31 Jan. -4 Feb. 1999(2): 1287-1292.

[9]　DIEZ-VALENCIA V, ANNAKKAGE U D, GOLE A M, et al. Interline power flow controller (IPFC) steady state operation [C]//IEEE CCECE 2002. Canadian Conference on Electrical and Computer Engineering, 12-15, May 2002(1): 280-284.

[10]　CHEN J H, LIE T T, VILATHGAMUWA D M. Basic control of interline power flow controller [C]//IEEE Power Engineering Society Winter Meeting, 27-31, Jan. 2002(1): 521-525.

[11]　GYUGYI L, SEN K K, SCHAUDER C D. The interline power flow controller concept: a new approach to power flow management in transmission systems[J]. IEEE Transactions on Power Delivery, 1999, 14(3): 1115-1123.

[12]　FARDANESH B, SHPERLING B, UZUNOVIC E, et al. Multi-converter FACTS devices: the generalized unified power flow controller(GUPFC)[C]//IEEE Power Engineering Society Summer Meeting, 16-20 July 2000(2): 1020-1025.

[13]　SONG Y H, JOHNS A T. Flexible ac transmission systems(FACTS)[M]. London: IEE, 1999.

第 11 章

其他 FACTS 控制器

除了前面介绍的各种基于晶闸管开关的串联型与并联型 FACTS 装置,以及基于变流器的串联型和并联型 FACTS 装置以外,为了满足电力系统特别是输电系统其他各种特殊的需求,人们还利用电力电子技术发明了各种专用的 FACTS 装置。本章将主要介绍两种专用的 FACTS 装置,即防止发电机转子飞车的晶闸管控制的制动电阻 TCBR 以及用于限制电力系统短路容量的短路电流限制器 SCCL。

11.1 晶闸管控制的制动电阻

互联电力系统中,发电机通常都位于远离负荷中心的地方,发电机发出的电能一般是通过升压后经较长距离的输电线送到电网的中心部分或负荷中心。一旦输电线上发生故障,发电机输送的电磁功率会急剧下降(毫秒级速度),而由于发电机调速系统速度较慢(秒级的速度),因此在故障期间,发电机转子上获得的原动机功率将远大于发电机转子输出的电磁功率,因此发电机转子的转速会快速上升。一旦发电机转速上升到一定的限值,发电机转子的过速保护将动作切除发电机,或者发电机因为转子加速过大,即使切除故障后,发电机也不能恢复稳定运行,所以也必须切除发电机。发电机切除后,电力系统的有功功率和无功功率都可能出现不足,导致系统频率下降或其他的稳定问题。而且发电机切除后再投入运行需要较长的时间,对电力系统的安全稳定运行是非常不利的。所以在输电线出现故障后,应该尽量避免切除发电机,而应该采取其他措施保证发电机能保持暂态稳定。如图 11-1 所示的单机无穷大系统,K 点发生三相短路,功角特性的变化如图 11-2 所示。根据单机无穷大系统暂态稳定分析中的等面积定则,功角为 δ_2 时切除故障,为保证稳定,必须有

$$A_m(\text{最大减速面积}) \geqslant A_1(\text{加速面积}) \tag{11-1}$$

A_m 越大,暂态稳定极限越高。所以提高发电机暂态稳定极限的措施基本上都是尽量增加故障后发电机功角特性的减速面积或减小故障期间发电机功角特性的加速面积。单机无穷大系统发电机的动力学方程为

$$\left. \begin{aligned} \frac{\mathrm{d}\delta}{\mathrm{d}t} &= (\omega - 1)\omega_0 \\ T\frac{\mathrm{d}\omega}{\mathrm{d}t} &= P_m - P_e = \Delta P \end{aligned} \right\} \tag{11-2}$$

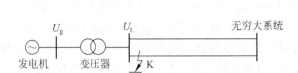

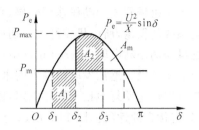

图 11-1　单机无穷大系统发生三相短路故障　　　图 11-2　单机无穷大系统三相短路及切
　　　　　　　　　　　　　　　　　　　　　　　　　　　　　除后的功角特性曲线

结合方程(11-2)可以得出提高发电机暂态稳定的措施为：

(1) 故障后减小加速面积，即迅速减小 P_m，或增加故障后 P_e，减小故障切除时间 t_c（即减小 δ_2）；

(2) 故障切除后增加减速面积，即减小 P_m，增加故障切除后的 P_e。

由于调速系统的速度较慢，难以满足故障后迅速降低 P_m 的要求，因此对于汽轮发电机通常采用快速关闭汽门的方法迅速降低发电机的原动机功率，有兴趣的读者可以参考有关的文献。本节主要介绍如何增加故障期间及故障后发电机输出的电磁功率的方法。由于输电线发生故障后在发电机的机端通常有一定的残余电压，为了增加发电机输出的电磁功率，以前采用的方法是：一旦线路发生故障，将电阻通过机械开关迅速并联接入发电机机端，从而消耗发电机输出的电磁功率，起到阻止发电机转子加速的作用，称为制动电阻，如图 11-3 所示。由于发电机输出的电磁功率很大，因此需要制动电阻的功率非常大，一般的电阻难以满足要求，所以采用比热很大的水电阻，水电阻的结构如图 11-4 所示。

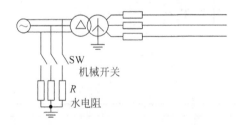

图 11-3　接在发电机机端利用机械开关投切的制动电阻

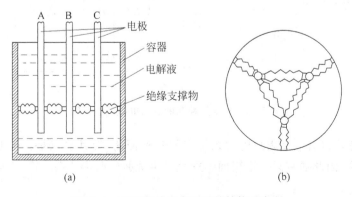

图 11-4　电阻制动用水电阻的结构示意图

由于机械开关的动作速度较慢,且不能快速反复投切,因此无法达到优良的控制性能及阻尼系统的振荡,所以机械开关投切的制动电阻逐步为晶闸管投切的制动电阻所替代。晶闸管投切的制动电阻(thyristor controlled braking resistor,TCBR)不但在输电系统发生故障后能快速投入增加发电机输出的电磁功率,起到提高发电机暂态稳定极限的作用,而且晶闸管可以快速反复地投入切除电阻,因此还可以通过控制发电机的电磁功率阻尼系统的振荡,具有优良的性能。图 11-5 所示为 TCBR 的原理图,其本质上是将机械开关用晶闸管替代。图 11-6 给出了安装 TCBR 前后单机无穷大系统的功角特性。由图 11-6 可以看到,由于 TCBR 装置在故障期间可以减小发电机的加速面积,特别是故障切除后可以吸收大量的发电机过剩电磁功率,从而大大增加减速面积,因此可以大幅度地提高发电机的暂态稳定极限。由于晶闸管的投切速度快,投切最大延时为 10ms,因此晶闸管投切的制动电阻器还可以用于改善电力系统的动态品质,如可以用于阻尼电力系统的低频振荡以及次同步振荡等。图 11-7 所示为利用 TCBR 阻尼发电机功率振荡的情况。在发电机的摇摆过程中,如果发电机转速增加,即一旦 $d\delta/dt>0$($\Delta\omega>0$),则触发 TCBR 的晶闸管,将制动电阻投入,吸收发电机发出的有功功率,从而使发电机转子减速,而其他时刻 TCBR 不投入。由图 11-7 可以看到,TCBR 的控制可以很快阻尼发电机的振荡,发电机在受到系统干扰后动态特性可以得到明显改善。图 11-8 给出了利用 TCBR 装置阻尼各种振荡包括次同步振荡的情况。只要采用合适的控制规律,TCBR 装置就可以有效地阻尼电力系统中出现的各种振荡(图中,P_R 为电阻消耗的功率)。

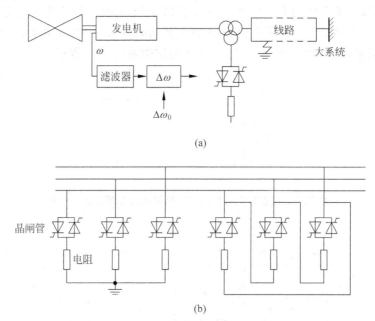

图 11-5   晶闸管控制的制动电阻的原理图

　　TCBR 装置可以有效地阻尼电力系统中的各种振荡,但其缺点是:在工作时需要消耗一定的有功功率,因此通常只在系统面临安全稳定威胁的时候才会工作,否则会降低电力系统的工作效率。

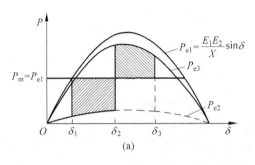
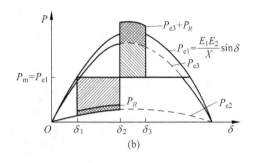

图 11-6 TCBR 对单机无穷大系统功角特性的影响

(a) 安装 TCBR 前系统的功角特性；(b) 安装 TCBR 后系统的功角特性

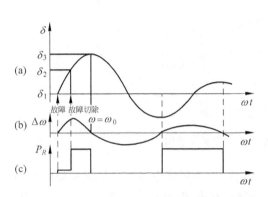

图 11-7 TCBR 装置阻尼发电机功率振荡的控制

(a) 发电机转子角；(b) 转速变化；(c) TCBR 功率

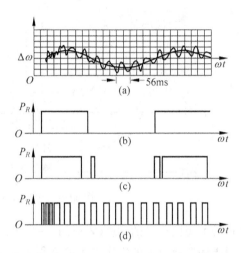

图 11-8 TCBR 装置阻尼各种振荡的控制

(a) 速度偏差 $\Delta\omega$；(b) P_R 阻尼低频振荡 $\Delta\omega$；
(c) P_R 中间情况；(d) P_R 阻尼次同步振荡

11.2 短路电流限制器

随着我国电力系统的发展,我国已经形成北京、上海与广东三大重负荷中心。为了提高供电的可靠性,这些负荷中心的电网已经形成以 500kV 骨干网为环网的供电系统,图 11-9 即为上海电网环网供电图,其中 500kV 已经形成环网。环网供电的好处是任何一点的负荷都可以从环网的两端获得电力供应,可靠性非常高,其中某处出现故障除故障点后,其他的负荷仍然能够保证可靠供电。环网供电还能减小负荷与供电电源之间的阻抗,因此系统的稳定性更高。所以环网供电在大负荷中心获得了广泛的应用。但是,随着环网的发展,负荷中心的短路容量越来越大,一旦发生短路故障,短路电流越来越大。据估算,到 2010 年,广东电网 500kV 母线有 5 处的短路电流将超过 50kA,其中一母线的最大短路电流达 64kA;到 2015 年,广东电网 500kV 母线有 8 处的短路电流将超过 60kA,其中一母线的最大短路电流达 78kA;上海电网部分 500kV 母线处短路电流也将超过 60kA。按照目前国内外断路器的制造技术,制造 500kV 能够切断短路电流超过 50kA 的断路器将非常困难。因此对

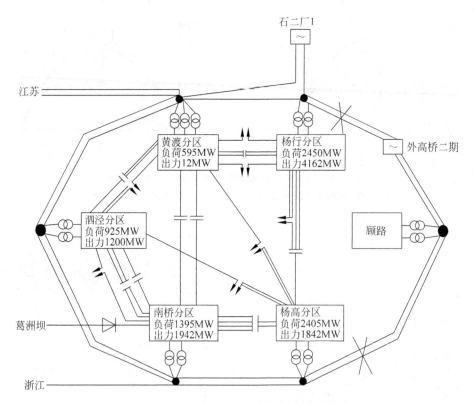

图 11-9 2001 年上海电网分区负荷示意图

于这种大短路容量的 500kV 环网,一旦出现短路故障,因为短路电流太大将无法切除短路,会对电网造成巨大的灾害。为此必须采取措施限制短路电流,目前限制短路电流的措施主要有四种。

(1)环形电网解环运行

如图 11-10 所示,将环形电网在某一点解开运行,这样就可以大大降低短路电流。但是解环运行会降低电网供电的可靠性,与采用环网提高供电可靠性的初衷相违背,只有在迫不得已的情况下才能采用。

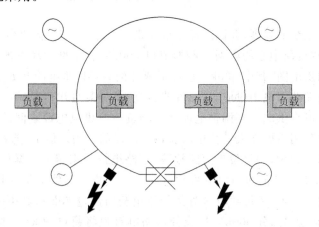

图 11-10 环形电网解环运行示意图

（2）加入限流电抗器

在电网中加入限流电抗器可以有效地限制短路电流,但加入电抗器后,电网正常运行时因短路容量降低而变得脆弱,电网的安全稳定性也会因此而降低。

（3）采用直流背靠背连接

在环网的某些位置插入直流背靠背连接装置,如图 11-11 所示。由于直流背靠背是可控的,在正常工作时可以提供很好的连接,一旦出现故障则可以抑制流过该装置的电流从而起到限制短路电流的作用。因此从技术上讲,直流背靠背连接是一种限制短路容量的有效措施。但直流换流站造价很高,除非有其他特殊的需求如控制功率流动、抑制振荡等才会考虑。

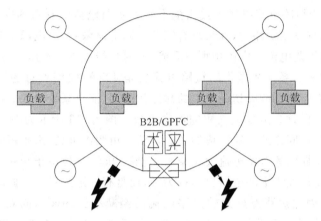

图 11-11　安装在环网上的直流背靠背装置限制短路电流的示意图

（4）安装短路电流限制器

在环网的某些位置插入短路电流限制器（short circuit current limiter, SCCL）,如图 11-12 所示。在系统正常运行时,短路电流限制器工作在正常模式,一旦发生短路则进入短路电流限制模式工作,从而有效地降低短路电流。

下面介绍一种由西门子公司研制的、安装在美国加州南部的短路电流限制器。

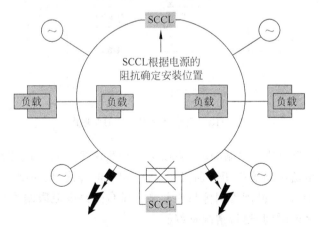

图 11-12　安装在环网上的短路电流限制器的示意图

　　图 11-13 所示为短路电流限制器的原理图,其中短路电流限制器主要由电抗器、电容器以及与电容器并联的双向晶闸管阀三部分构成。电容器的电抗为负,但绝对值与电抗器的电抗相等。在正常运行时,双向晶闸管阀是关闭的,因此电容器与电抗器串联运行。由于电容器的基波容抗与电抗器的基波电抗相等,因此整个 SCCL 装置的电抗为零,不会恶化系统的稳定性。一旦系统发生短路,双向晶闸管阀触发导通,将电容器旁路,此时 SCCL 装置成为一个电抗器,串联在系统中可以限制短路电流。因为晶闸管可以在微秒级的时间内导通,而短路电流的上升还需要几毫秒的时间,因此 SCCL 装置可以在短路电流还没有上升的时间内即变成限流电抗器,从而有效地抑制短路电流。当然,短路发生后如何快速检测到短路,然后触发双向晶闸管阀将电容器旁路非常重要,这可以通过现代的数字信号处理算法完成。图 11-14 所示为短路电流限制器接入的系统及短路电流限制器的安装位置。图 11-15所示为在系统中某点发生短路时,如果没有安装短路电流限制器,电源 1 和 2 提供的短路电流以及短路点总的短路电流。由图中可以看到,此时母线 1 上的电压为零,系统 1 提供的短路电流最大达到 40kA,系统 2 提供的短路电流也是 40kA,短路点总的短路电流为 80kA。在这种情况下,没有断路器能够切断这里的短路故障,只能由系统 1 和 2 中其他地方的断路器动作切除短路,这样就会出现大面积的停电事故。图 11-16 所示为在母线 1 与 2 之间安装短路电流限制器后,同样的短路造成的短路电流。由图中可见,由于短路电流限制器的动作,短路后由系统 1 提供的短路电流大大减小,变成 10kA,同样由于短路电流流过 SCCL 的电抗器有压降,因此母线 1 上的电压也不再为零,而是有一定的残压。此时系统 2 提供的短路电流仍为 40kA,因此短路点处总的短路电流已经减小到 50kA,断路器就可以切断了。因此可以保证除短路点外正常区域的供电。图 11-17 所示为此时短路电流限制器内部各元件上的电压与电流。理想情况下,SCCL 动作后由于电容器被旁路,因此电容上的电压和电流应该立即变为零。但对于实际装置由于双向晶闸管阀导通时有压降,线路中存在分布电感与电阻,因此电容器被旁路后,还存在高频衰减的电压和电流,晶闸管阀电流也存在一定的高频分量。

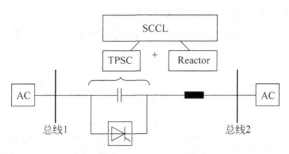

图 11-13　短路电流限制器的原理图

　　图 11-18 为由西门子公司研制的、安装在美国加州南部的短路电流限制器的图及原理结构示意图。短路电流限制器三相分别安装,每一相的电容器组、晶闸管阀和电抗器安装在独立的对地绝缘的平台上,晶闸管阀体封闭起来。整台短路电流限制器结构简单紧凑,已经在现场运行了两年多的时间,运行情况良好。

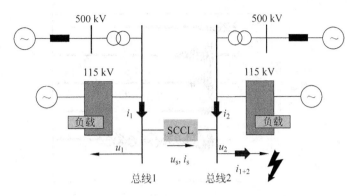

图 11-14　接入短路电流限制器的双电源系统

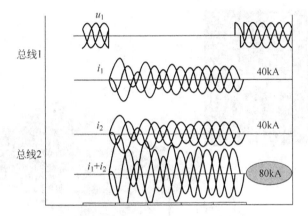

图 11-15　没有短路电流限制器,短路后母线的电压及各部分的短路电流曲线

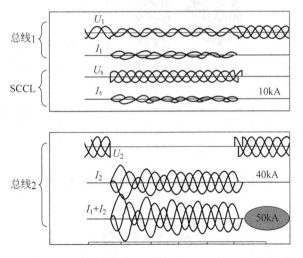

图 11-16　安装短路电流限制器,短路后母线的电压及各部分的短路电流曲线

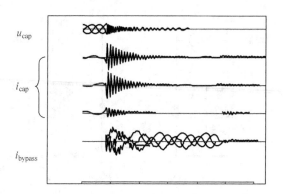

图 11-17 短路电流限制器动作后，内部元件上的电流电压波形

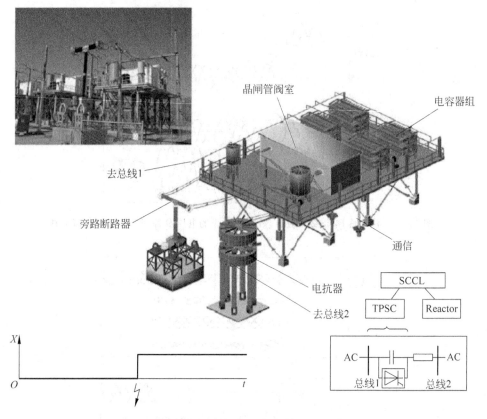

图 11-18 安装在美国加州南部的短路电流限制器的图及示意图

参 考 文 献

[1] SUGIMOTO H,GOTO M, WU K, et al. Comparative studies of subsynchronous resonance damping schemes[C]//International Conference on Power System Technology, 2002. PowerCon 2002, 13-17 Oct. 2002(3)：1472-1476.

[2] ACHILLES R A. SSR countermeasure impact on system induction-generation effect[J]. IEEE

Transactions on Power Systems, 1998, 3(2): 383-391.

[3]　HINGORANI N G, GYUGYI L. Understanding FACTS: concept and technology of flexible AC transmission systems [M]. New York: The Institute of Electrical and Electronics Engineers, Inc. , 1999.

[4]　倪以信,陈寿孙,张宝霖. 动态电力系统的理论与分析[M]. 北京:清华大学出版社,2001.

[5]　赵学强. NGH 次同步谐振阻尼方案及其改进措施的研究[J]. 电力系统自动化, 1999, 23(12): 29-34.

[6]　HIYAMA T, MISHIRO M, KIHARA H, ORTMEYER T H. Fuzzy logic switching of thyristor controlled braking resistor considering coordination with SVC[J]. IEEE Transactions on Power Delivery, 1995, 10(4): 2020-2026.

[7]　ALI M H, MURATA T, TAMURA J I. Transient stability augmentation by fuzzy logic controlled braking resistor in multi-machine power system [J]. IEEE/PES Transmission and Distribution Conference and Exhibition 2002, Asia Pacific, 6-10, Oct. 2002(2): 1332-1337.

[8]　RUBAAI A, COBBINAH D. Optimal control switching of thyristor controlled braking resistor for stability augmentation[C]//Industry Applications Conference, 2004. 39th IAS Annual Meeting. Conference Record of the 2004 IEEE, 3-7,Oct. 2004(3): 1488-1494.

[9]　MIN Y, XIU L C, ZHANG L, JIANG Q R. Coordinative control of excitation, fast valving and resistant braking using artificial neural network[C]//2nd International Conference on Advances in Power System Control, Operation and Management, 1993. APSCOM-93, 7-10, Dec. 1993(1): 361-364.

[10]　卢强,王仲鸿,韩英铎. 输电系统最优控制[M]. 北京:科学出版社,1982.

[11]　LIM S H, KO S H, LEE S R, et al. Analysis of fault current limiting and reactive power compensating operations of new transformer type topology with current controlled inverter[C]// IEEE 35th Annual Power Electronics Specialists Conference, 2004. PESC 04, 20-25 June 2004(2): 980-983.

[12]　CHEN G, JIANG D E,LU Z Y,WU Z L. A new proposal for solid state fault current limiter and its control strategies[J]. IEEE Power Engineering Society General Meeting, 6-10 June 2004 (2): 1468-1473.

[13]　PUTRUS G A,JENKINS N,COOPER C B. A static fault current limiting and interrupting device [J]. IEE Colloquium on Fault Current Limiters- A Look at Tomorrow, 8 Jun 1995(5): 1-6.

[14]　JOO M. Losses of thyristor on modified bridge type high-temperature superconducting fault current limiter[J]. IEEE Transactions on Applied Superconductivity, 2004, 14(2): 835-838.

[15]　SALAMA M M A, TEMRAZ H,CHIKHANI A Y, BAYOUMI M A. Fault-current limiter with thyristor-controlled impedance[J]. IEEE Transactions on Power Delivery, 1993, 8(3): 1518-1528.

[16]　MEYER C, KOLLENSPERGER P, De DONCKER R W. Design of a novel low loss fault current limiter for medium-voltage systems [C]//Nineteenth Annual IEEE Applied Power Electronics Conference and Exposition, 2004. APEC '04(3): 1825-1831.

[17]　KOROBEYNIKOV B, ISHCHENKO D, ISHCHENKO A. Solid-state fault current limiter for medium voltage distribution systems[C]//Power Tech Conference Proceedings, 2003 IEEE Bologna, 23-26 June 2003(2): 6-6.

[18]　RENZ K,THUMM G, WEISS S. Thyristor control for fault current limitation[J]. IEE Colloquium on Fault Current Limiters-A Look at Tomorrow, 8 Jun. 1995(3): 1-4.

第 12 章

DFACTS 与定制电力技术

作为 FACTS 技术在配电系统应用的延伸,DFACTS(distribution FACTS)技术又称为 Custom Power 技术即定制电力技术,已成为改善电能质量尤其是解决动态电能质量问题的有力工具。目前主要的 DFACTS 装置有:有源电力滤波器(APF)、动态电压调节器(DVR)、配电系统用静止无功补偿器(DSTATCOM)、固态切换开关(SSTS)等。下面介绍两种典型的电能质量控制器,即并联型有源电力滤波器与串联型动态电压调节器。

12.1 有源电力滤波器

在绪论中介绍了谐波污染是电力系统的一大公害,因此应该对谐波进行治理。电力系统中的谐波主要是由于负荷或元件的非线性引起的,其中非线性负荷产生的谐波是电力系统谐波的主要来源。由于一般情况下谐波都是由负荷产生的,因此防止谐波电流流入电力系统的最有效的办法是在谐波源的附近安装滤波器,使滤波器中流过的谐波正好与谐波源的谐波相抵消,从而可以有效阻止谐波流入到系统中。目前用于滤除谐波源谐波电流的装置主要有三类,即无源滤波器、有源滤波器和综合无源滤波器功能与有源滤波器功能的混合型滤波器。如图 12-1 所示为无源滤波器,图 12-2 所示为有源滤波器,而图 12-3 所示为混合型滤波器。由图中可见,无源滤波器种类很多,有 LC 组成的简单单调谐滤波器,也有由多个 LC 组成的双调谐滤波器以及高通滤波器等。它们的基本原理是由电感、电容和电阻组成的无源电路网络,通过选择网络的结构及元件的参数可以得到所需要的频率特性。如简单的 LC 单调谐滤波器图 12-1(a),通过选择合理的电感与电容参数,可以使该支路对于某一频率的阻抗为零(只剩下 L 与 C 的固有电阻),因此该支路对于这种频率的分量表现为对地短路。如果非线性负荷的谐波电流中含有该频率分量的谐波,则由于 LC 单调谐滤波器对该频率分量阻抗为零,因此该频率的谐波电流将全部经过该 LC 单调谐滤波器流入大地而不会流入到系统中对系统造成污染。其他类型的无源滤波器原理与此类似,即无源滤波器是通过自身的阻抗与系统阻抗并联而对某些频率的谐波电流进行分流,阻止这些频率的谐波分量分流到系统中来防止谐波流入电力系统。如果系统对于某些频率谐波的阻抗也很小,要利用无源滤波器进行谐波分流就较困难。由于无源滤波器仅由电感、电容和电阻组成,因此无源滤波器具有可靠性高、成本低的优点,所以在配电系统中得到了广泛的应用。

但无源滤波器也具有如下缺点：

（1）一种参数只能消除特定次数的谐波，因此如果谐波次数发生变化，无源滤波器滤波效果就很差；

（2）响应速度慢，无法跟踪动态谐波进行动态补偿；

（3）补偿谐波时可能产生多余的无功；

（4）改变系统阻抗特性，可能导致谐振；

（5）参数稳定性差，特别是电容参数随时间的推移容易变化，导致失谐，从而影响滤波效果。

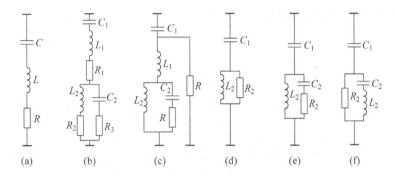

图 12-1　各种型式的无源滤波器

（a）单调谐滤波器；（b）双调谐滤波器；（c）单调谐带高通滤波器；

（d）二阶高通滤波器；（e）三阶高通滤波器；（f）C型阻尼高通滤波器

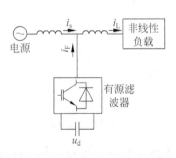

图 12-2　有源电力滤波器的原理图

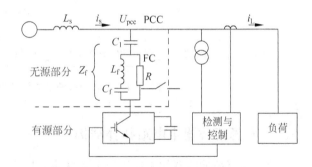

图 12-3　混合型滤波器的原理图

针对无源滤波器的上述缺点，20 世纪 80 年代人们研制了图 12-2 所示的有源电力滤波器（简称有源滤波器）。有源滤波器与无源滤波器最大的不同是有源滤波器是可控的电流源（并联型），下面介绍其原理。

假设非线性负荷产生的电流为 i_L，供电系统提供的电流为 i_s，而有源滤波器产生的电流为 i_F，根据基尔霍夫电流定律有

$$i_s = i_L - i_F \tag{12-1}$$

而非线性负荷电流中分别含有谐波电流分量 i_{Lh}，无功电流分量 i_{Lq}，基波有功电流分量 i_{Lp}，即

$$i_L = i_{Lh} + i_{Lq} + i_{Lp} \tag{12-2}$$

为防止谐波电流流入系统，由于有源滤波器为可控的电流源，因此可以控制 $i_F = i_{Lh}$，则

$i_s=i_{Lq}+i_{Lp}$，即谐波全部被补偿，只有负荷基波有功电流及无功电流注入电网，从而防止谐波污染电网。同样，如果控制 $i_F=i_{Lh}+i_{Lq}$，即有源滤波器同时补偿谐波电流及无功电流，则 $i_s=i_{Lp}$，即只有负荷的基波有功电流注入电网，从而不但防止了谐波污染电网，还使从系统侧看负荷的功率因数为 1。由于有源滤波器输出的电流是完全可控且响应时间为 $3\sim4\mathrm{ms}$，因此采用有源滤波器可以较好地解决非线性负荷的动态谐波电流和动态无功电流问题。

并联型有源电力滤波器主要由两部分组成，即有源滤波器变流器(主电路)和有源滤波控制系统两部分组成，如图 12-4 所示。其中主电路由变流器与连接电抗或变压器构成，而控制系统由信号采集、控制算法处理、脉冲发生与脉冲驱动四部分组成。下面将对并联型电力有源滤波器的各个部分进行较详细的介绍。

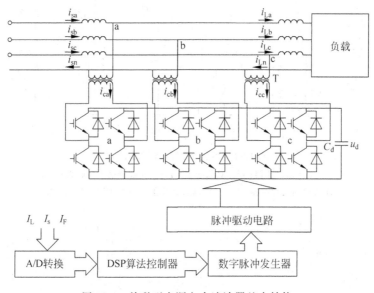

图 12-4   并联型有源电力滤波器基本结构

12.1.1   有源滤波器主电路拓扑结构

三相系统有源滤波器的主电路可分为两类，即三相三线制主电路结构和三相四线制主电路结构。图 12-5 所示为三相三线制结构的有源滤波器主电路。对于没有中线的三相负载，采用三相三线制结构的有源滤波器可以补偿非线性负荷的谐波电流。三相三线制结构的变流器在变频等领域有广泛的应用，已经做成工业模块，许多 IGBT 模块都是采用三相三线制结构，买来后可以很方便地应用。基于三相三线结构的有源电力滤波器也是目前应用最普遍的。

由于许多负荷为三相四线制负荷，即存在中线，因而三相电流之和可能不为零，即存在零序电流。零序电流中既可能有零序基波分量，也可能含有零序谐波分量，此时采用三相三线制主电路的有源电力滤波器无法消除线路中的零序基波电流和谐波电流，为此人们又研制出三相四线制主电路结构的有源电力滤波器。这种型式的有源滤波器不仅可以消除三相线电流中的正序谐波分量和负序谐波分量，还可以消除三相线电流中的零序谐波分量，因而功能更强。三相四线制的有源电力滤波器有多种电路结构，图 12-6 所示为三种常见的主电

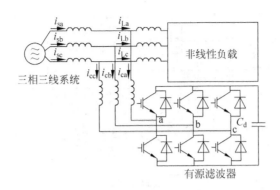

图 12-5 三相三线有源滤波器主电路结构

路结构。

图 12-6(a)所示的是电容器中点型的三相四线制有源滤波器,全部的中线电流都流经直流侧的电容器,其数值较大,因而主要用于小容量系统。图 12-6(b)所示的是四极型三相四线制有源滤波器,这里第四个桥臂主要是用来调节和稳定有源滤波器的中线电流。图 12-6(c)所示为三单相结构的三相四线制有源滤波器,这种结构的有源滤波器控制最灵活,但在低压的情况也需要变压器,同时使用的开关器件也最多,因此成本相对高一些。

上述各种结构的有源滤波器中,除三单相结构型式在低压情况下需要变压器外,其他的结构都可以通过连接电抗直接接入系统。对于电压较高的情况,由于各种开关器件耐压水平的限制,变流器输出电压不可能太高,因此通常采用变压器接入方式。由于有源滤波器要产生谐波补偿负荷侧谐波,所以谐波必须能够顺利地通过变压器注入到系统,因此对变压器有特殊的要求,既要求基波电流能通过变压器,又要求谐波电流能通过变压器。变压器必须有较宽的通频带而不能采用通常电力系统中采用的工频变压器。

上面有源滤波器的主电路都是采用二电平结构,实际中由于电力电子开关器件容量(即电压等级与电流大小)的限制以及开关频率的限制,二电平的有源滤波器容量受到限制。为了增加有源滤波器的容量,降低开关频率(可以降低有源滤波器的开关损耗),人们又研制了各种多电平的有源滤波器,如基于三电平主电路结构的有源滤波器,图 12-7 所示即为基于三电平结构的三相三线制有源滤波器。当然,这种多电平结构也可以用于三相四线制的有源滤波器中。

12.1.2 有源滤波器的控制策略

有源滤波器的控制系统的主要功能为:计算有源滤波器每相需要补偿的参考电流,维持直流侧电压的稳定,最后产生驱动变换器开关器件开关的信号,从而使有源滤波器产生的电流跟踪参考电流。其控制系统的框图如 12-8 所示。控制系统根据采样得到的含谐波分量的负荷电流与三相系统电压根据补偿的要求(是只需要补偿谐波还是既要补偿谐波又要补偿无功电流)采用谐波检测方法并根据有源滤波器变换器直流侧电容电压控制的要求计算出有源滤波器的补偿电流参考值。有源滤波器实际输出电流与此参考值相比较,采用谐波补偿算法计算出变换器控制脉冲的产生规律并根据该规律产生驱动脉冲,驱动脉冲送到有源滤波器变换器控制其开关器件的开与关,最终使有源滤波器的实际输出电流跟踪参考

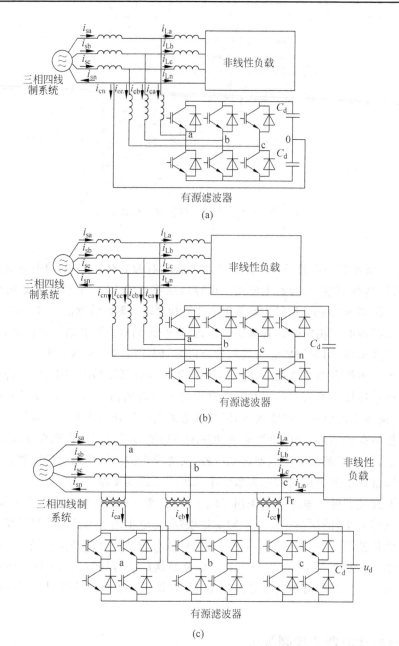

图 12-6 各种主电路结构的有源滤波器

(a) 电容器中点型三相四线制有源滤波器；(b) 四极型三相四线制有源滤波器；

(c) 三单相结构三相四线制有源滤波器

补偿电流,从而使系统电流满足电能质量标准的要求。下面分别介绍控制系统的基本原理。

1. 参考补偿电流的计算

有源电力滤波器既可以产生谐波补偿非线性负荷中的谐波电流,以防止谐波流入系统污染系统；同时也可以产生无功功率补偿负荷的无功功率需要,从而提高整个负荷的功率因数。现在的问题是:如何在已知负荷电流和系统电压的情况下检测出负荷中的谐波电流

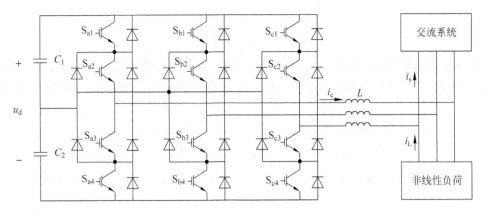

图 12-7　采用三电平中点箝位电压源变换器的有源电力滤波器

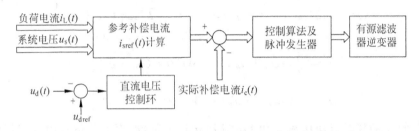

图 12-8　有源滤波器控制系统框图

与无功电流？日本学者在 20 世纪 80 年代提出的瞬时无功理论解决了系统三相电压为基波正序时,三相三线系统负荷电流中无功电流及谐波电流的快速检测问题,而对于系统电压不是基波正序时,检测方法就复杂一些。本书只简单介绍系统三相电压为基波正序时,三相三线系统负荷电流的谐波分量及无功分量的快速检测方法,对于三相电压不是基波正序的情况可以参考有关的文献。

设系统三相电压与电流分别为 u_a, u_b, u_c 与 i_a, i_b, i_c,将三相电压和电流变换为 $\alpha\beta$ 分量,即

$$\begin{bmatrix} u_\alpha \\ u_\beta \end{bmatrix} = \frac{2}{3} \begin{bmatrix} 1 & -\dfrac{1}{2} & -\dfrac{1}{2} \\ 0 & \dfrac{\sqrt{3}}{2} & -\dfrac{\sqrt{3}}{2} \end{bmatrix} \begin{bmatrix} u_a \\ u_b \\ u_c \end{bmatrix} \tag{12-3}$$

$$\begin{bmatrix} i_\alpha \\ i_\beta \end{bmatrix} = \frac{2}{3} \begin{bmatrix} 1 & -\dfrac{1}{2} & -\dfrac{1}{2} \\ 0 & \dfrac{\sqrt{3}}{2} & -\dfrac{\sqrt{3}}{2} \end{bmatrix} \begin{bmatrix} i_a \\ i_b \\ i_c \end{bmatrix} \tag{12-4}$$

根据式(12-3)和式(12-4),定义瞬时有功功率和瞬时无功功率为

$$\left. \begin{aligned} p &= \frac{3}{2}(u_\alpha i_\alpha + u_\beta i_\beta) \\ q &= \frac{3}{2}(u_\beta i_\alpha - u_\alpha i_\beta) \end{aligned} \right\} \tag{12-5}$$

瞬时有功功率和瞬时无功功率可以分解为直流分量和交流分量两部分,即

$$
\left.\begin{aligned}
p &= \bar{p} + \tilde{p} \\
q &= \bar{q} + \tilde{q}
\end{aligned}\right\}
\tag{12-6}
$$

p 为有功电流与电压作用所产生的瞬时有功功率,而 q 为无功电流与电压作用所产生的瞬时无功功率。如果系统电压为完全对称的三相基波正序电压,而电流为三相基波正序电流,即若

$$
\left.\begin{aligned}
u_{a} &= \sqrt{2}\,U\sin(\omega t + \varphi_u), & i_{a} &= \sqrt{2}\,I\sin(\omega t + \varphi_i) \\
u_{b} &= \sqrt{2}\,U\sin(\omega t + \varphi_u - 2\pi/3), & i_{b} &= \sqrt{2}\,I\sin(\omega t + \varphi_i - 2\pi/3) \\
u_{c} &= \sqrt{2}\,U\sin(\omega t + \varphi_u + 2\pi/3), & i_{c} &= \sqrt{2}\,I\sin(\omega t + \varphi_i + 2\pi/3)
\end{aligned}\right\}
\tag{12-7}
$$

则

$$
\left.\begin{aligned}
u_{\alpha} &= \sqrt{2}\,U\sin(\omega t + \varphi_u), & i_{\alpha} &= \sqrt{2}\,I\sin(\omega t + \varphi_i) \\
u_{\beta} &= -\sqrt{2}\,U\cos(\omega t + \varphi_u), & i_{\beta} &= -\sqrt{2}\,I\cos(\omega t + \varphi_i)
\end{aligned}\right\}
\tag{12-8}
$$

因此

$$
\left.\begin{aligned}
p &= \frac{3}{2}(u_{\alpha}i_{\alpha} + u_{\beta}i_{\beta}) = 3UI\cos(\varphi_u - \varphi_i) \\
q &= \frac{3}{2}(u_{\beta}i_{\alpha} - u_{\alpha}i_{\beta}) = 3UI\sin(\varphi_u - \varphi_i)
\end{aligned}\right\}
\tag{12-9}
$$

可见计算出的瞬时有功功率 p 和无功功率 q 均为常数(直流分量),而且其值的大小与采用传统有功功率和无功功率计算的结果相同。值得注意的是,这里计算有功功率和无功功率只要同一时刻三相三线制系统的三相电压和电流的值,而传统的有功功率定义和无功功率定义却需要一个周期的值才能计算出来。因此采用这种计算方法可以大大节省功率的计算时间。

上述计算结果中是假定电压和电流均为基波正序的情况的结果。当系统受到污染时,首先假定系统三相电压仍然为基波正序。电流受到污染时,电流不仅存在负序分量,而且存在谐波分量,因为是三相三线制系统,因此仍然有 $i_a + i_b + i_c = 0$。按照电力系统的要求,负荷侧注入系统的电流最好是纯基波正序电流,否则会污染系统。如果负荷侧出现谐波电流和负序电流,在负荷侧并联一个可控的补偿装置,使其产生的负序电流和谐波电流正好满足负荷的需要,从而防止负序电流和谐波电流流入系统。由于现代补偿装置速度快,因此要求一旦测量得到负荷的电流,能快速地分离出其中的负序分量和谐波电流分量,使补偿装置产生相同的负序分量和谐波电流分量。根据前面关于瞬时功率的计算,当负荷电流为基波正序电流时,式(12-5)给出的是直流分量。而一旦负荷电流存在负序分量和谐波分量,利用式(12-5)计算出的瞬时功率中将不再是直流量,而是具有直流偏置的变化量。为此将其按照式(12-6)进行分解,即分解为直流分量和交流分量。由于假定系统电压为三相正序基波电压,它只与负荷三相电流中的正序基波电流分量作用才能得到直流分量,而与其中的负序基波分量和谐波分量作用得到的全是交流分量。因此如果分离出瞬时功率中的直流分量 $\bar{p}$, $\bar{q}$ 和交流分量 $\tilde{p}$, $\tilde{q}$,再将交流分量经过反变换即可求出负载电流中的负序分量和谐波分量。具体步骤如下:设 $\alpha\beta$ 电流分量中的负序电流分量与谐波电流分量之和为 $i_{c\alpha}$, $i_{c\beta}$,则

$$
\left.\begin{aligned}
u_{\alpha}i_{c\alpha} + u_{\beta}i_{c\beta} &= 2\,\tilde{p}/3 \\
u_{\beta}i_{c\alpha} - u_{\alpha}i_{c\beta} &= 2\,\tilde{q}/3
\end{aligned}\right\}
\tag{12-10}
$$

求解得到

$$
\left.\begin{array}{l}
i_{c\alpha} = \dfrac{u_\alpha}{u_\alpha^2 + u_\beta^2}\dfrac{2}{3}\tilde{p} + \dfrac{u_\beta}{u_\alpha^2 + u_\beta^2}\dfrac{2}{3}\tilde{q} \\[4mm]
i_{c\beta} = \dfrac{u_\beta}{u_\alpha^2 + u_\beta^2}\dfrac{2}{3}\tilde{p} - \dfrac{u_\alpha}{u_\alpha^2 + u_\beta^2}\dfrac{2}{3}\tilde{q}
\end{array}\right\}
\tag{12-11}
$$

利用 $\alpha\beta$ 变换的关系式及三相负序电流分量及谐波电流分量之和为零(实际上为 $\alpha\beta0$ 变换的逆变换),可以求出 a,b,c 三相电流中负序分量和谐波分量的大小,如图 12-9 所示。同理,如果采用瞬时功率中的直流分量即 $\bar{p},\bar{q}$,按照上面的步骤可以计算出 a,b,c 三相负荷电流中的正序基波电流的有功电流分量和无功电流分量。

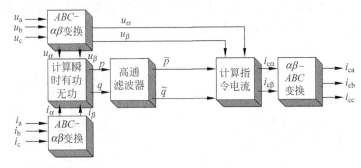

图 12-9　基于瞬时无功功率理论的谐波检测方法

瞬时功率理论的目的是为了快速计算电流分量中的负序分量、谐波分量及有功电流分量和无功电流分量,按照上面的步骤除式(12-6)的计算外,其他的计算只需要同一时刻的数值即可完成计算。但式(12-6)的计算,即将瞬时有功功率和无功功率分解为直流分量和交流分量却不能瞬间完成,要将瞬时功率分解为直流分量和交流分量需要采用滤波,而一旦采用滤波必然存在延时,从而使整个计算过程即负序电流和谐波分量的分解过程存在延时。由于传统的正序、负序及谐波的计算需要一个工频周期的时间,因此延时时间为一个周期(我国为 20ms),而采用瞬时功率理论分解负序分量、谐波分量及有功电流分量和无功电流分量的延时时间可以更小,因此获得广泛的应用。

2. 电流控制

有源电力滤波器补偿谐波的效果由所设计的电流控制器的特性、谐波检测环节及调制技术决定。有源滤波器中采用的调制技术大多数是基于 PWM 策略的,这里我们介绍四种,即周期采样控制、滞环比较控制、三角载波控制及矢量控制。

图 12-10 为周期采样控制方法的原理图。周期采样控制方法主要是根据有源滤波器输出电流与参考电流的比较结果在采样脉冲的上升沿改变 PWM 脉冲的状态。如果在采样脉冲的上升沿补偿电流 $i_c > i_{\mathrm{ref}}$,则 PWM 脉冲为正,控制有源滤波器的变换器开关使补偿电流减小;如果在采样脉冲的上升沿补偿电流 $i_c < i_{\mathrm{ref}}$,则 PWM 脉冲为 0,控制有源滤波器的变换器开关使补偿电流增加。周期采样控制方法的优点是控制非常简单,器件的开关频率被限制在采样时钟脉冲频率以内,当然开关器件实际的开关频率并不是确定的。

图 12-11 为滞环比较方法的原理图。该方法采用滞环比较方法确定有源滤波器开关器件的开与关。滞环比较器的输出特性如图 12-12 所示,图中 H 为滞环比较器的宽度。当 $i_c > i_{\mathrm{ref}} + H$ 时,比较器输出为 1,控制有源滤波器的变换器开关使补偿电流减小;当

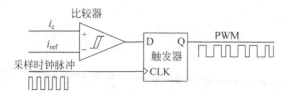

图 12-10 周期采样控制方法

$i_c < i_{ref} - H$ 时,比较器输出为 0,控制有源滤波器的变换器开关使补偿电流增加;而当 $i_{ref} - H < i_c < i_{ref} + H$ 时,比较器的输出与原来的输出一样,即保持变换器开关的状态不变。这样可以使有源滤波器输出的电流在一个 $2H$ 宽的带中跟踪参考电流。通过调节 H 的大小可以控制有源滤波器电流跟踪的精度及改变开关的频率。

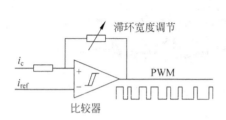

图 12-11 滞环比较控制方法

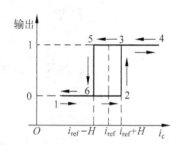

图 12-12 滞环比较器的滞回特性

图 12-13 为三角载波控制方法,有源滤波器输出的补偿电流与参考电流的误差经比例积分 PI 处理后与三角载波进行比较,产生相应的 PWM 脉冲。这种控制方法比周期采样方法与滞环比较方法复杂。比例积分的系数 k_P 与 k_I 决定了三角载波控制方法的暂态响应与稳态误差。人们在实践中根据经验得到了确定比例积分系数的公式如下:

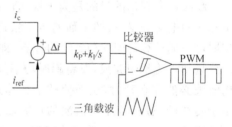

图 12-13 三角载波控制方法

$$\left.\begin{aligned} k_P^* &= \frac{(L + L_0)\omega_c}{2u_d} \\ k_I^* &= \omega_c k_P^* \end{aligned}\right\} \tag{12-12}$$

式中,$L + L_0$ 为有源滤波器变换器侧向系统侧看到的总等效电感;ω_c 为三角载波的频率,而三角载波的峰值为 1V;u_d 为变换器直流侧的电压。

矢量控制技术是非常重要的一种电流控制技术,现在已经发展出多种矢量控制方法,这里介绍文献[4]中的矢量控制技术。该方法将电压与电流的 $\alpha\beta$ 参考平面分成六个区域,且电压与电流的区域相角差 30°,如图 12-14 所示。矢量控制方法首先计算电流误差矢量,看电流误差矢量 Δi 位于哪个区域,然后选择变换器输出电压矢量 u_i 迫使电流误差矢量 Δi 朝反方向变化,使变换器输出电流靠近参考信号。图 12-15 所示为并联有源滤波器的单相等效电路,利用基尔霍夫电压定律,可以得到

$$u_i(t) = L \frac{di_g(t)}{dt} + u_s(t) \tag{12-13}$$

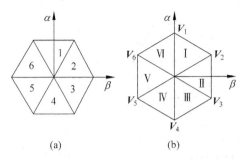

图 12-14　变换器输出电流与电压矢量定义的正六边形

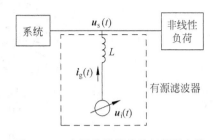

图 12-15　有源滤波器的单相等效电路

电流误差矢量 Δi 由下面的表达式定义：

$$\Delta i = i_{\text{ref}} - i_{\text{g}} \tag{12-14}$$

式中，i_{ref} 为参考电流矢量，是利用前面介绍的瞬时功率理论来定义的。将式(12-14)代入式(12-13)得到

$$u_{\text{i}}(t) = L\frac{\mathrm{d}(i_{\text{ref}} - \Delta i)}{\mathrm{d}t} + u_{\text{s}}(t) \Rightarrow L\frac{\mathrm{d}\Delta i}{\mathrm{d}t} = L\frac{\mathrm{d}i_{\text{ref}}}{\mathrm{d}t} + u_{\text{s}}(t) - u_{\text{i}}(t) \tag{12-15}$$

如果令

$$u(t) = L\frac{\mathrm{d}i_{\text{ref}}}{\mathrm{d}t} + u_{\text{s}}(t) \tag{12-16}$$

则得到

$$L\frac{\mathrm{d}\Delta i}{\mathrm{d}t} = u(t) - u_{\text{i}}(t) \tag{12-17}$$

式(12-17)为有源滤波器的状态方程，它表明电流误差变化率矢量 $\mathrm{d}\Delta i/\mathrm{d}t$ 由虚拟电压矢量 $u(t)$ 和变换器的输出电压矢量 $u_{\text{i}}(t)$ 之差决定。为了使 $\mathrm{d}\Delta i/\mathrm{d}t$ 接近零，变换器的输出电压矢量必须与虚拟电压矢量近似相等。为此可以根据电流误差矢量 Δi 所处的区间及大小选择变换器的开关信号。为了提高电流控制的精度及有源滤波器的响应时间，根据 Δi 的大小采用下面的控制方法：

① 如果 $\Delta i \leqslant \delta$，则变换器的开关信号不变；

② 如果 $\delta < \Delta i \leqslant H$，变换器的开关信号为模式 a；

③ 如果 $\Delta i > H$，变换器的开关信号采用模式 b。

其中 δ 和 H 为可以选择的参考值，分别为电流控制策略的精度和滞环带宽。

(1) 模式 a，Δi 发生小的变化

变换器开关模式的选择可以解释如下：假定电压矢量 $u(t)$ 位于图 12-16 所示的区间 Ⅰ 内，而电流误差矢量 Δi 位于区域 6 内，最靠近 $u(t)$ 的变换器输出电压矢量为 V_1 和 V_2。矢量 $u(t) - V_2$ 和 $u(t) - V_1$ 决定的矢量 $L\mathrm{d}\Delta i/\mathrm{d}t$ 位于区域 Ⅲ 和 Ⅴ，如图 12-16(a)所示。为使电流误差矢量 Δi 减小，$L\mathrm{d}\Delta i/\mathrm{d}t$ 必须位于区域 Ⅲ，所以变换器输出电压矢量必须为 V_1，这样 Δi 就会沿着其反方向变化，幅值迅速减小。通过对各种情况的分析，对于 Δi 和 $u(t)$ 位于不同区域的情形，开关模式如表 12-1 所示，其中 $V_k(k=0,1,\cdots,7)$ 代表的开关函数由表 12-2 所列。

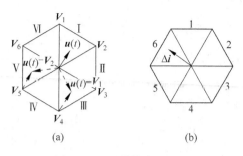

图 12-16　开关模式的选择

表 12-1　变换器的开关模式

$u(t)$ 区域	Δi 区域					
	1	2	3	4	5	6
I	V_1	V_2	V_2	V_0-V_7	V_0-V_7	V_1
II	V_2	V_2	V_3	V_3	V_0-V_7	V_0-V_7
III	V_0-V_7	V_3	V_3	V_4	V_4	V_0-V_7
IV	V_0-V_7	V_0-V_7	V_4	V_4	V_5	V_5
V	V_6	V_0-V_7	V_0-V_7	V_5	V_5	V_6
VI	V_1	V_1	V_0-V_7	V_0-V_7	V_6	V_6

表 12-2　开关函数与变换器开关模式之间的关系

k	a 相开通	b 相开通	c 相开通	变换器输出电压
0	4	6	2	0
1	1	6	2	$\dfrac{2}{3}u_d$
2	1	3	2	$\dfrac{2}{3}u_d\mathrm{e}^{\mathrm{j}\pi/3}$
3	4	3	2	$\dfrac{2}{3}u_d\mathrm{e}^{\mathrm{j}2\pi/3}$
4	4	3	5	$\dfrac{2}{3}u_d\mathrm{e}^{\mathrm{j}\pi}$
5	4	6	5	$\dfrac{2}{3}u_d\mathrm{e}^{\mathrm{j}4\pi/3}$
6	1	6	5	$\dfrac{2}{3}u_d\mathrm{e}^{\mathrm{j}5\pi/3}$
7	1	3	5	0

（2）模式 b，Δi 发生大的变化

如果在暂态过程中 $\|\Delta i\|>H$，就需要选择变换器开关模式使 $\mathrm{d}\Delta i/\mathrm{d}t$ 在 Δi 反方向上最大。在这种情况下，变换器输出电压矢量的最理想的值是与 Δi 位于相同的区域。在两次连续换相之间的时间小于选定的值（$t=1/(2f_c)$）时，可以通过控制两次换相之间的时间而不采用新的开关模式使开关频率固定。图 12-17 给出了变换器电流矢量控制的策略。其中 $^*u$ 代表矢量 u 位于的区域，而 $^*\Delta i$ 代表 Δi 所位于的区域，K_1 保持与 K 相同的值（变换器中没有换相），K_2 从表 12-1 中选择新的变换器输出电压，K_3 选择 Δi 相同区域中的变换器输出电压 $u_i(t)$。

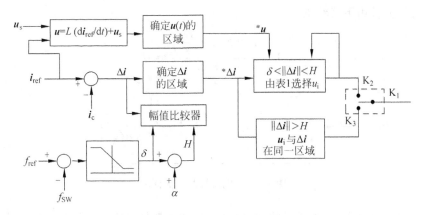

图 12-17　电流控制框图

3. 控制环的设计

控制直流侧电压的有源电力滤波器需要两个控制环,即一个控制变换器输出电流的控制环与一个调节变换器直流侧电压的控制环。在许多文献中已经给出了不同的设计准则。

本节主要介绍传统的基于 PI 控制方法的双环控制的设计过程。一般地,电流控制环与电压控制环的设计都是基于时间响应的需要而确定的。因为有源电力滤波器的暂态响应由电流控制环决定,所以电流控制环必须足够快才能紧紧地跟踪参考电流波形。而直流侧电压的时间响应不需要很快,其响应时间至少比电流控制环大 10 倍。所以这两个控制环可以互相解耦而作为两个独立的系统来设计。

电流环和电压环都采用 PI 控制方法的理由是 PI 控制在跟踪参考电流和电压时不会有静差。下面分别介绍电流控制环与电压控制环的设计。

(1) 电流控制环的设计

电流控制环增益的选择取决于所选择的电流控制方法。如果选择三角载波技术产生门极驱动信号,有源滤波器输出补偿电流与参考电流的误差通过 PI 控制环处理后与固定幅值及频率的三角波比较来产生驱动信号。这种电流控制方法的优点是变流器的输出电流谐波含量小。

由于有源电力滤波器作为电压源应用,交流输出电流由变换器的交流输出电压决定,所以每相的电流控制环如图 12-18 所示,其中 u 为电压源相电压,$Z(s)$ 为连接电抗器,K_s 为变流器的增益,$G_c(s)$ 为控制器的增益。K_s 和 $G_c(s)$ 由以下两式确定:

$$K_s = \frac{u_d}{2\xi} \tag{12-18}$$

$$G_c(s) = K_p + \frac{K_i}{s} \tag{12-19}$$

其中 ξ 为直流电压。

由式(12-18)与(12-19)可以得到下列表达式:

$$i_g = \frac{\dfrac{K_s\left(K_p + \dfrac{K_i}{s}\right)}{R_r + sL_r}}{1 + \dfrac{K_s\left(K_p + \dfrac{K_i}{s}\right)}{R_r + sL_r}} i_{ref} - \frac{\dfrac{1}{R_r + sL_r}}{1 + \dfrac{K_s\left(K_p + \dfrac{K_i}{s}\right)}{R_r + sL_r}} u \tag{12-20}$$

电流环的特征方程由下式给出:

$$1 + \frac{K_s\left(K_p s + \dfrac{K_i}{s}\right)}{R_r + s L_r} = 0 \qquad (12\text{-}21)$$

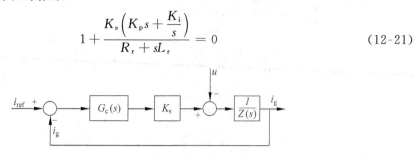

图 12-18   电流控制环的框图

特征方程分析表明,对于任意的 K_p 和 K_i,控制环都是稳定的。而且分析还表明,K_p 决定响应速度,而 K_i 为控制环的阻尼因子。如果 K_p 太大,误差信号可能超过三角波的幅值,影响变换器的开关频率;而如果 K_i 太小,PI 控制器的增益减小,则意味着有源滤波器产生的电流不能紧紧地跟踪参考电流。通过调节比例部分的增益 K_p 等于 1,而积分部分的增益 K_i 等于三角波的频率,可以提高有源滤波器的暂态响应。

(2)电压控制环的设计

有源滤波器中,可以通过调节少量流入直流电容器的有功功率补偿有源滤波器的各种损耗来维持直流侧电容电压的恒定。设计的电压控制环应比电流控制环慢 10 倍,所以可以认为它们是相互解耦的。因为电压控制环只要维持稳态电压,所以直流电压控制环不需要快。直流侧电容电压不允许发生剧烈的变化,其变化可以作为选择合适的直流电解电容值的依据。

12.1.3   功率电路的设计

交流连接电抗器和直流电容的大小直接影响有源滤波器的性能。静止无功功率补偿器与有源滤波器采用相同的主电路拓扑结构,但由于功能不同,因此选择 L_r 和 C 的原则也不一样。对于无功功率补偿,连接电抗 L_r 及直流电容 C 的选择主要考虑谐波约束,即 L_r 必须能够抑制变换器的电流谐波的幅值,而电容 C 必须保持直流电压的纹波系数在给定值以下。上述设计原则不宜用于有源电力滤波器的设计,因为有源电力滤波器必须产生畸变的电流波形。当然必须选择合适的电抗值抑制有源滤波器的高频特征谐波分量在允许值以下。

(1)连接电抗的选择

连接电抗的大小与采用的控制方法有关,这里主要介绍基于三角载波调制方法的有源滤波器连接电抗器的选择。如图 12-19 所示为三角载波波形图,其中 A 为三角载波的幅值,而周期为 T_t,所以频率 $f_t = 1/T_t$。对于三角载波调制控制方法,为了保证调制电流波形与载波存在交点,调制波的斜率不应该高于载波的斜率。有源滤波器连接电感的电流变换率为

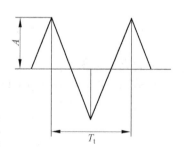

图 12-19   三角载波的波形图

$$\frac{\mathrm{d}i_L}{\mathrm{d}t} = \frac{u_i - u_s}{L_r} \tag{12-22}$$

其中 u_i 为变流器的输出电压,与主电路接法及直流侧电容电压有关。由于连接电抗上电流最大斜率只可能等于三角载波的斜率,所以有

$$\frac{u_i - u_s}{L_r} = 4Af_t$$

即

$$L_r = \frac{u_i - u_s}{4Af_t} \tag{12-23}$$

(2) 直流电容容量的选取

直流侧电容容量大则电压波动小,反之电压波动大。假定直流电容平均电压为 u_d,则电容电压为

$$U_{Cmax} = \frac{1}{C}\int_0^T i_C(t)\mathrm{d}t + u_d \tag{12-24}$$

式中,T 为电容最大的充电或放电周期。如果选定了电容上电压的最大值以及有源滤波器的补偿电流,根据式(12-24)可以估算出电容容量的大小。

12.1.4 有源滤波器的技术要求

一般有源滤波器的技术要求如表 12-3 所示。

表 12-3 有源滤波器的技术要求

项 目	技 术 要 求
相数	三相三线或三相四线
输入电压	380V 或其他
频率	50Hz(或 60Hz)
补偿谐波次数	2~25 次或其他
谐波补偿效果	额定容量时达到 85% 或更高
运行方式	连续
响应时间	1ms 或更短

谐波抑制因子为

$$l = (I_{H2}/I_{H1}) \times 100\%$$

式中,I_{H1} 为没有有源滤波器时流入电源的总谐波电流;I_{H2} 为采用有源滤波器后流入电源的总谐波电流。

12.1.5 工程实例

前面介绍了并联型有源电力滤波器的基本原理、主电路及控制方法,本节简单介绍清华大学与澳门大学联合研制的三电平三桥臂中分三相四线制有源电力滤波器,如图 12-20 所示。该三相四线并联型有源电力滤波器由功率电路和控制器所组成。功率电路包括三电平变换器、不可控整流器、直流侧电容、滤波电感及电气开关等;控制器包括数字控制器(用 DSP 实现)和 IGBT 模块驱动电路等。图 12-21 所示为该有源电力滤波器的电路图。

图 12-20　5kV·A 三相四线制有源电力滤波器装置图

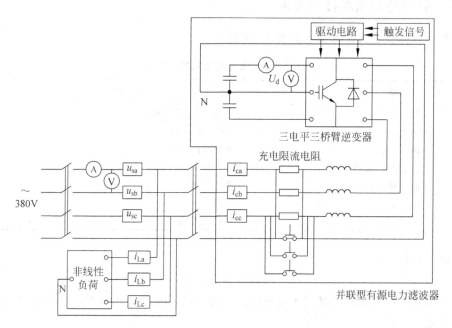

图 12-21　5kV·A 三相四线制并联型有源电力滤波器原理图

图 12-22 所示为三相四线制三电平三桥臂中分变换器的具体结构。整个主电路的核心是采用三相四线制的三电平结构的 IGBT 变换器,它包括了 IGBT 模块、箝位二极管、直流滤波电容及 IGBT 缓冲电路等。

该装置主要的参数如下:

连接电感——6mH;

直流侧电容——10000μF;

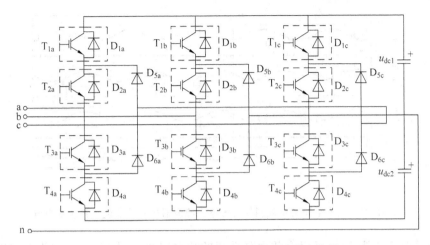

图 12-22　三相四线制三电平三桥臂中分变换器

IGBT 工作的频率——空间矢量控制时 2.5kHz,其他控制方法 10kHz。

该装置的控制系统采用基于双数字信号处理芯片 TMS320C31 的纯数字控制系统。图 12-23 为装置补偿前,非线性负载的电流及中线电流的波形,由图可见负载存在较大的三次谐波,且大量三次谐波流入中线。如果不进行补偿,负载谐波电流将流入系统,对系统造成污染,大量类似的负载分布在配电系统中,将对系统造成严重污染。

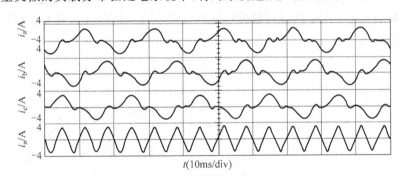

图 12-23　补偿前的负载电流波形

图 12-24 为利用三维空间矢量控制法补偿后,注入系统的电流。由图可见,流入系统的电流谐波含量已经大大减小,特别是中线电流已经很小,中线上电流的谐波电流也非常小。

经过与滞环比较方法的对比,发现采用三维空间矢量控制方法、开关频率为 2.5kHz 的控制效果与采用电流跟踪的滞环比较控制方法、开关频率为 10kHz 的控制效果相当。因此采用空间矢量的控制方法可以提高有源电力滤波器的性能,并可有效降低 IGBT 器件的开关频率,从而可以降低有源电力滤波器的损耗,提高有源电力滤波器的工作效率,因而具有良好的应用前景。

该有源电力滤波器除可以补偿非线性负荷的谐波之外,改变控制方法还可以用于负载功率因数补偿。图 12-25 为有源电力滤波器没有投入时系统的电压与电流波形。由图可见,负载电流除存在谐波外,基波电压其与电流之间还存在一定的相角差,即负载电流基波分量滞后于系统电压,功率因数约为 0.89,即负载从系统吸收一定的无功功率。有源电力

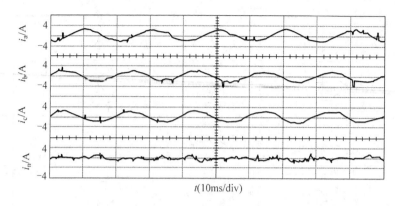

图 12-24   三维空间矢量控制的有源电力滤波器的补偿后流入系统的电流

滤波采用无功功率补偿后,可以有效提高系统的功率因数。图 12-26 所示为有源电力滤波器投入后,系统的电压与电流波形。由图可见,并联型有源电力滤波器不仅能够补偿谐波,还可以补偿负载的无功功率,经补偿后系统的功率因数已经提高到 0.98。可见有源电力滤波器可以有效地提高负载的功率因数。当然,采用有源电力滤波器补偿负荷的无功功率需要占用有源电力滤波器的容量,如果从经济的角度考虑,采用有源电力滤波器补偿无功功率成本很高。因此在实际中通常采用混合补偿方式,即有源电力滤波器主要用于补偿非线性变动性负荷的动态谐波电流,而负荷固定次数与大小的谐波电流一般采用无源滤波器补偿,无功电流分量通常采用简单的晶闸管投切电容以及 DSTATCOM 装置加以补偿,这样可以降低负荷补偿的成本。

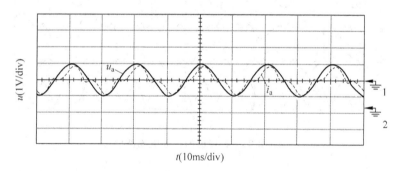

图 12-25   补偿前的电源电压与电流波形

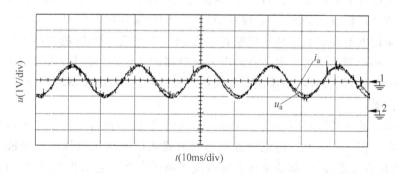

图 12-26   补偿后的电源电压与电流波形

该装置的各项实验结果及在澳门大学的运行效果表明该装置的补偿效果达到了 IEEE Std 519—1992 对低压用户 THD 值的要求,同时还可达到改善负载的功率因数的目的。

12.2　动态电压调节器

电力用户希望得到高质量的电压,而系统受到干扰时电压质量会变差,此时最有效的提高用户电压质量的手段是串联补偿,即在系统与用户之间串联接入电压补偿装置,一旦系统电压受到干扰,补偿装置产生一定的电压抵消系统电压的变化,保证用户侧具有高质量的电压(如图 12-27 所示,k 为节点号)。一旦负荷供电点电压受到干扰变成 $u+u_i$,串联补偿装置可以产生 $-u_i$ 的电压,从而使负荷侧电压仍然为 u,不受系统干扰的影响。改善电压质量的装置很多,如通常采用的稳压器,在系统电压变高或变低时,稳压器通过调节可以使输出电压稳定在一定的范围之内。不过通常的稳压器响应速度慢,而敏感负荷对电能质量的要求高,电压质量几 ms 的变化就影响其工作。为此人们又研制出了动态性能更加优良的电压质量调节器,如不停电电源(UPS)、动态电压调节器(DVR)等。本节将详细介绍动态电压调节器。

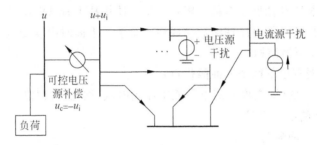

图 12-27　串联补偿的原理图

12.2.1　动态电压调节器的结构分析

DVR 的主电路由四部分组成,即基于全控器件的电压源型变换器、输出滤波器、串联变压器和直流储能单元,其基本结构及与电力系统的连接如图 12-28 所示。下面就对这四个主要部分的各种结构进行详细的分析和比较。

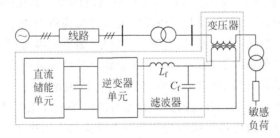

图 12-28　DVR 基本结构及与系统连接单线图

1. 变换器

DVR 的核心单元是一个基于全控器件的电压源型 PWM 变换器,通过变换器对直流电压的逆变产生用于补偿系统故障电压的串联交流电压。三相 DVR 的变换器拓扑结构主要有两种,即三相桥结构和三单相桥结构。采用前者时,三相输出电压互相关联,控制比较复杂,且无法向系统提供零序电压,因此主要应用于三相三线制系统;采用后者时,三相输出电压互相独立,可以分相控制,且控制简单,对于三相三线制系统和三相四线制系统都可以应用。当系统出现不对称故障时,这种结构的 DVR 可以就其中的零序进行补偿。我国的大部分低压电网都采用三相四线制结构,三相电压不平衡的情况比较常见,所以采用三单相桥结构更为合适。

三单相变换器每个单相的结构相同,结构形式有半桥变换器、全桥变换器等。不同结构的变换器有不同的性能。单相半桥变换器使用两只开关器件,器件成本较全桥变换器低,但其直流侧需要电容分压,存在直流侧两个电容均压的问题。同时,由于直流侧经过了分压,直流侧电压的利用率降低一半,因而装置在不同电压和功率等级上设计的灵活性大大降低。全桥变换器使用的开关器件是半桥变换器的两倍,装置的成本比半桥高,但不存在电容分压和均压等问题,输出电压的品质较好。另外,桥式变换器都存在桥臂直通的问题,所以两种桥式变换器都需要可靠的桥臂保护手段来防止桥臂直通。

2. 串联变压器

串联变压器对装置补偿性能有很大影响。从电路拓扑上看,DVR 可以不用串联变压器而直接将变换器输出的补偿电压滤波后串联注入系统。下面对串联变压器进行一些分析。

(1) 采用串联变压器结构

采用串联变压器有以下两个方面的优点:

① 采用升压变压器(即变换器侧电压低于注入电压)结构,可以降低变换器直流侧电压等级,充分利用器件的电流容量;

② 将变换器和电网隔离。

由于变压器的非线性,它在带来以上优点的同时,也带来了不少缺点:

① 变换器产生的高次谐波给变压器的设计带来了困难,使得变压器的容量上升;

② 串联变压器的短路电抗降低了开环控制的电压精度,影响装置的性能,并产生功率损耗;

③ 串联变压器和滤波的电感电容互相影响将带来附加的相移和电压降落,从而影响控制器的性能。

另外,变压器还存在饱和(saturation)及电压跌落时的瞬间涌流(inrush current)及补偿投入涌流等问题。因此,是否采用串联变压器需要综合考虑以上因素。在高压配电网络中,考虑到变换器结构、开关器件电压容量、直流母线电压、装置成本等因素,采用串联变压器是一个较好的选择。在这种情况下,装置的主要功能将以补偿基波电压波动为主。

串联变压器参数的设计与 DVR 的主电路的结构,特别是滤波器的位置、系统参数等有很大关系。决定变压器原边电压等级的因素有系统跌落的最大幅度、DVR 的控制方法和滤波器的位置。即变压器原边电压等级由变压器需要输出的电压决定;原边电流容量和短路电抗取决于负荷的额定电流和滤波器的位置;而变比则和副边电压、电流容量互相关联,确定了一个,就可以确定另外一个。副边电压等级是由变换器的输出决定的。当变换器的结构可变时,其输出电压可变,变压器变比也是可以变化的。根据对变换器的结构、装置成本、装置的性能等方面综合考虑可以挑选一个最优变比。

（2）不采用串联变压器结构

由于 DVR 需要补偿电压谐波，而负载电流要流过这个串联变压器，在系统电流谐波比较大的情况下，就更加增加了损耗，降低系统效率和提高成本。所以在电压等级较低的应用中，完全可以省去这个串联变压器而采用相对容易设计的电源变压器将直流母线和系统隔离，如图 12-29 所示。

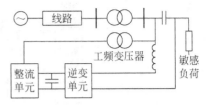

图 12-29 直流隔离示意图

对于中高压系统，如果 DVR 装置不希望通过变压器接入系统，采用考虑到开关器件的电压和容量，主电路可以有两种结构，如图 12-30 所示。图 12-30（a）采用的是桥臂开关器件串联分压的方法。这种结构需要注意串联开关之间的均压，通常的做法是利用大电阻和吸收电路均压。图 12-30（b）采用的是多个变换器串联即链式变换器结构，这种结构不必要考虑开关元件之间的均压，但必须保证各个变换器之间的功率均衡。实现功率均衡的方法有：①软件方法，即采用脉冲换位；②硬件方法，增加另外的控制电路使得各变换器的直流侧电容电压平衡。另外这种结构下，开关元件的开关频率可能会比较高，因此主电路的损耗及散热问题也需要考虑。

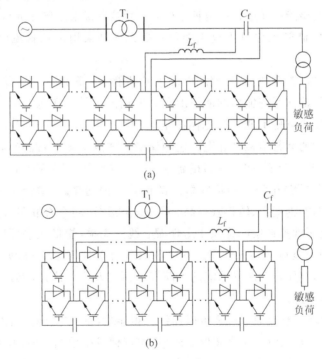

图 12-30 电容耦合 DVR 装置的主电路结构
（a）开关器件串联式结构；（b）链式结构

3. 串联滤波器

由上面的讨论知道，在 DVR 中引入串联变压器后，滤波器的安置地点将对 DVR 的设计和性能带来影响。图 12-31 给出了采用串联变压器后滤波器可能的安装位置，以 A，B，C 表示。三个安装位置各有其优缺点，可以根据需要加以选择。

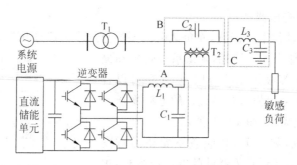

图 12-31   滤波器放置位置示意图

如果采用电容直接串联接入系统的主电路结构,则滤波器的安放位置只有两种,即图中 A 点或者 C 点。如果置于 C 点,由于 L_3,C_3 的电流直接反映了负载电流的情况,控制器可以取样电感或电容电流进行电流模式控制。它带来的问题是系统电流中将流过高频电流成分,因此将滤波器置于 A 点。

4. 直流储能单元

在系统发生故障时,DVR 必须向系统提供有功功率,这些能量都由 DVR 的直流储能单元提供。DVR 的储能单元通常有两种结构:一种是直接采用储能元件,当装置需要向系统注入有功时,这些储能元件可以提供能量;第二种是采用不控整流的方法连续地提供能量。

储能元件有电容、蓄电池、超导储能以及飞轮储能等。采用大电容储能方式,当系统发生电压跌落时,变换器向系统输出的能量由电容的储能提供。在电容电压跌落到一定数值前,可以基本维持用户电压不变。因此储能电容的容量决定了 DVR 在故障期间可以提供的能量,应根据装置的运行指标来确定。这种储能方式成本较低,但受到很多因素的制约。采用蓄电池作为直流储能单元时,能量的流动完全可控。此时 DVR 的结构类似于后备式 UPS。超导储能(SMES)作为一种特殊新能源也是一种选择。SMES 与蓄电池储能、飞轮储能等相比,具有储能密度大、转换效率高、可四象限运行、功率吞吐量大、充放电速度快等优点。它应用于电压跌落补偿的优点十分明显:线圈无损,能量几乎可以瞬间从线圈转换到负载,使 DVR 具有良好的动态性能。不过 SMES 的成本很高,如微型 SMES 系统的成本约为 350 美元/kW,但随着对超导储能的不断深入研究及推广应用,其成本将会大幅下降,它应用也会越来越普遍。

当直流侧采用不控整流时,DVR 可以连续获得能量,系统电压稳态故障补偿成为可能。当直流侧的能量通过从系统整流获得时,在系统侧即使发生单相故障,其他两相仍可以提供电能来维持 DVR 的正常运行。另外如果采用图 12-31 所示的结构,改变变压器的变比还可以使低压时系统能提供足够高的直流侧电压,扩大 DVR 的补偿范围。

12.2.2 动态电压调节器的控制

1. 前馈控制模式

前馈控制是以系统侧电压作为输入信号,控制器通过比较系统电压与参考电压的差值来提供补偿电压的控制方式。前馈控制模式具有响应速度快、稳定性高、控制方法简单等优点,所以相当多的场合采用了这种控制方式。前馈控制的具体过程为:①利用传感器、检测电路检测出系统侧电压与基准参考电压信号的差值即畸变电压;②通过控制电路产生由补偿策略确定的补偿信号;③经过 PWM 电路形成 PWM 信号;④由驱动电路控制变换器的功率器件开关;⑤由 LC 滤波器滤除高次谐波,输出与补偿指令相同的补偿电压来抵消电源电压中的各种畸变分量,从而提高用户的电能质量。前馈控制的原理框图如图 12-32 所示。

图 12-32 前馈控制原理框图

前馈控制中,检测环节是最为关键的环节,只有准确无误地检测出电源中的畸变量,才有可能得到理想的补偿效果。前馈控制中的检测方法与谐波、无功电流的检测不同,不但需要检测出除基波外的总畸变分量,还要检测出基波分量与基波基准值之差。检测方法必须能够迅速、准确地检测出输入电压的变化。检测方法主要有:采用模拟滤波器的谐波检测方法、基于 FFT 的函数分解法、基于瞬时无功功率理论的有功与无功分离法等。其中采用广义瞬时无功理论的检测方法是较为常用的方法,其原理是把检测到的三相电压信号经过 Park 变换,然后将 d、q 坐标轴的分量经过高通滤波器将直流分量滤除,再经过 Park 反变换,即得三相所需补偿的电压。由于 Park 变换是对瞬时值进行变换,故这种检测方法具有很好的实时性。

一般来说,即使准确地检测出系统电压畸变量,前馈控制也很难保证输出负载电压和基准信号完全一致。这是因为输出电压不仅仅与基准参考信号 u_{ref} 有关,还与滤波器参数、负载电流以及系统侧输入电压相关。稳定性也是前馈控制的另一个主要问题。前馈控制模式下补偿装置的稳定性会受到负载的影响,输出电压在轻载条件下稳定裕度将明显下降,可能产生较大的不稳定振荡,这种情况在空载条件下更加严重。系统的非线性负载适应能力也很难提高。前馈控制模式只能在一定范围内满足补偿的要求。所以,单纯利用前馈控制无法获得很好的补偿指标,也很难具有很好的负载适应能力,这也是谐波消除效果不好的重要原因。

2. 反馈控制模式

反馈控制通过对装置输出电压进行直接控制,以得到更好的负载调节特性和稳定的输出电压。实现输出电压反馈控制的方法很多,效果也不相同。输出电压有效值反馈控制可以稳定输出电压有效值,但对于负荷的变化却反应很慢(可能要经过几个工频周波)。输出电压瞬时值控制瞬时调节参考电压和输出电压的差,可以有效地提高输出电压的动态性能,在相当长的时间内被广泛使用。但这种仅仅采用电压瞬时控制的方式对于非线性负载的适应性并不是很好,同时系统的稳定裕度也不高,参数设计相对困难。为了减小负载电流的影响,具有电流瞬时值反馈的控制方法也被采用。图 12-33 为采用负载电压瞬时值加电容电流局部反馈控制的系统框图。图中 i_{L} 为负载电流,i_{FL} 为滤波电感电流,u_{c} 为补偿电压(u_{i}),

L, C 为滤波电感、电容。假设 PI 调节器传递函数为 $K_v\left(1+\dfrac{1}{\tau s}\right)$，并且将变换器等效为放大倍数为 K_m 的线性环节。电流内环放大倍数定义为 α，电压外环放大倍数为 β。$u_o(u_L)$ 和 u_{ref} 之间的关系反映了负载电压对参考电压的跟踪能力。由系统信号框图可得 u_o 对 u_{ref} 的开环传递函数为

$$G_{or}(s) = \frac{\beta K_m K_v (1 + \tau s)}{\tau s (LCs^2 + K_m C\alpha s + 1)} \tag{12-25}$$

进而由开环传递函数可以求得系统闭环传递函数为

$$G_{cr}(s) = \frac{K_m K_v \tau s + K_m K_v}{LC\tau s^3 + K_m C\alpha \tau s^2 + \tau s(1 + K_m K_v \beta) + K_m K_v \beta} \tag{12-26}$$

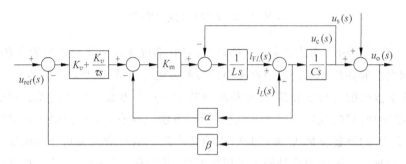

图 12-33　负载电压加电容电流的双闭环控制信号流图

对于结构如图 12-29 所示的动态电压调节器，如果其参数如表 12-4 所示，对该控制系统进行分析可知系统是稳定的且具有较高的稳定裕度，在低频带负载电压完全跟踪参考电压，具有很好的低通特性。同时，通过增加电流局部反馈控制可以大幅度地提高负载适应特性，消除了二阶输出滤波器谐振点附近的不稳定现象，而且频率适应范围也得到增强。可见，利用负载电压作为外环，输出滤波电容电流反馈作为内环的双闭环控制方式可以获得很好的动态特性和负载适应性。

表 12-4　控制系统参数

项　　目	参　　数	项　　目	参　　数
L	7.76mH	C	11μF
α	8.5	β	0.022
K_m	160	K_v	30
τ	0.6ms	开关频率 f_{sw}	16kHz

除了上述对负载电压进行反馈控制的模式以外，还可以对变换器输出的补偿电压进行反馈控制，图 12-34 为该种控制模式的框图。这种反馈方式是通过直接控制变换器输出的补偿电压，使之严格跟踪系统电压畸变量，来改善前馈模式中的稳定性及负载适应性等问题。但这种反馈模式存在的问题是对系统电压采样中的干扰抑制不好，输出的负载电压品质仍不能得到较好保证。以下对此进行分析。

k_1 为电压采样倍率，系统电压经过采样环节后变为 u_s/k_1，系统采样及其他各种扰动等

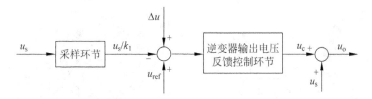

图 12-34 变换器输出电压反馈控制框图

效为 Δu。当对变换器输出的补偿电压进行反馈控制时,变换器输出补偿电压在低频段可对补偿信号具有较好的跟踪性能,此时可将整个反馈环节看成增益为 k_i 的线性环节,则负载电压为系统电压叠加上变换器补偿电压,即

$$u_o = u_s + u_c = u_s + (u_{ref} - u_s/k_1 + \Delta u) \times k_i \tag{12-27}$$

要使负载电压不受其他因素的影响,能够在低频段范围内较好地跟踪标准参考电压,从而获得较好的电压品质,必须满足以下两个条件:

$$u_s \times (1 - k_i/k_1) \to 0 \tag{12-28}$$

$$\Delta u \times k_i \to 0 \tag{12-29}$$

式(12-28)所示条件可以通过选择合适的采样倍率 k_1 和闭环增益 k_i 得到满足,但式(12-29)中,由于闭环增益 k_i 一般较大,因而无法使这一项非常小,采样中的干扰会对负载电压产生影响,从而无法使负载电压较好地跟踪参考电压,负载电压的品质得不到保证。

3. 两种控制模式的比较

前馈控制将系统电压与基准电压进行比较,将计算所得的系统电压畸变量直接用于控制变换器的输出。前馈控制虽具有控制简单、响应速度快等优点,但纯粹的前馈控制是很难达到系统要求的。

相对于前馈控制模式,反馈控制可以提供更加精确的控制结果,它通过对输出电压的直接控制来保证输出电压质量。如果对变换器输出的补偿电压进行反馈控制,负载电压仍会受到采样干扰的影响,而当采用负载电压反馈控制模式时,可以获得较好的负载电压品质,引入局部电流反馈控制后,则可以获得较好的负载适应性。

4. 能量优化问题

在系统电压跌落时,为了保证负荷侧电压不变,动态电压调节器通常需要向负荷提供有功功率,因此动态电压调节器的直流侧必需有储能元件或者直接通过整流获得能量。如果直流侧储能元件储能容量大,则动态电压调节器能补偿的跌落越深,补偿的时间也越长,但这样会增加 DVR 装置的成本。因此如果能够减小直流侧储能单元的大小,又能保证 DVR 满足敏感负荷的补偿要求,就能降低 DVR 装置的制造成本,这就是 DVR 的能量优化问题。下面简单介绍其原理。

图 12-35 所示为 DVR 装置在系统电压正常时的相量图(跌落前),此时负荷电压与系统电压相同,DVR 装置的输出为 0。而当系统电压发生跌落后,为保证负荷电压不变,DVR 装置将输出适当的电压,如图 12-36 所示。图中阴影部分为负荷电压允许的范围。此时可以根据敏感负荷的特点,确定补偿后负荷电压的大小与相位。

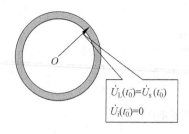

图 12-35　系统电压跌落前的相量图

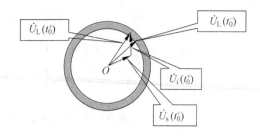

图 12-36　系统电压跌落后,DVR 装置补偿
保持负荷电压大小不变的原理

　　如果敏感负荷只对电压大小敏感而对相位不敏感,则系统电压跌落后,补偿后的负荷电压可以在图 12-36 中阴影部分的任何位置,即只要满足

$$| \dot{U}_{L}(t_0^+) | = | \dot{U}_{L}(t_0^-) | \tag{12-30}$$

就可以。因此补偿电压 $\dot{U}_i$ 有无穷多个解可以使负荷电压幅值与系统电压跌落前相等。此时通过合理选择 $\dot{U}_i$,可以使 DVR 装置输送到负荷的有功功率最小,即

$$\left.\begin{array}{l} \min P_{DVR}(t) = \min_{u_i}(\mathrm{Re}\,(\dot{U}_i \hat{\dot{I}}_{FL})) \\[2mm] U_{\min} \leqslant | \dot{U}_{L}(t) | \leqslant U_{\max} \\[2mm] | \dot{U}_i(t) | \leqslant U_{i\max} \end{array}\right\} \tag{12-31}$$

　　如果敏感负荷(如电动机负荷)既对电压大小敏感又对相位敏感,则要求系统电压跌落前后,负荷侧电压的大小与相位均保持不变,这种情况下就无法进行能量优化。

12.2.3　DVR 设计实例

　　清华大学研制的 10kV·A DVR 样机的单相结构如图 12-37 所示,主电路结构如图 12-38 所示,主电路参数如表 12-4。变换器采用三单相全桥结构,这种结构可以对各相的输出电压进行独立控制,可对各相线路注入正序、负序和零序补偿电压。另外,在三相三线制系统中,可以采用线电压解耦控制,只需要两相变换器,这样三个串联装置可以互为备用,可靠性高。由于该装置应用于系统电压等级较低的配电系统,因此没有串联变压器。直流侧采用不控整流滤波电路,采用工频升压变压器来维持直流侧的电压并使装置与系统隔离,各相直流侧互相独立,拥有独立的能量回路。变换器的开关器件采用 IGBT 智能模块(IPM),每个智能模块可以独立组成一个单相桥(智能模块有三个桥臂,实际中只用到两个桥臂)。由于 DVR 装置串联在系统电源与负荷之间,因此一旦 DVR 装置出现故障将影响敏感负荷的供电,为此在 DVR 装置串

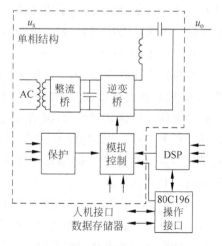

图 12-37　10kV·A DVR 样机
单相结构图

联接入系统的位置安装了旁路开关 PLJ 及开关 NJ_1 和 NJ_2。当 DVR 装置出现故障后,先将 PLJ 合上,再断开 NJ_1 与 NJ_2,将 DVR 装置退出运行进行检修。为了降低 DVR 装置的损耗,当系统电压正常时,DVR 装置工作在电子旁路状态,即变换器上半桥的 IGBT 导通而下半桥 IGBT 关断(以 a 相为例,即正常时 G_{a1} 和 G_{a2} 导通,而 G_{a3} 和 G_{a4} 关断)。一旦控制系统检测到系统电压发生异常,DVR 装置立即投入运行,逆变桥工作在逆变状态。DVR 装置的控制系统采用数字模拟混合式控制系统,数字部分采用以数字信号处理器 DSP 为核心控制系统,用于产生基准电压信号,而模拟控制部分主要是用于产生驱动变换器工作的 PWM 脉冲。为了可以通过控制器界面操作并观测到 DVR 装置的动作及效果,还增加了单片机控制的液晶显示屏及操作键盘组成的监测系统,监测系统通过双端口随机动态存储器(双口 RAM)与控制系统进行通信。DVR 装置的整个数字监测控制系统如图 12-39 所示,而模拟控制系统采用图 12-33 所示的负载电压加电容电流的双闭环控制。图 12-40 所示为 10kV·A DVR 样机装置图,表 12-5 列出了样机的性能指标。下面介绍 10kV·A DVR 样机装置各项性能的测试结果。

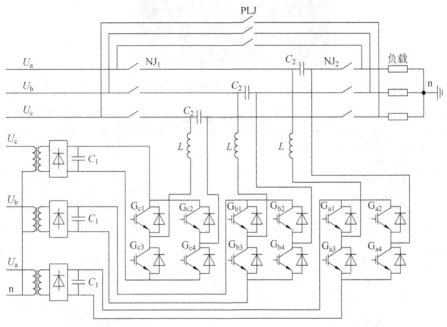

图 12-38 10kV·A DVR 样机的主电路结构

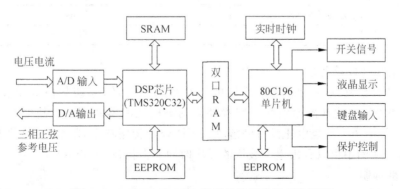

图 12-39 10kV·A DVR 装置的监测控制系统框图

图 12-40　　10kV · A DVR 样机装置

表 12-5　10kV · A DVR 样机装置的性能指标

输入	标称电压	220V AC
	标称频率	50Hz
	暂态电压范围	50%～120%
	稳态电压范围	80%～110%
	隔离	否
输出	电压	220V AC
	输出功率	10kV · A
	功率因数	0.85
	电压稳定度	±1%
	不平衡负载	允许带单相负载
	总畸变率	<3%
	输出电压动态响应	<5ms
	装置效率	>95%

（1）动态电压跌落补偿

动态电压补偿功能主要是针对系统电压跌落而设计的，系统故障为单相电压跌落，图 12-41 为系统发生电压跌落情况下装置补偿动态电压跌落的情况。其中 Ch1 是负载电压，Ch2 是系统电压。系统电压没有跌落时，DVR 处于旁路状态，跌落后 DVR 检测到故障后立即投入。从图中可以看出整个装置的反应时间非常快（小于 5ms）。

（2）闪变抑制

图 12-42 为 DVR 抑制闪变的试验结果，其中上面的曲线为系统电压，下面的曲线为负

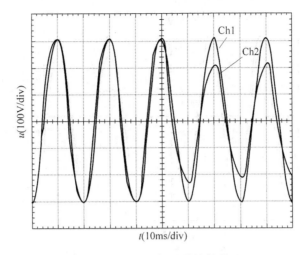

图 12-41　动态电压跌落补偿效果

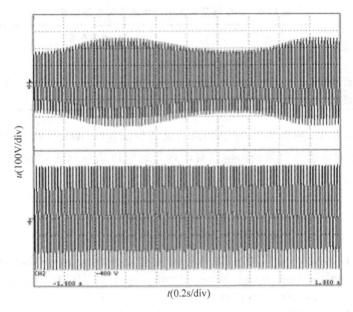

图 12-42　系统电压闪变补偿试验

载电压。可以看出在系统电压出现闪变的时候,负载电压始终维持在额定值。

（3）稳态电压跌落及电压谐波补偿

由于直流侧储能单元采用不控整流的方式,因此,装置具有补偿稳态电压跌落的功能。装置的另一个补偿目标为系统电压谐波补偿,图 12-43 为系统电压发生稳态跌落并且含有一定的谐波的情况下装置的补偿情况。图中 Ch1 为负载电压,Ch2 为系统电压。系统电压存在稳态跌落,且含有谐波,总谐波畸变率为 6.85％;负载电压稳定地维持在额定值,谐波含量大大减小,谐波畸变率为 1.43％。表 12-6 是补偿前后的谐波含量比较,可见装置对于三次谐波的抑制非常有效。

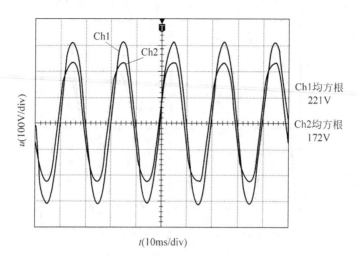

图 12-43　谐波伴随跌落补偿效果

表 12-6　补偿前后系统电压中的谐波含量比较 %

	谐波次数						
	3	5	7	9	11	13	15
系统电压谐波含量	6.72	0.92	0.31	0.62	0.18	0.25	0.15
负载电压谐波含量	0.86	0.86	0.25	0.21	0.21	0.16	0.10

　　上述各种试验的结果表明所设计的 DVR 装置性能优越,响应速度快,能有效地消除动态电压质量问题对敏感性负荷的影响。对治理稳态电压质量问题(如谐波等)也有很好的效果。

参 考 文 献

[1]　AKAGI H, KANAZAWA Y, NABAE A. Instantaneous reactive power compensators comprising switching devices without energy storage Components [J]. IEEE Transactions on Industry Applications, May-Jun 1984, 20(3): 625-630.

[2]　NABAE A, CAO L, TANAKA T. A universal theory of instantaneous active-reactive current and power including zero-sequence component [C]//Proc. On the 7th International Conference on Harmonics and Quality of Power, Oct. 1996(1): 90-95.

[3]　FENG Z P, LAI J S. Generalized instantaneous reactive power theory for three-phase power systems [J]. IEEE Trans. on IM, Feb. 1996, 45(1): 293-297.

[4]　MUHAMMAD R H. Power electronics handbook[M]. USA: Academic Press, 2001.

[5]　MORAN L, DIXON J, WALLACE R. A three-phase active power filter operating with fixed switching frequency for reactive power and current harmonic compensation[J]. IEEE Trans. on Ind. Electronics, 1995, 42(4): 402-408.

[6]　姜齐荣,谢小荣,陈建业. 电力系统并联补偿——结构、原理、控制与应用[M]. 北京:机械工业出版社,2004.

[7]　邓占锋. 三相四线制供电系统中谐波治理的研究[D]. 北京:清华大学,2003.

[8]　宋强,刘文华,姜齐荣,等. 基于参考电压分解的新型多电平变换器空间矢量调制方法[J]. 电力系

统自动化，2002，26（20）：35-38.

[9]　黄民聪. 三相四线制并联型电能质量控制器的研究[D]. 北京：清华大学，2003.

[10]　BHIM S，KAMAL A H，AMBRISH C. A review of active filters for power quality improvement [J]，IEEE Trans. on Industrial Electronics，Oct. 1999，46(5)：960-971.

[11]　戴宁怡，黄民聪，唐静，韩英铎. 新型三维空间矢量脉宽调制在三相四线系统并联补偿中的应用[J]. 电力系统自动化，2003，27(17)：45-49.

[12]　张毅，姜新建，张贵新，等. 基于 DSP 的三相四线制混合型滤波装置的研究[J]. 电力电子技术，2003，37(6)：30-32.

[13]　肖湘宁，徐永海，刘昊，等. 混合型有源电力补偿技术与实验研究[J]. 电力系统自动化，2002，26(5)：39-44.

[14]　BHATTACHARYA S，DIVAN D M，CHENG P T. Hybrid solutions for improving passive filter performance in high power applications[J]. IEEE Trans. on Industrial Application，1997，22(2)：732-747.

[15]　杨潮. 串联型电能质量控制器的研究[D]. 北京：清华大学，2002.

[16]　唐志. 串联型电能质量控制器实验样机的研制[D]. 北京：清华大学，2002.

[17]　ZHANG X J，TONG L Y，MA W X，HAN Y D. The study of injecting voltage calculation in three-phase series power quality controller[C]//PowerCon 2002. International Conference，Kunming，China，Oct. 2002(4)：13-17.

[18]　张秀娟，李晓萌，姜齐荣，周金明. 动态电压调节器(DVR)的设计与性能测试[J]. 电力电子技术，2004，38(2)：21-23.

[19]　KIM H S. Minimal energy control for a dynamic voltage restorer[C]//Proceedings of the Power Conversion Conference，2002. PCC Osaka 2002，Osaka Japan，2-5 April 2002(2)：428-433.

[20]　MIDDLEKAUFF S W，COLLINS E R. System and customer impact：considerations for series custom power devices[J]. IEEE Transactions on Power Delivery，Jan. 1998，13(1)：278-282.

[21]　WIJEKOON H M，VILATHGAMUWA D M，CHOI S S. Interline dynamic voltage restorer：an economical way to improve interline power quality[J]. IEE Proceedings-Generation，Transmission and Distribution，15 Sep. 2003，150(5)：513-520.

[22]　CONROY E. Power monitoring and harmonic problems in the modern building[J]. IEEE Power Engineering Journal，Apr. 2001，15(2)：101-107.

[23]　WOODLEY N H，MORGAN L，SUNDARAM A. Experience With an Inverter- Based Dynamic Voltage Restorer[J]. IEEE Trans. on Power Delivery，July 1999，14(3)：1181-1186.

[24]　CHOI S S，LI B H，VILATHGAMUWA D M. Dynamic Voltage Restoration with Minimum Energy Injection[J]. IEEE Transactions on Power Systems，Feb. 2000，15(1)：51-57.

[25]　NIELSEN J G，BLAABJERG F，MOHAN N. Control strategies for dynamic voltage restorer compensating voltage sags with phase jump[C]//IEEE Sixteenth Annual Applied Power Electronics Conference and Exposition，2001. APEC 2001，Anaheim，CA，USA. Mar. 4-8，2001（2）：1267-1273.

缩 略 词 表

AEP   American Electric Power   美国电力公司

AGC   automatic generation control   自动发电控制

APF   active power filter   电力有源滤波器

APST   assisted phase-shifting transformer   辅助移相变压器

AQR   automatic reactive power regulator   自动无功调节器

ASC   advanced series compensation   先进串联补偿

ASCR   asymmetric thyristor   不对称晶闸管

ASVC   advanced static var compensator   先进静止无功补偿器

ASVG   advanced static var generator   先进静止无功发生器

AVC   automatic voltage control   自动电压控制

AVR   automatic voltage regulator   自动电压调节器

B2B   back to back   背靠背

BESS   battery energy storage system   电池储能系统

BJT   bipolar junction transistor   双极型晶体管

BPA   Bonneville Power Administration   (美国)Bonneville 电力管理局

BRT   base resistance controlled thyristor   基极电阻控制晶闸管

CCC   capacitor commutated converters   电容器换流变换器

CSC   convertible static compensator   可转换静止补偿器

CSC   current-sourced converter   电流源型变换器

DGS   distributed generation system   分布式发电系统

DI   decoupling interconnector   解耦互联器

DOE   US Department of Energy   美国能源部

D-SMES   distributed SMES   分布式超导储能

DSTATCOM   distribution (-level) STATCOM   配电 STATCOM

DVR   dynamic voltage regulator(restorer)   动态电压调节器(恢复器)

EMS   energy management system   能量管理系统

EPRI   Electric Power Research Institute   美国电力科学院

EAC   equal area criterion   等面积(法则)

EST   emitter switched thyristor   射极开关晶闸管

ETO   emitter turn-off thyristor   发射极关断晶闸管

FACTS   flexible alternative current transmission system   柔性交流输电系统

FCLT   fault current limiting transformer   短路电流限制变压器

FSC   fixed series capacitor   固定串联电容器

FST   fast switching thyristor   快速/高频晶闸管

GATT   gate-assisted turn off thyristor   门极辅助关断晶闸管

GCSC   GTO thyristor controlled capacitor   GTO 控制串联电容器

GCT   gate-commutated thyristor   门极换流晶闸管

GTO   gate turn-off thyristor   门极可关断晶体管

GTR   giant transistor   功率晶体管

HF   harmonic factor   谐波因子

HMI   human-machine interface   人机界面

HSSSC   hybrid static synchronous series compensator   混合型静止同步串联补偿器

HVAC   high voltage alternative current   高压交流

HVIC   high voltage integrated circuit   高压功率集成电路

HVIGBT   high voltage IGBT   高压 IGBT

IEGT   injection-enhanced gate transistors   注入增强栅晶体管

IGBT   insulated gate bipolar transistor   绝缘栅双极型晶体管

IGCT   integrated gate commutated thyristor   集成门极换相型晶闸管

IPC   interphase power controller   相间功率控制器

IPEM   intelligent/integrated power electronic module   智能功率集成模块

IPFC   interline power flow controller   线间潮流控制器

IREQ   Hydro-Quebec Research Institute   魁北克水电研究所

LASCR   light-activated silicon controller rectifier   光控可控硅

LANL   Los Alamos National Laboratory   (美国)洛斯阿拉莫斯实验室

LTT   light triggered thyristor   光触发晶闸管

MCT   MOS controlled thyristor   MOS 栅控晶闸管

MIS   management information system   管理信息系统

MOSFET   metal-oxide semiconductor field effect transistor   金属氧化物半导体场效应晶体管

MOV   metal oxide varistor   金属氧化物避雷器

MSC   mechanically switched capacitor   机械式投切并联电容器

MSR   mechanically switched reactor   机械式投切并联电抗器

MTO   MOS turn-off thyristor   MOS 关断晶闸管

NERC   North American Electric Reliability Council   北美电力可靠性委员会

NPC   neutral point clamped   中点箝位式

NYPA   New York Power Authority   美国纽约电力局

OLTC   on-load tap changer   载调压变压器

PAM   pulse amplitude modulation   脉冲幅值调制

PEBB   power electronic building block   功率电子积木或功率电子模块

PF   power factor   功率因数

PQ   power quality   电能质量

PPCST   pulse power closing switch thyristor   脉冲功率闭合开关晶闸管

PSS   power system stabilizer   电力系统稳定器

PST   phase-shifting transformer   移相变压器

PWM   pulse width modulation   脉宽调制

RCT   reverse-conducting thyristor   逆导晶闸管

RMS   root mean square value   有效值

SCADA   supervisory control and data acquisiton   监控与数据采集

SCR   silicon controlled rectifier   可控硅

SHE PWM   selective harmonics elimination PWM   选择谐波消除 PWM

SIT   static induction transistor   静电感应晶体管

SITH   static induction thyristor   静电感应晶闸管

SMES   superconducting magnetic energy storage   超导储能

SOA   safe operation area   安全工作区

SPFC   series power flow controller   串联潮流控制器

SPWM   sinusoidal PWM   正弦脉宽调制

SR   saturated reactor   饱和电抗器

SR   semiconductor rectifier   半导体整流器

SSCB   solid state current breaker   固态断路器

SSCL   short circuit current limiter   短路电流限制器

SSG   static synchronous generator   静止同步发电机

SSO   subsynchronous oscillation   次同步振荡

SSR   subsynchronous resonance   次同步谐振

SSSC/S³C   static synchronous series compensator   静止同步串联补偿器

SSTS   solid-state transfer switch   固态切换开关

STATCOM   static synchronous compensator   静止同步补偿器

STATCON   static condenser   静止调相机

SVC   static var compensator   静止无功补偿器

SVG   static var generator   静止无功发生器

SVM   space vector modulation   空间矢量调制

SVPWM   space vector PWM   空间矢量脉宽调制

SVS   static var system   静止无功补偿系统

TCBR   thyristor controlled braking resistor   晶闸管控制制动电阻

TCPAR   thyristor controlled phase angle regulator   晶闸管控制相位调节器

TCPS   thyristor controlled phase shifter   晶闸管控制移相器

TCPST   thyristor controlled phase shifting transformer   晶闸管控制移相变压器

TCR   thyristor controlled reactor   晶闸管控制电抗器

TCSC   thyristor controlled series capacitor   晶闸管控制串联电容器

TCSR   thyristor controlled series reactor   晶闸管控制串联电抗器

TCVL   thyristor controlled voltage Limiter   晶闸管控制电压限制器

TCVR   thyristor controlled voltage regulator   晶闸管控制电压调节器

THD   total harmonic distortion   总谐波畸变率

TPSC   thyristor protected series capacitor   晶闸管保护串联电容器

TRIAC   triode AC switch   三端双向晶闸管

TSC   thyristor switched capacitor   晶闸管投切电容器

TSPAR   thyristor switched phase angle regulator   晶闸管投切的相角调节器

TSPST   thyristor switched phase shifting transformer   晶闸管投切的移相器

TSR   thyristor switched reactor   晶闸管投切电抗器

TSSC   thyristor switched series capacitor   晶闸管投切串联电容器

TSSR   thyristor switched series reactor   晶闸管投切串联电抗器

UCPTE   Union for the Coordination of Production and Transmission of Electricity   (西欧)电力生产和
  传输协调联盟

UCTE   Union for the Co-ordination of Transmission of Electricity   西欧联合电网

UPFC   unified power flow controller   统一潮流控制器

UPQC   unified power quality controller   统一电能质量控制器

UPS   uninterrupted power supply   不间断停电电源

UPS/IPS   Unified Power System/ Interconnected Power Systems   俄罗斯统一电网

VCS   var compensating system   无功补偿系统

VDMOS   vertical diffusion MOS   电流垂直流动的双扩散 MOSFET

VSC   voltage-sourced converter   电压源型变换器

VSI   voltage-sourced inverter   电压源型变换器

WAMS   wide-area measurement system   广域测量系统

WAPA   Western Area Power Administration   美国西部电力局

WSCC   Western States Coordination Council   西部电网协调委员会